高等学校人工智能系列教材

信号与系统

张凤元
袁洪芳　主编
张　帆

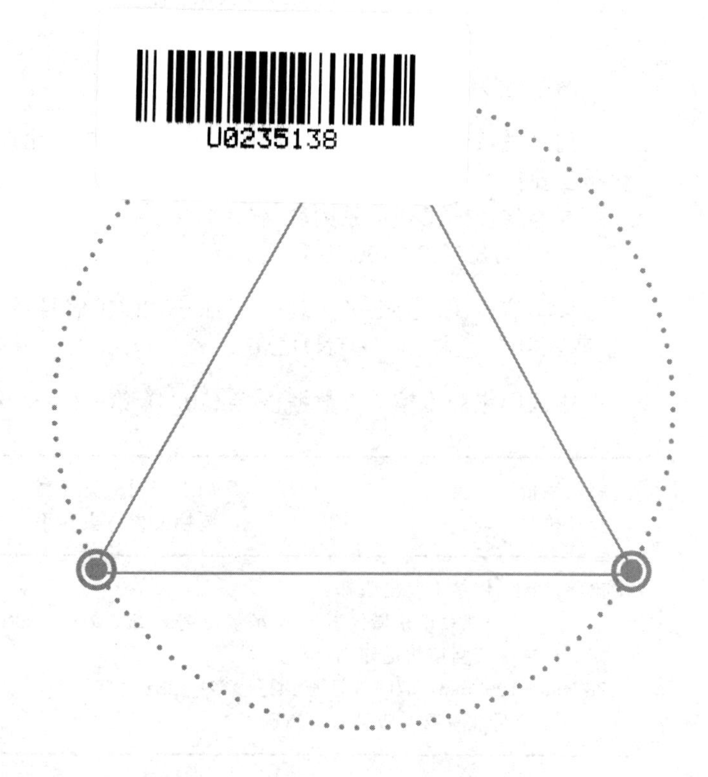

化学工业出版社
·北京·

内容简介

本教材共分7个章节，主要内容包括确定性连续时间信号的时域、频域及复频域分析；连续时间系统的时域、频域及复频域分析；并简单介绍了离散时间信号的时域及频域分析；最后一章是信号与系统的 MATLAB 仿真介绍。全书强调信号与系统分析的基本理论、基本概念和基本方法的阐述，注重难点和重点的诠释与分析，各章配有大量的例题和习题，并给出了参考答案（读者可扫描二维码获取），便于学生学习与自测练习。

本教材可作为普通高等学校电子信息工程、通信工程、人工智能、自动化、电子科学与技术、计算机科学与技术、生物医学工程等相关专业本科生的教材，也可供信息类科技工作者参考。

图书在版编目（CIP）数据

信号与系统／张凤元，袁洪芳，张帆主编．—北京：化学工业出版社，2024.3（2025.2 重印）

高等学校人工智能系列教材

ISBN 978-7-122-45071-5

Ⅰ．①信… Ⅱ．①张… ②袁… ③张… Ⅲ．①信号系统-高等学校-教材 Ⅳ．①TN911.6

中国国家版本馆 CIP 数据核字（2024）第 033186 号

责任编辑：郝英华　　加工编辑：吴开亮

责任校对：刘　一　　装帧设计：史利平

出版发行：化学工业出版社

（北京市东城区青年湖南街 13 号　邮政编码 100011）

印　　装：三河市航远印刷有限公司

787mm×1092mm　1/16　印张 14½　字数 358 千字

2025 年 2 月北京第 1 版第 2 次印刷

购书咨询：010-64518888　　售后服务：010-64518899

网　　址：http://www.cip.com.cn

凡购买本书，如有缺损质量问题，本社销售中心负责调换。

定　　价：59.00 元

前言

信号与系统是电子信息类专业的必修基础课程，特别是电子信息工程、通信工程等专业把它作为专业核心课程，课程的理论性强，课程地位的重要性十分明显。本课程的主要任务是研究信号与系统的基本理论、基本概念和基本分析方法，重点是研究连续时间信号和系统的时域分析方法，连续时间信号和系统的频域及复频域分析方法。通过信号频谱的概念，引导学生掌握各种变换域分析的思想，为将来学习小波变换、沃尔什变换、希尔伯特变换等打下坚实的理论基础。

本教材的研究对象是确定性信号，研究的系统主要是线性、时不变系统，也包含因果和稳定系统。用微分方程描述线性时不变连续时间系统的输出与输入关系，用差分方程描述线性时不变离散时间系统的输出与输入关系。通过学习傅里叶变换、拉普拉斯变换、Z变换、离散时间傅里叶变换，实现从时域到变换域，从连续到离散，阐明信号分析与系统分析的基本理论、概念和方法。

学习本书需要有一定的数学和电路分析基础，需要学习的前续课程包括电路原理、高等数学、复变函数与积分变换等课程。

全书共包括7章。第1、2章研究连续时间信号与系统的时域分析，第3、4章研究连续时间信号的频域和复频域分析，第5章研究连续时间系统的频域和复频域分析，第6章研究离散时间信号的频域和复频域分析，第7章介绍信号与系统的 MATLAB 仿真。

选用本教材时，学时为56学时或48学时建议选用前5章及第7章，56学时及以上可选择全部7章的学习，40学时及以下建议学习前5章的内容。

为了加强对基本概念、基本方法的理解，本书在每章节后都配有适量的习题，并配有参考答案，可供读者适当选做。本书配套的电子课件可免费提供给采用本书作为教材的院校使用，如有需要，请登录 www. cipedu. com. cn 注册后下载。

本书由张凤元、袁洪芳、张帆主编，其中，袁洪芳编写了本书的第1、2章，张凤元编写了本书的第3、4章，张帆编写了第5、6章，周勇胜、王之洋、杨巧宁编写第7章、各章习题及答案，研究生于永波、张晓宁等绘制了书中的插图，课程组的其他老师对本书的编写也提供了宝贵意见，在此一并感谢。

限于编者水平，书中内容难免有不妥之处，恳请广大读者批评指正。

编　者

2023 年 11 月

目录

绪 论

从远古时代起，人与人或群体之间就需要传递信息，常以烽火狼烟、鸿雁传书等传输消息的方式达到传递信息的目的，从而实现信息的交流与共享。到现代社会，人们有了更加先进的手段，从有线通信逐步发展到了无线通信、互联网＋等，人们仍在积极寻求更加有效的信息传递方法。什么是信息？这是一个没有明确概念的东西。但从学术角度，信息论奠基人香农（Shannon）给出了一种定义：信息是用来消除随机事件的不确定性的东西。

在日常生活中，人们得到的常常是消息，再从消息中获取信息。例如，当人们收到了一封 E-mail，接到了一个电话，收听了一段广播或收看了电视等，就可从接收到的 E-mail、电话、广播和电视的消息中获得某种信息。信息与消息有着密切的联系，消息中包含信息，消息是信息的载体，得到消息，即可从中获得信息。

现代社会最为便捷的传递消息的方式是利用信号，人们将消息加载到信号上，通过传输信号实现传递消息，从而达到获取信息的目的。用来传输消息的信号多种多样，常见的有声信号、光信号、电信号、磁信号等。随着电子信息技术的发展，人们一般将非电信号转化为电信号进行分析、处理和传输。电信号通常表现为电压、电流等物理量的变化，一维信号通常可以表示成时间变量 t 的函数形式。系统是对信号进行一定处理以便实现某一功能的物理设备，处理电信号的系统最常用的是电路系统。按照所处理信号种类和方法的不同，系统可分为连续时间系统、离散时间系统和数字系统等。

系统是一个广泛使用的概念，一般是指由多个元件组成的相互作用、相互依存的整体。电路是典型的系统，由电阻、电容、电感和电源等元件组成。汽车在路面运动的过程中，汽车、路面、空气组成一个力学系统。更加复杂的系统如电力系统，它包括若干发电厂、变电站、输电网和电力用户等，大的电网可以跨越数千千米。我们在观察、分析和描述一个系统时，总要借助于对系统中一些元件状态的观测和分析。例如，在分析一个电路时，需要计算或测量电路中一些位置的电压和电流随时间的变化；在分析一个汽车的运动时，需要计算或观测驱动力、阻力、位置、速度和加速度等状态变量随时间的变化。我们所研究的信号主要是确定性的电信号，以及处理电信号的确定性连续时间系统和离散时间系统，而且以连续时间信号和连续时间系统为主要研究内容。

连续时间系统是指输入和输出均为连续时间信号，且内部并未转化为离散时间信号的系统。连续时间系统可用微分方程描述信号处理系统，既可以在时域也可以在变换域中分析信号和系统特性。

离散时间系统是指输入和输出均为离散时间信号的系统。离散时间系统可用差分方程描述信号处理系统，同样既可以在时域也可以在变换域中分析信号和系统特性。

本书的主要研究内容是信号分析与系统分析。信号和系统分析的最基本的任务是获得信号的特点和系统的特性。系统的分析和描述借助于建立系统输入信号和输出信号之间关系的分析，因此信号分析和系统分析是密切相关的。

系统的特性千变万化，其中最重要的区别是线性和非线性、时不变和时变特性，还包括因果性和稳定性。本课程的主要内容是研究线性时不变系统。我们最熟悉的信号和系统分析方法是时域分析，即分析信号随时间变化的波形。例如，对于一个电压测量系统，要判断测量的准确度，可以直接分析比较被测的电压波形和测量得到的波形，观察它们之间的相似程度。为了充分和规范地描述测量系统的特性，经常给系统输入一个阶跃电压信号，得到系统的阶跃响应，通过阶跃响应的电压上升时间（电压从10%上升至90%的时间）和过冲（百分比）等特征量，表述测量系统的特性，上升时间和过冲越小，系统特性越好。其中电压上升时间反映了系统的响应速度，小的上升时间对应快的响应速度。如果被测电压快速变化，而测量系统的响应特性相对较慢，则必然产生较大的测量误差。信号与系统分析的另一种方法是频域分析。信号频域分析的基本原理是把信号分解为不同频率三角信号的叠加，观察信号所包含的各频率分量的幅值和相位，得到信号的频谱特性。系统的频域分析是观察系统对不同频率激励信号的响应，得到系统的频率响应特性。频域分析的重要优点包括：①对信号变化的快慢和系统的响应速度给出定量的描述。例如，当我们要用一个示波器观察一个信号时，需要了解信号的频谱特性和示波器的模拟带宽，当示波器的模拟带宽能够覆盖被测信号的频率范围时，可以保证测量的准确。②为线性系统分析提供了一种简化的方法。在时域分析中需要进行的微分或积分运算，在频域分析中简化成了信号的代数运算。系统分析还有复频域分析的方法，对于连续信号和系统，基于拉普拉斯变换，称为 s 域分析；对于离散信号和系统，基于 Z 变换，称为 z 域分析。基于复频域分析，能够得到信号和系统响应的特征参数，即频率和衰减，分析系统的频率响应特性和系统稳定性等；复频域分析也能简化系统分析，将在时域分析中需要进行的微分或积分运算简化为复频域中的代数运算。

本书的主要内容包括信号和系统分析的基本方法和原理。信号分析包括信号的表达，信号的时域特性、频域特性及复频域特性分析。系统特性分析包括系统的时域分析、频域分析和复频域分析，并将通过案例具体讲解信号与系统分析方法在某些重要工程领域的应用。

信号和系统分析的重要工具是信号变换，即频域分析。信号与系统的频域和复频域分析的内容，主要有连续周期信号的傅里叶级数（FS）、连续时间信号的傅里叶变换（FT）、拉普拉斯变换，离散周期信号的傅里叶级数（DFS）、离散时间信号的离散时间傅里叶变换（DTFT）、Z 变换，以及用于快速计算的离散傅里叶变换（DFT）和快速傅里叶变换（FFT）。

第1章

信号的时域描述

本章将介绍信号的定义、描述、分类及基本运算。信号可以从不同角度进行分类，一般可以分为确定性信号与随机信号、连续时间信号与离散时间信号、周期信号与非周期信号、能量信号与功率信号等。并给出几种常见的典型信号及奇异信号的定义和描述，讨论它们的基本特性。常见的连续典型信号包括实指数信号、复指数信号、正弦型信号、矩形脉冲信号、三角形脉冲信号、单位斜变信号等。奇异信号包括单位阶跃信号、单位冲激信号、冲激偶信号等。常见的离散时间典型信号包括实指数序列、复指数序列、正弦序列、单位阶跃序列、单位冲激序列等。信号运算指信号间的运算和信号自身的变换。两个或多个连续时间信号间的运算主要包括信号间的乘法、加法、线性卷积、线性相关等，单个连续时间信号的自身变换包括信号的平移、翻褶、尺度变换、微分和积分等。两个或多个离散时间信号间的运算主要包括信号间的乘法、加法、线性卷积等，单个离散时间信号的自身变换包括信号的平移、翻褶、抽取、插值、差分和累加运算等。

首先介绍系统的定义、描述及分类，重点讨论线性系统、时不变系统、因果系统和稳定系统的定义。

1.1 信号的描述与分类

1.1.1 信号的定义和描述

在定义信号之前，我们应该了解一下信息、消息、信号三者之间的区别和联系。在实际生活和工作中，人们需要沟通和交流，沟通交流的实质就是相互之间传递信息。什么是信息？这是一个难以清晰回答的问题，按照信息论的观点可以给出多种不同的描述。信息论思维奠基人香农（Shannon）给出的定义是，信息是一种用来消除随机不确定性的东西。控制论创始人维纳（Wiener）认为，信息是人们在适应外部世界，并使这种适应反作用于外部世界的过程中，同外部世界进行相互交换的内容和名称。我国著名的信息学专家钟义信教授认为，信息是事物以其存在方式或运动状态直接或间接的表述。总结起来，信息的概念可以概括描述如下：信息是对客观世界中各种事物的运动状态和变换的反映，是客观事物之间相互联系和相互作用的表征，表现的是客观事物运动状态和变化的实质内容。什么是消息？消息是信息的具体表现形式，消息中包含信息，是信息的载体。在通信理论中，消息是指通信系统传输的对象，是客观物质运动或主观思维活动以及事件发生状态的一种反映，它通过语言、文字、图像、数据等不同形式具体描述。信号是运载消息的工具，是消息的载体。信号的表达有多种形式，用光作为载体就是光信号，用电（电流、电压、电荷等）作为载体就是电信号，用声音作为载体就是声信号。例如，古代人利用烽火狼烟向远方军队传递敌人入侵的消息，这就是光信号；我们说话的声波传递到他人的耳中，使他人了解我们的意图，这就是声信号；各种无线电波、四通八达的网络中的电流等，都可以表达各种消息，这就是电信号。人们可以通过多种方式将消息转换成光信号、电信号、声信号和生物信号等物理量，并在不同的信道中传输，从而实现消息从信源到信宿的传输，进而完成从某地到另一地的信息传递。

描述信号最基本的方式是数学表达式，也就是写成函数形式。如果信号的函数形式只有一个自变量，它就是一维信号。如果信号的函数形式需要两个及以上自变量表达，它就是多维信号。在本书中，我们主要研究一维信号，而且主要研究电信号，后面所提到的信号一般是指一维电信号。信号的函数表达式一般写成时间的函数，即信号表达成关于时间的函数，也称为时域信号。如果将时域信号变换成以频率为变量的函数，信号就变成了频域信号。时域信号 $f(t)$ 作为时间 t 的函数，它的图像称为信号的波形。除非特别定义，我们这里讨论的信号 $f(t)$ 的定义域一般默认为整个区间，即 $t\in(-\infty,\infty)$。

如果信号 $f(t)$ 在 $(-\infty,\infty)$ 上有非零值，称为双边信号；

如果信号 $f(t)$ 满足条件 $t<t_0$，$f(t)=0$ 时，称为右边信号；

如果信号 $f(t)$ 满足条件 $t>t_0$，$f(t)=0$ 时，称为左边信号；

如果信号 $f(t)$ 满足条件 $t<0$，$f(t)=0$ 时，称为因果信号。

左边信号和右边信号统称为单边信号，显然因果信号是右边信号。

1.1.2 信号的分类

信号的分类方法很多，可以从不同角度对信号进行分类。信号按函数关系、取值特征、能量功率、所具有的时间函数特性、取值是否为实数等，可以分为确定性信号与非确定性信号（又称随机信号）、连续时间信号与离散时间信号、周期信号与非周期信号、能量信号与功率信号、时域信号与频域信号、实信号与复信号等多种类型。

(1) 确定性信号与非确定性信号

确定性信号可以用一个明确的函数关系来表达，在任何一个有定义的时间点，信号都有确定的函数值，即可以事先知道信号在任意时刻的值。因此，一个确定性信号，一般可以用一个时间函数明确地表达出来，表示成函数形式 $f(t)$，定义域范围一般默认为 $(-\infty,\infty)$。比如我们最常用的正弦信号 $f(t)=A\sin(\Omega t+\phi)$ 就是一个确定性信号，其中 A 是幅度，Ω 是模拟角频率，ϕ 是初始相位。

在实际应用中，我们要分析处理或传输的信号大多不是确定性信号，即非确定性信号，也称为随机信号。随机信号的特点是，信号在任何一个时刻的取值都有随机性，取值具有不确定性，即在某个时刻事先不能确定它具体取什么值，只有这个时刻发生后才能知道它确切的取值。一般来说，对于一个随机信号虽然不能事先确定在某个时刻的取值，但可以知道它的取值范围。对于随机信号，不能像确定性信号那样可以表达成确切的函数进行研究。随机信号虽然不能表示成确定的函数关系，但我们可以研究它的统计特性，例如在某个时刻或某个时间范围内取值的概率，研究随机信号的均值、方差、协方差、相关函数、相关系数等数字特征。

确定性信号和随机信号有着密切的联系。一个确定性信号在通过系统传输处理过程中，不可避免会受到各种各样的干扰和噪声的影响，干扰和噪声都具有随机性，输出信号就会变成随机信号。在一定条件下，我们也能得到随机信号的某些确定性。我们首先应该研究确定性信号和确定性系统，在此基础上进一步研究随机信号经过确定性系统的特性。但在本书中，我们研究的信号是确定性信号，研究的系统是确定性系统。

（2）连续时间信号与离散时间信号

确定性信号可以表示成时间 t 的函数，按照时间变量 t 取值的连续性和离散性可以将信号划分为连续时间信号和离散时间信号，连续时间信号和离散时间信号分别简称为连续信号和离散信号。如果在某个考虑的时间范围内，时间变量 t 是连续取值的，而且信号 $f(t)$ 除了若干个不连续点之外，在任意一个时间 t 处信号都有确定的值，这样的信号就是连续时间信号。如果在某个考虑的时间范围内，信号只在某些特定的时间点上有值，即时间 t 只能取离散的值，信号在这些离散的时间点上有确定的值，而在其他时间点上没有值，这样的信号称为离散时间信号，也可以称为序列。对于离散信号，时间间隔可以是均匀的，也可以是不均匀的。为了研究方便，我们讨论的离散信号，时间间隔一般是均匀取值的，离散时间信号可以表示为 $f(nT)$，其中 T 是时间间隔，离散信号 $f(nT)$ 可简记为 $f(n)$，n 是时间变量，代表的确切时间值是 nT。例如正弦信号 $f(t)=5\sin\left(2t+\frac{\pi}{4}\right)$ 和矩形脉冲信号 $f(t)=R_5(t)=\begin{cases}1, & 0\leqslant t\leqslant 5\\0, & 其他\end{cases}$ 是连续信号，信号波形如图 1-1 和图 1-2 所示。而信号 $f(nT)=f(n)=\begin{cases}2, & n=-1\\1, & n=0\\-1, & n=1\\1, & n=2\end{cases}$（其中 T 是确定的）是离散信号，波形如图 1-3 所示。

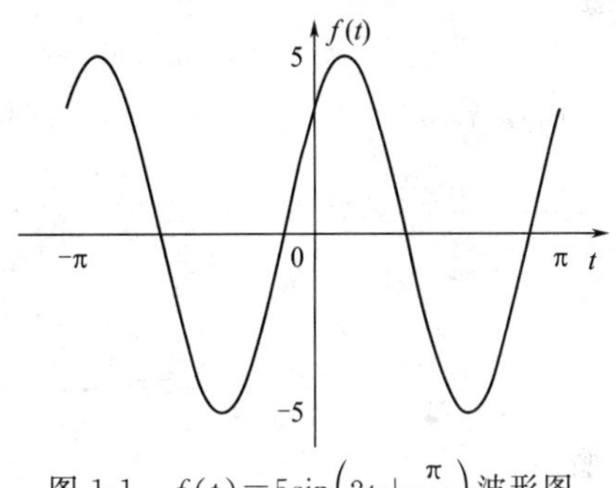

图 1-1　$f(t)=5\sin\left(2t+\frac{\pi}{4}\right)$ 波形图

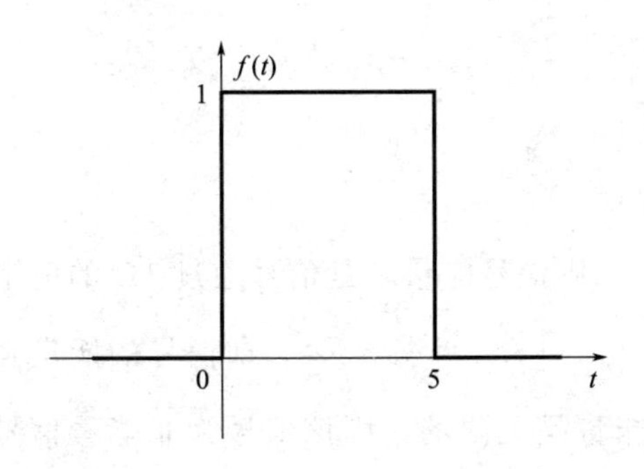

图 1-2　$f(t)=R_5(t)=\begin{cases}1, & 0\leqslant t\leqslant 5\\0, & 其他\end{cases}$ 波形图

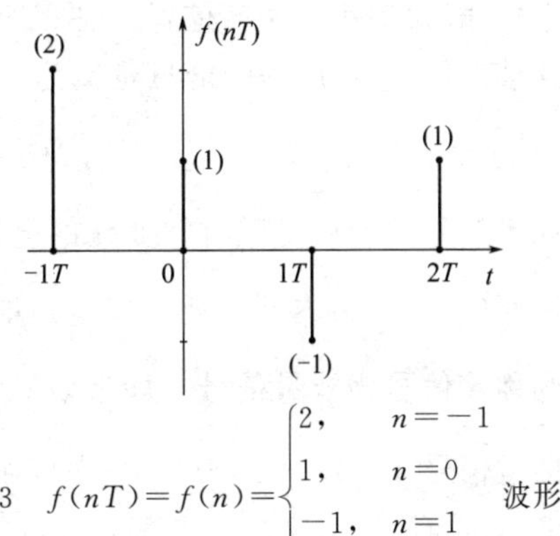

图 1-3　$f(nT)=f(n)=\begin{cases}2, & n=-1\\1, & n=0\\-1, & n=1\\1, & n=2\end{cases}$ 波形图

无论是连续信号，还是离散信号，它们的幅度取值可以是取连续值，也可以是取离散值。幅度取连续值的连续信号一般称为模拟信号。幅度取离散值的离散时间信号，称为数字

信号。最常用的一种数字信号，其幅度只取 2 个值，用 0 和 1 表示，或用 +1 和 −1 表示。

（3）周期信号与非周期信号

对于连续信号 $f(t)$，如果存在一个正数 M 满足 $f(t+M)=f(t), \forall t\in(-\infty,\infty)$，则称 $f(t)$ 为周期信号，正数 M 是信号 $f(t)$ 的一个周期，一般把周期信号 $f(t)$ 的最小正周期称为信号 $f(t)$ 的周期，记为 T，满足 $f(t+T)=f(t), \forall t\in(-\infty,\infty)$。非周期的连续信号称为非周期信号。

对于离散时间信号 $f(n)$，把满足 $f(n+N)=f(n), \forall n\in\mathbf{Z}$ 的最小正整数 N 称为离散信号 $f(n)$ 的周期，也可以把周期的离散信号 $f(n)$ 称为周期序列。非周期的离散时间信号称为非周期序列。例如，连续的正弦信号 $f(t)=A\sin(\Omega t+\phi)$ 是周期信号，它的周期为 $\frac{2\pi}{\Omega}$。对于正弦序列 $f(n)=A\sin(\omega n+\phi)$ 是否为周期序列，取决于 ω 的值，分别讨论如下：

① 如果 $\frac{2\pi}{\omega}=N$，则正弦序列 $f(n)=A\sin(\omega n+\phi)$ 的周期为 N。此时 $\omega=\frac{2\pi}{N}$，因而有：

$$
\begin{aligned}
f(n+N)&=A\sin[\omega(n+N)+\phi]=A\sin\left(\omega n+\frac{2\pi}{N}N+\phi\right)=A\sin(\omega n+2\pi+\phi)\\
&=A\sin(\omega n+\phi)=f(n)
\end{aligned}
$$

所以 $f(n)=A\sin(\omega n+\phi)$ 是周期序列。

② 如果 $\frac{2\pi}{\omega}$ 是有理数，则 $\frac{2\pi}{\omega}=\frac{N}{M}$，其中 M 和 N 都是整数，$N>0$。此时 $\omega=\frac{2\pi M}{N}$，因而有：

$$
\begin{aligned}
f(n+N)&=A\sin[\omega(n+N)+\phi]=A\sin\left(\omega n+\frac{2\pi M}{N}N+\phi\right)\\
&=A\sin(\omega n+2\pi M+\phi)=A\sin(\omega n+\phi)=f(n)
\end{aligned}
$$

所以 $f(n)=A\sin(\omega n+\phi)$ 是周期序列，周期为 N。

③ 如果 $\frac{2\pi}{\omega}$ 是无理数，则正弦序列 $f(n)=A\sin(\omega n+\phi)$ 是非周期的。

（4）能量信号与功率信号

连续时间信号 $f(t)$ 的能量定义为：

$$
E=\int_{-\infty}^{\infty}|f(t)|^2\mathrm{d}t \tag{1-1}
$$

如果信号的幅度是随时间变化的电压或电流，则信号能量就是信号通过 1Ω 的电阻时在时间区间 $(-\infty,\infty)$ 内所消耗的能量。如果 $E=\int_{-\infty}^{\infty}|f(t)|^2\mathrm{d}t<\infty$，即信号的能量是有限值，则称该信号为能量信号。如果信号 $f(t)$ 的能量是无限的，则该信号为非能量信号。对于非能量信号 $f(t)$，$t\in(-\infty,\infty)$，对于任意的 $T>0$，如果信号在 $\left(-\frac{T}{2},\frac{T}{2}\right)$ 内的能量有限，即 $E=\int_{-\frac{T}{2}}^{\frac{T}{2}}|f(t)|^2\mathrm{d}t<\infty$，则 $P_T=\frac{1}{T}\int_{-\frac{T}{2}}^{\frac{T}{2}}|f(t)|^2\mathrm{d}t$ 是信号在 $\left(-\frac{T}{2},\frac{T}{2}\right)$ 内的平均功率。如果平均功率还满足条件 $\lim\limits_{T\to\infty}P_T=\lim\limits_{T\to\infty}\frac{1}{T}\int_{-\frac{T}{2}}^{\frac{T}{2}}|f(t)|^2\mathrm{d}t<\infty$，则：

$$P=\lim_{T\to\infty}\frac{1}{2T}\int_{-T}^{T}|f(t)|^2\mathrm{d}t \tag{1-2}$$

为信号的平均功率，称该信号 $f(t)$为功率信号，即平均功率有限的非能量信号 $f(t)$为功率信号。

【例 1-1】 判断下列信号是否为能量信号或功率信号。

①$f_1(t)=\mathrm{e}^{-3t}u(t)$； ②$f_2(t)=\mathrm{e}^{\mathrm{j}\left(t+\frac{\pi}{3}\right)}$； ③$f_3(t)=\cos t$； ④$x(n)=\left(\frac{1}{3}\right)^n u(n)$。

解：

① $P=\lim\limits_{T\to\infty}\frac{1}{T}\int_{-\frac{T}{2}}^{\frac{T}{2}}|\mathrm{e}^{-3t}u(t)|^2\mathrm{d}t=\lim\limits_{T\to\infty}\frac{1}{T}\int_{0}^{\frac{T}{2}}\mathrm{e}^{-6t}\mathrm{d}t=\lim\limits_{T\to\infty}\frac{1}{T}\left[\left(-\frac{1}{6}\right)(\mathrm{e}^{-3T}-1)\right]=0$

$$E=\int_{-\infty}^{\infty}|\mathrm{e}^{-3t}u(t)|^2\mathrm{d}t=\int_{0}^{\infty}\mathrm{e}^{-6t}\mathrm{d}t=-\frac{1}{6}\mathrm{e}^{-6t}\Big|_0^{\infty}=\frac{1}{6}$$

该信号是能量信号。

② $P=\lim\limits_{T\to\infty}\frac{1}{T}\int_{-\frac{T}{2}}^{\frac{T}{2}}|\mathrm{e}^{\mathrm{j}\left(t+\frac{\pi}{3}\right)}|^2\mathrm{d}t=\lim\limits_{T\to\infty}\frac{1}{T}\int_{-\frac{T}{2}}^{\frac{T}{2}}1^2\mathrm{d}t=1$

$$E=\int_{-\infty}^{\infty}|\mathrm{e}^{\mathrm{j}\left(t+\frac{\pi}{3}\right)}|^2\mathrm{d}t=\int_{-\infty}^{\infty}1^2\mathrm{d}t=\infty$$

该信号是功率信号。

③ $P=\lim\limits_{T\to\infty}\frac{1}{T}\int_{-\frac{T}{2}}^{\frac{T}{2}}|\cos t|^2\mathrm{d}t=\lim\limits_{T\to\infty}\frac{1}{T}\int_{-\frac{T}{2}}^{\frac{T}{2}}\frac{1+\cos 2t}{2}\mathrm{d}t=\lim\limits_{T\to\infty}\left(\frac{2T+\sin 2T}{4T}\right)=\frac{1}{2}$

$$E=\int_{-\infty}^{\infty}|\cos t|^2\mathrm{d}t=\lim_{T\to\infty}\int_{-T}^{T}\frac{1+\cos 2t}{2}\mathrm{d}t=\lim_{T\to\infty}\left(T+\frac{1}{2}\sin 2T\right)=\infty$$

该信号是功率信号。

④ $P=\lim\limits_{N\to\infty}\frac{1}{2N+1}\sum\limits_{n=-N}^{N}\left[\left(\frac{1}{3}\right)^n u(n)\right]^2=\lim\limits_{N\to\infty}\frac{1}{2N+1}\sum\limits_{n=0}^{N}\left(\frac{1}{9}\right)^n$

$$=\lim_{N\to\infty}\frac{1}{2N+1}\times\frac{1-\left(\frac{1}{9}\right)^{N+1}}{1-\frac{1}{9}}=0$$

$E=\sum\limits_{n=-\infty}^{\infty}\left[\left(\frac{1}{3}\right)^n u(n)\right]^2=\lim\limits_{N\to\infty}\sum\limits_{n=-N}^{N}\left[\left(\frac{1}{3}\right)^n u(n)\right]^2=\lim\limits_{N\to\infty}\sum\limits_{n=0}^{N}\left(\frac{1}{9}\right)^n$

$$=\lim_{N\to\infty}\frac{1-\left(\frac{1}{9}\right)^{N+1}}{1-\frac{1}{9}}=\frac{9}{8}$$

该信号是能量信号。

一般来说，一个信号 $f(t)$不可能既是能量信号又是功率信号。也有一些信号既不是能量信号，也不是功率信号，即存在信号 $f(t)$，$t\in(-\infty,\infty)$，$E=\int_{-\infty}^{\infty}|f(t)|^2\mathrm{d}t=\infty$，且 $P=\lim\limits_{T\to\infty}\frac{1}{2T}\int_{-T}^{T}|f(t)|^2\mathrm{d}t=\infty$。直流信号与周期信号都是功率信号。

(5) 时域信号与频域信号

以时间 t 为自变量的信号 $f(t)$ 称为时域信号，在时间域对信号所做的分析就是信号的时域分析。如果讨论的信号 $f(t)$ 只在有限区间 $[a,b]$ 内有非零幅度值，则称信号 $f(t)$ 为时限信号。在第 3 章和第 4 章我们将介绍信号的傅里叶变换和拉普拉斯变换，时域信号 $f(t)$ 经傅里叶变换后将成为以频率 Ω 为自变量的信号 $F(\Omega)$，称为频域信号；时域信号 $f(t)$ 经拉普拉斯变换后将成为以复频率 $s=\sigma+\mathrm{j}\Omega$ 为自变量的信号 $F(s)$，称为复频域信号。如果信号 $f(t)$ 的频域表示 $F(\Omega)$，只在有限区间 $[c,d]$ 内有非零值，则称信号 $F(\Omega)$ 为频带有限信号，简称频限信号。

(6) 实信号与复信号

对于时域信号 $f(t)$，变量 t 是实数变量，如果信号 $f(t)$ 是实数值，则称信号 $f(t)$ 为实信号，如果信号 $f(t)$ 是复数值，则称信号 $f(t)$ 为复信号。对于离散时间信号 $f(n)$ 有类似的定义。频域信号 $F(\Omega)$ 和复频域信号 $F(s)$ 都是复值信号。虽然在实际中产生的信号一般是实值信号，但在这里时域信号 $f(t)$ 和 $f(n)$ 都默认为复值信号，也就是说信号值可以在复数范围内考虑。

1.2 信号的运算

信号的分析和处理都是通过各种运算完成的，过程中都会涉及信号的运算问题。信号的运算指多个信号之间的运算及信号自身的变换。多个信号之间的运算主要包括多个（至少两个）信号之间的加法运算、乘法运算、线性卷积运算和线性相关运算等。信号自身的变换包括信号的移位、翻褶、尺度变换、微分和积分等。

(1) 信号间的加法和乘法

两个连续信号 $f_1(t)$ 和 $f_2(t)$ 之间的加法运算，实际就是两个函数之间的加法，即相同时间点的信号值相加，信号间的加法也可以叫做信号间的叠加，其和记为：

$$y(t)=f_1(t)+f_2(t) \tag{1-3}$$

多个连续信号之间的加法和可以表示为：

$$y(t)=f_1(t)+f_2(t)+\cdots+f_n(t)=\sum_{i=1}^{n} f_i(t) \tag{1-4}$$

两个连续信号 $f_1(t)$ 和 $f_2(t)$ 之间的乘法运算，实际就是两个函数之间的乘法，即相同时间点的信号值相乘，其乘积记为 $y(t)=f_1(t)f_2(t)$。多个连续信号之间的乘法可以表示为：

$$y(t)=f_1(t)f_2(t)\cdots f_n(t)=\prod_{i=1}^{n} f_i(t) \tag{1-5}$$

【例 1-2】 已知信号 $f_1(t)=\begin{cases}1, & t\geqslant 0\\ -1, & t<0\end{cases}$ 和 $f_2(t)=1$，则两者之和

$$y(t)=f_1(t)+f_2(t)=\begin{cases}2, & t\geqslant 0\\ 0, & t<0\end{cases}$$

这个例子其实表示的是一个阶跃信号可以表示成一个直流信号与一个符号函数的和，其

波形如图 1-4 所示。

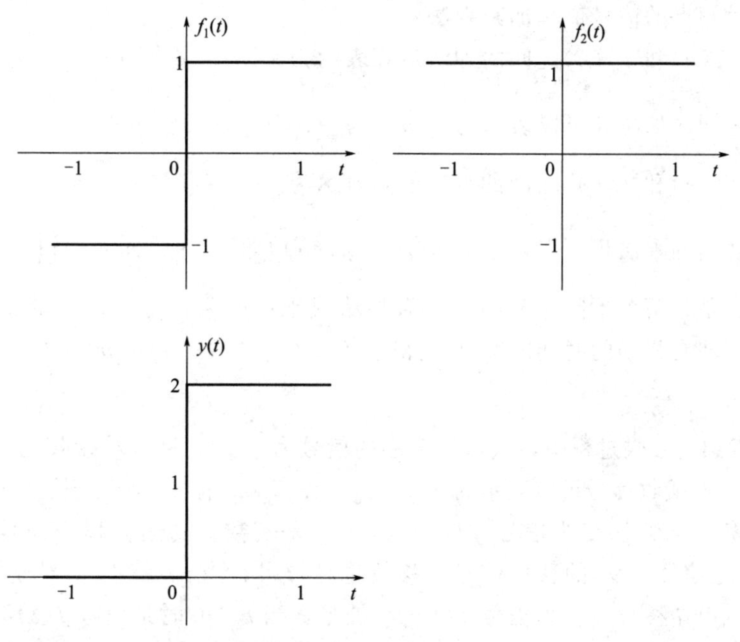

图 1-4　例 1-2 波形图

【例 1-3】 已知信号 $f_1(t)=\begin{cases}\sin t, & t\geqslant 0\\ 0, & t<0\end{cases}$ 和 $f_2(t)=\begin{cases}e^{-t}, & t\geqslant 0\\ 0, & t<0\end{cases}$，其乘法结果为：

$$y(t)=f_1(t)f_2(t)=\begin{cases}e^{-t}\sin t, & t\geqslant 0\\ 0, & t<0\end{cases}$$

这个例子表示一个正弦振荡信号与一个指数衰减的信号相乘的结果是一个衰减的正弦振荡信号，其波形如图 1-5 所示。

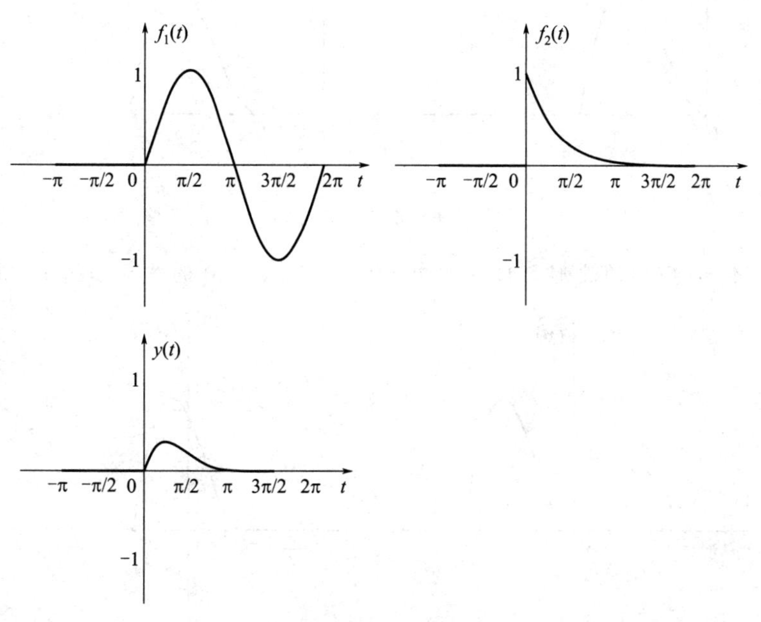

图 1-5　例 1-3 波形图

离散时间信号间的加法和乘法运算（即序列间的加法和乘法运算）与连续信号的运算类似，即在相同时间点的信号值相加和乘法。

两个序列 $f_1(n)$和 $f_2(n)$之间的加法运算表示为 $y(n)=f_1(n)+f_2(n)$。

多个序列之间的加法和可以表示为 $y(n)=f_1(n)+f_2(n)+\cdots+f_k(n)=\sum_{i=1}^{k} f_i(n)$。

两个序列 $f_1(n)$和 $f_2(n)$之间的乘法运算表示为 $y(n)=f_1(n)f_2(n)$。

多个序列之间的乘法积可以表示为 $y(n)=f_1(n)f_2(n)\cdots f_k(n)=\prod_{i=1}^{k} f_i(n)$。

需要注意的是，两个不同序列间能够做加法或乘法的条件是，自变量 n 对应的时间点必须是相同的，即有相同的时间间隔 T 使得 $f_1(n)=f_1(nT)$，$f_2(n)=f_2(nT)$。

（2）信号的移位

在信号的发射与接收过程中，假如发射端的信号为 $f(t)$，接收端接收到的信号发生了延时（波形不变），则接收信号可以表示为 $f(t-t_0)$，$t_0>0$。称 $f(t-t_0)$是 $f(t)$的移位信号。

一般地，将信号 $f(t)$变为信号 $f(t-t_0)$（t_0 是实数）的运算称为信号的移位（或时移），$f(t-t_0)$是信号 $f(t)$的移位信号，移位量是$|t_0|$，当 $t_0>0$ 时信号 $f(t)$右移 t_0，当 $t_0<0$ 时信号 $f(t)$左移$|t_0|$。即信号 $f(t-t_0)$波形，当 $t_0>0$ 时是信号 $f(t)$波形沿时间轴右移 t_0 的结果，当 $t_0<0$ 时是信号 $f(t)$波形左移$|t_0|$的结果，而波形保持不变。当然，信号 $f(t)$的移位信号也可以记为 $f(t+t_0)$（t_0 是实数），当 $t_0>0$ 时是信号 $f(t)$波形沿时间轴左移 t_0 的结果，当 $t_0<0$ 时是信号 $f(t)$波形的右移。从接收信号的角度理解，信号右移对应的是接收信号的延时，信号左移对应的是信号超前。实际信号的接收，一般会有延时情况发生。

【例 1-4】 信号 $f(t)$的波形和移位信号 $f(t-t_0)$，$t_0>0$ 的波形如图 1-6 所示。

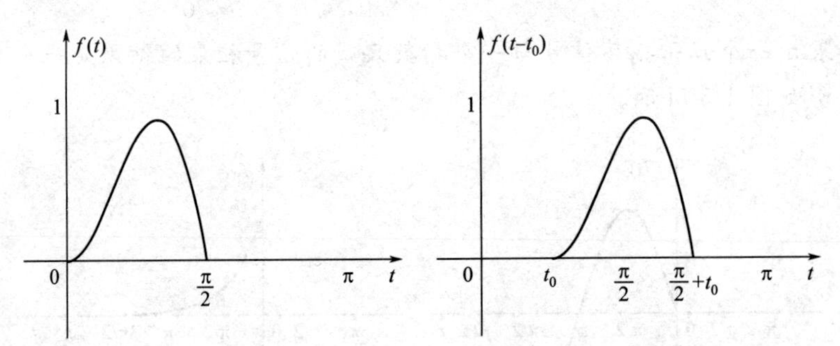

图 1-6 例 1-4 波形图

【例 1-5】 信号 $f(t)$的波形和移位信号 $f(t+t_0)$，$t_0>0$ 的波形如图 1-7 所示。

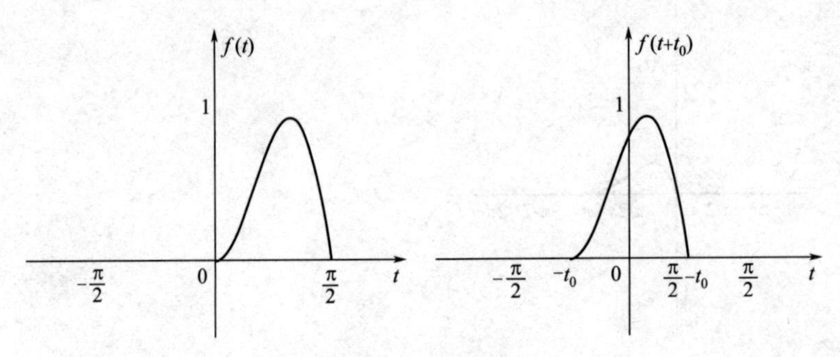

图 1-7 例 1-5 波形图

离散时间信号（序列）$f(n)$变为序列$f(n-m)$（m 是整数）的运算称为序列的移位（或时移），$f(n-m)$是序列$f(n)$的移位序列。当 $m>0$ 时序列$f(n)$在时间轴上右移 m 个单位，当 $m<0$ 时序列$f(n)$左移$-m$ 个单位。即序列$f(n-m)$的波形，当 $m>0$ 时是序列$f(n)$波形沿时间轴右移 m 个单位的结果，当 $m<0$ 时是序列$f(n)$波形左移$-m$ 的结果，而波形保持不变。

【例 1-6】 已知序列 $f(n)=\{1,-1,\underline{1},2,3\}$，它的移位序列：

$f(n-2)=\{\underline{1},-1,1,2,3\}$，$f(n+1)=\{1,-1,1,\underline{2},3\}$

波形如图 1-8 所示。

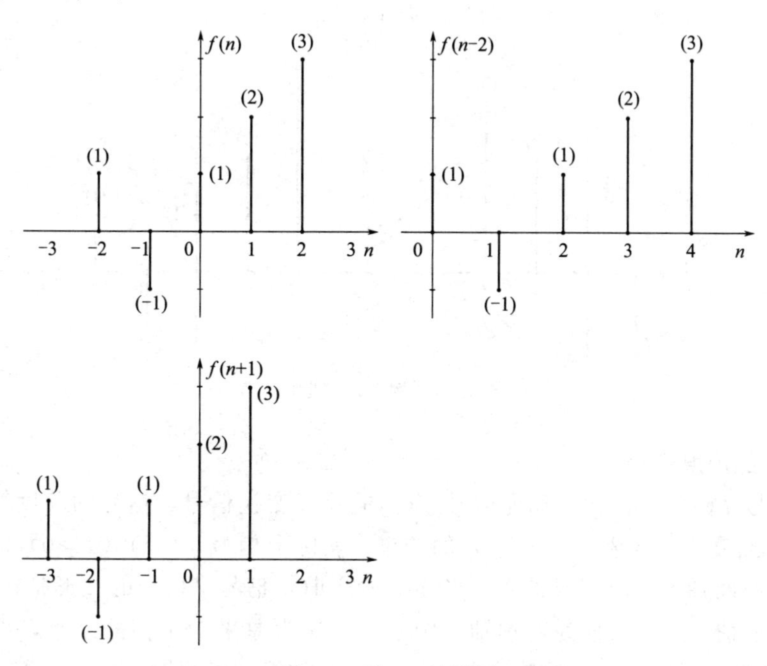

图 1-8 例 1-6 波形图

（3）信号的翻褶

信号$f(-t)$称为信号$f(t)$的翻褶，也可以称为信号$f(t)$的翻转信号。信号的翻褶运算就是将信号$f(t)$的自变量 t 换成$-t$ 的结果。翻褶信号$f(-t)$的波形是将信号$f(t)$的波形以纵轴为对称轴做 180°翻转的结果，相当于将信号过去时间点的幅度值与将来对应时间点值的对调。这虽然在现实中并不能实现，但这种运算在信号分析处理中仍是有意义的。

【例 1-7】 信号 $f(t)=\begin{cases}-\dfrac{1}{2}t+1, & 0\leqslant t\leqslant 2\\ 0, & \text{其他}\end{cases}$ 的波形及其翻褶信号$f(-t)$的波形如图 1-9 所示。

对于离散时间信号（序列）$f(n)$，我们把序列$f(-n)$称为序列$f(n)$的翻褶，也可以称为序列$f(n)$的翻转序列。序列的翻褶运算就是将序列$f(n)$的自变量 n 换成$-n$ 的结果。翻褶序列$f(-n)$的波形是将序列$f(n)$的波形以纵轴为对称轴做 180°翻转的结果，显然$f(-n)$与$f(n)$在 $n=0$ 处的值相同。

【例 1-8】 已知序列 $f(n)=\{1,-1,\underline{1},2,3\}$，它的翻褶序列 $f(-n)=\{3,2,\underline{1},-1,1\}$，波形如图 1-10 所示。

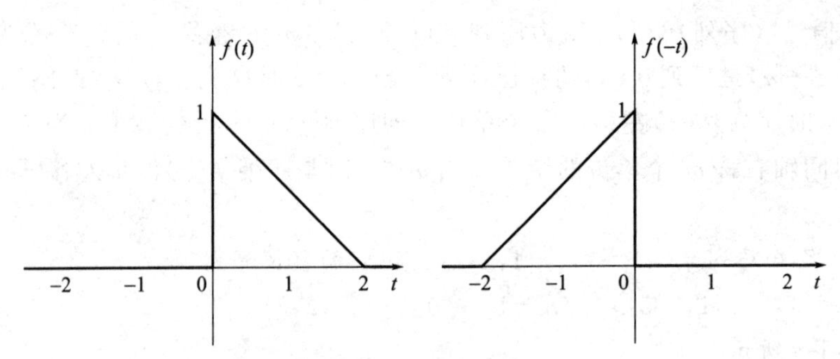

图 1-9　例 1-7 波形图

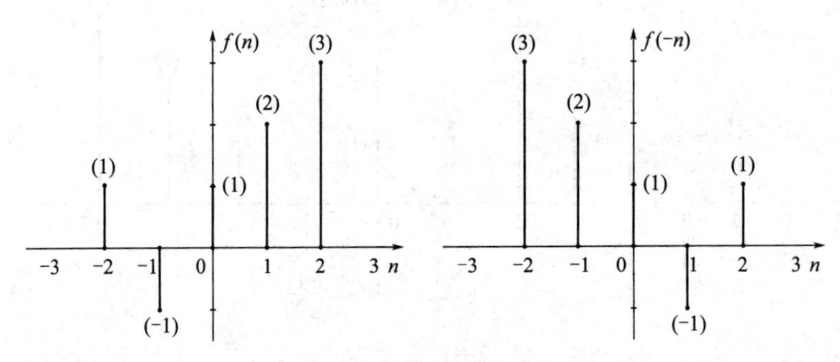

图 1-10　例 1-8 波形图

（4）信号的尺度变换

我们把信号 $f(at)$（$a>0$）称为信号 $f(t)$的尺度变换信号，信号的尺度变换运算就是将信号 $f(t)$的自变量 t 换成 at（$a>0$）的结果。实际上信号 $f(at)$（$a>0$）的波形是信号 $f(t)$的波形在时间轴上的压缩或扩展。当 $0<a<1$ 时，信号 $f(at)$的波形是信号 $f(t)$的波形在时间轴（横轴）上以纵轴为对称轴（中心）扩展为原来 $1/a$ 倍的结果，也称为 $1/a$ 倍扩展。当 $a>1$ 时，信号 $f(at)$的波形是信号 $f(t)$的波形在时间轴（横轴）上以纵轴为对称轴（中心）压缩到原来 $1/a$ 倍的结果，也称为 a 倍压缩。显然，当 $a=1$ 时，信号 $f(at)$的波形就是 $f(t)$的波形。

【例 1-9】 信号 $f(t)=\begin{cases}-\dfrac{1}{2}t+1, & 0\leqslant t\leqslant 2\\ 0, & 其他\end{cases}$，信号 $f(2t)$及信号 $f\left(\dfrac{1}{2}t\right)$的波形如图 1-11 所示。

信号的尺度变换 $f(at)$中，a 也可以是小于零的实数，此时 $f(at)$既包含了尺度变换，也包含了翻褶运算，是两种运算的结果。我们要注意到，信号移位、翻褶和尺度变换三种运算分别是将信号 $f(t)$的自变量 t 换成 $t-t_0, -t, at$（$a>0$）的结果。所以这三种运算实质上是针对变量 t 的运算。对于信号 $f(t)$，这三种运算也可以同时进行，得到新的运算结果。

【例 1-10】 已知信号 $f(t)=\begin{cases}-\dfrac{1}{2}t+1, & 0\leqslant t\leqslant 2\\ 0, & 其他\end{cases}$ 的波形，求信号 $f(2t-4)$的表达式，并画出其波形。

解： 信号 $f(2t-4)$是由信号 $f(t)$经过移位和尺度变换两种运算得到的结果。可以有两种方法，先做尺度变换再做移位，或者先移位再做尺度变换。需要注意的是，运算都是针对

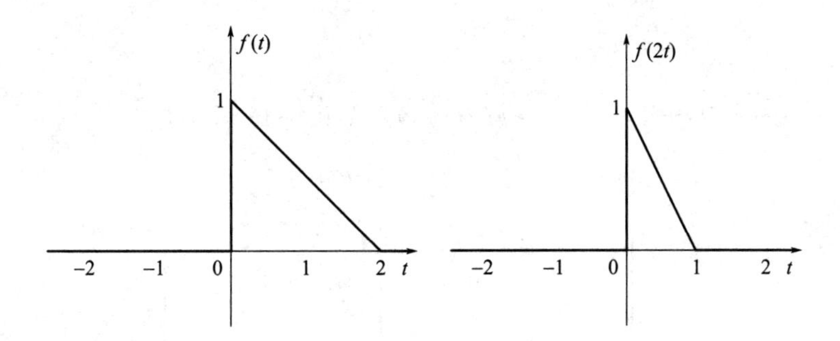

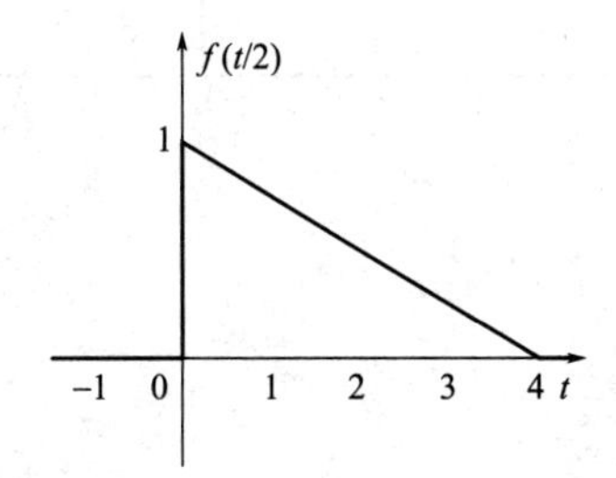

图 1-11　例 1-9 波形图

变量 t 的运算。

方法 1：

$$f(t)\xrightarrow{\text{2 倍压缩}}f(2t)\xrightarrow{\text{右移 2 个单位}}f[2(t-2)]=f(2t-4)$$

如图 1-12 所示。

$$f(t)=\begin{cases}-\dfrac{1}{2}t+1, & 0\leqslant t\leqslant 2\\ 0, & \text{其他}\end{cases}\xrightarrow{\text{将 } t \text{ 换成 } 2t}f(2t)=g(t)=\begin{cases}-t+1, & 0\leqslant t\leqslant 1\\ 0, & \text{其他}\end{cases}$$

$$\xrightarrow{\text{将 } t \text{ 换成 } t-2}g(t-2)=f(2t-4)=\begin{cases}-t+3, & 2\leqslant t\leqslant 3\\ 0, & \text{其他}\end{cases}$$

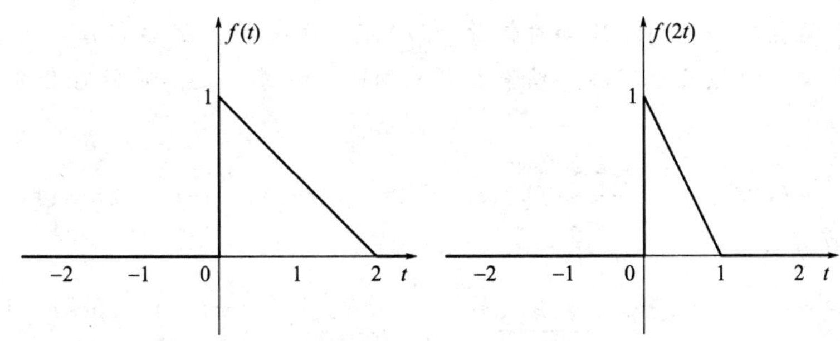

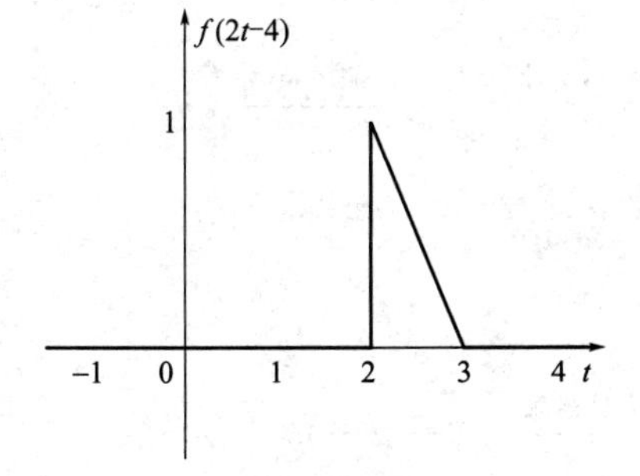

图 1-12　例 1-10 方法 1 波形图

方法 2：

$f(t)\xrightarrow{\text{右移 4 个单位}}f(t-4)\xrightarrow{\text{2 倍压缩}}f(2t-4)$，如图 1-13 所示。

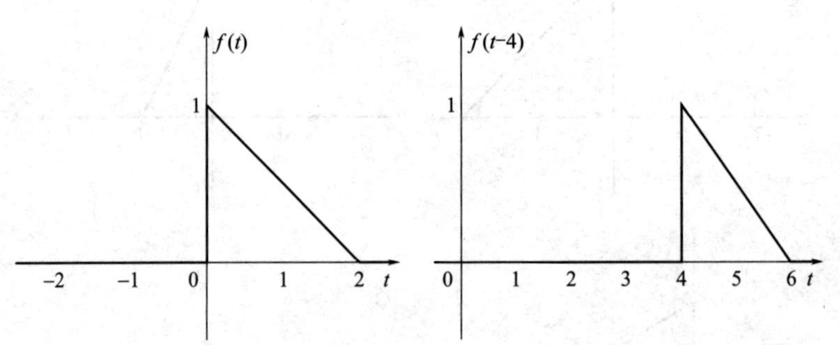

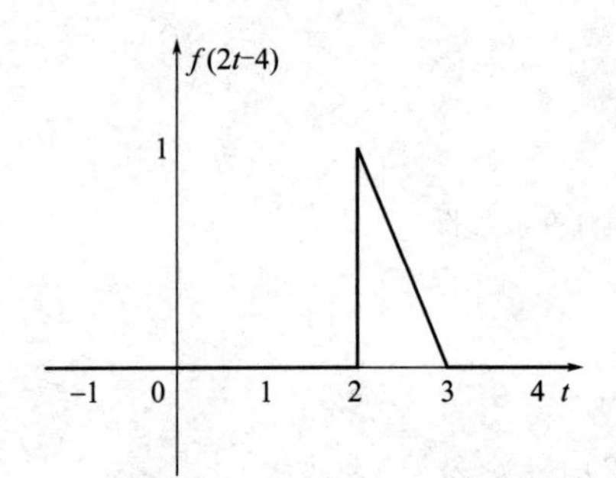

图 1-13　例 1-10 方法 2 波形图

【例 1-11】　已知信号 $f(t)=\begin{cases}-\dfrac{1}{2}t+1, & 0\leqslant t\leqslant 2\\ 0, & \text{其他}\end{cases}$ 的波形，求信号 $f(-2t-4)$ 的表达式，并画出其波形。

解：信号 $f(-2t-4)$ 是由信号 $f(t)$ 经过移位、翻褶和尺度变换三种运算得到的结果。可以由六种不同运算次序得到。比如对信号 $f(t)$ 先尺度变换，然后移位，再做翻褶。或者先翻转，然后移位，再做尺度变换，结果都是相同的。注意：运算是针对变量 t 的运算。

方法 1：

$f(t)\xrightarrow{\text{2 倍压缩}}f(2t)\xrightarrow{\text{右移 2 个单位}}f[2(t-2)]=f(2t-4)\xrightarrow{\text{翻褶}}f(-2t-4)$

如图 1-14 所示。

$$f(t)=\begin{cases}-\dfrac{1}{2}t+1, & 0\leqslant t\leqslant 2\\ 0, & \text{其他}\end{cases}\xrightarrow{\text{将 } t \text{ 换成 } 2t}f(2t)=g(t)=\begin{cases}-t+1, & 0\leqslant t\leqslant 1\\ 0, & \text{其他}\end{cases}$$

$$\xrightarrow{\text{将 } t \text{ 换成 } t-2}g(t-2)=f(2t-4)=\begin{cases}-t+3, & 2\leqslant t\leqslant 3\\ 0, & \text{其他}\end{cases}\xrightarrow{\text{将 } t \text{ 换成 } -t}$$

$$f(-2t-4)=\begin{cases}t+3, & -3\leqslant t\leqslant -2\\ 0, & \text{其他}\end{cases}$$

方法 2：

$f(t)\xrightarrow{\text{翻褶}}f(-t)\xrightarrow{\text{左移 4 个单位}}f(-t-4)\xrightarrow{\text{2 倍压缩}}f(-2t-4)$

如图 1-15 所示。

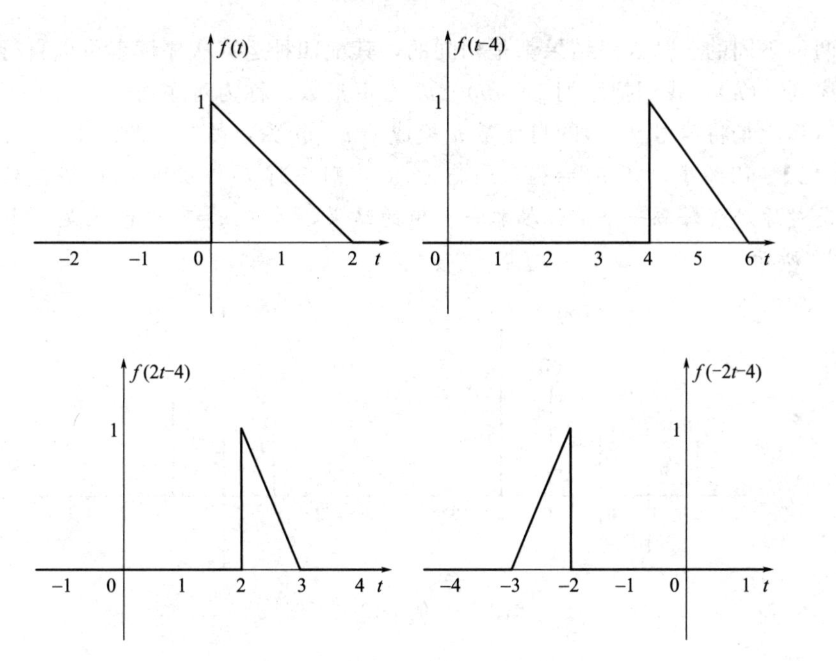

图 1-14　例 1-11 方法 1 波形图

$$f(t)=\begin{cases}-\dfrac{1}{2}t+1, & 0\leqslant t\leqslant 2\\ 0, & \text{其他}\end{cases}\xrightarrow{\text{将 } t \text{ 换成} -t} f(-t)=\begin{cases}\dfrac{1}{2}t+1, & -2\leqslant t\leqslant 0\\ 0, & \text{其他}\end{cases}$$

$$\xrightarrow{\text{将 } t \text{ 换成 } t+4} f(-t-4)=\begin{cases}\dfrac{1}{2}t+3, & -6\leqslant t\leqslant -4\\ 0, & \text{其他}\end{cases}\xrightarrow{\text{将 } t \text{ 换成 } 2t}$$

$$f(-2t-4)=\begin{cases}t+3, & -3\leqslant t\leqslant -2\\ 0, & \text{其他}\end{cases}$$

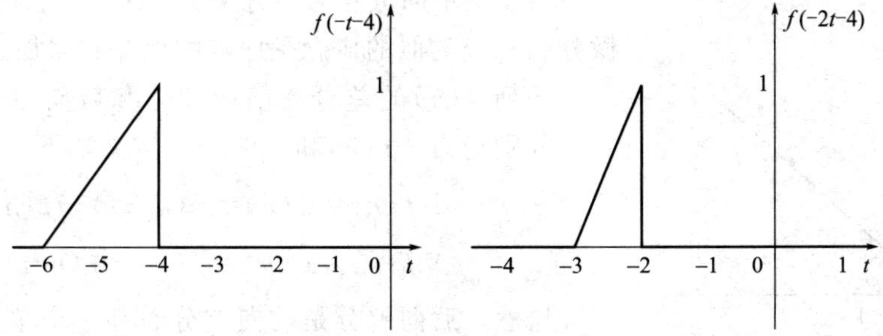

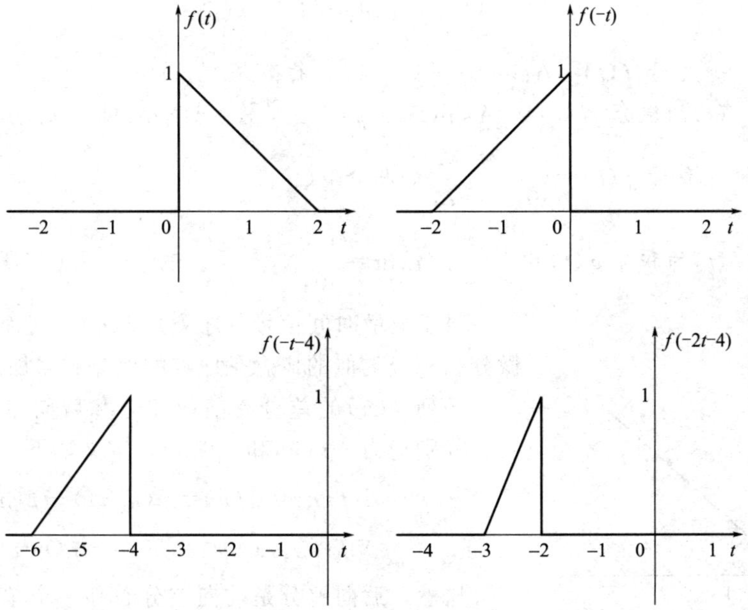

图 1-15　例 1-11 方法 2 波形图

以上两种不同的运算次序结果都是相同的，其他四种运算次序读者可以自行练习。

对于序列 $f(n)$，我们把序列 $f(mn)$（m 为正整数）称为对序列 $f(n)$的 m 倍抽取，序列的抽取运算就是将信号 $f(n)$的自变量 n 换成 mn（m 为正整数）的结果。

【例 1-12】 已知序列 $f(n)=\{1,-1,\underline{1},2,3\}$，则序列 $f(2n)=\{1,\underline{1},3\}$，显然 2 倍的抽取序列，是对原序列每隔一个单位抽取一个值的结果，其中 $n=0$ 处的值是一个抽取值，图形如图 1-16 所示。

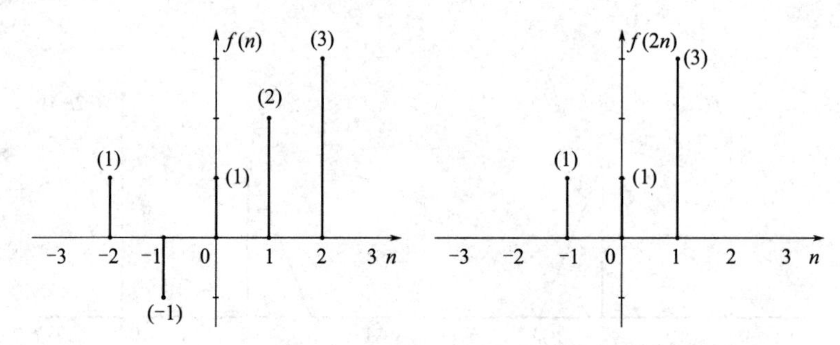

图 1-16　例 1-12 波形图

对于序列 $f(n)$，我们把序列 $f\left(\frac{n}{m}\right)$（$m$ 为正整数）称为对序列 $f(n)$的 m 倍插值。序列的抽取和插值实际上就是对序列 $f(n)$的尺度变换，和连续时间信号类比，抽取和插值分别对应对序列的压缩和扩展。

（5）连续时间信号的微分和积分

信号 $f(t)$的微分 $g(t)$就是信号 $f(t)$对时间变量 t 的导数 $f'(t)$。可以表示为：

$$g(t)=f'(t)=\frac{\mathrm{d}f(t)}{\mathrm{d}t} \tag{1-6}$$

信号 $f(t)$的积分 $g(t)$就是信号 $f(t)$在时间区间$(-\infty,t]$上的定积分，可以表示为：

$$g(t)=\int_{-\infty}^{t} f(\tau)\mathrm{d}\tau=\int_{-\infty}^{t} f(t)\mathrm{d}t \tag{1-7}$$

【例 1-13】 求信号 $f(t)=A\sin(\Omega t+\phi)+\mathrm{e}^{-2t}$ 的微分 $f'(t)$。

解： 信号 $f(t)$的微分 $f'(t)=[A\sin(\Omega t+\phi)+\mathrm{e}^{-2t}]'=A\Omega\cos(\Omega t+\phi)-2\mathrm{e}^{-2t}$。

【例 1-14】 求信号 $f(t)=\begin{cases}1, & t\geqslant 0\\ 0, & t<0\end{cases}$ 的积分 $g(t)$。

解： 信号 $f(t)$的积分 $g(t)=\int_{-\infty}^{t} f(\tau)\mathrm{d}\tau=\begin{cases}t, & t\geqslant 0\\ 0, & t<0\end{cases}$。波形如图 1-17 所示。

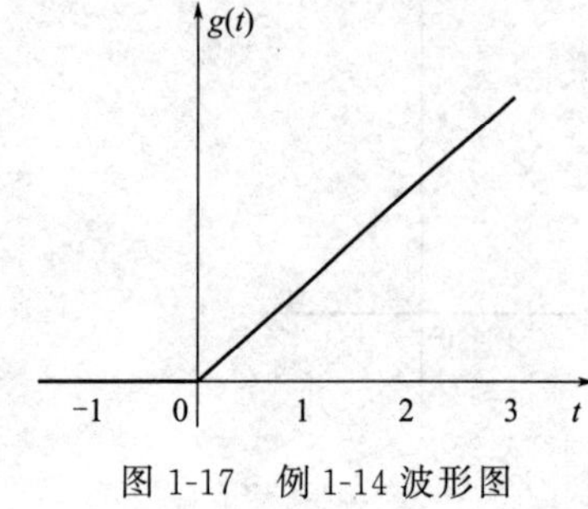

图 1-17　例 1-14 波形图

对于离散时间信号（序列）$f(n)$，与连续时间信号的微分和积分类似的概念是序列的差分和累加。

序列 $f(n)$的差分有前向差分和后向差分两种定义方式，分别记为 $\Delta f(n)$和 $\nabla f(n)$，定义如下：

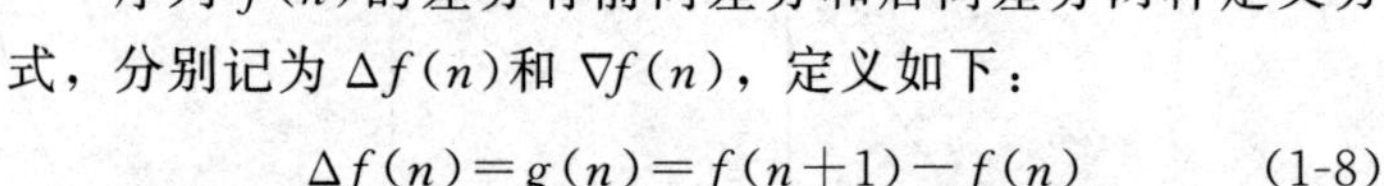

$$\Delta f(n)=g(n)=f(n+1)-f(n) \tag{1-8}$$

$$\nabla f(n)=g(n)=f(n)-f(n-1) \tag{1-9}$$

显然，后向差分是前向差分右移一个单位的序列，即满足 $\nabla f(n)=\Delta f(n-1)$。

序列 $f(n)$ 的 n 阶后向差分记为 $\nabla^{(n)}f(n)$，是 $f(n)$ 的 $(n-1)$ 阶差分的差分，高阶差分定义为：

$$\nabla^{(n)}f(n)=\nabla^{(n-1)}f(n)-\nabla^{(n-1)}f(n-1) \tag{1-10}$$

例如 $f(n)$ 的 2 阶差分为：

$$\begin{aligned}\nabla^{(2)}f(n)&=\nabla f(n)-\nabla f(n-1)=[f(n)-f(n-1)]-[f(n-1)-f(n-2)]\\&=f(n)-2f(n-1)+f(n-2)\end{aligned}$$

在二阶差分的表达式中，自变量最大值与最小值的差值为 2，即 $n-(n-2)=2$。

序列 $f(n)$ 的累加序列，记为 $y(n)$，则有如下定义：

$$y(n)=\sum_{m=-\infty}^{n}f(m) \tag{1-11}$$

即累加序列 $y(n)$ 在 n 点处的值等于序列 $f(n)$ 在 n 点处的值及 n 之前所有点处的值之和。

【例 1-15】 已知序列 $f(n)=\{1,-1,\underline{1},2,3\}$，求差分 $\Delta f(n)$、$\nabla f(n)$、$\nabla^{(2)}f(n)$ 及累加序列 $y(n)$。

解： $f(n)$ 的前向差分 $\Delta f(n)=\{1,-2,2,\underline{1},1,-3\}$。

$f(n)$ 的后向差分 $\nabla f(n)=\{1,-2,\underline{2},1,1,-3\}$，显然 $\nabla f(n)$ 是 $\Delta f(n)$ 右移一个单位的结果。

$f(n)$ 的后向 2 阶差分 $\nabla^{(2)}f(n)=\{1,-3,\underline{4},-1,0,-4,3\}$

$y(n)=\sum\limits_{m=-\infty}^{n}f(m)=\{1,0,\underline{1},3,6,6,\cdots\}$。

它们的波形如图 1-18 所示。

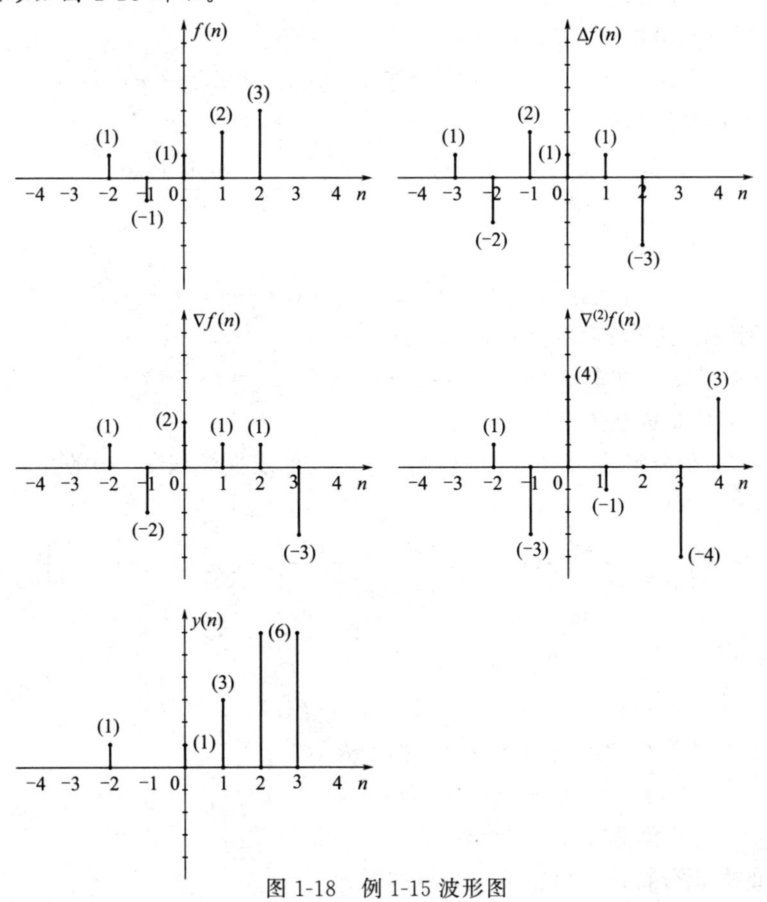

图 1-18　例 1-15 波形图

（6）信号的线性卷积运算和线性相关运算

两个连续时间信号 $f(t)$和 $g(t)$之间的线性卷积记为 $y_l(t)$，卷积运算的运算符号记为 $*$ 或$\otimes$，定义如下：

$$y_l(t)=f(t)*g(t)=\int_{-\infty}^{\infty} f(\tau)g(t-\tau)\mathrm{d}\tau=f(t)\otimes g(t) \tag{1-12}$$

从信号的卷积定义可以看出，完成卷积计算可以分成如下几个步骤：

① 将信号 $f(t)$和 $g(t)$的自变量 t 替换成τ，表示为 $f(\tau)$和 $g(\tau)$；

② 将信号 $g(\tau)$翻褶得到 $g(-\tau)$；

③ 将信号 $g(-\tau)$移位，移位量为 $t, t\in(-\infty,\infty)$，得到 $g(t-\tau)$；

④ 计算乘积的积分，$y_l(t)=\int_{-\infty}^{\infty} f(\tau)g(t-\tau)\mathrm{d}\tau$。

两个连续信号 $f(t)$和 $g(t)$之间的线性卷积 $y_l(t)$，$t\in(-\infty,\infty)$，也可以称为信号的卷积积分，它仍然是一个信号，自变量 t 恰好是计算过程中的移位量。

容易证明，连续信号之间的线性卷积满足以下性质：

① 卷积运算满足交换律：

$$y_l(t)=f(t)*g(t)=g(t)*f(t)=\int_{-\infty}^{\infty} f(t-\tau)g(\tau)\mathrm{d}\tau \tag{1-13}$$

② 卷积运算满足结合律：

$$[f(t)*g(t)]*h(t)=f(t)*[g(t)*h(t)]=f(t)*g(t)*h(t) \tag{1-14}$$

③ 卷积运算满足分配律：

$$f(t)*[g(t)+h(t)]=f(t)*g(t)+f(t)*h(t) \tag{1-15}$$

④ 卷积运算的微分特性：

$$\frac{\mathrm{d}y_l(t)}{\mathrm{d}t}=\frac{\mathrm{d}f(t)}{\mathrm{d}t}*g(t)=f(t)*\frac{\mathrm{d}g(t)}{\mathrm{d}t} \tag{1-16}$$

或者记为

$$y_l'(t)=f'(t)*g(t)=f(t)*g'(t)$$

可以推广到线性卷积的高级导数情况，如下表示：

$$y_l^{(k)}(t)=f^{(k)}(t)*g(t)=f(t)*g^{(k)}(t)=f^{(i)}(t)*g^{(j)}(t) \tag{1-17}$$

其中，k,i,j 是非负整数，$i+j=k$。

⑤ 卷积运算的积分特性。信号 $f(t)$和 $g(t)$之间的线性卷积 $y_l(t)$的积分记为 $y_l^{-1}(t)$，满足如下结果：

$$\int_{-\infty}^{t} y_l(\tau)\mathrm{d}\tau=\int_{-\infty}^{t} f(\tau)*g(\tau)\mathrm{d}\tau=\left[\int_{-\infty}^{t} f(\tau)\mathrm{d}\tau\right]*g(t)=f(t)*\left[\int_{-\infty}^{t} g(\tau)\mathrm{d}\tau\right] \tag{1-18}$$

或者记为

$$y_l^{-1}(t)=f^{-1}(t)*g(t)=f(t)*g^{-1}(t)$$

可以推广到线性卷积的多重积分情况，如下表示：

$$y_l^{(-k)}(t)=f^{(-k)}(t)*g(t)=f(t)*g^{(-k)}(t)=f^{(-i)}(t)*g^{(-j)}(t) \tag{1-19}$$

其中，k,i,j 是非负整数，$i+j=k$。

线性卷积的微积分特性，可以统一表示如下：

$$y_l^{(k)}(t)=f^{(k)}(t)*g(t)=f(t)*g^{(k)}(t)=f^{(i)}(t)*g^{(j)}(t) \tag{1-20}$$

其中，k 是任意整数，i,j 是整数，$i+j=k$。

下面给出交换律和微分特性的证明，其他由读者自己验证。

交换律的证明：

$$g(t)*f(t)=\int_{-\infty}^{\infty}g(\tau)f(t-\tau)\mathrm{d}\tau=\int_{-\infty}^{\infty}f(t-\tau)g(\tau)\mathrm{d}\tau$$

做积分变量的替换，令 $t-\tau=\mu$，则 $\tau=t-\mu$，$\mathrm{d}\tau=-\mathrm{d}\mu$，则有：

$$\begin{aligned}\int_{-\infty}^{\infty}f(t-\tau)g(\tau)\mathrm{d}\tau&=\int_{\infty}^{-\infty}f(\mu)g(t-\mu)[-\mathrm{d}\mu]=\int_{-\infty}^{\infty}f(\mu)g(t-\mu)\mathrm{d}\mu\\&=\int_{-\infty}^{\infty}f(\tau)g(t-\tau)\mathrm{d}\tau=f(t)*g(t)\end{aligned}$$

所以，卷积运算满足交换律，即 $y_l(t)=f(t)*g(t)=g(t)*f(t)$。

微分特性的证明：

$$\begin{aligned}\frac{\mathrm{d}y_l(t)}{\mathrm{d}t}&=\frac{\mathrm{d}}{\mathrm{d}t}[f(t)*g(t)]=\frac{\mathrm{d}}{\mathrm{d}t}\int_{-\infty}^{\infty}f(\tau)g(t-\tau)\mathrm{d}\tau=\int_{-\infty}^{\infty}f(\tau)\frac{\mathrm{d}g(t-\tau)}{\mathrm{d}t}\mathrm{d}\tau\\&=f(t)*\frac{\mathrm{d}g(t)}{\mathrm{d}t}\end{aligned}$$

利用卷积运算满足交换律，同理可以证明$\dfrac{\mathrm{d}y_l(t)}{\mathrm{d}t}=\dfrac{\mathrm{d}f(t)}{\mathrm{d}t}*g(t)$。

类似地，两个离散时间信号 $f(n)$和 $g(n)$之间的线性卷积记为 $y_l(n)$，卷积运算的运算符号记为 $*$ 或$\otimes$，定义如下：

$$y_l(n)=f(n)*g(n)=\sum_{m=-\infty}^{\infty}f(m)g(n-m)=g(n)*f(n) \tag{1-21}$$

序列间的线性卷积同样满足交换律、结合律和分配律：

$$y_l(n)=f(n)*g(n)=g(n)*f(n)$$

$$[f(n)*g(n)]*h(n)=f(n)*[g(n)*h(n)]=f(n)*g(n)*h(n)$$

$$f(n)*[g(n)+h(n)]=f(n)*g(n)+f(n)*h(n)$$

两个连续信号 $f(t)$和 $g(t)$之间的线性相关函数记为 $y_{\mathrm{r}}(t)$，定义如下：

$$y_{\mathrm{r}}(t)=\int_{-\infty}^{\infty}f(\tau)g^{*}(\tau+t)\mathrm{d}\tau \tag{1-22}$$

可以注意到，线性相关运算的计算过程中有移位，但没有信号的翻褶。

【例 1-16】 已知脉冲信号 $f(t)=\begin{cases}1, & -1\leqslant t\leqslant 1\\0, & \text{其他}\end{cases}$ 和脉冲信号 $g(t)=\begin{cases}t, & 0\leqslant t\leqslant 1\\0, & \text{其他}\end{cases}$，计算它们的线性卷积 $y_l(t)=f(t)*g(t)$。

解： $y_l(t)$的自变量 t 的变化范围是$(-\infty,\infty)$，卷积计算的关键是确定积分限，借助于信号波形，便于分析卷积计算过程中的积分限。

卷积积分的计算过程如下：

① 画出信号 $f(t)$和 $g(t)$的波形，如图 1-19 所示。

② 将 $f(t)$和 $g(t)$的自变量替换成 τ，将 $g(\tau)$翻褶并移位，得到 $g(t-\tau)$。

③ 计算卷积积分 $y_l(t)=f(t)*g(t)=\int_{-\infty}^{\infty}f(\tau)g(t-\tau)\mathrm{d}\tau$：

当$-\infty<t<-1$ 时，如图 1-20(a) 所示，有：

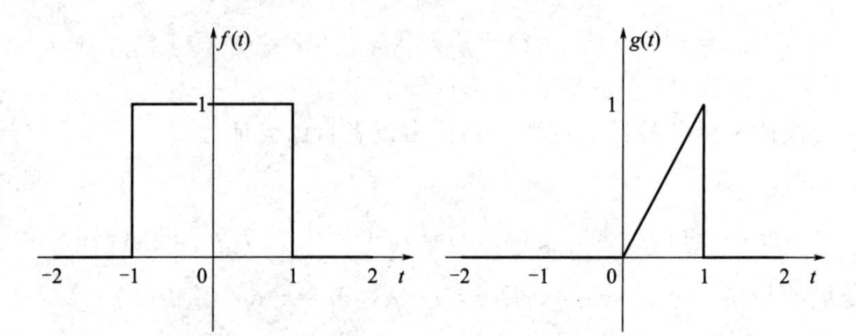

图 1-19　例 1-16 波形图（1）

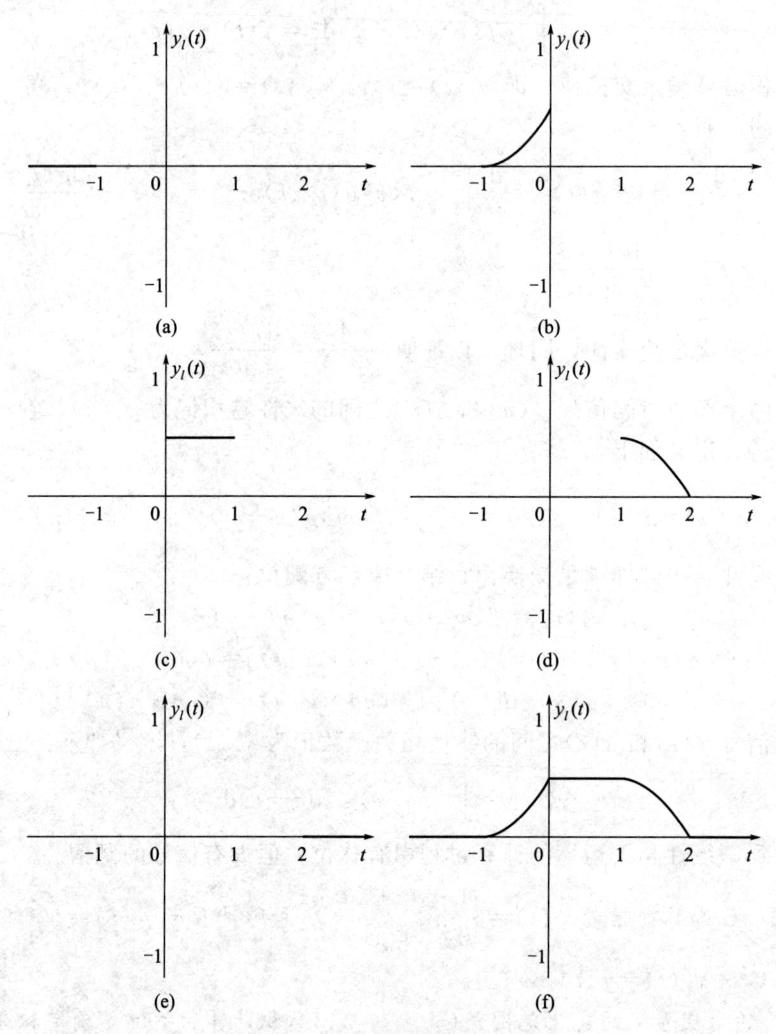

图 1-20　例 1-16 波形图（2）

$$y_l(t)=\int_{-\infty}^{\infty} f(\tau)g(t-\tau)\mathrm{d}\tau=0$$

当 $-1\leqslant t<0$ 时，如图 1-20(b) 所示，有：

$$y_l(t)=\int_{-\infty}^{\infty} f(\tau)g(t-\tau)\mathrm{d}\tau=\int_{-1}^{t}(t-\tau)\mathrm{d}\tau=\frac{t^2}{2}+t+\frac{1}{2}$$

当 $0\leqslant t<1$ 时，如图 1-20(c) 所示，有：

$$y_l(t)=\int_{-\infty}^{\infty} f(\tau)g(t-\tau)\mathrm{d}\tau=\int_{-1+t}^{t}(t-\tau)\mathrm{d}\tau=\frac{1}{2}$$

当 $1\leqslant t<2$ 时，如图 1-20(d) 所示，有：

$$y_l(t)=\int_{-\infty}^{\infty} f(\tau)g(t-\tau)\mathrm{d}\tau=\int_{-1+t}^{1}(t-\tau)\mathrm{d}\tau=-\frac{t^2}{2}+t$$

当 $2\leqslant t$ 时，如图 1-20(e) 所示，有：

$$y_l(t)=\int_{-\infty}^{\infty} f(\tau)g(t-\tau)\mathrm{d}\tau=\int_{-1+t}^{1}(t-\tau)\mathrm{d}\tau=0$$

线性卷积 $y_l(t)$ 的波形如图 1-20(f) 所示，表达式如下：

$$y_l(t)=\begin{cases}\dfrac{t^2}{2}+t+\dfrac{1}{2}, & -1\leqslant t<0\\ \dfrac{1}{2}, & 0\leqslant t<1\\ -\dfrac{t^2}{2}+t, & 1\leqslant t<2\\ 0, & \text{其他}\end{cases}$$

在例 1-16 中注意到，$f(t)$ 的非零区间为 $[-1,1]$，$g(t)$ 的非零区间为 $[0,1]$，信号 $f(t)$ 和 $g(t)$ 的线性卷积 $y_l(t)=f(t)*g(t)$ 的非零区间为 $[-1,2]$。

一般地，如果信号 $f_1(t)$ 的非零区间为 $[a_1,b_1]$，信号 $f_2(t)$ 的非零区间为 $[a_2,b_2]$，那么 $f_1(t)$ 和 $f_2(t)$ 的线性卷积 $y_l(t)=f_1(t)*f_2(t)$ 的非零区间为 $[a_1+a_2,b_1+b_2]$。

1.3 典型信号

在实际应用中，有一些十分常用的简单信号，我们称为典型信号。我们需要掌握它们的定义及相关特性，这对分析和处理复杂信号非常有用。我们常用的连续普通典型信号有实指数信号、复指数信号、正弦型信号、矩形脉冲信号、抽样信号、三角形脉冲信号、单位斜变信号等。常用的典型奇异信号有单位阶跃信号、单位冲激信号、冲激偶信号等。常用的典型序列有实指数序列、复指数序列、正弦型序列、矩形脉冲序列、单位阶跃序列、单位冲激序列等。

1.3.1 普通典型信号

(1) 实指数信号

实指数信号的定义表示如下：

$$f(t)=A\mathrm{e}^{at},t\in(-\infty,\infty)=\mathbf{R} \tag{1-23}$$

式中，A，a 都是实数。

实指数信号也可以简称为指数信号。显然，A 是指数信号在 $t=0$ 时的值。当 $a=0$ 时，指数信号就是直流信号 $f(t)=A$。如果 $A>0$ 时，则当 $a>0$ 时，指数信号 $f(t)=A\mathrm{e}^{at}$ 是递增信号，即随着时间 t 的增加，信号幅度不断增大，或者说此时指数信号 $f(t)=A\mathrm{e}^{at}$ 是增函数；当 $a<0$ 时，指数信号 $f(t)=A\mathrm{e}^{at}$ 是衰减信号，即随着时间 t 的增加，信号幅度不断减少，或者说此时指数信号 $f(t)=A\mathrm{e}^{at}$ 是减函数。如图 1-21 所示。

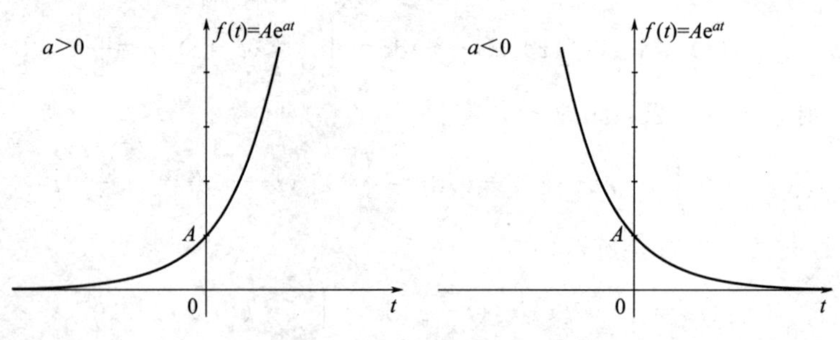

图 1-21　实指数信号波形图

在实际应用中，最常见的是因果的衰减的指数信号（右边信号），简称为指数衰减信号，表达式为：

$$f(t)=\begin{cases}Ae^{at}, & t\geqslant 0\\ 0, & t<0\end{cases} \tag{1-24}$$

式中，A,a 都是实数，且 $A>0,a<0$。其波形如图 1-22 所示。

当 $A=1$ 时，指数衰减信号的表达式为：

$$f(t)=\begin{cases}e^{at}, & t\geqslant 0,a<0\\ 0, & t<0\end{cases} \tag{1-25}$$

当 $A=1$ 时，指数衰减信号也可以表示为：

$$f(t)=\begin{cases}e^{-\frac{1}{\tau}t}, & t\geqslant 0\\ 0, & t<0\end{cases} \tag{1-26}$$

式中，$-\frac{1}{\tau}=a<0$。当 $t=0$ 时，$f(t)=1$ 时；当 $t=\tau$ 时，$f(t)=f(\tau)=\frac{1}{e}\approx 0.368$，表明指数衰减信号经过时间 τ 后，信号幅度将衰减到初始值的 36.8%。如图 1-23 所示。

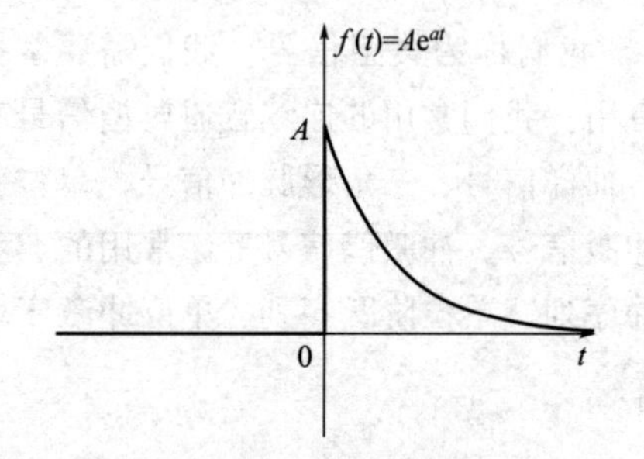

图 1-22　指数衰减信号波形图（1）

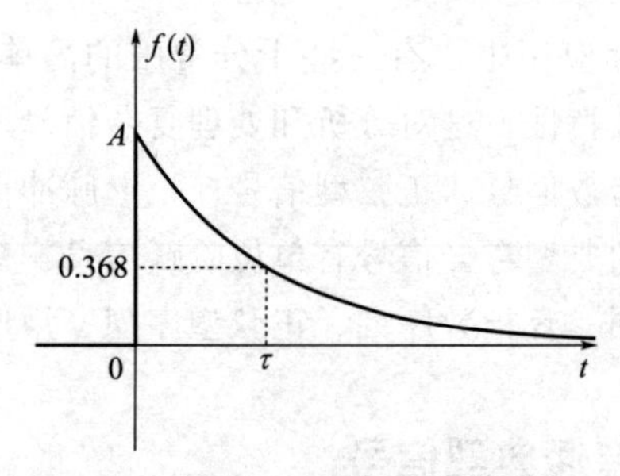

图 1-23　指数衰减信号波形图（2）

（2）复指数信号

复指数信号的定义表示如下：

$$f(t)=Ae^{st},t\in(-\infty,\infty)=\mathbf{R} \tag{1-27}$$

式中，$s=\sigma+j\omega_0$ 是复数；A 可以是复数，也可以是实数。以下讨论时 A 取实数。

特别取 $A=1,s=j\omega_0$ 时，复指数信号 $f(t)=Ae^{st}$ 就是虚指数信号，表达式如下：

$$f(t)=e^{j\omega_0 t},t\in(-\infty,\infty) \tag{1-28}$$

利用欧拉（Euler）公式，有 $f(t)=e^{j\omega_0 t}=\cos(\omega_0 t)+j\sin(\omega_0 t)$，同时可以得到如下结果：

$$\cos(\omega_0 t)=\frac{1}{2}(e^{j\omega_0 t}+e^{-j\omega_0 t}) \tag{1-29}$$

$$\sin(\omega_0 t)=\frac{1}{2\mathrm{j}}(\mathrm{e}^{\mathrm{j}\omega_0 t}-\mathrm{e}^{-\mathrm{j}\omega_0 t}) \tag{1-30}$$

复指数信号 $f(t)=A\mathrm{e}^{st}$ 也可以用实部、虚部来表示如下：

$$f(t)=A\mathrm{e}^{st}=A\mathrm{e}^{(\sigma+\mathrm{j}\omega_0)t}=A\mathrm{e}^{\sigma t}\mathrm{e}^{\mathrm{j}\omega_0 t}=A\mathrm{e}^{\sigma t}[\cos(\omega_0 t)+\mathrm{j}\sin(\omega_0 t)] \tag{1-31}$$

可以看出复指数信号 $f(t)=A\mathrm{e}^{st}$ 的实部为 $A\mathrm{e}^{\sigma t}\cos(\omega_0 t)$，虚部为 $A\mathrm{e}^{\sigma t}\sin(\omega_0 t)$。复指数 $f(t)=A\mathrm{e}^{st}$ 包含以下三种情况：

① 当 $\omega_0=0$ 时，$f(t)=A\mathrm{e}^{st}=A\mathrm{e}^{\sigma t}$ 就是实指数信号；

② 当 $\sigma=0$ 时，$f(t)=A\mathrm{e}^{st}=A\mathrm{e}^{\mathrm{j}\omega_0 t}$ 就是虚指数信号；

③ 当 $\sigma=0, \omega_0=0$ 时，$f(t)=A\mathrm{e}^{st}=A$ 就是直流信号。

(3) 正弦型信号

由于正弦信号 $\sin t$ 和余弦信号 $\cos t$ 仅差相位 $\frac{\pi}{2}$，即满足 $\sin\left(t+\frac{\pi}{2}\right)=\cos t$，所以我们把正弦、余弦信号统称为正弦型信号。正弦型信号的一般表达式为：

$$f(t)=A\sin(\Omega t+\phi) \tag{1-32}$$

式中，A 是振幅；Ω 是模拟角频率；ϕ 是初始相位。正弦型信号 $f(t)=A\sin(\Omega t+\phi)$ 的波形如图 1-24 所示。

衰减指数信号与正弦型信号的乘积就是衰减的正弦振荡信号，表达式如下：

$$f(t)=\begin{cases}A\mathrm{e}^{at}\sin(\Omega t), & a<0, t\geqslant 0\\ 0, & t<0\end{cases} \tag{1-33}$$

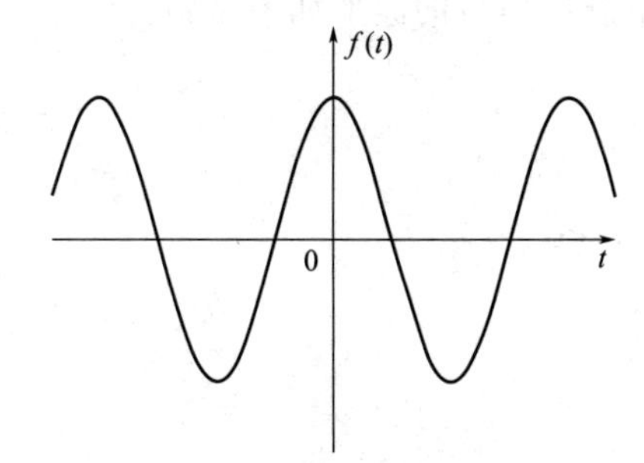

图 1-24 正弦型信号波形图

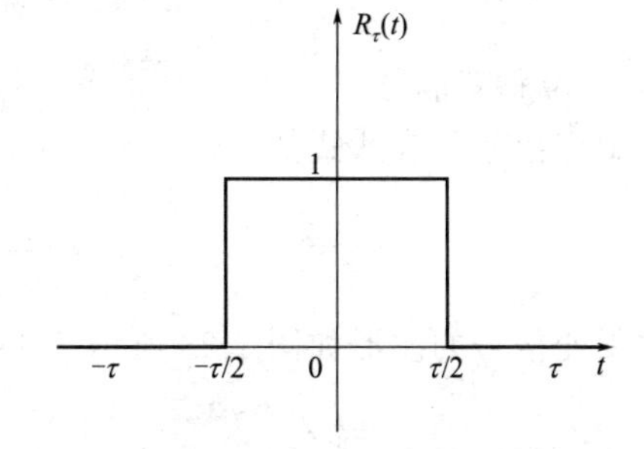

图 1-25 标准矩形脉冲波形图

(4) 矩形脉冲信号

矩形脉冲信号的表达式如下：

$$f(t)=\begin{cases}A, & -\frac{\tau}{2}\leqslant t\leqslant\frac{\tau}{2}\\ 0, & 其他\end{cases} \tag{1-34}$$

式中，A 是矩形脉冲的幅度；τ 是矩形脉冲的脉宽。当 $A=1$ 时，可以称为标准矩形脉冲，记为：

$$R_\tau(t)=\begin{cases}1, & -\frac{\tau}{2}\leqslant t\leqslant\frac{\tau}{2}\\ 0, & 其他\end{cases} \tag{1-35}$$

标准矩形脉冲的波形如图 1-25 所示。

（5）抽样信号

抽样信号也可以叫做抽样函数，或者称为 Sa(t)函数，它的表达式如下：

$$\mathrm{Sa}(t)=\frac{\sin t}{t} \tag{1-36}$$

Sa(t)函数的定义域仍为$(-\infty,\infty)$，且定义 $\mathrm{Sa}(0)=\lim\limits_{t\to 0}\frac{\sin t}{t}=1$。Sa$(t)$函数有以下性质：

① Sa(t)函数是偶函数；

② $\mathrm{Sa}(t)=0, t=\pm\pi, \pm 2\pi, \cdots, \pm n\pi$，$n$ 是非零整数，$t=\pm n\pi$ 称为 Sa(t)函数的过零点；

③ $\int_{-\infty}^{\infty}\mathrm{Sa}(t)\mathrm{d}t=\pi$，$\int_{0}^{\infty}\mathrm{Sa}(t)\mathrm{d}t=\frac{\pi}{2}$。

Sa(t)函数的波形如图 1-26 所示。

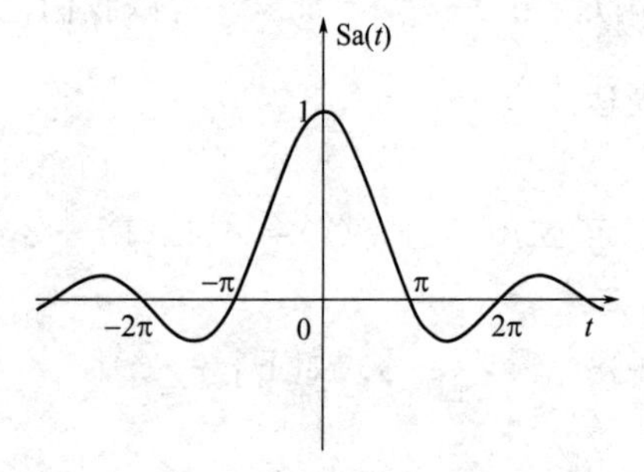

图 1-26　Sa(t)函数波形图

（6）三角形脉冲信号

三角形脉冲信号有多种表达方式，我们给出其中一种形式的三角形脉冲：

$$f_{\triangle}(t)=\begin{cases}\frac{2}{\tau}t+1, & -\frac{\tau}{2}\leqslant t\leqslant 0\\ -\frac{2}{\tau}t+1, & 0<t\leqslant\frac{\tau}{2}\\ 0, & \text{其他}\end{cases} \tag{1-37}$$

该三角形脉冲信号的波形如图 1-27 所示。

（7）单位斜变信号

单位斜变信号的表达式如下：

$$f(t)=\begin{cases}t, & t\geqslant 0\\ 0, & t<0\end{cases} \tag{1-38}$$

单位斜变信号的波形如图 1-28 所示。

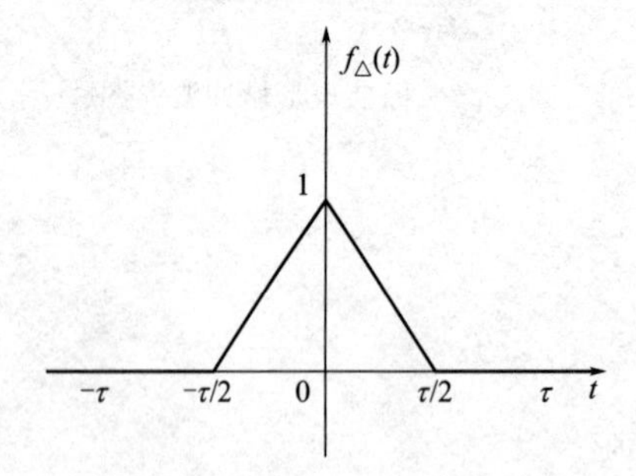

图 1-27　三角形脉冲信号波形图

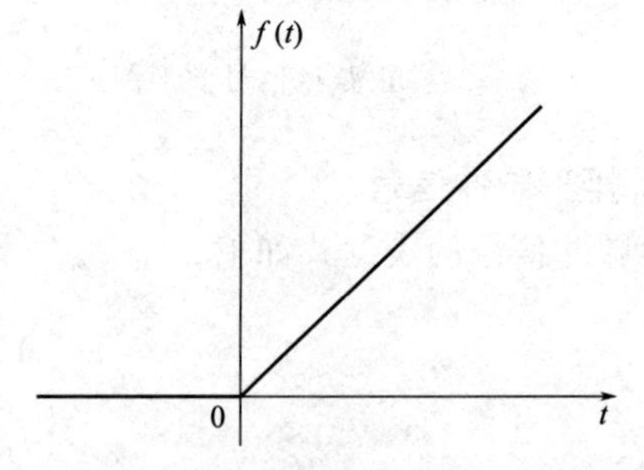

图 1-28　单位斜变信号波形图

1.3.2　奇异信号

奇异信号是一种特殊的信号，从定义方式和微积分特性来看都不同于普通信号（函数）。我们下面讨论的奇异信号主要有单位阶跃信号、单位冲激信号、冲激偶信号等。

（1）单位阶跃信号

单位阶跃信号一般记为 $u(t)$，其定义为：

$$u(t)=\begin{cases}1, & t>0\\0, & t<0\end{cases} \tag{1-39}$$

$u(t)$在 $t=0$ 处一般没有定义，也可以有定义，比如定义 $u(0)=\frac{1}{2}$。在本书中，默认 $u(t)$在 $t=0$ 处无定义。单位阶跃信号 $u(t)$的波形如图 1-29 所示。

单位阶跃信号的波形可以左移，也可以右移。右移 t_0 （$t_0>0$）时，$u(t-t_0)$的波形如图 1-30 所示。

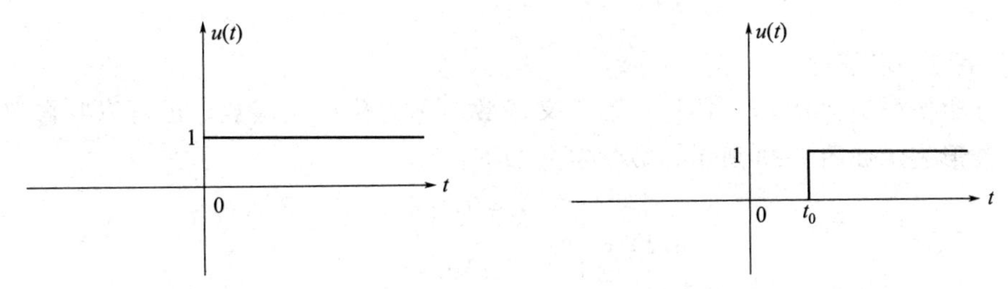

图 1-29　单位阶跃信号波形图　　图 1-30　单位阶跃信号右移 t_0 波形图

矩形脉冲信号 $R_\tau(t)=\begin{cases}1, & -\frac{\tau}{2}\leqslant t\leqslant\frac{\tau}{2}\\0, & 其他\end{cases}$可以用单位阶跃信号的移位信号表示如下：

$$R_\tau(t)=u\left(t+\frac{\tau}{2}\right)-u\left(t-\frac{\tau}{2}\right) \tag{1-40}$$

任意一个信号 $f(t)$，$-\infty<t<\infty$，可以通过乘以单位阶跃信号，得到一个右边信号，这种信号也称为因果信号，表达式如下：

$$f(t)u(t)=\begin{cases}f(t), & t>0\\0, & t<0\end{cases} \tag{1-41}$$

符号函数记为 $\mathrm{sgn}(t)$，在 $t=0$ 处一般没有定义，它的定义如下：

$$\mathrm{sgn}(t)=\begin{cases}1, & t>0\\-1, & t<0\end{cases} \tag{1-42}$$

符号函数 $\mathrm{sgn}(t)$的波形如图 1-31 所示。

符号函数 $\mathrm{sgn}(t)$可以用矩形脉冲函数表示如下：

$$\mathrm{sgn}(t)=2u(t)-1=-u(-t)+u(t) \tag{1-43}$$

离散的单位阶跃信号即单位阶跃序列，一般记为 $u(n)$，其定义为：

$$u(n)=\begin{cases}1, & n\geqslant 0\\0, & n<0\end{cases} \tag{1-44}$$

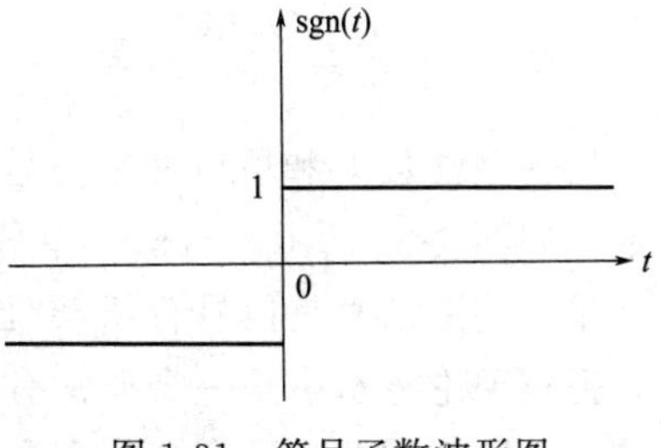

图 1-31　符号函数波形图

单位阶跃序列的波形如图 1-32 所示。

容易得到，矩形脉冲序列 $R_N(n)=\begin{cases}1, & 0\leqslant n\leqslant N-1\\0, & 其他\end{cases}=u(n)-u(n-N)$。

对于任意序列 $x(n)$，$x(n)*u(n)=\sum\limits_{k=-\infty}^{n}x(k)$，恰好是序列的累加序列。

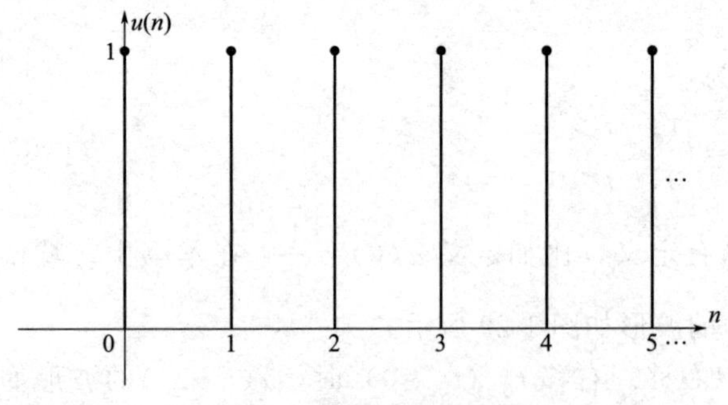

图 1-32　单位阶跃序列波形图

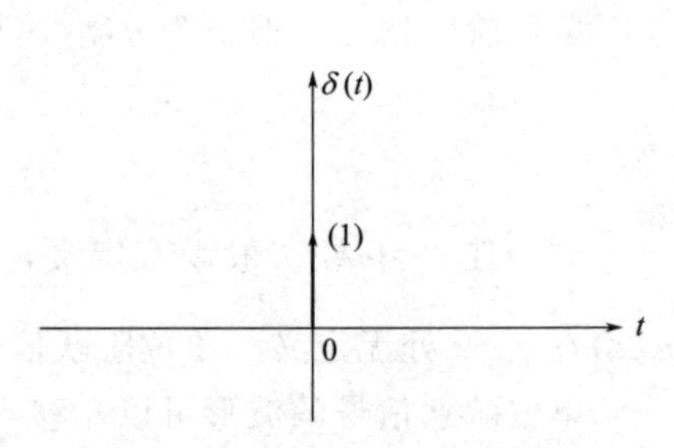

图 1-33　单位冲激信号波形

（2）单位冲激信号

单位冲激信号记为 $\delta(t)$，它是一种广义函数，称为狄拉克函数，也可以叫做单位冲激函数。其波形表示如图 1-33 所示，数学定义如下：

$$\delta(t)=\begin{cases}\delta(t)=0, t\neq 0\\ \int_{-\infty}^{\infty}\delta(t)\mathrm{d}t=1\end{cases} \tag{1-45}$$

事实上，由单位冲激信号的定义可知：

$$\int_{-\infty}^{\infty}\delta(t)\mathrm{d}t=\int_{-k}^{k}\delta(t)\mathrm{d}t(k>0)=\lim_{k\to 0}\int_{-\infty}^{\infty}\delta(t)\mathrm{d}t(k>0)=\int_{0_-}^{0_+}\delta(t)\mathrm{d}t=1$$

单位冲激信号的移位 $\delta(t-t_0), t_0>0$，波形表示如图 1-34 所示。

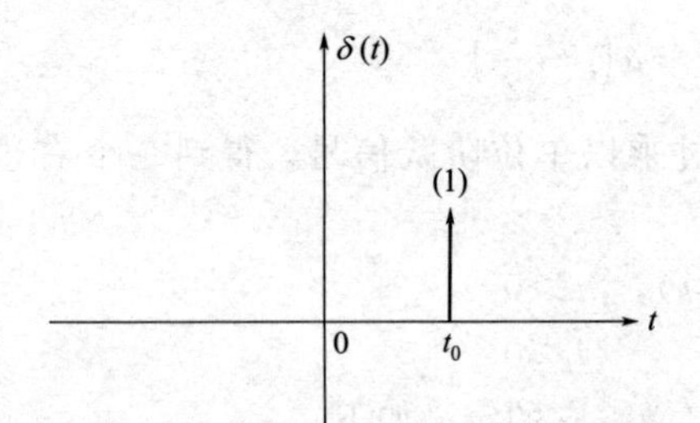

图 1-34　单位冲激信号 $\delta(t-t_0)$波形

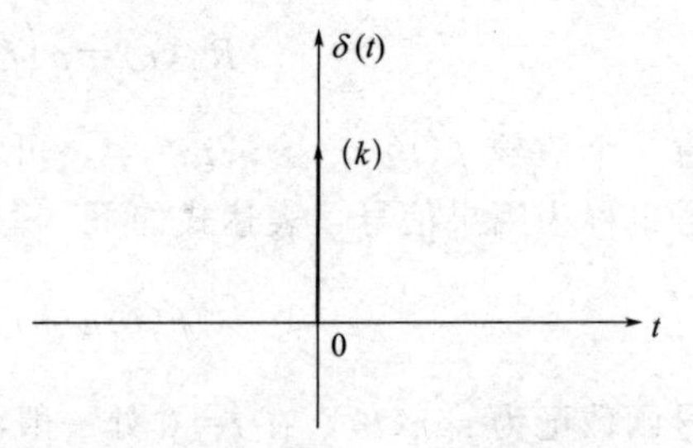

图 1-35　强度为 k 的冲激函数波形图

由单位冲激函数的定义和移位特性可知：

$$\int_{-\infty}^{\infty}\delta(t-t_0)\mathrm{d}t=\int_{t_0-k}^{t_0+k}\delta(t-t_0)\mathrm{d}t(k>0)=\lim_{k\to 0}\int_{t_0-k}^{t_0+k}\delta(t-t_0)\mathrm{d}t(k>0)=\int_{t_{0-}}^{t_{0+}}\delta(t)\mathrm{d}t=1$$

用一个常数 k 和单位冲激信号 $\delta(t)$相乘，所得的信号记为 $k\delta(t)$，称为强度为 k 的冲激函数，如图 1-35 所示。显然，单位冲激信号 $\delta(t)$是强度为 1 的冲激函数。

单位冲激信号是信号分析与处理中一个非常重要的概念，虽然在实际工程中它并不存在，但在理论分析中是一个非常有用的数学工具。它可以看作是一个“面积”为 1 的理想化了的窄脉冲。因此它还有其他容易理解的定义方式。我们给出另外几种定义。

① 矩形脉冲函数的极限：

$$\delta(t)=\lim_{\tau\to 0}\frac{1}{\tau}\left[u\left(t+\frac{\tau}{2}\right)-u\left(t-\frac{\tau}{2}\right)\right] \tag{1-46}$$

上式表示，一个脉宽为 τ、幅度为$\frac{1}{\tau}$的偶对称矩形脉冲的面积是 1。保持该矩形脉冲的面积为 1 不变，使脉宽 τ 逐渐趋于 0，则在这个极限过程中，脉冲幅度$\frac{1}{\tau}$将趋于无穷大，它的极限情况即为单位冲激信号。

② 三角形脉冲的极限：

$$\delta(t)=\lim_{\tau\to 0}\frac{2}{\tau}f_{\triangle}(t)=\lim_{\tau\to 0}\frac{2}{\tau}\begin{cases}\frac{2}{\tau}t+1, & -\frac{\tau}{2}\leqslant t\leqslant 0\\ -\frac{2}{\tau}t+1, & 0<t\leqslant\frac{\tau}{2}\\ 0, & \text{其他}\end{cases}\tag{1-47}$$

③ 抽样函数 Sa(t)的极限：

$$\delta(t)=\lim_{\tau\to\infty}\left[\frac{\tau}{\pi}\mathrm{Sa}(\tau t)\right]\tag{1-48}$$

作为奇异函数的单位冲激信号 $\delta(t)$，有几个非常重要的特性，特别是它的抽样特性，在连续信号的抽样理论分析中非常有用。单位冲激信号 $\delta(t)$的几个重要性质描述如下：

① 抽样特性，也可以称为筛选特性。一个在 $t=0$ 处连续（处处有界）的连续信号 $f(t)$，和单位冲激信号 $\delta(t)$相乘的结果仍是冲激函数，强度为 $f(0)$，$f(0)$恰是信号 $f(t)$ 在 $t=0$ 处的值（幅度）。

$$f(t)\cdot\delta(t)=f(0)\delta(t)\tag{1-49}$$

这个结果就体现了单位冲激信号 $\delta(t)$对连续信号 $f(t)$在 $t=0$ 处的抽样（筛选）功能，也就是说我们可以用 $f(t)\delta(t)=f(0)\delta(t)$表示，在 $t=0$ 处抽取出了信号 $f(t)$的幅度值 $f(0)$。$\delta(t)$的抽样特性，最常用的表达方式是如下的积分形式：

$$\int_{-\infty}^{\infty}f(t)\delta(t)\mathrm{d}t=\int_{-\infty}^{\infty}f(0)\delta(t)\mathrm{d}t=f(0)\tag{1-50}$$

对信号 $f(t)$在 $t=t_0$ 处的抽样（筛选）特性，可以用与单位冲激信号的移位信号相乘来表示：

$$f(t)\cdot\delta(t-t_0)=f(t_0)\delta(t-t_0)\tag{1-51}$$

$$\int_{-\infty}^{\infty}f(t)\delta(t-t_0)\mathrm{d}t=\int_{-\infty}^{\infty}f(t_0)\delta(t)\mathrm{d}t=f(t_0)\tag{1-52}$$

$f(t_0)\delta(t)$是强度为 $f(t_0)$的冲激函数。这说明了单位冲激信号 $\delta(t)$对连续信号 $f(t)$在 $t=t_0$ 处的抽样（筛选）功能，也就是说我们可以用 $f(t)\cdot\delta(t-t_0)=f(t_0)\delta(t)$表示，在 $t=t_0$ 处抽取出了信号 $f(t)$的幅度值 $f(t_0)$。

【例 1-17】 利用单位冲激信号的抽样特性计算下列各式：

① $\cos(t)\delta(t)$；　② $\mathrm{e}^{2t}\delta(t-2)$；　③ $\int_{-\infty}^{\infty}\mathrm{e}^{-2t+1}\cos t\delta(t)\mathrm{d}t$；

④ $\int_{-3}^{0}(t+3)\delta(t+1)\mathrm{d}t$；　⑤ $\int_{-3}^{0}(t+3)\delta(t-1)\mathrm{d}t$。

解：利用冲激信号的抽样特性，可得：

① $\cos t\delta(t)=\cos 0\delta(t)=\delta(t)$；

② $\mathrm{e}^{2t}\delta(t-2)=\mathrm{e}^{2\times 2}\delta(t-2)=\mathrm{e}^{4}\delta(t-2)$；

③ $\int_{-\infty}^{\infty}\mathrm{e}^{-2t+1}\cos t\delta(t)\mathrm{d}t=\mathrm{e}^{1}\cos 0=\mathrm{e}$

④ 注意到$-1\in[-3,0]$，则有：

$$\int_{-3}^{0}(t+3)\delta(t+1)\mathrm{d}t=\int_{-3}^{0}2\delta(t+1)\mathrm{d}t=2$$

⑤ 注意到 $1\notin[-3,0]$，则有：

$$\int_{-3}^{0}(t+3)\delta(t-1)\mathrm{d}t=\int_{-3}^{0}4\delta(t-1)\mathrm{d}t=4\int_{-3}^{0}\delta(t-1)\mathrm{d}t=0$$

② 单位冲激信号是偶函数，即满足 $\delta(-t)=\delta(t)$。

单位冲激函数满足 $\delta(-t)=\delta(t)=0, t\neq 0$，并且有：

$$\begin{aligned}\int_{-\infty}^{\infty}f(t)\delta(-t)\mathrm{d}t&=\int_{\infty}^{-\infty}f(-\tau)\delta(\tau)\mathrm{d}(-\tau)=-\int_{\infty}^{-\infty}f(-\tau)\delta(\tau)\mathrm{d}\tau\\&=\int_{-\infty}^{\infty}f(-\tau)\delta(\tau)\mathrm{d}\tau=f(-0)=f(0)\end{aligned}$$

由单位冲激函数的定义可知 $\delta(-t)=\delta(t)$，冲激函数是偶函数。

③ 冲激函数的尺度变换特性。单位冲激信号 $\delta(t)$ 的尺度变换特性表示如下：

$$\delta(at)=\frac{1}{|a|}\delta(t), a\neq 0 \tag{1-53}$$

单位冲激信号 $\delta(t)$ 的尺度变换特性可以证明如下：

只需证明

$$\int_{-\infty}^{\infty}f(t)\delta(at)\mathrm{d}t=\int_{-\infty}^{\infty}f(t)\frac{1}{|a|}\delta(t)\mathrm{d}t$$

当 $a>0$ 时

$$\int_{-\infty}^{\infty}f(t)\delta(at)\mathrm{d}t=\frac{1}{a}\int_{-\infty}^{\infty}f\left(\frac{\tau}{a}\right)\delta(\tau)\mathrm{d}\tau=\frac{1}{a}f\left(\frac{0}{a}\right)=\frac{1}{a}f(0)=\frac{1}{|a|}f(0)$$

当 $a<0$ 时

$$\int_{-\infty}^{\infty}f(t)\delta(at)\mathrm{d}t=\frac{1}{a}\int_{\infty}^{-\infty}f\left(\frac{\tau}{a}\right)\delta(\tau)\mathrm{d}\tau=-\frac{1}{a}\int_{-\infty}^{\infty}f\left(\frac{\tau}{a}\right)\delta(\tau)\mathrm{d}\tau=\frac{1}{|a|}f\left(\frac{0}{a}\right)=\frac{1}{|a|}f(0)$$

而 $\int_{-\infty}^{\infty}f(t)\frac{1}{|a|}\delta(t)\mathrm{d}t=\frac{1}{|a|}\int_{-\infty}^{\infty}f(t)\delta(t)\mathrm{d}t=\frac{1}{|a|}f(0)$

这样就证明了 $\delta(at)=\frac{1}{|a|}\delta(t), a\neq 0$。

同样容易证明

$$\delta(at+b)=\frac{1}{|a|}\delta\left(t+\frac{b}{a}\right), a\neq 0 \tag{1-54}$$

【例 1-18】 利用单位冲激信号的特性计算下列各式：

① $\int_{-\infty}^{\infty}\mathrm{e}^{2t}\cos t\,\delta(2t-1)\mathrm{d}t$；② $\int_{-3}^{0}(t+2)\delta(3t-1)\mathrm{d}t$。

解：由单位冲激信号的抽样和尺度变换特性，可得：

① $\int_{-\infty}^{\infty}\mathrm{e}^{2t}\cos t\,\delta(2t-1)\mathrm{d}t=\int_{-\infty}^{\infty}\mathrm{e}^{2t}\cos t\,\frac{1}{2}\delta\left(t-\frac{1}{2}\right)\mathrm{d}t=\frac{1}{2}\mathrm{e}\cos\frac{1}{2}$；

② 注意到 $\frac{1}{3}\notin[-3,0]$，则有：

$$\int_{-3}^{0}(t+2)\delta(3t-1)\mathrm{d}t=\int_{-3}^{0}(t+2)\frac{1}{3}\delta\left(t-\frac{1}{3}\right)\mathrm{d}t=0$$

④ 单位冲激信号的积分。由单位冲激信号的定义可得，单位积分函数是单位阶跃信号，即有 $\int_{-\infty}^{t}\delta(\tau)\mathrm{d}\tau=\int_{-\infty}^{t}\delta(t)\mathrm{d}t=u(t)$，证明如下：

当 $t<0$ 时，$0\notin[-\infty,t]$，所以有 $\int_{-\infty}^{t}\delta(\tau)\mathrm{d}\tau=0$；

当 $t>0$ 时，$0\in[-\infty,t]$，所以有 $\int_{-\infty}^{t}\delta(\tau)\mathrm{d}\tau=\int_{-t}^{t}\delta(\tau)\mathrm{d}\tau=1$。

由单位阶跃信号的定义，可得 $\int_{-\infty}^{t}\delta(\tau)\mathrm{d}\tau=u(t)$。

反过来，单位阶跃信号的微分（导数）应该等于单位冲激函数：

$$\frac{\mathrm{d}u(t)}{\mathrm{d}t}=\delta(t) \tag{1-55}$$

奇异信号的微分与普通连续函数的微分定义略有不同，事实上单位阶跃信号 $u(t)$ 在 $t=0$ 处是不连续的，按照普通函数的微分定义，$u(t)$ 在 $t=0$ 是不可导的，但 $u(t)$ 现在作为奇异信号，我们定义了它的导数。可以这样理解，单位阶跃信号 $u(t)$ 在 $t=0$ 处，变量 t 从 $0_-\rightarrow 0_+$ 幅度值有一个值为 1 的跳变，因此在 $t=0$ 处变换率为无穷大，微分对应在零点的单位冲激，在这里不做理论上的证明了。

⑤ 单位冲激信号的卷积特性。设信号 $f(t)$ 是一个任意的连续时间信号，则有：

$$f(t)*\delta(t)=f(t) \tag{1-56}$$

$$f(t)*\delta(t-t_0)=f(t-t_0) \tag{1-57}$$

证明：由信号卷积运算的定义和单位冲激信号的偶函数特性，可得：

$$\begin{aligned}f(t)*\delta(t)&=\int_{-\infty}^{\infty}f(\tau)\delta(t-\tau)\mathrm{d}\tau=\int_{-\infty}^{\infty}f(\tau)\delta[-(\tau-t)]\mathrm{d}\tau\\&=\int_{-\infty}^{\infty}f(\tau)\delta(\tau-t)\mathrm{d}\tau=f(t)\end{aligned}$$

$$\begin{aligned}f(t)*\delta(t-t_0)&=\int_{-\infty}^{\infty}f(\tau)\delta(t-t_0-\tau)\mathrm{d}\tau=\int_{-\infty}^{\infty}f(\tau)\delta[-(\tau-t+t_0)]\mathrm{d}\tau\\&=\int_{-\infty}^{\infty}f(\tau)\delta[\tau-(t-t_0)]\mathrm{d}\tau=f(t-t_0)\end{aligned}$$

离散的单位阶跃序列一般记为 $u(n)$，它的定义为：

$$u(n)=\begin{cases}1, & n\geqslant 0\\0, & n<0\end{cases} \tag{1-58}$$

离散的单位冲激信号即单位冲激序列，一般记为 $\delta(n)$，它的定义为：

$$\delta(n)=\begin{cases}1, & n=0\\0, & n\neq 0\end{cases} \tag{1-59}$$

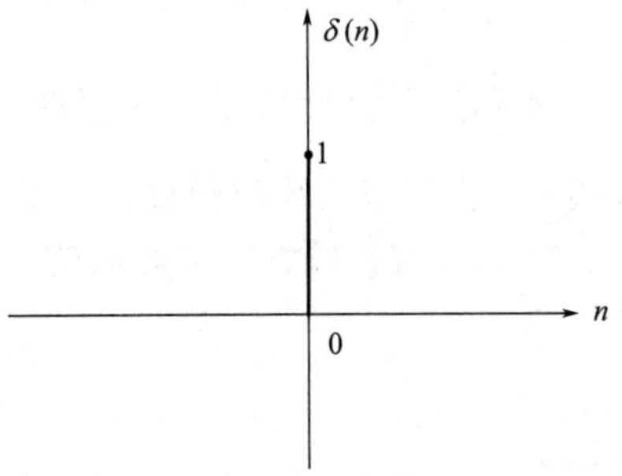

单位冲激序列 $\delta(n)$ 的波形如图 1-36 所示。

图 1-36　单位冲激序列波形图

对于任意序列 $x(n)$，有 $x(n)=\sum_{m=-\infty}^{\infty}x(m)\delta(n-m)$，即任意序列 $x(n)$ 可以表示成单位冲激序列及其移位的线性组合，事实上 $x(n)=\sum_{m=-\infty}^{\infty}x(m)\delta(n-m)=x(n)*\delta(n)$。

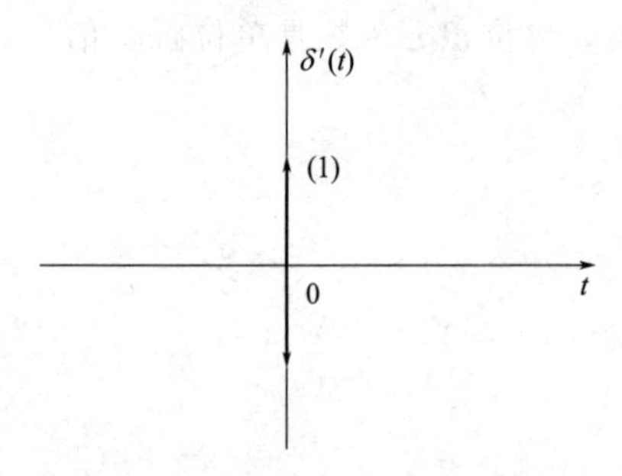

图 1-37　冲激偶信号波形图

(3) 冲激偶信号

单位冲激信号 $\delta(t)$ 有任意阶导数，它的导数 $\delta'(t)$ 称为冲激偶信号，其定义为：

$$\delta'(t)=\frac{d\delta(t)}{dt} \tag{1-60}$$

冲激偶信号 $\delta'(t)$ 也以强度表示，其波形如图 1-37 所示。

冲激偶信号的性质：

① 抽样特性。对于任意的可导连续时间信号 $f(t)$，有如下性质：

$$\int_{-\infty}^{\infty} f(t)\delta'(t-t_0)dt=-f'(t_0) \tag{1-61}$$

$$f(t)\delta'(t-t_0)=-f'(t_0)\delta(t-t_0)+f(t_0)\delta'(t-t_0) \tag{1-62}$$

当取 $t_0=0$ 时，便有如下结果：

$$\int_{-\infty}^{\infty} f(t)\delta'(t)dt=-f'(0) \tag{1-63}$$

$$f(t)\delta'(t)=-f'(0)\delta(t)+f(0)\delta'(t) \tag{1-64}$$

证明：利用积分的分部积分方法，证明抽样特性。

$$\int_{-\infty}^{\infty} f(t)\delta'(t-t_0)dt=\int_{-\infty}^{\infty} f(t)d[\delta(t-t_0)]=f(t)\delta(t-t_0)\Big|_{-\infty}^{\infty}-\int_{-\infty}^{\infty}\delta(t-t_0)df(t)$$

$$=0-\int_{-\infty}^{\infty}\delta(t-t_0)f'(t)dt=-f'(t_0)$$

$$\int_{-\infty}^{\infty}[-f'(0)\delta(t)+f(0)\delta'(t)]dt=\int_{-\infty}^{\infty}[-f'(0)\delta(t)]dt+\int_{-\infty}^{\infty}[f(0)\delta'(t)]dt$$

$$=-f'(t_0)+\int_{-\infty}^{\infty}[f(0)\delta'(t)]dt=-f'(t_0)+\int_{-\infty}^{\infty}f(0)d[\delta(t)]$$

$$=-f'(t_0)+f(0)\delta(t)\Big|_{-\infty}^{\infty}-\int_{-\infty}^{\infty}\delta(t)d[f(0)]=-f'(t_0)+0+0=-f'(t_0)$$

所以有

$$\int_{-\infty}^{\infty} f(t)\delta'(t-t_0)dt=\int_{-\infty}^{\infty}[-f'(t_0)\delta(t-t_0)+f(t_0)\delta'(t-t_0)]dt=-f'(t_0)$$

这样证明了两种形式的冲激偶抽样特性。在上述证明过程中同时证明了 $\int_{-\infty}^{\infty}\delta'(t)dt=0$。事实上，由于单位冲激函数 $\delta(t)$ 是偶函数，所以它的导数冲激偶 $\delta'(t)$ 是奇函数。

② 尺度变换特性。冲激偶信号 $\delta'(t)$ 的尺度变换特性，表达式如下：

$$\delta'(at)=\frac{1}{a|a|}\delta'(t),a\neq 0 \tag{1-65}$$

$$\delta'(at+b)=\frac{1}{a|a|}\delta'\left(t+\frac{b}{a}\right),a\neq 0 \tag{1-66}$$

当取 $a=-1,b=0$ 时，则有 $\delta'(-t)=-\delta'(t)$，这也说明冲激偶信号 $\delta'(t)$ 是奇函数。

③ 卷积特性。对于任意的可导连续时间信号 $f(t)$，有如下卷积性质：

$$f(t)*\delta'(t)=f'(t) \tag{1-67}$$

总结前面给出的结果，容易得到或证明，单位斜边信号、单位阶跃信号、单位冲激信号和冲激偶信号之间，有如下微积分关系：

单位斜变信号 $f(t)$ 的导数是单位阶跃信号 $f'(t)=u(t)$，其中 $f(t)=\begin{cases} t, & t\geqslant 0 \\ 0, & t<0 \end{cases}$；

单位阶跃信号 $u(t)$ 的导数是单位冲激信号 $\delta(t)$，$u'(t)=\dfrac{\mathrm{d}u(t)}{\mathrm{d}t}=\delta(t)$；

单位冲激信号 $\delta(t)$ 的导数是冲激偶信号 $\delta'(t)$，$\dfrac{\mathrm{d}\delta(t)}{\mathrm{d}t}=\delta'(t)$；

冲激偶信号 $\delta'(t)$ 的积分是单位冲激信号 $\delta(t)$，$\int_{-\infty}^{t}\delta'(t)\mathrm{d}t=\delta(t)$；

单位冲激信号 $\delta(t)$ 的积分是单位阶跃信号 $u(t)$，$\int_{-\infty}^{t}\delta(t)\mathrm{d}t=u(t)$；

单位阶跃信号 $u(t)$ 的积分是单位斜变信号 $f(t)$，$\int_{-\infty}^{t}u(t)\mathrm{d}t=f(t)=\begin{cases} t, & t\geqslant 0 \\ 0, & t<0 \end{cases}$；

单位阶跃序列 $u(n)$ 的差分为单位冲激序列 $\delta(n)$，$\nabla u(n)=u(n)-u(n-1)=\delta(n)$；

单位冲激序列 $\delta(n)$ 的累加序列是单位阶跃序列 $u(n)$，$u(n)=\sum_{m=-\infty}^{n}\delta(m)$。

1.4 信号的分解

1.3 节讨论了一些典型信号，包括基本信号和奇异信号，它们的性质非常清晰。对于一般的复杂信号如何进行有效的分析和处理？一个基本想法是把复杂信号用一些典型信号表示出来，那么分析和处理就变得容易了。把一个复杂信号用一些典型信号表示，这就是信号的分解。把任意一个信号表示成一些典型信号的线性组合，这种分解更为实用。当然，信号分解的方式很多，可以从不同角度进行。这里介绍几种信号的分解方法。

1.4.1 信号的直流分量和交流分量分解

任意一个连续时间信号 $f(t)$ 的直流分量是指它在定义区间上的平均值，它是一个常量，不随时间变化而变化。信号 $f(t)$ 减去直流分量后的部分称为信号的交流分量。如果把信号 $f(t)$ 的直流分量记为 $f_{\mathrm{D}}(t)$，交流分量记为 $f_{\mathrm{A}}(t)$，则有信号的分解 $f(t)=f_{\mathrm{D}}(t)+f_{\mathrm{A}}(t)$。

如果连续时间信号 $f(t),t\in[a,b]$，则该信号的直流分量 $f_{\mathrm{D}}(t)$ 按照下式计算：

$$f_{\mathrm{D}}(t)=\frac{1}{b-a}\int_{a}^{b}f(t)\mathrm{d}t \tag{1-68}$$

如果连续时间信号 $f(t),t\in(-\infty,\infty)$，则该信号的直流分量 $f_{\mathrm{D}}(t)$ 按照下式计算：

$$f_{\mathrm{D}}(t)=\lim_{T\to\infty}\frac{1}{T}\int_{-\frac{T}{2}}^{\frac{T}{2}}f(t)\mathrm{d}t,T>0 \tag{1-69}$$

【例 1-19】 求单位阶跃信号 $u(t)$ 的直流和交流分解式 $u(t)=u_{\mathrm{D}}(t)+u_{\mathrm{A}}(t)$。

解： 单位阶跃信号 $u(t)$ 的定义区间为 $t\in(-\infty,\infty)$。所以有：

$$u_{\mathrm{D}}(t)=\lim_{T\to\infty}\frac{1}{T}\int_{-\frac{T}{2}}^{\frac{T}{2}}u(t)\mathrm{d}t=\lim_{T\to\infty}\frac{1}{T}\int_{0}^{\frac{T}{2}}\mathrm{d}t=\lim_{T\to\infty}\frac{1}{T}\times\frac{T}{2}=\frac{1}{2}$$

$$u_{\mathrm{A}}(t)=u(t)-u_{\mathrm{D}}(t)=u(t)-\frac{1}{2}=\begin{cases}-\frac{1}{2}, & t<0\\ \frac{1}{2}, & t>0\end{cases}$$

所以有 $$u(t)=u_{\mathrm{D}}(t)+u_{\mathrm{A}}(t)=\frac{1}{2}+\frac{1}{2}\operatorname{sgn}(t)$$

上式说明，阶跃信号 $u(t)$ 可以分解成直流信号和符号函数 $\operatorname{sgn}(t)$ 的线性组合。

1.4.2 实信号的偶分量和奇分量分解

连续时间实信号 $f(t)$ 作为一个函数，由高等数学的知识可知，$f(t)$ 可以分解成偶函数分量（简称偶分量）$f_{\mathrm{e}}(t)$ 和奇函数分量（简称奇分量）$f_{\mathrm{o}}(t)$ 的和，满足下列条件：

$$f_{\mathrm{e}}(-t)=f_{\mathrm{e}}(t),\ f_{\mathrm{o}}(-t)=-f_{\mathrm{o}}(t)$$

$$f(t)=f_{\mathrm{e}}(t)+f_{\mathrm{o}}(t)$$

而且偶分量和奇分量可以由信号 $f(t)$ 计算得到：

$$f_{\mathrm{e}}(t)=\frac{1}{2}[f(t)+f(-t)] \tag{1-70}$$

$$f_{\mathrm{o}}(t)=\frac{1}{2}[f(t)-f(-t)] \tag{1-71}$$

【例 1-20】 将矩形脉冲信号 $f(t)=u(t)-u(t-1)$ 分解成偶分量和奇分量之和。

解： $f(-t)=u(-t)-u(-t-1)$

$$f_{\mathrm{e}}(t)=\frac{1}{2}[f(t)+f(-t)]=\frac{1}{2}[u(t)-u(t-1)+u(-t)-u(-t-1)]$$

$$f_{\mathrm{o}}(t)=\frac{1}{2}[f(t)-f(-t)]=\frac{1}{2}[u(t)-u(t-1)-u(-t)+u(-t-1)]$$

$$f(t)=f_{\mathrm{e}}(t)+f_{\mathrm{o}}(t)$$

矩形脉冲信号 $f(t)=u(t)-u(t-1)$、$f_{\mathrm{e}}(t)$、$f_{\mathrm{o}}(t)$ 的波形如图 1-38 所示。

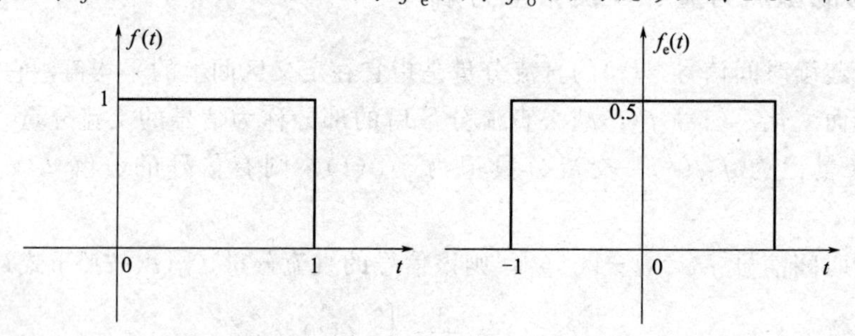

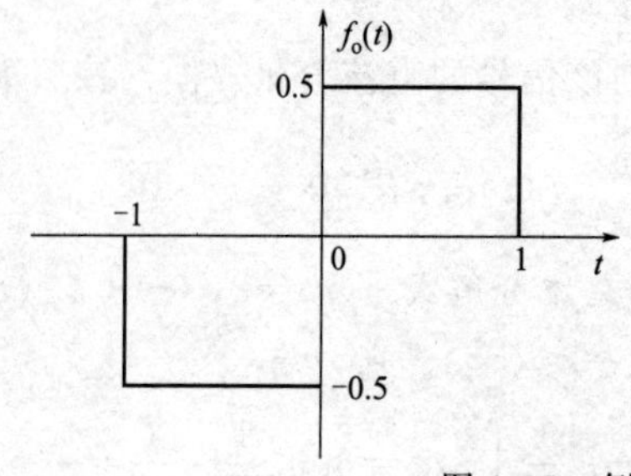

图 1-38 例 1-20 波形图

1.4.3 复信号的实部分量和虚部分量分解

实际产生的信号都是实信号，通常把实信号表示成复信号形式，比如我们熟悉的余弦信号可以用复指数信号表示，$\cos t=\frac{1}{2}(e^{jt}+e^{-jt})$。在信号分析处理中需要借助复信号来分析处理，本书讨论的信号是在复数范围内，信号 $f(t)$无论是实信号还是复信号，都可以认为是复信号。连续时间信号 $f(t)$可以分解成实部分量 $\mathrm{Re}f(t)$和虚部分量 $\mathrm{Im}f(t)$之和。复信号 $f(t)$有如下分解：

$$f(t)=\mathrm{Re}f(t)+\mathrm{j}\mathrm{Im}f(t) \tag{1-72}$$

式中，实部分量 $\mathrm{Re}f(t)$和虚部分量 $\mathrm{Im}f(t)$都是关于 t 的实值函数，可以由 $f(t)$计算得到：

$$\mathrm{Re}f(t)=\frac{1}{2}[f(t)+f^*(t)] \tag{1-73}$$

$$\mathrm{Im}f(t)=\frac{1}{2\mathrm{j}}[f(t)-f^*(t)] \tag{1-74}$$

式中，$f^*(t)$是信号 $f(t)$的共轭信号，即满足 $f^*(t)=\mathrm{Re}f(t)-\mathrm{j}\mathrm{Im}f(t)$。

复信号 $f(t)$还可以分解成共轭对称分量 $f_e(t)$和共轭反对称分量 $f_o(t)$之和，满足下列条件：

$$f_e^*(-t)=f_e(t),\ f_o^*(-t)=-f_o(t)$$

$$f(t)=f_e(t)+f_o(t)$$

而且共轭对称分量 $f_e(t)$和共轭反对称分量 $f_o(t)$可以由信号 $f(t)$计算得到：

$$f_e(t)=\frac{1}{2}[f(t)+f^*(-t)] \tag{1-75}$$

$$f_o(t)=\frac{1}{2}[f(t)-f^*(-t)] \tag{1-76}$$

容易验证当信号 $f(t)$是实信号时，共轭对称分量 $f_e(t)$和共轭反对称分量 $f_o(t)$分别是偶分量和奇分量。

1.4.4 实信号的脉冲分量分解

一个实信号 $f(t)$可以近似地分解成若干个矩形窄脉冲之和，如图 1-39 所示。窄脉冲之和的极限情况就可以成为冲激信号的叠加。

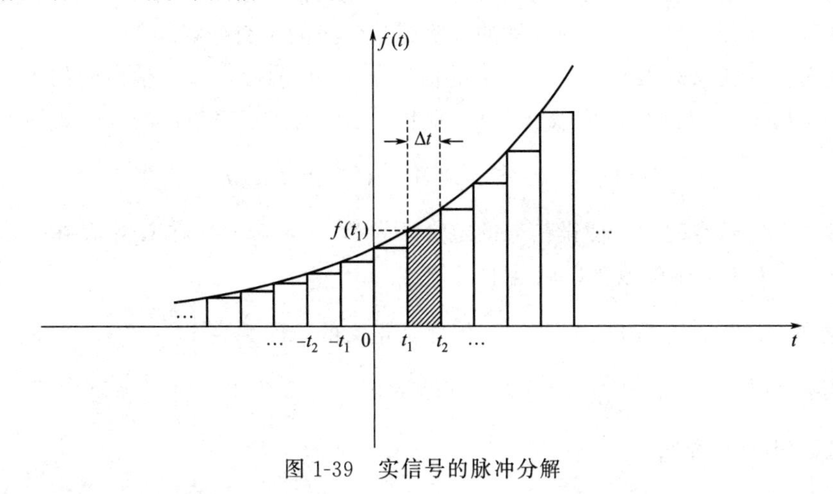

图 1-39　实信号的脉冲分解

在时间轴上用时间点$\cdots,-t_2,-t_1,t_0=0,t_1,\cdots,t_i,t_{i+1},\cdots$等间距分割，间距记为$\Delta t=t_1-t_0=t_1$，则有$t_i=i\Delta t$，在时间区间$[t_i,t_{i+1})$上对应矩形脉冲信号$f_i(t)=f(t_i)[u(t-t_i)-u(t-t_{i+1})]=f(i\Delta t)[u(t-t_i)-u(t-t_{i+1})]$，则信号$f(t)$可以用矩形窄脉冲近似表示出来：

$$\begin{aligned}f(t)\approx\sum_{i=-\infty}^{\infty}f_i(t)&=\sum_{i=-\infty}^{\infty}f(i\Delta t)[u(t-t_i)-u(t-t_{i+1})]\\&=\sum_{i=-\infty}^{\infty}f(i\Delta t)\frac{[u(t-t_i)-u(t-t_{i+1})]}{\Delta t}\Delta t\\&=\sum_{i=-\infty}^{\infty}f(i\Delta t)\frac{[u(t-i\Delta t)-u(t-i\Delta t-\Delta t)]}{\Delta t}\Delta t\end{aligned}$$

在上述计算分解中，时间间隔Δt越小，近似程度越精确。考虑极限状态，当$\Delta t\to 0$时，上述分解就成了精确分解。

注意到，矩形脉冲$\frac{[u(t-i\Delta t)-u(t-i\Delta t-\Delta t)]}{\Delta t}$的面积为1，当$\Delta t\to 0$时，$i\Delta t\to\tau$，$\Delta t\to d\tau$，$\frac{[u(t-i\Delta t)-u(t-i\Delta t-\Delta t)]}{\Delta t}\to\delta(t-\tau)$，便有如下表达式：

$$f(t)=\lim_{\Delta t\to 0}\sum_{i=-\infty}^{\infty}f(i\Delta t)\frac{[u(t-i\Delta t)-u(t-i\Delta t-\Delta t)]}{\Delta t}\Delta t=\int_{-\infty}^{\infty}f(\tau)\delta(t-\tau)d\tau \tag{1-77}$$

上式表明，任意连续时间实信号$f(t)$都可以分解成冲激信号的加权叠加。这是一个非常重要的结果，在后面分析系统的零状态响应时，要用这个结果来证明。

利用信号卷积的定义，我们可以得到，对任意连续时间实信号$f(t)$，满足：

$$f(t)=f(t)*\delta(t)$$

这就是单位冲激信号的卷积特性。

1.4.5 信号的正交函数分解

一般情况下，我们主要讨论满足一定条件的信号，满足一定条件的全体信号可以组成一个信号空间Ω。在信号空间中找一组完备正交基，那么信号空间中的任意一个信号都可以用完备正交基唯一地线性表示出来，这样的分解就是信号的正交分解。

对于定义在区间$[a,b]$或$(-\infty,\infty)$上的信号$f(t)$和$g(t)$，如果信号间的内积为零，则称信号$f(t)$和$g(t)$在区间$[a,b]$或$(-\infty,\infty)$上是正交的。正交条件的表达式如下：

$$\int_a^b f(t)g(t)dt=0\quad 或者\quad \int_{-\infty}^{\infty}f(t)g(t)dt=0$$

如果对某个信号空间Ω，假设信号的定义区间为$(-\infty,\infty)$，在Ω中存在一族信号$A=\{f_i(t)|i\in I\}$，I是某个整数集，满足下列条件：

① 任意的$f_i(t)$，$f_j(t)\in A,i\neq j$，彼此是正交的，即满足$\int_{-\infty}^{\infty}f_i(t)f_j(t)dt=0$；

② 不存在另外一个信号$\phi(t)\in\Omega,\phi(t)\neq 0$，$\phi(t)\notin A$，使得$f_j(t)\in A,\forall i\in I$，$\int_{-\infty}^{\infty}f_i(t)\phi(t)dt=0$都成立。

则称 $A=\{f_i(t)|i\in I\}$ 是信号空间 Ω 的一个完备正交基。

定理 1 如果 $A=\{f_i(t)|i\in I\}$ 是信号空间 Ω 的一个完备正交基，则对于信号空间 Ω 中的任意一个信号 $f(t)$，都可以用完备正交基唯一的线性表示，即有：

$$f(t)=\sum_{i\in I}a_i f_i(t) \tag{1-78}$$

其中，系数 $a_i, i\in I$ 是被唯一确定的。

信号的正交分解在信号的分析处理中占有非常重要的地位，我们在后续的学习中关于信号的各种变换，某种意义上都和信号的正交分解有关。即使是同一个信号空间 Ω，我们也可以选择不同的完备正交基进行信号的正交分解。选择不同的基函数族，将对应不同的信号变换。我们常用的傅里叶变换、拉普拉斯变换、小波变换、沃尔什变换等对应不同的完备正交基的选择。可以认为，选定一种正交基就可以对应一种信号变换。

本章小结

本章除了介绍信号的描述、分类、分解，典型信号介绍等内容外，重点及难点是信号的运算、单位冲激信号的概念和性质。

(1) 信号的运算

① 信号的线性卷积：两个连续时间信号 $f(t)$ 和 $g(t)$ 之间的线性卷积记为 $y_l(t)$：

$$y_l(t)=f(t)*g(t)=\int_{-\infty}^{\infty}f(\tau)g(t-\tau)\mathrm{d}\tau=f(t)\otimes g(t)$$

微分特性：$\dfrac{\mathrm{d}y_l(t)}{\mathrm{d}t}=\dfrac{\mathrm{d}f(t)}{\mathrm{d}t}*g(t)=f(t)*\dfrac{\mathrm{d}g(t)}{\mathrm{d}t}$

积分特性：

$$\int_{-\infty}^{t}y_l(\tau)\mathrm{d}\tau=\int_{-\infty}^{t}f(\tau)*g(\tau)\mathrm{d}\tau=\left[\int_{-\infty}^{t}f(\tau)\mathrm{d}\tau\right]*g(t)=f(t)*\left[\int_{-\infty}^{t}g(\tau)\mathrm{d}\tau\right]$$

两个离散时间信号 $f(n)$ 和 $g(n)$ 之间的线性卷积记为 $y_l(n)$：

$$y_l(n)=f(n)*g(n)=\sum_{m=-\infty}^{\infty}f(m)g(n-m)=g(n)*f(n)$$

② 信号的线性相关函数：两个连续信号 $f(t)$ 和 $g(t)$ 之间的线性相关函数记为 $y_\mathrm{r}(t)$，定义如下：

$$y_\mathrm{r}(t)=R_\mathrm{fg}(t)=\int_{-\infty}^{\infty}f(\tau)g^*(\tau+t)\mathrm{d}\tau$$

(2) 典型信号及其性质

① 抽样信号的定义　抽样信号也可以叫做抽样函数，或者称为 $\mathrm{Sa}(t)$ 函数，它的表达式如下：

$$\mathrm{Sa}(t)=\frac{\sin t}{t}$$

$\mathrm{Sa}(t)$ 函数有以下性质：

$\mathrm{Sa}(t)$ 函数是偶函数；

$\mathrm{Sa}(t)=0, t=\pm\pi,\pm2\pi,\cdots,\pm n\pi$，$n$ 是非零整数，$t=\pm n\pi$ 称为 $\mathrm{Sa}(t)$ 函数的过零点；

$$\int_{-\infty}^{\infty}\mathrm{Sa}(t)\mathrm{d}t=\pi,\int_{0}^{\infty}\mathrm{Sa}(t)\mathrm{d}t=\frac{\pi}{2}$$

② 单位冲激信号的定义及性质　单位冲激信号记为 $\delta(t)$，它是一种广义函数，称为狄拉克函数，也可以叫做单位冲激函数，它的数学定义如下：

$$\delta(t):\begin{cases}\delta(t)=0, t\neq 0\\ \int_{-\infty}^{\infty}\delta(t)\mathrm{d}t=1\end{cases}$$

主要性质有：

$$\delta(t)=\lim_{\tau\to 0}\frac{1}{\tau}\left[u\left(t+\frac{1}{2}\right)-u\left(t-\frac{1}{2}\right)\right]$$

$$\delta(t)=\lim_{\tau\to\infty}\left[\frac{\tau}{\pi}\mathrm{Sa}(\tau t)\right]$$

$$f(t)\delta(t)=f(0)\delta(t)$$

$$f(t)\delta(t-t_0)=f(t_0)\delta(t)$$

单位冲激信号是偶函数，即满足 $\delta(-t)=\delta(t)$；

单位冲激信号 $\delta(t)$ 的尺度变换特性：$\delta(at)=\frac{1}{|a|}\delta(t), a\neq 0$；

卷积特性：$f(t)*\delta(t-t_0)=f(t-t_0)$。

习题 1

1-1　试判断下列信号是否为周期信号，若是则求信号的周期 T。

(1) $f(t)=\cos(10t)-\cos(30t)$；　(2) $f(t)=\mathrm{e}^{\mathrm{j}10t}$；

(3) $f(t)=[5\sin(8t)]^2$；

(4) $f(t)=\sum_{n=0}^{\infty}(-1)^n[u(t-nT_0)-u(t-nT_0-T_0)]$；

(5) $f(t)=\sin(2\pi t)+4\cos\left(3\pi t+\frac{\pi}{3}\right)$；　(6) $f(t)=\mathrm{e}^{-2t}\sin\left(2t+\frac{\pi}{6}\right)$。

1-2　试判断下列信号中哪些是能量信号，哪些是功率信号，哪些既不是能量信号也不是功率信号。

(1) $f(t)=A\sin(\omega_0 t+\phi)$；　(2) $f(t)=k\mathrm{e}^{-t}$；

(3) $f(t)=\mathrm{e}^{-t}\cos t u(t)$；　(4) $f(t)=3t+2$，$-2\leqslant t\leqslant 3$。

1-3　试绘出下列信号的波形。

(1) $f(t)=u(t-1)-u(t+1)$；　(2) $f(t)=u(t)-u(t-\tau)$；

(3) $f(t)=[u(t)-u(t-3\pi)]\sin t$；

(4) $f(t)=[u(t)-2u(t-T)+u(t-2T)]\sin\left(\frac{4\pi}{T}t\right)$；

(5) $f(t)=\delta(t+1)+2\delta(t)-2\delta(t-2)$；

(6) $f(t)=\lim_{\tau\to 0}\frac{1}{\tau}\left[u\left(t+\frac{\tau}{2}\right)-u\left(t-\frac{\tau}{2}\right)\right]$。

1-4　试绘出下列信号的波形。

(1) $f(t)=\mathrm{e}^{-2t}u(t-1)$；　(2) $f(t)=(2-\mathrm{e}^{-t})u(t)$；

(3) $f(t)=\mathrm{e}^{-t}[u(t)-u(t-2)]$；　　(4) $f(t)=(2\mathrm{e}^{-t}+\mathrm{e}^{-2t})u(t)$；

(5) $f(t)=\mathrm{e}^{-2t}\sin(2t)u(t)$；

(6) $f(t)=\mathrm{e}^{-t}\cos(10\pi t)[u(t-1)-u(t-2)]$；

(7) $f(t)=\sin\left[\dfrac{\pi}{2}(t-1)\right]u(t)$；　　(8) $f(t)=\sin\left[\dfrac{\pi}{2}(t-1)\right]u(t-1)$。

1-5 试绘出下列信号的波形。

(1) $f(t)=t\mathrm{e}^{-t}u(t)$；　　(2) $f(t)=t[u(t)-u(t-2)]$；

(3) $f(t)=(t-2)[u(t-2)-u(t-3)]$；　　(4) $f(t)=\dfrac{\sin[\pi(t-1)]}{\pi(t-1)}$。

1-6 已知信号 $f(t)$ 的波形如题图 1-1 所示，试画出下列信号的波形。

(1) $f(2t-3)$；　　(2) $f(-2t-3)$；

(3) $f\left(\dfrac{t}{2}+1\right)$；　　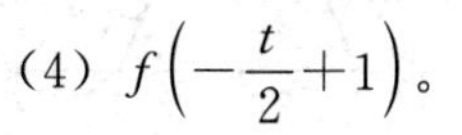 (4) $f\left(-\dfrac{t}{2}+1\right)$。

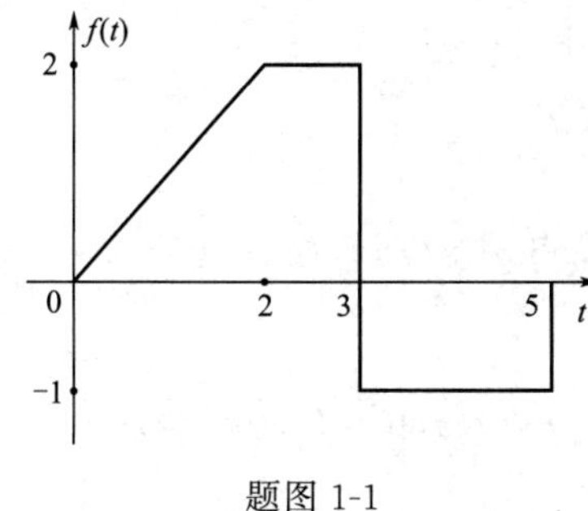

题图 1-1

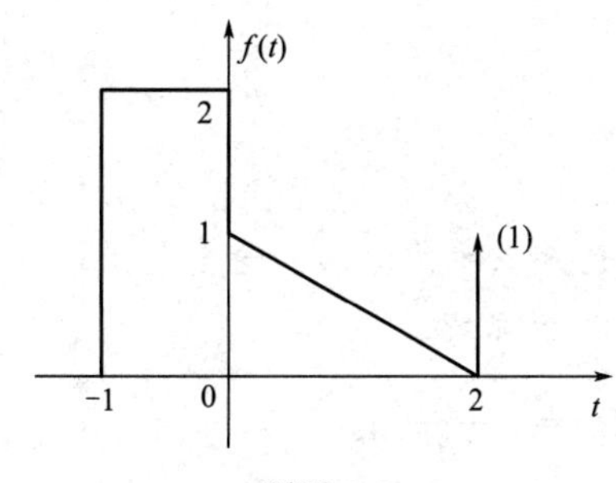

题图 1-2

1-7 已知信号 $f(t)$ 的波形如题图 1-2 所示，试画出下列信号的波形。

(1) $f\left(\dfrac{t}{2}\right)$；　　(2) $f(-2t-3)$；

(3) $f\left(\dfrac{t}{2}+1\right)$；　　(4) $f\left(-\dfrac{t}{2}+1\right)$；

(5) $f(t)+u(t-1)$；　　(6) $f'(t)$。

1-8 利用单位冲激函数的抽样特性，求下列表示式的函数值。

(1) $\int_{-\infty}^{\infty} f(t-2)\delta(t)\mathrm{d}t$；　　(2) $\int_{-\infty}^{\infty} f(-t+2)\delta(t)\mathrm{d}t$；

(3) $\int_{-\infty}^{\infty} (t+\sin t)\delta\left(t-\dfrac{\pi}{4}\right)\mathrm{d}t$；　　(4) $\int_{-\infty}^{\infty} (t+\mathrm{e}^{-2t})\delta(t-2)\mathrm{d}t$；

(5) $\int_{0}^{4}(t+2)\delta(2-4t)\mathrm{d}t$；　　(6) $\int_{-1}^{3}\mathrm{e}^{-\mathrm{j}\omega_0 t}[\delta(t)-\delta(t-2)]\mathrm{d}t$；

(7) $\int_{-\infty}^{\infty}\mathrm{e}^{-2t}\delta'(t)\mathrm{d}t$；　　(8) $\int_{-3}^{3}\sin(3t)\delta'(t+2)\mathrm{d}t$。

1-9 计算下列信号。

(1) $\mathrm{e}^{-3t}\delta(t-1)$；　　(2) $\mathrm{e}^{-3t}\delta(-t)$；

(3) $\mathrm{e}^{-3t}\delta(2t)$；　　(4) $(t+2+\mathrm{e}^{-3t})\delta(2-2t)$。

1-10 试粗略绘出如题图 1-3 所示波形的偶分量和奇分量。

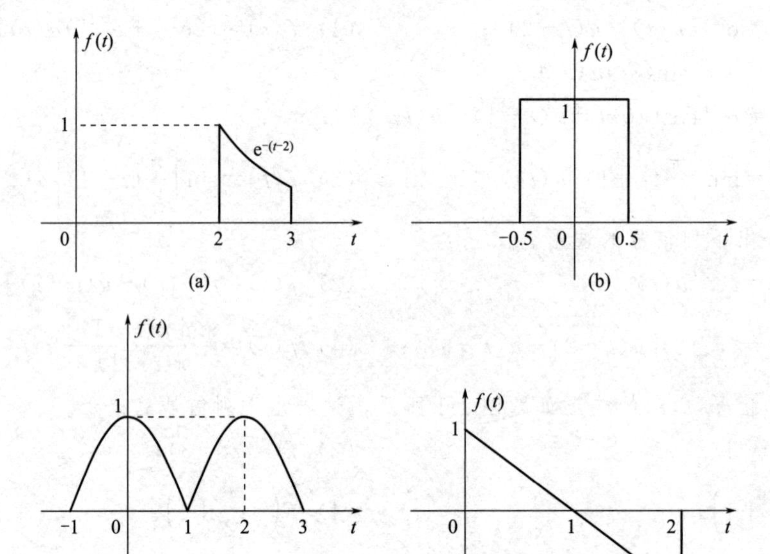

题图 1-3

1-11 已知系统的输入、输出关系，其中输入信号为 $e(t)$，输出信号为 $r(t)$，试判断系统是否为线性系统。

(1) $r(t)=2\frac{de(t)}{dt}$；　(2) $r(t)=\sin[e(t)]u(t)$；

(3) $r(t)=e(2t)$；　(4) $r(t)=4r(0)+2\frac{de(t)}{dt}$；

(5) $r(t)=r^2(0)+2te(t)$；　(6) $r(t)=r(0)\sin(2t)+\int_0^t e(\tau)d\tau$。

1-12 已知系统的输入、输出关系，其中输入信号为 $e(t)$，输出信号为 $r(t)$，试判断系统是否为时不变系统。

(1) $r(t)=e(t)u(t)$；　(2) $r(t)=\sin[e(t)]$；

(3) $r(t)=\int_{-\infty}^{t} e(\tau)d\tau$；　(4) $r(t)=\sin te(t)$；

(5) $r(t)=e(t)+\frac{de(t)}{dt}$；　(6) $r(t)=\int_{-\infty}^{t} e(\tau)e^{t-\tau}d\tau$。

1-13 已知系统的输入、输出关系，其中输入信号为 $e(t)$，输出信号为 $r(t)$，试判断系统是否为线性的、时不变的、因果系统。

(1) $r(t)=e(1-t)$；　(2) $r(t)=\int_{-\infty}^{5t} e(\tau)d\tau$；

(3) $r(t)=\frac{1}{T}\int_{t-\frac{T}{2}}^{t+\frac{T}{2}} e(\tau)d\tau$；

(4) $\frac{d^2r(t)}{dt^2}+3\frac{dr(t)}{dt}+2r(t)=\frac{de(t)}{dt}+2e(t)$，$r(0_-)=r'(0_-)=0$。

答案

第2章

系统的时域描述和分析

本章主要介绍系统的时域分析，包含连续时间系统和离散时间系统的时域分析。系统的时域分析的主要内容是基于信号的时域表示，分析信号作为激励输入线性时不变系统时所产生的系统响应。重点介绍确定性的、集总参数的线性时不变系统的时域分析，并讨论完全响应的三种分解：自由响应与强迫响应、零输入响应与零状态响应、暂态响应与稳态响应，给出系统的单位冲激响应与单位阶跃响应的定义，最后给出因果系统与稳定系统的定义和时域判别方法。

2.1 系统的定义、描述和分类

实际工程应用中，不但需要分析信号，还需要对信号进行处理，处理信号的设备就是系统。系统的概念是广义的，大到宇宙、小到细胞，都可以认为是一个系统，以便完成某种功能。这里主要分析信号（信息）处理系统，大到网络系统、小到一根导线，都可以看作是一个信号处理系统，最常见的就是电路系统。一般的系统都是有输入有输出的，有单输入单输出系统、单输入多输出系统、多输入单输出系统、多输入多输出系统等。例如，网络系统是多输入多输出的系统，广播系统是单输入多输出的系统。对系统的分析方法主要包括时域分析和频域分析。对系统的分析，主要就是分析系统性能，即系统对输入信号的处理功能。为了便于对系统分析，需要对系统进行建模，就是用数学方法对系统的物理特性进行抽象，用数学表达式描述系统特征，这样利于使用数学方法对系统进行深入分析。

2.1.1 连续时间系统的定义和描述

连续时间系统是处理连续时间信号的系统，对于单输入单输出的连续时间系统，它的输入信号和输出信号都是连续时间信号。系统的输入信号也可以称为激励输入信号，系统的输出信号也可以称为系统的响应输出，或者称为系统的完全响应。对于输入 $e(t)$，输出为 $r(t)$的连续时间系统可用图 2-1 来描述。

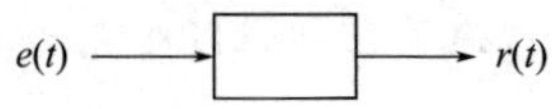

图 2-1 连续时间系统框图

系统的类型很多，应用场合也不同，一般可以用数学模型来描述系统的输入和输出关系。下面举两个系统的例子。

【例 2-1】 如图 2-2 所示的 RLC 并联电路系统，输入为电流源 $i(t)$，输出为电容电压

$u_C(t)$，建立该系统的输入和输出关系模型（电源、电阻、电感、电容依次并联）。

解：

记流过电阻、电感、电容的电流分别为 $i_R(t)$，$i_L(t)$，$i_C(t)$，由电路知识有：

$$i_R(t)=\frac{u_R(t)}{R}，\ i_L(t)=\frac{1}{L}\int_{-\infty}^{t}u_L(t)\mathrm{d}t，\ i_C(t)=C\frac{\mathrm{d}}{\mathrm{d}t}u_C(t)$$

且有 $u_R(t)=u_L(t)=u_C(t)$，由基尔霍夫电流定律便有：

$$i_R(t)+i_L(t)+i_C(t)=i(t)$$

$$\frac{u_C(t)}{R}+\frac{1}{L}\int_{-\infty}^{t}u_C(t)\mathrm{d}t+C\frac{\mathrm{d}}{\mathrm{d}t}u_C(t)=i(t)$$

两边对 t 求导，便得到输出电压 $u_C(t)$ 与输入电流 $i(t)$ 之间的关系方程：

$$C\frac{\mathrm{d}^2}{\mathrm{d}t^2}u_C(t)+\frac{1}{R}\times\frac{\mathrm{d}}{\mathrm{d}t}u_C(t)+\frac{1}{L}u_C(t)=\frac{\mathrm{d}}{\mathrm{d}t}i(t) \tag{2-1}$$

这是一个二阶常系数线性微分方程。

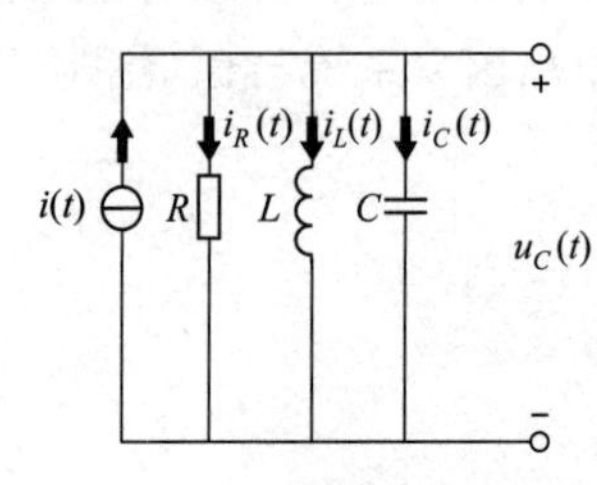

图 2-2　RLC 并联电路系统

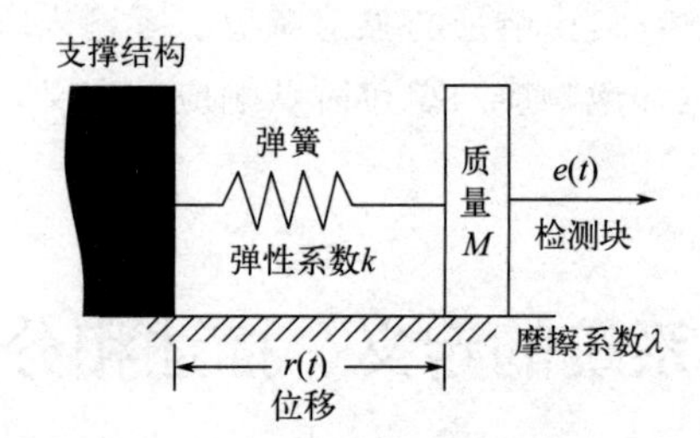

图 2-3　例 2-2 力学系统

【例 2-2】 如图 2-3 所示为一个力学系统。该系统中物体的质量为 M，弹簧的弹性系数为 k，物体与地面的摩擦系数为 λ。弹簧一端固定，另一端与物体链接。物体另一端受外力 $e(t)$ 作用。确定物体运动位移 $r(t)$ 与外力 $e(t)$ 之间的关系。

解：

这是一个简单的力学系统，作用于物体运动的有 4 个力，分别是物体的惯性力 $e_F(t)$、物体与地面的摩擦力 $e_\lambda(t)$、弹簧的拉力 $e_k(t)$、外力 $e(t)$。

由牛顿第二定律，运动物体的惯性力等于物体质量乘以加速度：

$$e_F(t)=M\frac{\mathrm{d}^2r(t)}{\mathrm{d}t^2}$$

物体与地面的摩擦力与运动速度成正比，即满足：

$$e_\lambda(t)=\lambda\frac{\mathrm{d}r(t)}{\mathrm{d}t}$$

弹簧在弹性限度内，拉力与位移成正比，即满足：

$$e_k(t)=kr(t)$$

在这个力学系统中四种力是平衡的，满足如下关系式：

$$e(t)-e_\lambda(t)-e_k(t)=e_F(t)$$

将上述关系式代入该方程，便得如下关系式：

$$M\frac{\mathrm{d}^2r(t)}{\mathrm{d}t^2}+\lambda\frac{\mathrm{d}r(t)}{\mathrm{d}t}+kr(t)=e(t) \tag{2-2}$$

对于该力学系统，可以将外力 $e(t)$ 看作是系统输入，物体的运动位移 $r(t)$ 看成是系统输出，上述方程就描述了力学系统的输出与输入之间的关系。

从上面的两个例子可以看出，一个是电路系统，另一个是力学系统，虽然物理特性不同，但描述它们的模型是一致的，都是二阶常系数线性微分方程，或者说分析它们的数学方法是完全相同的。

一般系统的分析方法都是先建立数学模型，然后借助数学方法通过系统模型来分析系统特性。不同的系统类型可以建立不同的数学模型，因此必须对系统分类。

2.1.2 系统分类

系统分类非常复杂，可以从不同角度、用不同方法对系统进行分类。

（1）连续时间系统与离散时间系统

如果系统的输入和输出都是连续时间信号，且在系统内部信号也没有转化为离散时间信号，这样的系统称为连续时间系统。如果系统的输入和输出都是离散时间信号，这样的系统称为离散时间系统。

对于连续时间系统，如果系统的输入和输出都是连续时间、连续幅度的模拟信号，这样的系统称为模拟系统。对于离散时间系统，如果系统的输入和输出都是离散时间、离散幅度的数字信号，这样的系统称为数字系统。一个系统，如果输入或输出信号既可以是连续时间信号，也可以是离散时间信号，这样的系统称为混合系统。

（2）集总参数系统和分布参数系统

由集总参数元件组成的系统称为集总参数系统。集总参数系统的模型中各变量与空间位置无关，而把变量看作在整个系统中是均一的，对于稳态模型，其数学模型为代数方程，对于动态模型，则为常微分方程。

含有分布参数元件的系统是分布参数系统。分布参数系统模型中至少有一个变量与空间位置有关，所建立的模型对于稳态模型为空间自变量的常微分方程，对于动态模型为空间、时间自变量的偏微分方程。

（3）有记忆系统和无记忆系统

无记忆系统也称为即时系统。如果系统在某一时刻的响应输出，只取决于当前时刻的激励输入，与其他时刻的输入无关，这样的系统就称为无记忆系统。例如，只由电阻元件组成的电路系统就是无记忆系统，系统模型由代数方程描述。

有记忆系统也称为动态系统。如果系统在某一时刻的响应输出，不仅依赖于当前时刻的激励输入，还与过去时刻的激励输入或响应有关，这样的系统就称为有记忆系统。例如，含有电感元件、电容等有记忆元件组成的电路系统就是有记忆系统，系统模型一般由微分方程描述。

（4）因果系统与非因果系统

如果一个系统在任意时刻 t_0 的响应输出只与 $t=t_0$ 和 $t<t_0$ 时刻的输入有关，这样的系统就称为因果系统；否则为非因果系统。对于因果系统，当且仅当有激励输入信号作用于系统时才有输出响应，系统的输出响应不超前于系统的激励输入。容易验证，当激励输入为 $e(t)$，响应输出为 $r(t)$，模型为 $r(t)=\cos[e(t)]u(t)$ 的系统是因果系统。而对于系统

$r(t)=2e(1-t)$，在 $t=0$ 时刻的输出为 $2e(1)$，依赖于输入信号 $e(t)$在 $t=1$ 时刻的值，所以它是非因果系统。

（5）稳定系统与非稳定系统

一个系统如果满足对于任意的有界激励输入信号，系统的响应输出必为有界的，则称这样的系统为稳定系统；否则称为非稳定系统。关于系统稳定性的判别方法，后面章节中会进一步讨论。系统的稳定性是系统本身的固有特性，实际上和激励输入信号无关，系统稳定性是系统分析和系统设计中研究的重点内容之一。

（6）线性系统与非线性系统

线性系统是一类应用非常广泛的系统，是我们研究的重点类型之一。线性系统是指具有线性特性的系统，包括均匀性和叠加特性。线性系统的定义描述如下。

当激励输入信号为 $e(t)$时，系统的响应输出为 $r(t)$，用 $r(t)=T[e(t)]$表示。如果系统同时满足下列两个条件：

① 当输入为 $ke(t)$时，输出为 $kr(t)$，即满足 $kr(t)=T[ke(t)]$，为均匀特性，也称为齐次特性；

② 当输入为 $e_1(t)+e_2(t)$时，输出为 $r_1(t)+r_2(t)$，即满足 $r_1(t)+r_2(t)=T[e_1(t)+e_2(t)]$，为叠加特性。

其中，k 均为常数，$e(t),e_1(t),e_2(t)$是任意的激励输入信号，则称系统为线性系统。

对于线性系统，容易证明两个信号的线性组合 $k_1e_1(t)+k_2e_2(t)$输入系统后，响应输出为各自响应输出的线性组合，组合系数相同，即有：

$$k_1r_1(t)+k_2r_2(t)=T[k_1e_1(t)+k_2e_2(t)] \tag{2-3}$$

如图 2-4 所示。

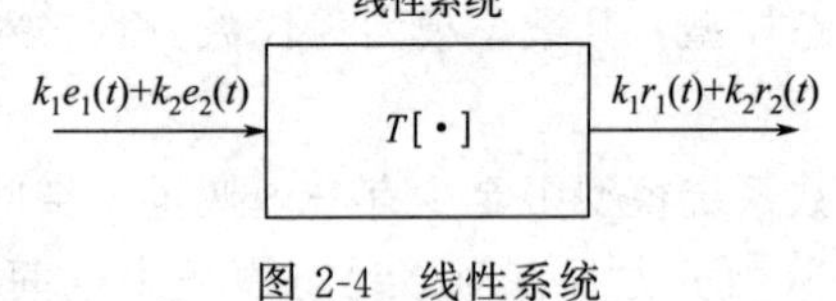

图 2-4 线性系统

线性特性可以推广到多个信号的线性组合，如果 $r_i(t)=T[e_i(t)]$，$i=1,2,\cdots,n$，则有：

$$\begin{aligned}&k_1r_1(t)+k_2r_2(t)+\cdots+k_nr_n(t)\\&=T[k_1e_1(t)+k_2e_2(t)+\cdots+k_ne_n(t)]\end{aligned} \tag{2-4}$$

式中，$k_i,i=1,2,\cdots,n$ 均为常数。

对于线性系统，如果一些简单信号的系统响应容易分析，那么将复杂信号分解成一些简单信号的线性组合后，分析复杂信号的系统响应就容易了。

【例 2-3】 已知连续时间系统的输入-输出关系如下。其中 $e(t)$为输入信号，$r(t)$为响应输出信号，$r(0)$是输出 $r(t)$在 $t=0$ 时刻的值。试判断这些系统是否为线性系统。

① $r(t)=3e(t)+2\dfrac{\mathrm{d}e(t)}{\mathrm{d}t}$；　② $r(t)=r(0)\sin t+\displaystyle\int_0^t e(\tau)\mathrm{d}\tau$；

③ $r(t)=r^2(0)+2te(t)$。

解：

① 输入为 $ke(t)$（k 为常数）时，输出 $T[ke(t)]$：

$$T[e(t)]=3[ke(t)]+2\frac{\mathrm{d}[ke(t)]}{\mathrm{d}t}=k[3e(t)+2\frac{\mathrm{d}e(t)}{\mathrm{d}t}]=kr(t)$$

满足均匀性。

输入为 $e_1(t)$和 $e_2(t)$时，输出 $r_1(t)=3e_1(t)+2\dfrac{\mathrm{d}e_1(t)}{\mathrm{d}t}$，$r_2(t)=3e_2(t)+2\dfrac{\mathrm{d}e_2(t)}{\mathrm{d}t}$，

当输入为 $e_1(t)+e_2(t)$ 时，输出为：

$$T[e_1(t)+e_2(t)]=3[e_1(t)+e_2(t)]+2\frac{\mathrm{d}[e_1(t)+e_2(t)]}{\mathrm{d}t}$$
$$=\left[3e_1(t)+2\frac{\mathrm{d}e_1(t)}{\mathrm{d}t}\right]+\left[3e_2(t)+2\frac{\mathrm{d}e_2(t)}{\mathrm{d}t}\right]=r_1(t)+r_2(t)$$

满足叠加性。

所以该系统是线性系统。

② 由系统模型，即输入-输出关系可知：

当输入为 $e_1(t)$ 时，输出 $r_1(t)=r_1(0)\sin t+\int_0^t e_1(\tau)\mathrm{d}\tau$；

当输入为 $e_2(t)$ 时，输出 $r_2(t)=r_2(0)\sin t+\int_0^t e_2(\tau)\mathrm{d}\tau$。

对任意常数 k_1,k_2 有下式成立：

$$k_1r_1(t)=k_1r_1(0)\sin t+k_1\int_0^t e_1(\tau)\mathrm{d}\tau=k_1r_1(0)\sin t+\int_0^t k_1e_1(\tau)\mathrm{d}\tau$$
$$k_2r_2(t)=k_2r_2(0)\sin t+k_2\int_0^t e_2(\tau)\mathrm{d}\tau=k_2r_2(0)\sin t+\int_0^t k_2e_2(\tau)\mathrm{d}\tau$$

两式左右分别相加得：

$$k_1r_1(t)+k_2r_2(t)=\left[k_1r_1(0)\sin t+\int_0^t k_1e_1(\tau)\mathrm{d}\tau\right]+\left[k_2r_2(0)\sin t+\int_0^t k_2e_2(\tau)\mathrm{d}\tau\right]$$
$$=[k_1r_1(0)\sin t+k_2r_2(0)\sin t]+\left[\int_0^t k_1e_1(\tau)\mathrm{d}\tau+\int_0^t k_2e_2(\tau)\mathrm{d}\tau\right]$$
$$=[k_1r_1(0)+k_2r_2(0)]\sin t+\int_0^t[k_1e_1(\tau)+k_2e_2(\tau)]\mathrm{d}\tau$$

上述方程说明，当输入为 $k_1e_1(t)+k_2e_2(t)$ 时，输出为 $k_1r_1(t)+k_2r_2(t)$，该系统为线性系统。

③ 由系统模型，即输入-输出关系可知：

当输入为 $e_1(t)$ 时，输出 $r_1(t)=r_1^2(0)+2te_1(t)$；

当输入为 $e_2(t)$ 时，输出 $r_2(t)=r_2^2(0)+2te_2(t)$。

对任意常数 k_1,k_2 有下式成立：

$$k_1r_1(t)=k_1r_1^2(0)+k_1 2te_1(t)=k_1r_1^2(0)+2t[k_1e_1(t)]$$
$$k_2r_2(t)=k_2r_2^2(0)+k_2 2te_2(t)=k_2r_2^2(0)+2t[k_2e_2(t)]$$

两式左右分别相加得：

$$k_1r_1(t)+k_2r_2(t)=k_1r_1^2(0)+2t[k_1e_1(t)]+k_2r_2^2(0)+2t[k_2e_2(t)]$$
$$=k_1r_1^2(0)+k_2r_2^2(0)+2t[k_1e_1(t)+k_2e_2(t)]$$

由于

$$[k_1r_1(t)+k_2r_2(t)]^2|_{t=0}=[k_1r_1(0)+k_2r_2(0)]^2=k_1^2r_1^2(0)+2k_1k_2r_1(0)r_2(0)+k_2^2r_2^2(0)$$
$$\neq k_1r_1^2(0)+k_2r_2^2(0)$$

说明 $k_1r_1(t)+k_2r_2(t)\neq[k_1r_1(0)+k_2r_2(0)]^2+2t[k_1e_1(t)+k_2e_2(t)]$，系统为非线性的。

（7）时变系统与时不变系统

一个连续时间系统，如果系统参数不随时间的变化而变化，这样的系统一般满足时不变

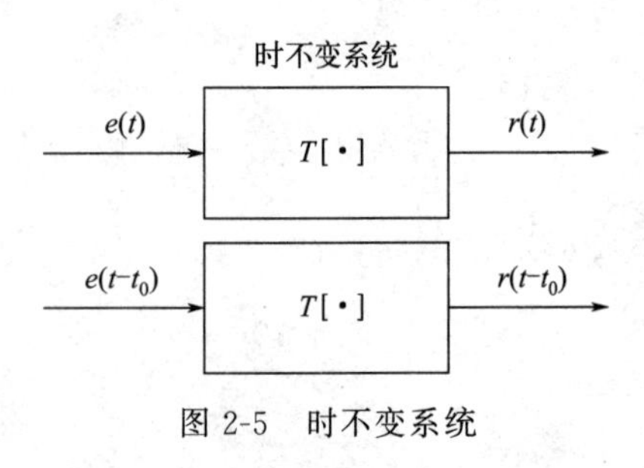

图 2-5 时不变系统

特性。一个系统如果满足系统的响应输出波形不会随着激励输入信号的输入时刻改变而改变，这样的系统就称为时不变系统；否则称为时变系统。时不变系统的定义可以用下述方式描述。

设激励输入信号 $e(t)$，系统响应输出为 $r(t)=T[e(t)]$，信号 $e(t)$的移位信号 $e(t-t_0)$为输入，系统的响应输出满足下式条件：

$$r(t-t_0)=T[e(t-t_0)] \tag{2-5}$$

这样的系统就称为时不变系统，如图 2-5 所示。

【例 2-4】 已知连续时间系统的输入-输出关系如下。其中 $e(t)$为输入信号，$r(t)$为响应输出信号。判断这些系统是否为时不变系统。

① $r(t)=\cos[e(t)]$；　② $r(t)=\cos te(t)$；

③ $r(t)=\int_{-\infty}^{t} e^{t-\tau}e(\tau)\mathrm{d}\tau$。

解：系统是否为时不变系统，可以按照定义去验证。

① 由系统模型可知，信号 $e(t)$的移位信号为 $e(t-t_0)$，输入系统后的输出为：

$$T[e(t-t_0)]=\cos[e(t-t_0)]=r(t-t_0)$$

所以该系统是时不变系统。

② 由系统模型可知，信号 $e(t)$的移位信号为 $e(t-t_0)$，输入系统后的输出为：

$$T[e(t-t_0)]=\cos te(t-t_0)$$

而 $r(t-t_0)=\cos(t-t_0)e(t-t_0)$，$r(t-t_0)\neq T[e(t-t_0)]$，所以该系统是时变系统。

③ 由系统模型可知，信号 $e(t)$的移位信号为 $e(t-t_0)$，输入系统后的输出为：

$$T[e(t-t_0)]=\int_{-\infty}^{t} e^{t-\tau}e(\tau-t_0)\mathrm{d}\tau=\int_{-\infty}^{t-t_0} e^{(t-t_0)-\lambda}e(\lambda)\mathrm{d}\lambda=\int_{-\infty}^{t-t_0} e^{(t-t_0)-\tau}e(\tau)\mathrm{d}\tau$$

而 $r(t)=\int_{-\infty}^{t} e^{t-\tau}e(\tau)\mathrm{d}\tau$，有 $r(t-t_0)=\int_{-\infty}^{t-t_0} e^{(t-t_0)-\tau}e(\tau)\mathrm{d}\tau=T[e(t-t_0)]$，所以该系统是时不变系统。

一个系统如果既满足线性特性又满足时不变特性，这样的系统称为线性时不变（Linear Time Invariant，LTI）系统。线性时不变系统是系统分析中最重要的一类系统，在实际应用中的系统大部分属于或近似于线性时不变系统。

线性时不变系统有一个非常重要的性质，它满足微分特性，描述如下：

一个 LTI 系统，若在激励输入 $e(t)$下，响应输出为 $r(t)$，则当激励输入 $e'(t)=\frac{\mathrm{d}e(t)}{\mathrm{d}t}$时，响应输出为 $r'(t)=\frac{\mathrm{d}r(t)}{\mathrm{d}t}$。

证明：利用系统的线性时不变特性，可得下列输入-输出关系：

激励输入 $e(t)$下，响应输出为 $r(t)$，简记为 $e(t)\to r(t)$

$$e(t-\Delta t)\to r(t-\Delta t)$$

$$\frac{e(t)-e(t-\Delta t)}{\Delta t}\to\frac{r(t)-r(t-\Delta t)}{\Delta t}$$

取 $\Delta t\to 0$ 的极限，可得：

$$\lim_{\Delta t\to 0}\frac{e(t)-e(t-\Delta t)}{\Delta t}=e'(t)\to\lim_{\Delta t\to 0}\frac{r(t)-r(t-\Delta t)}{\Delta t}=r'(t)$$

所以 LTI 系统满足微分特性。

微分特性可以推广到高阶微分情况：

$$\frac{\mathrm{d}^n e(t)}{\mathrm{d}t^n}\to\frac{\mathrm{d}^n r(t)}{\mathrm{d}t^n} \tag{2-6}$$

线性时不变系统还满足积分特性，描述如下：

一个 LTI 系统，若在激励输入 $e(t)$下，响应输出为 $r(t)$，则当激励输入为 $\int_{-\infty}^{t} e(t)\mathrm{d}t=\int_{-\infty}^{t} e(\tau)\mathrm{d}\tau$ 时，响应输出为 $T\left[\int_{-\infty}^{t} e(\tau)\mathrm{d}\tau\right]=\int_{-\infty}^{t} r(\tau)\mathrm{d}\tau$。

证明：利用积分的定义，如图 2-6 所示，可知：

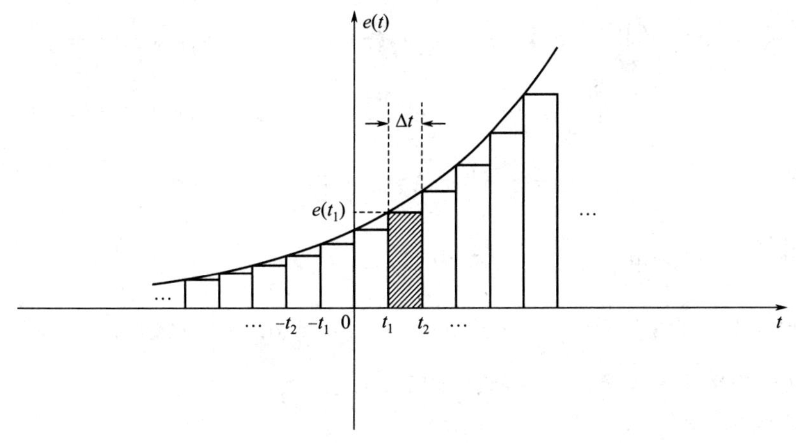

图 2-6　积分特性

$$\int_{-\infty}^{t} e(\tau)\mathrm{d}\tau=\lim_{\Delta t\to 0}\sum_{i=1}^{\infty} e(t-i\Delta t)\Delta t$$

利用系统的线性时不变特性可得：

$$\begin{aligned}T\left[\int_{-\infty}^{t} e(\tau)\mathrm{d}\tau\right]&=T[\lim_{\Delta t\to 0}\sum_{i=1}^{\infty}e(t-i\Delta t)\Delta t]=\lim_{\Delta t\to 0}\sum_{i=1}^{\infty}T[e(t-i\Delta t)\Delta t]\\&=\lim_{\Delta t\to 0}\sum_{i=1}^{\infty} r(t-i\Delta t)\Delta t=\int_{-\infty}^{t} r(\tau)\mathrm{d}\tau=\int_{-\infty}^{t} r(t)\mathrm{d}t\end{aligned} \tag{2-7}$$

所以 LTI 系统满足积分特性。

【例 2-5】 已知连续时间系统的输入-输出关系如下，其中 $e(t)$为输入信号，$r(t)$为响应输出信号，判断这些系统是否为线性的、时不变的、因果的系统。

① $r(t)=\dfrac{\mathrm{d}e(t)}{\mathrm{d}t}$；　② $r(t)=\sin[e(t)]u(t)$；　③ $r(t)=\int_{-\infty}^{5t} e(\tau)\mathrm{d}\tau$。

解：利用定义分析。

①

$$\begin{aligned}T[k_1e_1(t)+k_2e_2(t)]&=\frac{\mathrm{d}[k_1e_1(t)+k_2e_2(t)]}{\mathrm{d}t}=k_1\frac{\mathrm{d}e_1(t)}{\mathrm{d}t}+k_2\frac{\mathrm{d}e_2(t)}{\mathrm{d}t}\\&=k_1r_1(t)+k_2r_2(t)\end{aligned}$$

$$T[e(t-t_0)]=\frac{\mathrm{d}e(t-t_0)}{\mathrm{d}t}=r(t-t_0)$$

在 $t=t_0$ 时刻的输出与 $t>t_0$ 的输入无关，所以该系统是线性的、时不变的、因果的系统。

②

$$\begin{aligned}T[k_1e_1(t)+k_2e_2(t)]&=\sin[k_1e_1(t)+k_2e_2(t)]u(t)\\&=\sin[k_1e_1(t)]\cos[k_2e_2(t)]u(t)+\cos[k_1e_1(t)]\sin[k_2e_2(t)]u(t)\\&\neq k_1\sin[e_1(t)]u(t)+k_2\sin[e_2(t)]u(t)=k_1r_1(t)+k_2r_2(t)\end{aligned}$$

$$T[e(t-t_0)]=\sin[e(t-t_0)]u(t)\neq\sin[e(t-t_0)]u(t-t_0)=r(t-t_0)$$

在 $t=t_0$ 时刻的输出与 $t>t_0$ 的输入无关，所以该系统是非线性的、时变的、因果的系统。

③

$$\begin{aligned}T[k_1e_1(t)+k_2e_2(t)]&=\int_{-\infty}^{5t}[k_1e_1(\tau)+k_2e_2(\tau)]\mathrm{d}\tau=\int_{-\infty}^{5t}k_1e_1(\tau)\mathrm{d}\tau+\int_{-\infty}^{5t}k_2e_2(\tau)\mathrm{d}\tau\\&=k_1\int_{-\infty}^{5t}e_1(\tau)\mathrm{d}\tau+k_2\int_{-\infty}^{5t}e_2(\tau)\mathrm{d}\tau=k_1r_1(t)+k_2r_2(t)\end{aligned}$$

$$T[e(t-t_0)]=\int_{-\infty}^{5t}e(\tau-t_0)\mathrm{d}\tau=\int_{-\infty}^{5t-t_0}e(\lambda)\mathrm{d}\lambda=\int_{-\infty}^{5t-t_0}e(\tau)\mathrm{d}\tau$$

$$r(t-t_0)=\int_{-\infty}^{5(t-t_0)}e(\tau)\mathrm{d}\tau=\int_{-\infty}^{5t-5t_0}e(\tau)\mathrm{d}\tau\neq T[e(t-t_0)]$$

在 $t=1$ 时刻的输出 $r(1)=\int_{-\infty}^{5}e(\tau)\mathrm{d}\tau=\int_{-\infty}^{1}e(\tau)\mathrm{d}\tau+\int_{1}^{5}e(\tau)\mathrm{d}\tau$，与 $e(t)$ 在 $t=3>1$ 值有关，所以该系统是线性的、时变的、非因果的系统。

2.1.3 系统分析

信号的分析有时域分析和频域分析两种方式。信号分析的目的是了解各种信号的特性，核心是信号分解，即如何将复杂信号用常用的信号表示出来，特别是如何线性表示。信号分析与系统分析是密切相关的。系统分析是系统设计的基础。系统分析的目的是为了明确了解系统的性能，也就是系统对输入信号的处理特性。对一个特定的系统，在一定条件下给定系统的激励输入信号 $e(t)$，求解系统的响应输出 $r(t)$。一般来说不同的输入会有不同的输出，系统响应输出的求解就是系统分析最主要的工作。

系统分析的一般方法是，先建立系统的数学模型，即用数学方法描述系统的输入-输出关系，再利用数学模型求解系统的响应输出。系统的数学描述方法可以分为两大类，一种是输入-输出描述法，另一种是状态变量描述法。

输入-输出描述法可以直接描述输入与输出之间的关系，不考虑系统内部变量变化情况。对于单输入单输出的线性时不变系统，描述系统的模型是常系数线性微分方程，求解微分方程就是系统分析。

状态变量描述法不仅可以给出系统的响应，还可以提供系统内部各变量的情况，也便于对多输入多输出系统的分析。在状态变量描述法中，选择一组描述系统内部的变量，不仅要求这组变量尽可能少，而且可以由这组变量表示系统所有的状态和输出，这组变量称为状态变量。连续时间系统的状态变量描述一般用一阶微分方程组表示，一部分描述状态变量与输入的关系，一部分描述输出与状态变量及系统输入的关系。我们主要讨论输出-输入描述法，系统的状态变量描述法不做讨论。

对系统响应输出的求解，将重点讨论对常系数线性微分方程的经典解法，以及系统的零输入响应和零状态响应求解法。

对系统的分析，可以先讨论简单的系统，再讨论复杂的大规模系统。任何一个复杂的系统，都可以看作是由一些简单系统（称为子系统）组合而成的，也就是说，复杂系统是由简单子系统连接而成的。两个子系统的连接方式主要有以下三种：

① 子系统 1 和子系统 2 的级联，如图 2-7 所示。

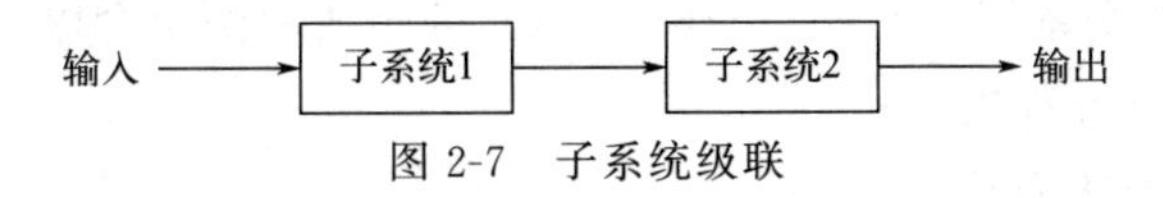

图 2-7　子系统级联

② 子系统 1 和子系统 2 的并联，如图 2-8 所示。

③ 子系统 1 和子系统 2 的反馈连接，如图 2-9 所示。

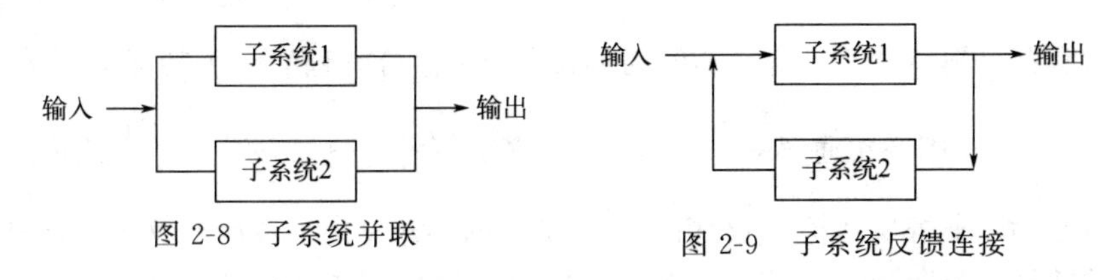

图 2-8　子系统并联

图 2-9　子系统反馈连接

将复杂系统分解成若干个子系统的连接，通过分析各个子系统的方法，再利用连接方式之间的关系，进而可分析整个系统的性能。

2.2 连续时间系统的时域经典分析

连续时间系统时域经典分析的一般步骤是，先建立系统模型-常系数线性微分方程，然后对模型进行求解，在给定起始（或初始）条件下，求出激励输入为 $e(t)$ 时系统的完全响应 $r(t)$。对于一个线性时不变系统，系统的模型一般是一个 n 阶常系数线性微分方程，方程的一般表达式如下：

$$
\begin{aligned}
&a_n \frac{\mathrm{d}^n r(t)}{\mathrm{d}t^n}+a_{n-1} \frac{\mathrm{d}^{n-1} r(t)}{\mathrm{d}t^{n-1}}+\cdots+a_1 \frac{\mathrm{d}r(t)}{\mathrm{d}t}+a_0 r(t) \\
&=b_m \frac{\mathrm{d}^m e(t)}{\mathrm{d}t^m}+b_{m-1} \frac{\mathrm{d}^{m-1} e(t)}{\mathrm{d}t^{m-1}}+\cdots+b_1 \frac{\mathrm{d}e(t)}{\mathrm{d}t}+b_0 e(t)
\end{aligned} \tag{2-8}
$$

式中，$e(t)$是激励输入信号；$r(t)$是完全响应；$a_i, i=0,1,2,\cdots,n$ 及 $b_j, j=0,1,2,\cdots,m$ 是常数。

实际应用中，激励信号 $e(t)$的输入时间一般认为是零时刻，需要求解零时刻之后的系统响应输出。系统在零时刻之后瞬间的输出值称为系统的初始条件。用 n 阶常系数线性微分方程描述的连续时间系统，也称为 n 阶系统。n 阶系统的初始条件有 n 个，定义为响应输出 $r(t)$及其导数在零点的右极限，初始条件可以用向量组表示：

$$
r^{(n)}(0_+)=[r(0_+), r'(0_+), \cdots, r^{(n-1)}(0_+)] \tag{2-9}
$$

式中，$r^{(i)}(0_+)=\lim\limits_{t\to 0+} r^{(i)}(t)=\lim\limits_{t\to 0+}\dfrac{\mathrm{d}^i r(t)}{\mathrm{d}t^i}$是在零点的右极限。

系统在零时刻之前瞬间的输出值称为系统的起始条件。对于一个电路系统，如果系统中的动态元件在激励信号输入前有储能，则系统的起始条件一般不为零。n 阶系统的起始条件有 n 个，定义为响应输出 $r(t)$及其导数在零点的左极限，起始条件可以用向量组表示：

$$r^{(n)}(0_-)=[r(0_-),r'(0_-),\cdots,r^{(n-1)}(0_-)] \tag{2-10}$$

式中，$r^{(i)}(0_-)=\lim\limits_{t\to 0-} r^{(i)}(t)=\lim\limits_{t\to 0-}\dfrac{\mathrm{d}^i r(t)}{\mathrm{d}t^i}$是在零点的左极限。

对于一个线性时不变系统，系统完全响应 $r(t)$的经典解法包含以下几个步骤：

① 建立系统的微分方程模型；

② 求微分方程的齐次通解 $r_h(t)$；

③ 求微分方程在激励输入下对应的非齐次特解 $r_p(t)$；

④ 将初始条件代入完全响应的通解 $r(t)=r_h(t)+r_p(t)$中，确定待定系数得到完全响应。

由微分方程的经典解法知，齐次通解的形式完全由微分方程的 n 个特征根确定，假设有 n 个单根 $\lambda_1,\lambda_2,\cdots,\lambda_n$，则齐次通解 $r_h(t)=C_1\mathrm{e}^{\lambda_1 t}+C_2\mathrm{e}^{\lambda_2 t}+\cdots+C_n\mathrm{e}^{\lambda_n t}=\sum\limits_{i=1}^{n}C_i\mathrm{e}^{\lambda_i t}$，将激励输入 $e(t)$代入方程后，非齐次特解 $r_p(t)$由方程右端项的形式设定。齐次通解 $r_h(t)$的形式只依赖于系统本身的特性，与激励输入无关，称 $r_h(t)$为系统的自由响应，把特征根 $\lambda_1,\lambda_2,\cdots,\lambda_n$ 称为系统的固有频率或自由频率。而非齐次特解 $r_p(t)$的形式由激励输入确定，称 $r_p(t)$为系统的强迫响应。因此，系统的完全响应可以分解为自由响应分量和强迫响应分量的和：

$$r(t)=r_h(t)+r_p(t) \tag{2-11}$$

关于齐次通解与特征根的关系，还有以下结果：

① 如果有 k 重实根 λ_i，则齐次通解 $r_h(t)$中对应的 k 个部分项和为：

$$C_{i1}\mathrm{e}^{\lambda_i t}+C_{i2}t\mathrm{e}^{\lambda_i t}+\cdots+C_k t^{k-1}\mathrm{e}^{\lambda_i t}$$

② 如果有成对的共轭复数单根 $\lambda_i=\alpha_i\pm \mathrm{j}\beta_i$，则齐次通解 $r_h(t)$中对应的两项和为：

$$\mathrm{e}^{\alpha_i t}[C_{i1}\cos(\beta_i t)+C_{i2}\sin(\beta_i t)]$$

将激励输入 $e(t)$代入模型后，依据方程右端项的形式设定特解形式，如表 2-1 所示。

表 2-1　方程右端项形式与对应的特解设定

方程右端项形式	非齐次特解 $r_p(t)$
常数 E	$r_p(t)=C$
t^k	$r_p(t)=C_k t^k+C_{k-1}t^{k-1}+\cdots+C_1 t+C_0$
$\mathrm{e}^{\omega t}$	$r_p(t)=C\mathrm{e}^{\omega t}$
$\cos(\alpha t)$	$r_p(t)=C_1\cos(\alpha t)+C_2\sin(\alpha t)$
$\sin(\alpha t)$	
$t^k\mathrm{e}^{\omega t}\cos(\alpha t)$	$r_p(t)=(C_k t^k+C_{k-1}t^{k-1}+\cdots+C_1 t+C_0)\mathrm{e}^{\omega t}\cos(\alpha t)+$
$t^k\mathrm{e}^{\omega t}\sin(\alpha t)$	$(B_k t^k+B_{k-1}t^{k-1}+\cdots+B_1 t+B_0)\mathrm{e}^{\omega t}\sin(\alpha t)$

表 2-1 中 C，C_i，B_i 都是待定常数。

【例 2-6】 已知系统的微分方程模型为 $r''(t)+3r'(t)+2r(t)=e'(t)+4e(t)$，激励输入信号 $e(t)=\mathrm{e}^{-3t}u(t)$，初始条件为 $r(0_+)=0$，$r'(0_+)=1$，求系统的完全响应 $r(t)$ $(t>0)$。

解：① 齐次通解。特征方程为：

$$\lambda^2+3\lambda+2=(\lambda+1)(\lambda+2)=0$$

特征根为：

$$\lambda_1=-1,\ \lambda_2=-2$$

齐次通解为：

$$r_{\mathrm{h}}(t)=C_1\mathrm{e}^{-t}+C_2\mathrm{e}^{-2t}$$

② 非齐次方程的特解。将输入信号 $e(t)=\mathrm{e}^{-3t}u(t)$ 代入系统微分方程，右端项为：

$$[\mathrm{e}^{-3t}u(t)]'+4[\mathrm{e}^{-3t}u(t)]=\mathrm{e}^{-3t}u(t)+\mathrm{e}^{-3t}\delta(t)$$

当 $t>0$ 时，右端项为 $e(t)=\mathrm{e}^{-3t}$，设特解为 $r_{\mathrm{p}}(t)=C\mathrm{e}^{-3t}$，代入方程得：

$$C=\frac{1}{2},\ r_{\mathrm{p}}(t)=C\mathrm{e}^{-3t}=\frac{1}{2}\mathrm{e}^{-3t}$$

③ 完全响应。系统的完全响应 $r(t)=r_{\mathrm{h}}(t)+r_{\mathrm{p}}(t)=C_1\mathrm{e}^{-t}+C_2\mathrm{e}^{-2t}+\frac{1}{2}\mathrm{e}^{-3t}$。将初始条件代入 $r(t)$，得：

$$\begin{cases}C_1+C_2+\frac{1}{2}=0\\ -C_1-2C_2-\frac{3}{2}=1\end{cases},\quad \begin{cases}C_1=\frac{3}{2}\\ C_2=-2\end{cases}$$

所以，完全响应 $r(t)=\frac{3}{2}\mathrm{e}^{-t}-2\mathrm{e}^{-2t}+\frac{1}{2}\mathrm{e}^{-3t}$。

对于给定系统的常微分方程模型，在求激励信号输入后系统的完全响应时，通常给出系统的起始条件 $r^{(i)}(0_-)$，如何求系统的初始条件 $r^{(i)}(0_+)$？系统的初始条件由系统的起始条件 $r^{(i)}(0_-)$、激励输入信号 $e(t)$ 和方程确定，确定初始条件的方法有多种，最常用的是冲激函数匹配法。

冲激函数匹配法的基本内容是：将输入信号代入方程后，仅比较方程两端中含有的冲激类函数项，等式两边应该是平衡的，注意这里的平衡不含在 $t=0$ 处连续的函数部分项。冲激类函数项包含阶跃函数、冲激信号及冲激信号的各阶导数项。

例如，在例 2-6 中，将激励输入信号 $e(t)=\mathrm{e}^{-3t}u(t)$ 代入模型：

$$r''(t)+3r'(t)+2r(t)=e'(t)+4e(t)$$

方程右端为

$$[\mathrm{e}^{-3t}u(t)]'+4[\mathrm{e}^{-3t}u(t)]=\mathrm{e}^{-3t}u(t)+\mathrm{e}^{-3t}\delta(t)=\mathrm{e}^{-3t}u(t)+\delta(t)$$

右端有 $\delta(t)$，所以可以设 $r''(t)=a\delta(t)+bu(t)$，等式两边积分有 $r'(t)=au(t)$，$r(t)=0$，这里的相等，等式两边不包含在 $t=0$ 处连续的函数项。代入方程后得：

$$[a\delta(t)+bu(t)]+3au(t)=\mathrm{e}^{-3t}u(t)+\delta(t)$$

$$(3a+b)u(t)+a\delta(t)=\mathrm{e}^{-3t}u(t)+\delta(t)=u(t)+\delta(t)+[\mathrm{e}^{-3t}u(t)-u(t)]$$

注意到，$\mathrm{e}^{-3t}u(t)-u(t)$ 在 $t=0$ 处的左右极限相等为零，可以认为它在 $t=0$ 处是连续的。所以有：$(3a+b)u(t)+a\delta(t)=u(t)+\delta(t)$。

比较冲激类函数项的平衡，有下式成立：

$$\begin{cases}(3a+b)u(t)=u(t)\\ a\delta(t)=\delta(t)\end{cases},\quad \begin{cases}(3a+b)=1\\ a=1\end{cases},\quad \begin{cases}b=-2\\ a=1\end{cases},\quad \begin{cases}r''(t)=\delta(t)-2u(t)\\ r'(t)=u(t)\\ r(t)=0\end{cases}$$

所以有：

$$\begin{cases}r''(0_+)-r''(0_-)=-2\\ r'(0_+)-r'(0_-)=1\\ r(0_+)-r(0_-)=0\end{cases},\quad \begin{cases}r'(0_+)=1+r'(0_-)\\ r(0_+)=0+r(0_-)\end{cases}$$

可以看到，初始条件 $r^{(i)}(0_+)$有无变换，依赖于信号值在 $t=0$ 有无跳跃。

对于一个 n 阶系统，给定微分方程、起始条件 $r^{(i)}(0_-)$、激励输入 $e(t)$后，确定初始条件的一般方法是：

① 将激励输入信号 $e(t)$代入方程，假设右端项含有 $\delta(t)$的最高阶导数 $\delta^{(k)}(t)$；

② 令 $r^{(n)}(t)=\dfrac{\mathrm{d}^n r(t)}{\mathrm{d}t^n}=a_k\delta^{(k)}(t)+a_{k-1}\delta^{(k-1)}(t)+\cdots+a_1\delta^{(1)}(t)+a_0\delta(t)+bu(t)$

等式两边积分，得到的等式两边再积分，如此下去，便有：

$$\begin{cases}r^{(n)}(t)=a_k\delta^{(k)}(t)+a_{k-1}\delta^{(k-1)}(t)+\cdots+a_1\delta^{(1)}(t)+a_0\delta(t)+bu(t)\\ r^{(n-1)}(t)=a_k\delta^{(k-1)}(t)+a_{k-1}\delta^{(k-2)}(t)+\cdots+a_1\delta(t)+a_0u(t)\\ r^{(n-2)}(t)=a_k\delta^{(k-2)}(t)+a_{k-1}\delta^{(k-3)}(t)+\cdots+a_1u(t)\\ \vdots\\ r(t)=\cdots\end{cases}\tag{2-12}$$

将上式代入方程，方程两边的冲激类项 $u(t),\delta(t),\delta'(t),\cdots,\delta^{(k)}(t)$系数相同，便可以求出系数 $a_k,a_{k-1},a_{k-2},\cdots,a_0,b$ 的值，将得到初始条件与起始条件的关系：

$$\begin{cases}r^{(n)}(0_+)-r^{(n)}(0_-)=b\\ r^{(n-1)}(0_+)-r^{(n-1)}(0_-)=a_0\\ r^{(n-2)}(0_+)-r^{(n-2)}(0_-)=a_1\\ \vdots\\ r(0_+)-r(0_-)=\cdots\end{cases}\tag{2-13}$$

这里实际上给出了$(n+1)$个条件，求完全响应用 n 个就够了。

【例 2-7】 给定如图 2-10 所示电路，$t<0$ 时开关 S 位于 2 的位置而且已经达到稳态；当 $t\geqslant 0$ 时开关 S 由 2 转向 1。试建立关于电流 $i(t)$的微分方程，并求解 $i(t)$在 $t\geqslant 0$ 时变化情况，即求 $i(t)$的表达式。

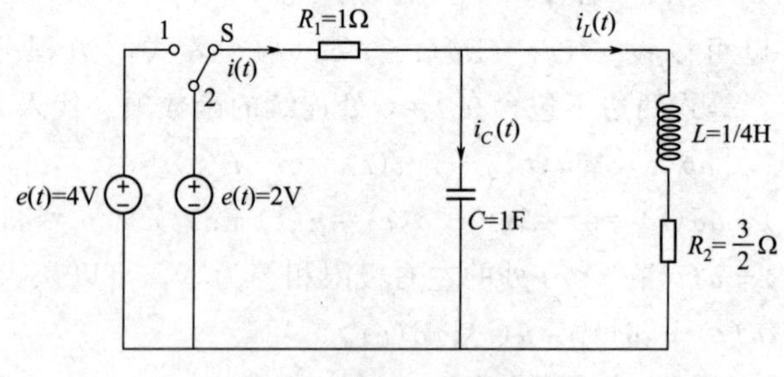

图 2-10 例 2-7 电路系统

解：这个系统是一个电路系统，激励输入 $e(t)$是电压源，响应输出是电流 $i(t)$。

① 建立输入-输出关系的微分方程模型。

电压关系 $R_1 i(t)+v_C(t)=e(t)$，其中 $v_C(t)$是电容两端的电压；

节点电压关系 $$v_C(t)=L\frac{\mathrm{d}}{\mathrm{d}t}i_L(t)+i_L(t)R_2$$

回路电流关系 $$i(t)=C\frac{\mathrm{d}}{\mathrm{d}t}v_C(t)+i_L(t)$$

将上述 3 个关系方程中的中间变量消去，即可得到微分方程模型。

由回路关系 $i_L(t)=i(t)-C\frac{\mathrm{d}}{\mathrm{d}t}v_C(t)$，代入节点电压关系得：

$$v_C(t)=L\left[\frac{\mathrm{d}}{\mathrm{d}t}i(t)-C\frac{\mathrm{d}^2}{\mathrm{d}t^2}v_C(t)\right]+R_2\left[i(t)-C\frac{\mathrm{d}}{\mathrm{d}t}v_C(t)\right] \tag{2-14}$$

由电压关系 $v_C(t)=e(t)-R_1 i(t)$，代入上式得：

$$e(t)-R_1 i(t)=L\left\{\frac{\mathrm{d}}{\mathrm{d}t}i(t)-C\frac{\mathrm{d}^2}{\mathrm{d}t^2}[e(t)-R_1 i(t)]\right\}+R_2\left\{i(t)-C\frac{\mathrm{d}}{\mathrm{d}t}[e(t)-R_1 i(t)]\right\}$$

将系数 $R_1=1,R_2=\frac{3}{2},C=1,L=\frac{1}{4}$代入上式，整理得微分方程：

$$\frac{\mathrm{d}^2}{\mathrm{d}t^2}i(t)+7\frac{\mathrm{d}}{\mathrm{d}t}i(t)+10i(t)=\frac{\mathrm{d}^2}{\mathrm{d}t^2}e(t)+6\frac{\mathrm{d}}{\mathrm{d}t}e(t)+4e(t) \tag{2-15}$$

② 方程的齐次通解：$r_h(t)=i_h(t)$。

特征方程和特征根：

$$\alpha^2+7\alpha+10=(\alpha+2)(\alpha+5)=0，\alpha_1=-2,\alpha_2=-5$$

齐次通解：$r_h(t)=i_h(t)=A_1\mathrm{e}^{-2t}+A_2\mathrm{e}^{-5t},t\geqslant 0_+$。

③ 方程的非齐次特解：$r_p(t)=i_p(t)$。

当 $t\geqslant 0$ 时，输入信号 $e(t)=4\mathrm{V}$，代入微分方程后右端项为常数 16，所以设特解的形式为 $i_p(t)=B$，代入微分方程有 $10B=16$，所以 $B=\frac{16}{10}=\frac{8}{5}$。

方程的非齐次特解：$r_p(t)=i_p(t)=\frac{8}{5}$。

④ 系统的完全响应通解：

$$i(t)=i_h(t)+i_p(t)=A_1\mathrm{e}^{-2t}+A_2\mathrm{e}^{-5t}+\frac{8}{5},\quad t\geqslant 0_+ \tag{2-16}$$

⑤ 确定系统的初始条件。

在 $t<0$ 时输入信号 $e(t)=2\mathrm{V}$，而且已经达到稳态，因此知起始条件 $i(t)=\frac{4}{5}A$ 为常量，所以有 $i(0_-)=\frac{4}{5}$，$i'(0_-)=0$。

将输入信号 $e(t)=\begin{cases}2, & t<0\\ 4, & t\geqslant 0\end{cases}=2+2u(t)$ 代入方程，右端的冲激类项：

$$2\delta'(t)+12\delta(t)+8u(t)$$

所以可以设$\frac{\mathrm{d}^2}{\mathrm{d}t^2}i(t)=a\delta'(t)+b\delta(t)+cu(t)$，等式两端积分得：

$$
\begin{cases}
\dfrac{\mathrm{d}^2}{\mathrm{d}t^2}i(t)=a\delta'(t)+b\delta(t)+cu(t) \\
\dfrac{\mathrm{d}}{\mathrm{d}t}i(t)=a\delta(t)+bu(t) \\
i(t)=au(t)
\end{cases}
\tag{2-17}
$$

代入微分方程，等式两端冲激类项平衡得：

$$[a\delta'(t)+b\delta(t)+cu(t)]+7[a\delta(t)+bu(t)]+10au(t)=2\delta'(t)+12\delta(t)+8u(t)$$

$$
\begin{cases}
a=2 \\
7a+b=12 \\
10a+7b+c=8
\end{cases}
，所以有
\begin{cases}
a=2 \\
b=-2 \\
c=2
\end{cases}
$$

由此得初始条件和起始条件的关系：

$$
\begin{cases}
i'(0_+)-i'(0_-)=-2 \\
i(0_+)-i(0_-)=2
\end{cases}
，
\begin{cases}
i'(0_+)=-2 \\
i(0_+)=\dfrac{14}{5}
\end{cases}
$$

⑥ 求解系统的完全响应 $i(t)=i_{\mathrm{h}}(t)+i_{\mathrm{p}}(t)$，$t\geqslant 0$。

将初始条件代入通解 $A_1\mathrm{e}^{-2t}+A_2\mathrm{e}^{-5t}+\dfrac{8}{5},t\geqslant 0_+$ 中，得：

$$
\begin{cases}
i(0_+)=A_1+A_2+\dfrac{8}{5}=\dfrac{14}{5} \\
\dfrac{\mathrm{d}}{\mathrm{d}t}i(0_+)=-2A_1-5A_2=-2
\end{cases}
，
\begin{cases}
A_1=\dfrac{4}{3} \\
A_2=-\dfrac{2}{15}
\end{cases}
$$

所以系统的完全响应为：

$$i(t)=\frac{4}{3}\mathrm{e}^{-2t}-\frac{2}{15}\mathrm{e}^{-5t}+\frac{8}{5},t\geqslant 0_+ \tag{2-18}$$

2.3 连续 LTI 系统的零输入响应和零状态响应

在 2.2 节，我们用经典解法求解系统的微分方程，得到系统的完全响应 $r(t)=r_{\mathrm{h}}(t)+r_{\mathrm{p}}(t)$，即系统的完全响应可以分解为自由响应分量 $r_{\mathrm{h}}(t)$ 和强迫响应分量 $r_{\mathrm{p}}(t)$ 的和。系统的完全响应还可以有其他分解方式，从而得到求解系统完全响应的另一种方法。系统的完全响应 $r(t)$ 还可以分解为零输入响应 $r_{\mathrm{zi}}(t)$ 和零状态响应 $r_{\mathrm{zs}}(t)$ 的和，即满足 $r(t)=r_{\mathrm{zi}}(t)+r_{\mathrm{zs}}(t)$。

2.3.1 系统的零输入响应

系统的零输入响应定义为，假定在零时刻没有外加激励输入（即输入为零，$t\geqslant 0$ 时）的情况下，仅由系统的起始条件决定的响应输出，记为 $r_{\mathrm{zi}}(t)$。显然如果起始条件均为零的时候，零输入响应为零。

在电路系统中，起始条件不全为零时，说明电路中的动态元件有储能，零时刻的起始储能不为零。

先分析电路系统中的电容元件，如图 2-11 所示。假设在零时刻的起始储能不为零，即满足 $v_C(0_-)\neq 0$。

则当 $t\geqslant 0$ 时，有如下表达式成立：

$$\begin{aligned} v_C(t) &= \frac{1}{C}\int_{-\infty}^{t} i_C(\tau)\mathrm{d}\tau = \frac{1}{C}\int_{-\infty}^{0_-} i_C(\tau)\mathrm{d}\tau + \frac{1}{C}\int_{0_-}^{t} i_C(\tau)\mathrm{d}\tau \\ &= v_C(0_-) + \frac{1}{C}\int_{0_-}^{t} i_C(\tau)\mathrm{d}\tau, \quad t\geqslant 0 \end{aligned} \tag{2-19}$$

电路等效为起始状态为零的电容器与电压源 $v_C(0_-)u(t)$ 的级联，如图 2-12 所示。

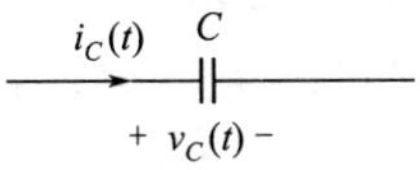

图 2-11 电容元件

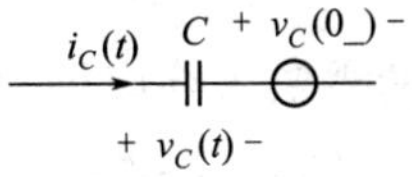

图 2-12 电容元件的等效电路

系统在外加激励输入为零的情况下，电容的起始储能等效于外加激励输入，可以产生系统的输出。同样可以考虑电感元件。

分析电路系统中的电感元件，如图 2-13 所示。假设在零时刻的起始储能不为零，即满足 $i_L(0_-)\neq 0$。

则当 $t\geqslant 0$ 时，有如下表达式成立：

$$\begin{aligned} i_L(t) &= \frac{1}{L}\int_{-\infty}^{t} v_L(\tau)\mathrm{d}\tau = \frac{1}{L}\int_{-\infty}^{0_-} v_L(\tau)\mathrm{d}\tau + \frac{1}{L}\int_{0_-}^{t} v_L(\tau)\mathrm{d}t \\ &= i_L(0_-) + \frac{1}{L}\int_{0_-}^{t} v_L(\tau)\mathrm{d}\tau, \quad t\geqslant 0 \end{aligned} \tag{2-20}$$

故电路等效为起始状态为零的电感器和电流源 $i_L(0_-)u(t)$ 的并联，如图 2-14 所示。

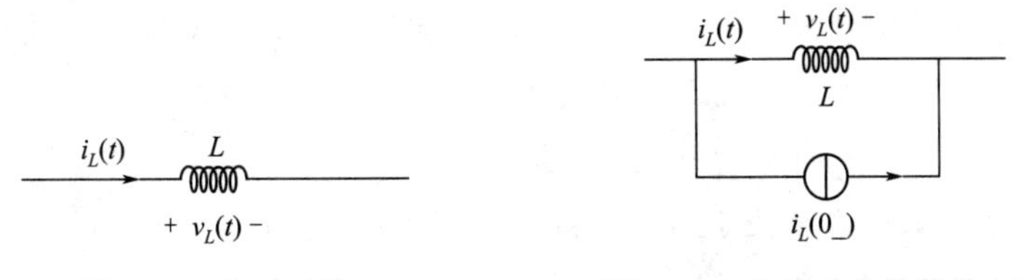

图 2-13 电感元件

图 2-14 电感元件的等效电路

系统在外加激励输入为零的情况下，电感的起始储能等效于外加激励输入，同样可以产生系统的输出。

由零输入响应的定义，零时刻的激励输入信号为零，所以零输入响应对应为系统微分方程的齐次解，可以用微分方程的经典解法求解。

【例 2-8】 已知系统的微分方程模型为 $r''(t)+3r'(t)+2r(t)=e'(t)+3e(t)$，激励输入信号 $e(t)=u(t)$，起始条件为 $r(0_-)=1$，$r'(0_-)=2$，求系统的零输入响应 $r_{zi}(t)$（$t>0$）。

解： 假定在零时刻的外加激励输入为零，即 $e(t)=0$，$t\geqslant 0$ 时对应齐次方程：

$$r''(t)+3r'(t)+2r(t)=0$$

特征方程为

$$\lambda^2+3\lambda+2=(\lambda+1)(\lambda+2)=0$$

特征根为

$$\lambda_1=-1,\ \lambda_2=-2$$

齐次通解为

$$r_h(t)=C_1\mathrm{e}^{-t}+C_2\mathrm{e}^{-2t}$$

由条件知$\begin{cases}r'_{zi}(0_+)=r'_{zi}(0_-)=2\\r_{zi}(0_+)=r_{zi}(0_-)=1\end{cases}$，代入齐次通解得$\begin{cases}C_1=4\\C_2=-3\end{cases}$。

所以系统的零输入响应 $r_{zi}(t)=(4\mathrm{e}^{-t}-3\mathrm{e}^{-2t})u(t)$。

对于用常系数线性微分方程描述的连续时间系统，当外加激励信号为零时，系统的零输入响应对于各个起始状态是呈线性的，即满足线性特性（包括齐次特性和叠加性）。如果把起始状态为 $r^{(k)}(0_-)$的零输入响应记为 $r_{zi}(t)=T[r^{(k)}(0_-)]$，那么满足下列条件：

$$r_{zi_1}(t)=T[r_1^{(k)}(0_-)],\ r_{zi_2}(t)=T[r_2^{(k)}(0_-)]$$

则有：

$$T[C_1r_1^{(k)}(0_-)+C_2r_2^{(k)}(0_-)]=C_1T[r_1^{(k)}(0_-)]+C_2T[r_2^{(k)}(0_-)]=C_1r_{zi_1}(t)+C_2r_{zi_2}(t) \tag{2-21}$$

2.3.2 系统的零状态响应

系统的零状态响应定义为：假定在起始条件为零（起始时刻系统无储能）的情况下，由激励输入 $e(t)$（$t\geqslant 0$）产生的响应输出，记为 $r_{zs}(t)$。

系统的零状态响应 $r_{zs}(t)$可以用经典解法求解。后面将会看到，零状态响应主要用卷积法求解，也可以利用变换域求解。

【例 2-9】 已知系统的微分方程模型为 $r''(t)+3r'(t)+2r(t)=e'(t)+3e(t)$，激励输入信号 $e(t)=u(t)$，起始条件为 $r(0_-)=1$，$r'(0_-)=2$，求系统的完全响应 $r(t)$（$t>0$）。

解： 系统的完全响应 $r(t)=r_{zi}(t)+r_{zs}(t)$。

① 由例 2-8 知，$r_{zi}(t)=(4\mathrm{e}^{-t}-3\mathrm{e}^{-2t})u(t)$；

② 用经典法求解零状态响应 $r_{zs}(t)$，假定起始条件 $r_{zs}(0_-)=0$，$r'_{zs}(0_-)=0$。

求解方程 $r''_{zs}(t)+3r'_{zs}(t)+2r_{zs}(t)=e'(t)+3e(t)$。

由例 2-8 知，方程的齐次通解为：$r_{zs_h}(t)=C_1\mathrm{e}^{-t}+C_2\mathrm{e}^{-2t}$。

将输入 $e(t)=u(t)$代入微分方程，$t>0$ 时右端项为常数 3，所以设特解为 $r_{zs_p}(t)=B$，代入微分方程得 $2B=3$，所以有 $r_{zs_p}(t)=B=\dfrac{3}{2}$。

所以

$$r_{zs}(t)=C_1\mathrm{e}^{-t}+C_2\mathrm{e}^{-2t}+\frac{3}{2}$$

将输入 $e(t)=u(t)$代入微分方程，方程右端项为 $\delta(t)+3u(t)$。由冲激函数匹配法有：

$$\begin{cases}r''_{zs}(t)=a\delta(t)+bu(t)\\r'_{zs}(t)=au(t)\\r_{zs}(t)=0\end{cases}$$，代入微分方程有：

$$[a\delta(t)+bu(t)]+3[au(t)]=\delta(t)+3u(t)$$

$$\begin{cases}a=1\\b=0\end{cases}，所以\begin{cases}r'_{zs}(0_+)-r'_{zs}(0_-)=1\\r_{zs}(0_+)-r_{zs}(0_-)=0\end{cases}，\begin{cases}r'_{zs}(0_+)=1\\r_{zs}(0_+)=0\end{cases}$$

将初始条件代入通解 $r_{zs}(t)=C_1\mathrm{e}^{-t}+C_2\mathrm{e}^{-2t}+\frac{3}{2}$ 中得：

$$\begin{cases}C_1=-2\\C_2=\frac{1}{2}\end{cases}，则有零状态响应 r_{zs}(t)=\left(-2\mathrm{e}^{-t}+\frac{1}{2}\mathrm{e}^{-2t}+\frac{3}{2}\right)u(t)。$$

③ 系统的完全响应

$$r(t)=r_{zi}(t)+r_{zs}(t)=(4\mathrm{e}^{-t}-3\mathrm{e}^{-2t})u(t)+\left(-2\mathrm{e}^{-t}+\frac{1}{2}\mathrm{e}^{-2t}+\frac{3}{2}\right)u(t)$$

$$=\left(2\mathrm{e}^{-t}-\frac{5}{2}\mathrm{e}^{-2t}+\frac{3}{2}\right)u(t)$$

【例 2-10】 给定如图 2-15 所示电路系统，$t<0$ 时开关 S 位于 2 的位置而且已经达到稳态；当 $t\geqslant 0$ 时开关 S 由 2 转向 1。试求该系统的零输入响应 $i_{zi}(t)$、零状态响应 $i_{zs}(t)$ 和完全响应 $i(t)$。

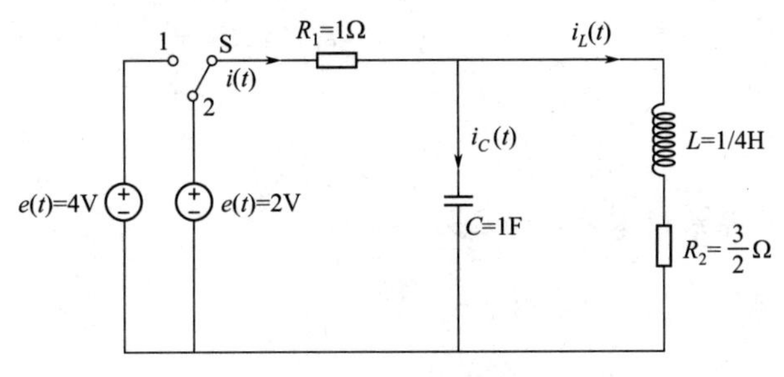

图 2-15　电路系统

解： 这个系统是一个电路系统，激励输入 $e(t)$ 是电压源，响应输出是电流 $i(t)$。

① 由例 2-7 知，系统的微分方程模型为：

$$\frac{\mathrm{d}^2}{\mathrm{d}t^2}i(t)+7\frac{\mathrm{d}}{\mathrm{d}t}i(t)+10i(t)=\frac{\mathrm{d}^2}{\mathrm{d}t^2}e(t)+6\frac{\mathrm{d}}{\mathrm{d}t}e(t)+4e(t)$$

该系统的起始条件为：$i(0_-)=\frac{4}{5}$，$i'(0_-)=0$。

② 求解系统的零输入响应 $i_{zi}(t)$。

考虑微分方程

$$\frac{\mathrm{d}^2}{\mathrm{d}t^2}i_{zi}(t)+7\frac{\mathrm{d}}{\mathrm{d}t}i_{zi}(t)+10i_{zi}(t)=\frac{\mathrm{d}^2}{\mathrm{d}t^2}e(t)+6\frac{\mathrm{d}}{\mathrm{d}t}e(t)+4e(t)$$

假定在零时刻的外加激励输入为零，此时输入信号 $e(t)=\begin{cases}2, & t<0\\0, & t>0\end{cases}=2-2u(t)$，起始条件为 $i_{zi}(0_-)=i(0_-)=\frac{4}{5}$，$i'_{zi}(0_-)=i'(0_-)=0$。

齐次通解 $i_{zi_h}(t)=A_1\mathrm{e}^{-2t}+A_2\mathrm{e}^{-5t}(t\geqslant 0_+)$，非齐次特解 $i_{zi_p}(t)=0$。

零输入响应通解　　$i_{zi}(t)=(A_1\mathrm{e}^{-2t}+A_2\mathrm{e}^{-5t})u(t)$

将输入信号 $e(t)=\begin{cases}2, & t<0\\ 0, & t>0\end{cases}=2-2u(t)$ 代入方程，右端项含有 $-2\delta'(t)-12\delta(t)-8u(t)$。

由冲激项平衡匹配有：

$$\begin{cases}\dfrac{\mathrm{d}^2}{\mathrm{d}t^2}i_{zi}(t)=a\delta'(t)+b\delta(t)+cu(t)\\ \dfrac{\mathrm{d}}{\mathrm{d}t}i_{zi}(t)=a\delta(t)+bu(t)\\ i_{zi}(t)=au(t)\end{cases}$$

代入方程得：

$$[a\delta'(t)+b\delta(t)+cu(t)]+7[a\delta(t)+bu(t)]+10au(t)=-2\delta'(t)-12\delta(t)-8u(t)$$

$$\begin{cases}a=-2\\ b+7a=-12\\ c+7b+10a=-8\end{cases},\quad \begin{cases}i_{zi}(0_+)-i_{zi}(0_-)=a=-2\\ \dfrac{\mathrm{d}}{\mathrm{d}t}i_{zi}(0_+)-\dfrac{\mathrm{d}}{\mathrm{d}t}i_{zi}(0_-)=b=2\\ \dfrac{\mathrm{d}^2}{\mathrm{d}t^2}i_{zi}(0_+)-\dfrac{\mathrm{d}^2}{\mathrm{d}t^2}i_{zi}(0_-)=c=-2\end{cases}$$

$$\begin{cases}i_{zi}(0_+)=-2+i_{zi}(0_-)=-\dfrac{6}{5}\\ \dfrac{\mathrm{d}}{\mathrm{d}t}i_{zi}(0_+)=2+\dfrac{\mathrm{d}}{\mathrm{d}t}i_{zi}(0_-)=2\end{cases}$$

代入零输入响应通解得系统的零输入响应为

$$i_{zi}(t)=\left(-\frac{4}{3}\mathrm{e}^{-2t}+\frac{2}{15}\mathrm{e}^{-5t}\right)u(t)$$

③ 求解系统的零状态响应 $i_{zs}(t)$。

考虑微分方程

$$\frac{\mathrm{d}^2}{\mathrm{d}t^2}i_{zs}(t)+7\frac{\mathrm{d}}{\mathrm{d}t}i_{zs}(t)+10i_{zs}(t)=\frac{\mathrm{d}^2}{\mathrm{d}t^2}e(t)+6\frac{\mathrm{d}}{\mathrm{d}t}e(t)+4e(t)$$

假定起始条件为 $i_{zs}(0_-)=0$，$i'_{zs}(0_-)=0$，此时输入信号

$$e(t)=\begin{cases}0, & t<0\\ 4, & t>0\end{cases}=4u(t)$$

齐次通解 $\qquad i_{zi_h}(t)=A_1\mathrm{e}^{-2t}+A_2\mathrm{e}^{-5t},\quad t\geqslant 0_+$

输入信号 $e(t)=\begin{cases}0, & t<0\\ 4, & t>0\end{cases}=4u(t)$ 代入方程，当 $t\geqslant 0$ 时，微分方程右端为常数 16。设微分方程的特解为 $i_{zs_p}(t)=B$，代入方程得特解 $i_{zs_p}(t)=\dfrac{8}{5}$。

零状态响应的通解为： $\qquad i_{zs}(t)=A_1\mathrm{e}^{-2t}+A_2\mathrm{e}^{-5t}+\dfrac{8}{5}$

将输入信号 $e(t)=\begin{cases}0, & t<0\\ 4, & t>0\end{cases}=4u(t)$ 代入方程，右端项含有 $4\delta'(t)+24\delta(t)+16\Delta u(t)$。

冲激项平衡匹配有：

$$\begin{cases}\dfrac{d^2}{dt^2}i_{zs}(t)=a\delta'(t)+b\delta(t)+c\Delta u(t)\\ \dfrac{d}{dt}i_{zs}(t)=a\delta(t)+b\Delta u(t)\\ i_{zs}(t)=a\Delta u(t)\end{cases}$$

代入方程得：

$$[a\delta'(t)+b\delta(t)+cu(t)]+7[a\delta(t)+bu(t)]+10au(t)=4\delta'(t)+24\delta(t)+16u(t)$$

$$\begin{cases}a=4\\ b+7a=24\\ c+7b+10a=16\end{cases},\quad \begin{cases}i_{zs}(0_+)-i_{zs}(0_-)=a=4\\ \dfrac{d}{dt}i_{zs}(0_+)-\dfrac{d}{dt}i_{zs}(0_-)=b=-4\\ \dfrac{d^2}{dt^2}i_{zs}(0_+)-\dfrac{d^2}{dt^2}i_{zs}(0_-)=c=4\end{cases}$$

$$\begin{cases}i_{zs}(0_+)=4+i_{zs}(0_-)=4\\ \dfrac{d}{dt}i_{zs}(0_+)=-4+\dfrac{d}{dt}i_{zs}(0_-)=-4\end{cases}$$

代入零状态响应的通解得系统的零状态响应为

$$i_{zs}(t)=\frac{8}{3}e^{-2t}-\frac{4}{15}e^{-5t}+\frac{8}{5},\quad t\geqslant 0_+$$

④ 完全响应：

$$i(t)=i_{zi}(t)+i_{zs}(t)=\left(-\frac{4}{3}e^{-2t}+\frac{2}{15}e^{-5t}\right)u(t)+\left(\frac{8}{3}e^{-2t}-\frac{4}{15}e^{-5t}+\frac{8}{5}\right)u(t)$$

$$=\left(\frac{4}{3}e^{-2t}-\frac{2}{15}e^{-5t}+\frac{8}{5}\right)u(t)$$

由例 2-7 知，系统的完全响应为 $i(t)=i_h(t)+i_p(t)=\left(\frac{4}{3}e^{-2t}-\frac{2}{15}e^{-5t}+\frac{8}{5}\right)u(t)$，其中自由响应为 $i_h(t)=\left(\frac{4}{3}e^{-2t}-\frac{2}{15}e^{-5t}\right)u(t)$，强迫响应为 $i_p(t)=\frac{8}{5}u(t)$。由此可以看出，零输入响应是自由响应的一部分，而零状态响应是自由响应的另一部分与强迫响应的和。

在系统的完全响应中，把 $t\to 0$ 时趋于零的部分项称为系统的暂态响应，把 $t\to 0$ 时不趋于零的部分项称为系统的稳态响应。因此系统的完全响应有三种分解形式：

① 系统的完全响应 $r(t)$＝自由响应 $r_h(t)$＋强迫响应 $r_p(t)$；

② 系统的完全响应 $r(t)$＝零输入响应 $r_{zi}(t)$＋零状态响应 $r_{zs}(t)$；

③ 系统的完全响应 $r(t)$＝暂态响应＋稳态响应。

对于用常系数线性微分方程描述的连续时间系统，系统的零状态响应对于各个激励输入是呈线性的，即满足线性时不变特性（包括齐次特性、叠加性和时不变特性）。如果把激励输入为 $e(t)$ 的零状态响应记为 $r_{zs}(t)=T[e(t)]$，那么满足下列条件：

$$r_{zs_1}(t)=T[e_1(t)],\quad r_{zs_2}(t)=T[e_2(t)]$$

则有：

$$T[C_1e_1(t)+C_2e_2(t)]=C_1T[e_1(t)]+C_2T[e_2(t)]=C_1r_{zs_1}(t)+C_2r_{zs_2}(t) \tag{2-22}$$

$$r_{zs}(t-t_0)=T[e(t-t_0)] \tag{2-23}$$

【例 2-11】 已知一常系数线性微分方程描述的连续时间系统，在相同起始条件下，当

激励输入为 $e(t)$ 时，其完全响应为 $r_1(t)=[2\mathrm{e}^{-3t}+\sin(2t)]u(t)$；当激励为 $2e(t)$ 时，其完全响应为 $r_2(t)=[\mathrm{e}^{-3t}+2\sin(2t)]u(t)$。求：

① 如果起始条件不变，当激励为 $e(t-t_0),t_0>0$ 时的全响应 $r_3(t)$；

② 初始条件增大 1 倍，当激励为 $0.5e(t)$ 时的全响应 $r_4(t)$。

解：① 设在原起始条件下，零输入响应为 $r_{zi}(t)$，零状态响应为 $r_{zs}(t)$，并利用零状态响应的线性特性，则有：

$$r_1(t)=r_{zi}(t)+r_{zs}(t)=[2\mathrm{e}^{-3t}+\sin(2t)]u(t)$$

$$r_2(t)=r_{zi}(t)+2r_{zs}(t)=[\mathrm{e}^{-3t}+2\sin(2t)]u(t)$$

求解上述方程组，得：

$$r_{zi}(t)=3\mathrm{e}^{-3t}u(t)$$

$$r_{zs}(t)=[-\mathrm{e}^{-3t}+\sin(2t)]u(t)$$

所以有

$$\begin{aligned}r_3(t)&=r_{zi}(t)+r_{zs}(t-t_0)\\&=3\mathrm{e}^{-3t}u(t)+[-\mathrm{e}^{-3(t-t_0)}+\sin(2t-2t_0)]u(t-t_0)\end{aligned}$$

② 利用零输入响应和零状态响应的线性特性，有：

$$\begin{aligned}r_4(t)&=2r_{zi}(t)+0.5r_{zs}(t)\\&=2[3\mathrm{e}^{-3t}u(t)]+0.5[-\mathrm{e}^{-3t}+\sin(2t)]u(t)\\&=[5.5\mathrm{e}^{-3t}+0.5\sin(2t)]u(t)\end{aligned}$$

2.4 单位冲激响应和阶跃响应

从前面的分析可以看到，用微分方程的经典求解方法求解系统的完全响应是一项比较烦琐的工作。如果系统的激励输入信号的表达式比较复杂，对应非齐次方程的特解将难以设定。如果系统的起始条件发生变化，则系统的完全响应需要全部重新求解。而采用求解零输入响应和零状态响应的方法时，零输入响应用经典方法也容易求解，关键是系统零状态响应的求解。当定义系统的单位冲激响应后，我们将看到系统的零状态响应可以用线性卷积计算，将来也可以利用频域变换来计算。

2.4.1 单位冲激响应

对于一个连续时间的线性时不变系统，激励输入为单位冲激信号 $\delta(t)$ 时的零状态响应称为系统的单位冲激响应，记为 $h(t)$。

如果描述系统的微分方程模型为：

$$\begin{aligned}&a_n\frac{\mathrm{d}^n r(t)}{\mathrm{d}t^n}+a_{n-1}\frac{\mathrm{d}^{n-1}r(t)}{\mathrm{d}t^{n-1}}+\cdots+a_1\frac{\mathrm{d}r(t)}{\mathrm{d}t}+a_0r(t)\\&=b_m\frac{\mathrm{d}^m e(t)}{\mathrm{d}t^m}+b_{m-1}\frac{\mathrm{d}^{m-1}e(t)}{\mathrm{d}t^{m-1}}+\cdots+b_1\frac{\mathrm{d}e(t)}{\mathrm{d}t}+b_0e(t)\end{aligned}\tag{2-24}$$

则单位冲激响应 $h(t)$ 满足微分方程：

$$a_n\frac{d^n h(t)}{dt^n}+a_{n-1}\frac{d^{n-1}h(t)}{dt^{n-1}}+\cdots+a_1\frac{dh(t)}{dt}+a_0 h(t)$$
$$=b_m\frac{d^m\delta(t)}{dt^m}+b_{m-1}\frac{d^{m-1}\delta(t)}{dt^{m-1}}+\cdots+b_1\frac{d\delta(t)}{dt}+b_0\delta(t) \tag{2-25}$$

且起始条件为零，即满足条件 $h^{(n)}(0_-)=[h(0_-),h'(0_-),\cdots,h^{(n-1)}(0_-)]=[0,0,\cdots,0^-]$。

对于一个给定的系统微分方程模型，可以用微分方程的经典解法求解系统的单位冲激响应 $h(t)$。

【例 2-12】 已知一个连续时间 LTI 系统的微分方程模型为：

$$\frac{d^2r(t)}{dt^2}+4\frac{dr(t)}{dt}+3r(t)=\frac{de(t)}{dt}+2e(t)$$

求该系统的单位冲激响应 $h(t)$。

解： 由单位冲激响应 $h(t)$ 的定义知，满足如下条件：

$$\frac{d^2h(t)}{dt^2}+4\frac{dh(t)}{dt}+3h(t)=\frac{d\delta(t)}{dt}+2\delta(t)$$

且起始条件为零，$h(0_-)=0$，$h'(0_-)=0$。

① 方程对应的齐次通解 $h_h(t)$。

特征方程为 $\lambda^2+4\lambda+3=0$，特征根为 $\lambda_1=-1$，$\lambda_2=-3$。

齐次通解为 $h_h(t)=(C_1e^{-t}+C_2e^{-3t})u(t)$。

② 单位冲激响应 $h(t)$ 的通解。

输入为单位冲激响信号 $\delta(t)$，$t>0$ 时，方程右端为常数 0。所以特解 $h_p(t)=0$。

单位冲激响应的通解就是齐次通解 $h(t)=(C_1e^{-t}+C_2e^{-3t})u(t)$，$t>0$。

③ 确定初始条件 $h(0_+)$、$h'(0_+)$，求单位冲激响应 $h(t)$。

输入为单位冲激响信号 $\delta(t)$，方程右端含有 $\delta'(t)$，所以有：

$$\begin{cases}\dfrac{d^2h(t)}{dt^2}=a\delta'(t)+b\delta(t)+cu(t)\\ \dfrac{dh(t)}{dt}=a\delta(t)+bu(t)\\ h(t)=au(t)\end{cases}$$

代入方程，由冲激函数匹配有：

$$\begin{cases}a=1\\ b+4a=2\\ c+4b+3a=0\end{cases},\quad\begin{cases}h(0_+)-h(0_-)=a=1\\ h'(0_+)-h'(0_-)=b=-2\\ h''(0_+)-h''(0_-)=c=5\end{cases},\quad\begin{cases}h(0_+)=1\\ h'(0_+)=-2\end{cases}$$

代入通解得：

$$\begin{cases}C_1=\dfrac{1}{2}\\ C_2=\dfrac{1}{2}\end{cases}$$

所以单位冲激响应 $h(t)=\left(\dfrac{1}{2}e^{-t}+\dfrac{1}{2}e^{-3t}\right)u(t)$。

后面在复频域利用系统函数求解系统的单位冲激响应 $h(t)$ 会更方便。

【例 2-13】 已知一个连续时间 LTI 系统的微分方程模型为：

$$r'(t)+4r(t)=3e'(t)+2e(t)$$

求该系统的单位冲激响应 $h(t)$。

解：由单位冲激响应的定义知，满足如下条件：

$$h'(t)+4h(t)=3\delta'(t)+2\delta(t)$$

且起始条件为零，$h(0_-)=0$，$h'(0_-)=0$。

① 方程对应的齐次通解 $h_h(t)$。

特征方程为 $\lambda+4=0$，特征根为 $\lambda=-4$。

齐次通解为 $h_h(t)=Ce^{-4t}u(t)$。

② 单位冲激响应 $h(t)$ 的通解。

输入为单位冲激响信号 $\delta(t)$，$t>0$ 时，方程右端为常数 0。所以特解 $h_p(t)=0$。

单位冲激响应的通解就是齐次通解 $h(t)=Ce^{-4t}u(t)$，$t>0$。

③ 确定初始条件 $h(0_+)$，求单位冲激响应 $h(t)$。

输入为单位冲激响信号 $\delta(t)$，方程右端含有 $\delta'(t)$，所以有：

$$\begin{cases}h'(t)=a\delta'(t)+b\delta(t)+cu(t)\\h(t)=a\delta(t)+bu(t)\end{cases}$$

代入方程，由冲激函数匹配有：

$$\begin{cases}a=3\\b+4a=2\\c+4b=0\end{cases},\quad\begin{cases}a=3\\h(0_+)-h(0_-)=b=-10\\h'(0_+)-h'(0_-)=c=40\end{cases},\quad h(0_+)=-10$$

代入通解得：$C=-10$。

注意到冲激函数平衡匹配时，$h(t)$ 中含有冲激项 $a\delta(t)$，所以单位冲激响应 $h(t)=3\delta(t)-10e^{-4t}u(t)$。

一般情况下，单位冲激响应 $h(t)$ 中是否含有冲激函数项，与方程的阶数 n 及方程右端输入信号的最高阶导数 m 的大小有关，有下列三种情况：

① 当 $n>m$ 时，单位冲激响应 $h(t)$ 中不含单位冲激函数项；

② 当 $n=m$ 时，单位冲激响应 $h(t)$ 中可能含有单位冲激函数 $\delta(t)$ 项；

③ 当 $n<m$ 时，单位冲激响应 $h(t)$ 中可能含有单位冲激函数 $\delta(t)$ 及导数项。

【例 2-14】 已知一个连续时间 LTI 系统的微分方程模型为：

$$r'(t)+4r(t)=e''(t)-3e'(t)+2e(t)$$

求该系统的单位冲激响应 $h(t)$ 中是否含有冲激函数或其导数项。

解：由单位冲激响应 $h(t)$ 的定义知，满足如下条件：

$$h'(t)+4h(t)=\delta''(t)-3\delta'(t)+2\delta(t)$$

$n=1<m=2$，且起始条件为零，有 $h(0_-)=0$。

输入单位冲激响应信号 $\delta(t)$，方程右端含有 $\delta''(t)$，所以有：

$$\begin{cases}h'(t)=a\delta''(t)+b\delta'(t)+c\delta(t)+du(t)\\h(t)=a\delta'(t)+b\delta(t)+cu(t)\end{cases}$$

代入方程，由冲激函数匹配法有：

$$\begin{cases}a=1\\b+4a=-3\\c+4b=2\\d+4c=0\end{cases},\quad\begin{cases}a=1\\b=-7\\c=30\\d=-120\end{cases}$$

注意到冲激函数平衡匹配时，$h(t)$中含有冲激项 $a\delta'(t)+b\delta(t)$，所以单位冲激响应 $h(t)$中含有冲激项 $\delta'(t)-7\delta(t)$。

对系统的微分方程模型，利用经典解法求解系统的单位冲激响应也是不方便的，在复频域变换中，利用系统函数求解单位冲激响应是最常用的方法。

2.4.2 单位阶跃响应

一个连续时间的线性时不变系统，激励输入为单位阶跃信号 $u(t)$时的零状态响应称为系统的单位阶跃响应，单位阶跃响应记为 $g(t)$。

如果系统的微分方程模型为：

$$a_n\frac{\mathrm{d}^n r(t)}{\mathrm{d}t^n}+a_{n-1}\frac{\mathrm{d}^{n-1}r(t)}{\mathrm{d}t^{n-1}}+\cdots+a_1\frac{\mathrm{d}r(t)}{\mathrm{d}t}+a_0 r(t)$$

$$=b_m\frac{\mathrm{d}^m e(t)}{\mathrm{d}t^m}+b_{m-1}\frac{\mathrm{d}^{m-1}e(t)}{\mathrm{d}t^{m-1}}+\cdots+b_1\frac{\mathrm{d}e(t)}{\mathrm{d}t}+b_0 e(t)$$

则单位阶跃响应 $g(t)$满足微分方程：

$$\begin{aligned}&a_n\frac{\mathrm{d}^n g(t)}{\mathrm{d}t^n}+a_{n-1}\frac{\mathrm{d}^{n-1}g(t)}{\mathrm{d}t^{n-1}}+\cdots+a_1\frac{\mathrm{d}g(t)}{\mathrm{d}t}+a_0 g(t)\\&=b_m\frac{\mathrm{d}^m u(t)}{\mathrm{d}t^m}+b_{m-1}\frac{\mathrm{d}^{m-1}u(t)}{\mathrm{d}t^{m-1}}+\cdots+b_1\frac{\mathrm{d}u(t)}{\mathrm{d}t}+b_0 u(t)\end{aligned}\tag{2-26}$$

且起始条件为零，即满足条件

$$g^{(n)}(0_-)=[g(0_-),g'(0_-),\cdots,g^{(n-1)}(0_-)]=[0,0,\cdots,0]$$

在 2.1.2 节中知道，线性时不变系统满足微分和积分特性，利用单位冲激信号 $\delta(t)$与单位阶跃信号 $u(t)$之间的微积分关系 $\begin{cases}u'(t)=\delta(t)\\\int_{-\infty}^{t}\delta(t)\mathrm{d}t=u(t)\end{cases}$，可以得到系统的单位冲激响应 $h(t)$与系统的单位阶跃响应 $g(t)$之间的关系：

$$\begin{cases}g'(t)=h(t)\\\int_{-\infty}^{t}h(t)\mathrm{d}t=\int_{0_-}^{t}h(t)\mathrm{d}t=g(t)\end{cases}$$

所以在计算系统的单位阶跃响应 $g(t)$时，可以先计算系统的单位冲激响应 $h(t)$，再利用积分关系求系统的阶跃响应 $g(t)$。

【例 2-15】 已知一个连续时间 LTI 系统的微分方程模型为：

$$\frac{\mathrm{d}^2 r(t)}{\mathrm{d}t^2}+4\frac{\mathrm{d}r(t)}{\mathrm{d}t}+3r(t)=\frac{\mathrm{d}e(t)}{\mathrm{d}t}+2e(t)$$

求该系统的单位阶跃响应 $g(t)$。

解： 由例 2-10 知，该系统的单位冲激响应为 $h(t)=\left(\frac{1}{2}\mathrm{e}^{-t}+\frac{1}{2}\mathrm{e}^{-3t}\right)u(t)$。

利用阶跃响应与冲激响应之间的积分关系，可得该系统的单位阶跃响应：

$$g(t)=\int_{0_-}^{t} h(t)\mathrm{d}t=\int_{0}^{t}\left(\frac{1}{2}\mathrm{e}^{-\tau}+\frac{1}{2}\mathrm{e}^{-3\tau}\right)\mathrm{d}\tau$$

$$=\left(-\frac{1}{2}\mathrm{e}^{-\tau}-\frac{1}{6}\mathrm{e}^{-3\tau}\right)\Bigg|_{0}^{t}=-\frac{1}{2}\mathrm{e}^{-t}-\frac{1}{6}\mathrm{e}^{-3t}+\frac{2}{3}，\ t>0$$

系统的单位阶跃响应 $g(t)=\left(-\frac{1}{2}\mathrm{e}^{-t}-\frac{1}{6}\mathrm{e}^{-3t}+\frac{2}{3}\right)u(t)$。

2.4.3 系统的零状态响应与单位冲激响应

对于一个线性时不变系统，设系统的单位冲激响应为 $h(t)$，则激励输入信号为 $e(t)$时，系统的零状态响应 $r_{zs}(t)=r(t)=\mathrm{e}(t)*h(t)$。即系统的零状态响应恰好是激励输入信号 $e(t)$与系统单位冲激响应 $h(t)$的线性卷积。因此，系统的单位冲激响应 $h(t)$可以描述系统的基本特性。

证明：对于激励输入信号 $e(t)$，由 1.4.4 节信号的脉冲分解知：

$$e(t)=\int_{-\infty}^{\infty} e(\tau)\delta(t-\tau)\mathrm{d}\tau$$

由系统单位冲激响应的定义及系统的线性时不变特性，有如下结果：

由冲激响应的定义：$T[\delta(t)]=h(t)$；

由系统的时不变特性：$T[\delta(t-\tau)]=h(t-\tau)$；

由系统的线性特性：$T[e(\tau)\delta(t-\tau)]=e(\tau)T[\delta(t-\tau)]$。

$$\begin{aligned}r_{zs}(t)=r(t)=T[e(t)]&=T\left[\int_{-\infty}^{\infty} e(\tau)\delta(t-\tau)\mathrm{d}\tau\right]\\&=\int_{-\infty}^{\infty} e(\tau)T[\delta(t-\tau)]\mathrm{d}\tau\\&=\int_{-\infty}^{\infty} e(\tau)h(t-\tau)\mathrm{d}\tau\\&=\mathrm{e}(t)*h(t)\end{aligned}\tag{2-27}$$

所以，系统的零状态响应 $r(t)$恰好是激励输入信号 $e(t)$与系统单位冲激响应 $h(t)$的线性卷积。

【例 2-16】 一个连续时间 LTI 系统无初始储能，在激励输入 $e(t)=2\mathrm{e}^{-3t}u(t)$作用下系统的响应输出为 $r(t)$，又已知激励输入为 $e'(t)$时响应输出为 $T[e'(t)]=-3r(t)+\mathrm{e}^{-2t}u(t)$，求该系统的单位冲激响应 $h(t)$。

解：由题意，系统的起始状态为零状态，所以在激励输入 $e(t)=2\mathrm{e}^{-3t}u(t)$作用下系统的响应输出为：

$$r(t)=T[e(t)]=e(t)*h(t)$$

由条件知：

$$e'(t)=[2\mathrm{e}^{-3t}u(t)]'=-6\mathrm{e}^{-3t}u(t)+2\mathrm{e}^{-3t}\delta(t)=-3e(t)+2\delta(t)$$

激励输入为 $e'(t)$时系统的响应输出为：

$$T[e'(t)]=e'(t)*h(t)=-3r(t)+\mathrm{e}^{-2t}u(t)$$

$$T[e'(t)]=e'(t)*h(t)=-3e(t)*h(t)+2\delta(t)*h(t)=-3r(t)+2h(t)$$

$$T[e'(t)]=-3r(t)+\mathrm{e}^{-2t}u(t)=-3r(t)+2h(t)$$

所以有单位冲激响应 $h(t)=\frac{1}{2}e^{-2t}u(t)$。

前面已经知道，复杂系统是由简单子系统连接而成的。两个子系统的连接方式主要有以下三种方式：

① 子系统 1 和子系统 2 的级联，如图 2-16 所示。

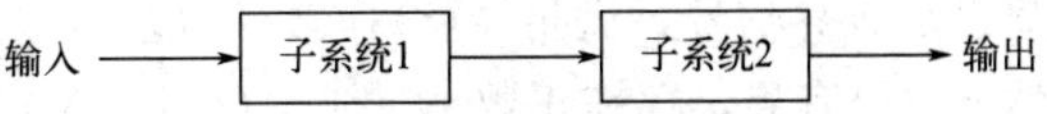

图 2-16　子系统的级联

如果激励输入信号为 $e(t)$，则级联系统的输出为 $r(t)=[e(t)*h_1(t)]^* h_2(t)$，由卷积的结合律有：

$$r(t)=[e(t)*h_1(t)]*h_2(t)=e(t)*[h_1(t)*h_2(t)]=e(t)*h(t)$$

上式说明，级联系统的单位冲激响应 $h(t)=h_1(t)*h_2(t)$，是两个子系统单位冲激响应的卷积。

② 子系统 1 和子系统 2 的并联，如图 2-17 所示。

如果激励输入信号为 $e(t)$，则并联系统的输出为 $r(t)=[e(t)*h_1(t)]+[e(t)*h_2(t)]$，由卷积的分配律有：

$$r(t)=[e(t)*h_1(t)]+[e(t)*h_2(t)]=e(t)*[h_1(t)+h_2(t)]=e(t)*h(t)$$

上式说明，并联系统的单位冲激响应 $h(t)=h_1(t)+h_2(t)$，是两个子系统单位冲激响应的和。

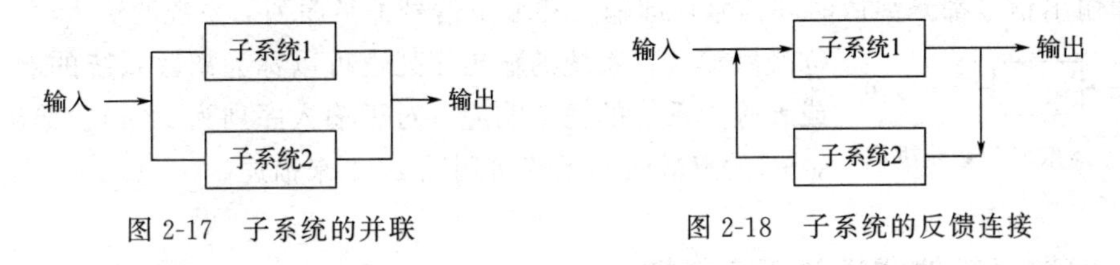

图 2-17　子系统的并联　　图 2-18　子系统的反馈连接

③ 子系统 1 和子系统 2 的反馈连接，如图 2-18 所示。

反馈连接的系统的单位冲激响应与子系统的单位冲激响应之间的关系在时域表达是不方便的，它可以在频域中用系统函数来描述。

2.4.4　系统的稳定性与单位冲激响应

线性时不变系统的单位冲激响应为 $h(t)$，则系统稳定的充要条件是 $h(t)$ 满足绝对可积：

$$\int_{-\infty}^{\infty}|h(t)|dt=N<\infty \tag{2-28}$$

证明：① 充分性。设 $h(t)$ 满足绝对可积条件，当激励输入信号 $e(t)$ 是有界时，即存在正数 M，$|e(t)|\leqslant M$。则系统的零状态响应输出：

$$\begin{aligned}|r_{zs}(t)|=|e(t)*h(t)|&=\left|\int_{-\infty}^{\infty}e(\tau)h(t-\tau)d\tau\right|\leqslant\int_{-\infty}^{\infty}|e(\tau)|\cdot|h(t-\tau)|d\tau\\&\leqslant M\int_{-\infty}^{\infty}|h(t-\tau)|d\tau=M\int_{-\infty}^{\infty}|h(\tau)|d\tau\\&=MN<\infty\end{aligned}$$

所以系统的完全响应输出 $r(t)=r_{zi}(t)+r_{zs}(t)$ 一定是有界的，系统稳定。

② 必要性。设系统是稳定的，则有界输入产生有界输出。构造一个信号 $e(t)$：

$$e(t)=\begin{cases}\dfrac{h^*(-t)}{|h(-t)|}, & h(-t)\neq 0\\[2ex] 0, & h(-t)=0\end{cases}$$

由信号 $e(t)$ 的定义知它是有界信号，满足 $|e(t)|\leqslant 1=M$。当输入信号 $e(t)$ 时，系统的输出 $r(t)$ 是有界的，显然 $r_{zs}(t)$ 有界，存在正数 N，$|r_{zs}(t)|\leqslant N$，所以有：

$$\begin{aligned}|r_{zs}(0)|&=\int_{-\infty}^{\infty}e(\tau)h(-\tau)\mathrm{d}\tau=\int_{-\infty}^{\infty}\frac{h^*(-t)}{|h(-t)|}h(-\tau)\mathrm{d}\tau\\&=\int_{-\infty}^{\infty}|h(-\tau)|\mathrm{d}\tau=\int_{-\infty}^{\infty}|h(t)|\mathrm{d}t\leqslant N\end{aligned}$$

所以，单位冲激响应 $h(t)$ 满足绝对可积条件。

可以用单位冲激响应判断系统是否为因果系统，连续时间线性时不变系统是因果系统的充要条件是：

$$h(t)=0,\ t<0$$

2.5 离散时间系统的时域分析

离散时间系统是处理离散时间信号的系统，对于单输入单输出的离散时间系统，它的输入信号和输出信号都是离散时间信号，即输入和输出信号都是序列。系统的输入序列也可以称激励输入，系统的输出序列也可以称为离散系统的响应输出，或者称为系统的完全响应。对于输入序列为 $x(n)$、输出序列为 $y(n)$ 的离散时间系统可用图 2-19 来描述。

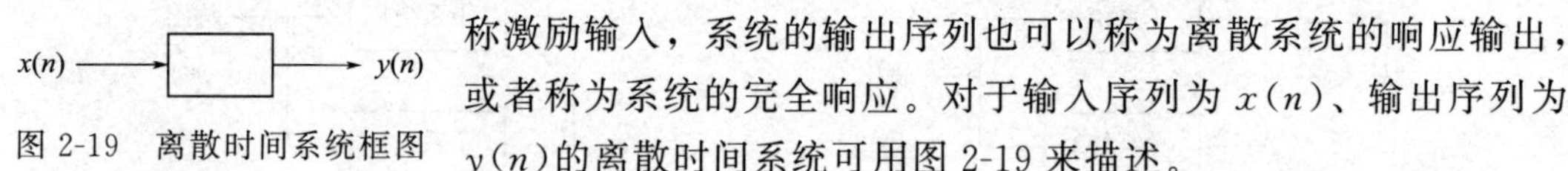

图 2-19 离散时间系统框图

2.5.1 离散系统的线性时不变特性

对于离散时间系统，当激励输入信号为 $x(n)$ 时，系统的响应输出为 $y(n)$，用 $y(n)=T[x(n)]$ 表示。如果系统同时满足下列两个条件：

① 当输入为 $kx(n)$ 时，输出为 $ky(n)$，即满足 $ky(n)=T[kx(n)]$，称为满足均匀特性，也称为齐次特性；

② 当输入为 $x_1(n)+x_2(n)$ 时，输出为 $y_1(n)+y_2(n)$，即满足：$y_1(n)+y_2(n)=T[x_1(n)+x_2(n)]$，称为满足叠加特性。

其中，k 均为常数，$x(n),x_1(n),x_2(n)$ 是任意的激励输入信号，则称系统满足线性特性，称为线性系统，否则称为非线性系统。

对于离散的线性系统，容易证明两个信号的线性组合 $k_1x_1(n)+k_2x_2(n)$ 输入系统后，响应输出为各自响应输出的线性组合，组合系数相同，即满足：

$$k_1y_1(n)+k_2y_2(n)=T[k_1x_1(n)+k_2x_2(n)] \tag{2-29}$$

一个离散时间系统，如果系统参数不随时间的变化而变化，这样的系统一般满足时不变特性。时不变离散系统的定义可以用下述方式描述。

设激励输入序列为 $x(n)$，系统响应输出为 $y(n)=T[x(n)]$，序列 $x(n)$ 的移位序列为

$x(n-m)$，移位序列输入系统的响应输出满足下式条件：

$$y(n-m)=T[x(n-m)] \tag{2-30}$$

则称这样的系统为时不变系统或移不变系统，否则称为时变系统。

当前时刻的输出仅依赖于当前及之前时刻的输入值，这样的系统称为因果系统，否则为非因果系统。

任何有界序列输入离散系统后的响应输出必是有界序列，这样的系统称为稳定系统，否则为非稳定系统。

【例 2-17】 已知离散系统的差分方程模型如下，试分别判断离散系统的线性、时不变、因果、稳定性。

① $y(n)=3x(n)+4$；② $y(n)=x(2n)$。

解：①

(a) $T[k_1x_1(n)+k_2x_2(n)]=3[k_1x_1(n)+k_2x_2(n)]+4=3k_1x_1(n)+3k_2x_2(n)+4$

而 $k_1y_1(n)+k_2y_2(n)=3k_1x_1(n)+4+3k_2x_2(n)+4\neq T[k_1x_1(n)+k_2x_2(n)]$

所以系统是非线性的系统。

(b) 因为 $T[x(n)]=y(n)=3x(n)+4$，所以 $T[x(n-m)]=3x(n-m)+4$，而 $y(n-m)=3x(n-m)+4$，即 $T[x(n-m)]=y(n-m)$，系统是时不变的。

(c) 容易看出系统是因果的、稳定的系统。

② 该系统实质上是对一个输入序列进行 2 倍抽取的变换。

(a) $T[k_1x_1(n)+k_2x_2(n)]=k_1x_1(2n)+k_2x_2(2n)$

而 $k_1y_1(n)+k_2y_2(n)=k_1x_1(2n)+k_2x_2(2n)=T[k_1x_1(n)+k_2x_2(n)]$

所以系统是线性系统。

(b) 因为 $T[x(n)]=y(n)=x(2n)$

所以 $T[x(n-m)]=x(2n-m)$

而 $y(n-m)=x[2(n-m)]=x(2n-2m)\neq T[x(n-m)]$

所以该系统是时变的系统。

(c) 系统在 $n=1$ 时的输出 $y(1)=x(2\times1)=x(2)$，由 $x(n)$在 $n=2$ 的值确定，所以该系统是非因果的系统。

(d) 系统是稳定的系统。

2.5.2 离散系统的单位冲激响应

对于线性时不变的离散时间系统，描述系统输出和输入关系的数学模型是常系数线性差分方程，可以通过解差分方程求解系统的响应输出 $y(n)$。

描述离散时间系统的 N 阶常系数差分方程模型一般为：

$$\sum_{k=0}^{N} a_k y(n-k)=\sum_{m=0}^{M} b_m x(n-m) \tag{2-31}$$

式中，$a_0,a_1,a_2,\cdots,a_N$ 及 $b_0,b_1,b_2,\cdots,b_M$ 都是常数。

一个离散时间的线性时不变系统，激励输入为单位冲激序列 $\delta(n)$时的零状态响应称为系统的单位冲激响应，记为 $h(n)$。

如果系统的微分方程模型为：

$$\sum_{k=0}^{N} a_k y(n-k) = \sum_{m=0}^{M} b_m x(n-m)$$

则单位冲激响应 $h(n)$ 满足差分方程：

$$\sum_{k=0}^{N} a_k h(n-k) = \sum_{m=0}^{M} b_m \delta(n-m) \tag{2-32}$$

且起始条件为零，即满足条件 $[h(-1),h(-2),\cdots,h(-N)]=[0,0,\cdots,0]$。

对于一个给定的离散时间系统的差分方程模型，可以用差分方程的经典解法求解系统的单位冲激响应 $h(n)$。

【例 2-18】 已知离散系统的差分方程模型如下：

$$6y(n)-5y(n-1)+y(n-2)=x(n)$$

求该离散系统的单位冲激响应 $h(n)$。

解：由单位冲激响应的定义知，满足下列条件：

$$6h(n)-5h(n-1)+h(n-2)=\delta(n)$$

起始条件 $h(-1)=0$，$h(-2)=0$，这是一个二阶差分方程。

方法 1：用迭代法求解单位冲激响应 $h(n)$，由差分方程可得：

$n=0$ 时，$6h(0)-5h(-1)+h(-2)=\delta(0)$，$h(0)=\dfrac{1}{6}$；

$n=1$ 时，$6h(1)-5h(0)+h(-1)=\delta(1)$，$h(1)=\dfrac{5}{36}$；

$n=2$ 时，$6h(2)-5h(1)+h(0)=\delta(2)$，$h(2)=\dfrac{19}{216}$；

$n=3$ 时，$6h(3)-5h(2)+h(1)=\delta(3)$，$h(2)=\dfrac{65}{1296}$；

…

可依次计算下去，但不容易形成公式解。

方法 2：用经典解法求解差分方程。

由迭代法知，初始条件为 $h(0)=\dfrac{1}{6}$，$h(1)=\dfrac{5}{36}$。

由于 $n>0$ 时，输入序列 $\delta(n)=0$，所以差分方程的齐次通解就是完全响应通解。

特征方程为 $6\lambda^2-5\lambda+\lambda=(2\lambda-1)(3\lambda-1)=0$，特征根为 $\lambda_1=\dfrac{1}{2}$，$\lambda_2=\dfrac{1}{3}$。

完全响应通解 $h(n)=C_1\left(\dfrac{1}{2}\right)^n+C_2\left(\dfrac{1}{3}\right)^n, n\geqslant 0$。

将初始条件 $h(0)=\dfrac{1}{6}$，$h(1)=\dfrac{5}{36}$ 代入通解得：

$$\begin{cases} C_1+C_2=\dfrac{1}{6} \\ C_1\left(\dfrac{1}{2}\right)+C_2\left(\dfrac{1}{3}\right)=\dfrac{5}{36} \end{cases}，所以 \begin{cases} C_1=\dfrac{1}{2} \\ C_2=-\dfrac{1}{3} \end{cases}$$

所以该系统的单位冲激响应 $h(n)=\dfrac{1}{2}\times\left(\dfrac{1}{2}\right)^n-\dfrac{1}{3}\times\left(\dfrac{1}{3}\right)^n, n\geqslant 0$。

2.5.3 离散系统的完全响应

求解离散系统完全响应 $y(n)$的方法主要有以下几种：

① 求解常系数线性差分方程的经典方法；

② 卷积积分法；

③ 变换域法。

卷积积分法和变换域法是求解离散系统完全响应的主要方法。

离散时间系统的零输入响应定义为：假定在零时刻没有外加激励输入（即 $n\geqslant0$ 时输入为零）的情况下，仅由系统的起始条件决定的响应输出，记为 $y_{zi}(n)$。显然，如果起始条件均为零，零输入响应为零。离散系统的零输入响应通解就是系统的齐次通解。

离散时间系统的零状态响应定义为：假定在起始条件为零的情况下，由激励输入 $x(n)$ $(n\geqslant0)$ 产生的响应输出，记为 $y_{zs}(n)$。

离散时间系统的完全响应等于系统的零输入响应＋系统的零状态响应：

$$y(n)=y_{zi}(n)+y_{zi}(n)$$

一个单位冲激响应为 $h(n)$的线性时不变的离散时间系统，假定起始状态为零（即起始条件为零），在零时刻输入信号序列 $x(n)$，则系统的输出信号 $y(n)=y_{zs}(n)$满足下式：

$$x(n)=\sum_{m=-\infty}^{\infty}x(m)\delta(n-m)$$

$$\begin{aligned}y(n)&=T[x(n)]=T\left[\sum_{m=-\infty}^{\infty}x(m)\delta(n-m)\right]\\&=\sum_{m=-\infty}^{\infty}x(m)T[\delta(n-m)]\\&=\sum_{m=-\infty}^{\infty}x(m)h(n-m)\\&=x(n)*h(n)\end{aligned}$$

所以，系统的零状态响应 $y(n)$等于激励输入序列 $x(n)$与系统单位冲激响应 $h(n)$的线性卷积。对于离散时间系统，如果系统的起始状态为零状态，则系统的完全响应可以用卷积积分法计算，而卷积计算还可以在频域中进行。

对于离散时间系统，如果不做特殊说明，一般默认离散时间系统的起始状态为零，系统的完全响应等于系统的零状态响应 $y(n)=y_{zs}(n)=x(n)*h(n)$。与连续时间系统类似，一个复杂的离散系统是由若干个简单子系统连接而成的。子系统的连接方式有三种：级联、并联和反馈连接。下面分析系统的单位冲激响应与子系统单位冲激响应之间的关系。两个离散子系统的连接方式主要有以下三种：

设子系统 1 的单位冲激响应为序列 $h_1(n)$，子系统 2 的单位冲激响应为序列 $h_2(n)$。

① 子系统 1 和子系统 2 的级联，如图 2-20 所示。

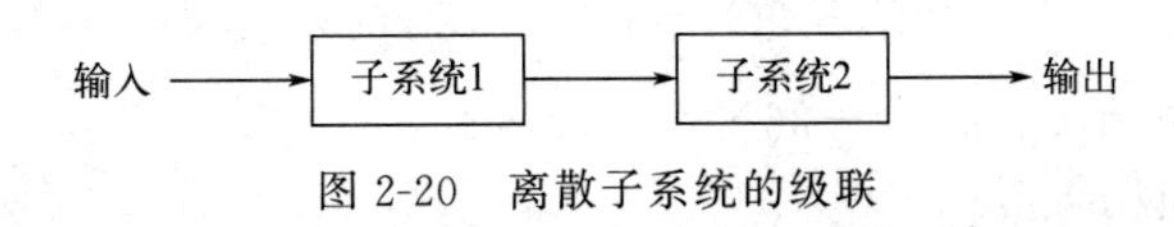

图 2-20 离散子系统的级联

如果输入为序列 $x(n)$，则级联系统的输出为 $y(n)=[x(n)*h_1(n)]*h_2(n)$，由卷积的结合律有：

$$y(n)=[x(n)*h_1(n)]*h_2(n)=x(n)*[h_1(n)*h_2(n)]=x(n)*h(n)$$

上式说明，级联系统的单位冲激响应 $h(n)=h_1(n)*h_2(n)$，是两个子系统单位冲激响应的卷积和。由于卷积满足交换律，说明子系统的级联是可以交换级联次序的。

② 子系统 1 和子系统 2 的并联，如图 2-21 所示。

如果输入序列为 $x(n)$，则并联系统的输出为 $y(n)=[x(n)*h_1(n)]+[x(n)*h_2(n)]$，由卷积的分配律有：

$$y(n)=[x(n)*h_1(n)]+[x(n)*h_2(n)]=x(n)*[h_1(n)+h_2(n)]=x(n)*h(n)$$

上式说明，并联系统的单位冲激响应 $h(n)=h_1(n)+h_2(n)$，是两个子系统单位冲激响应的和。

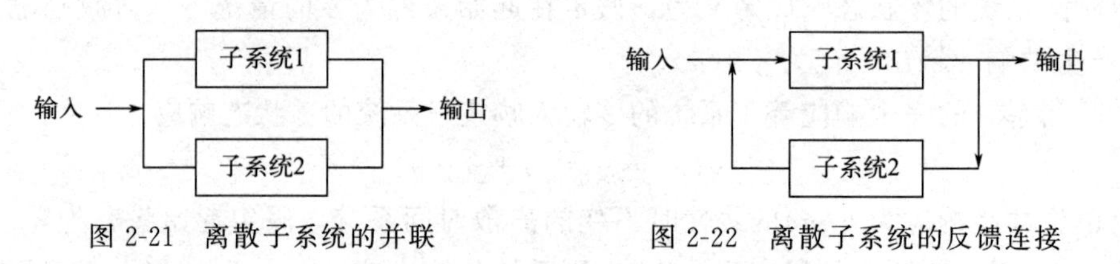

图 2-21　离散子系统的并联　　　　图 2-22　离散子系统的反馈连接

③ 子系统 1 和子系统 2 的反馈连接，如图 2-22 所示。

反馈连接系统的单位冲激响应与子系统的单位冲激响应之间的关系在时域表达不方便，将来可以在频域用系统函数描述。

将复杂系统分解成若干个子系统的连接，通过分析各个子系统的方法，再利用连接方式之间的关系，进而可以分析整个系统的性能。

【例 2-19】 已知离散时间 LTI 系统的差分方程模型如下：

$$y(n)-5y(n-1)+6y(n-2)=x(n)$$

已知起始状态 $y(-1)=3$，$y(-2)=-2$，激励输入信号 $x(n)=u(n)$。试求该离散时间系统的零输入响应 $y_{zi}(n)$、单位冲激响应 $h(n)$、零状态响应 $y_{zs}(n)$及完全响应 $y(n)$。

解： ① 求零输入响应 $y_{zi}(n)$。假定零时刻之后的输入信号为零，起始状态 $y_{zi}(-1)=3$，$y_{zi}(-2)=-2$，方程变成齐次方程。

$$y_{zi}(n)-5y_{zi}(n-1)+6y_{zi}(n-2)=0$$

特征方程　$\lambda-5\lambda+6=(\lambda-2)(\lambda-3)=0$

特征根　$\lambda_1=2，\lambda_2=2$

零输入响应的通解　$y_{zi}(n)=C_1 2^n+C_2 3^n，n\geqslant 0$

用迭代法，计算初始条件：

$$y_{zi}(0)-5y_{zi}(-1)+6y_{zi}(-2)=0，y_{zi}(0)=27$$

$$y_{zi}(1)-5y_{zi}(0)+6y_{zi}(-1)=0，y_{zi}(1)=117$$

将初始条件代入通解 $y_{zi}(n)=C_1 2^n+C_2 3^n$ 中，得：

$$\begin{cases}C_1+C_2=27\\2C_1+3C_2=117\end{cases}，\begin{cases}C_1=-36\\C_2=63\end{cases}$$

所以，零输入响应为 $y_{zi}(n)=-36\times 2^n+63\times 3^n，n\geqslant 0$。

② 求单位冲激响应 $h(n)$。

由单位冲激响应的 $h(n)$ 的定义，满足如下条件：

$$h(n)-hy(n-1)+hy(n-2)=\delta(n)$$

起始状态 $h(-1)=0$，$h(-2)=0$。

当 $n>0$ 时，输入为零，对应的方程是齐次方程。所以方程的齐次通解就是单位冲激响应的通解，$h(n)=C_1\times 2^n+C_2\times 3^n$。

用迭代法，计算初始条件：

$$h(0)-5h(-1)+6h(-2)=\delta(0)，h(0)=1$$

$$h(1)-5h(0)+6h(-1)=\delta(1)，h(1)=5$$

将初始条件代入通解 $h(n)=C_1\times 2^n+C_2\times 3^n$ 中，得：

$$\begin{cases}C_1+C_2=1\\2C_1+3C_2=5\end{cases},\quad\begin{cases}C_1=-2\\C_2=3\end{cases}$$

所以，系统的单位冲激响应为 $h(n)=-2\times 2^n+3\times 3^n$，$n\geqslant 0$，即有：

$$h(n)=(-2\times 2^n+3\times 3^n)u(n)$$

③ 求零状态响应 $y_{zs}(n)$。

系统的零状态响应 $y_{zs}(n)$ 等于激励输入序列 $x(n)$ 与系统单位冲激响应 $h(n)$ 的线性卷积。

$$y_{zs}(n)=x(n)*h(n)=u(n)*[(-2\times 2^n+3\times 3^n)u(n)]$$

$$=\begin{cases}\sum_{k=0}^{n}(-2\times 2^k+3\times 3^k), & n\geqslant 0\\0, & n<0\end{cases}$$

$$=\begin{cases}\sum_{k=0}^{n}(-2\times 2^k)+\sum_{k=0}^{n}(3\times 3^k), & n\geqslant 0\\0, & n<0\end{cases}$$

$$\sum_{k=0}^{n}[-2\times 2^k]=-2\sum_{k=0}^{n}2^k=-2\times(1+2+2^2+\cdots+2^{n-1}+2^n)$$

$$=-2\times 2^n\times\left(\frac{1}{2^n}+\frac{1}{2^{n-1}}+\frac{1}{2^{n-2}}+\cdots+\frac{1}{2}+1\right)$$

$$=-2\times 2^n\times\frac{1-\left(\frac{1}{2}\right)^{n+1}}{1-\frac{1}{2}}=2-4\times 2^n$$

同理 $$\sum_{k=0}^{n}(3\times 3^k)=-\frac{3}{2}+\frac{9}{2}\times 3^n$$

所以零状态响应

$$y_{zs}(n)=2-4\times 2^n+\left(-\frac{3}{2}+\frac{9}{2}\times 3^n\right)=\frac{1}{2}-4\times 2^n+\frac{9}{2}\times 3^n，n\geqslant 0$$

④ 求完全响应 $y(n)$。

$$y(n)=y_{zi}(n)+y_{zs}(n)=(-36\times 2^n+63\times 3^n)+\left(\frac{1}{2}-4\times 2^n+\frac{9}{2}\times 3^n\right)$$

$$=\frac{1}{2}-40\times 2^n+\frac{135}{2}\times 3^n，n\geqslant 0$$

本章小结

本章给出了系统的描述、分类和模型，简单介绍了系统响应求解的经典解法，讨论了系统完全响应的三种分解，给出了系统的单位冲激响应和阶跃响应的定义。本章的重点和难点内容总结如下。

(1) 系统模型

对于一个线性时不变系统，系统的模型一般是一个 n 阶常系数线性微分方程，方程的一般表达式如下：

$$a_n \frac{d^n r(t)}{dt^n}+a_{n-1} \frac{d^{n-1} r(t)}{dt^{n-1}}+\cdots+a_1 \frac{dr(t)}{dt}+a_0 r(t)$$
$$=b_m \frac{d^m e(t)}{dt^m}+b_{m-1} \frac{d^{m-1} e(t)}{dt^{m-1}}+\cdots+b_1 \frac{de(t)}{dt}+b_0 e(t)$$

式中，$e(t)$是激励输入信号；$r(t)$是完全响应；$a_i, i=0,1,2,\cdots,n$，$b_j, j=0,1,2,\cdots,m$ 是常数。

描述离散时间系统的 N 阶常系数差分方程模型一般为：

$$\sum_{k=0}^{N} a_k y(n-k)=\sum_{m=0}^{M} b_m x(n-m)$$

式中，$a_0,a_1,a_2,\cdots,a_N$ 及 $b_0,b_1,b_2,\cdots,b_M$ 都是常数。

(2) 系统的零输入响应和零状态响应

系统的零输入响应定义为，假定在零时刻没有外加激励输入（即输入为零，$t\geqslant 0$ 时）的情况下，仅由系统的起始条件决定的响应输出，记为 $r_{zi}(t)$。零输入响应对应为系统微分方程的齐次解，可以用微分方程的经典解法求解。

系统的零状态响应定义为，假定在起始条件为零（起始时刻系统无储能）的情况下，由激励输入 $e(t)$ $(t\geqslant 0)$ 产生的响应输出，记为 $r_{zs}(t)$。零状态响应主要用卷积法求解，$r_{zs}(t)=e(t)*h(t)$，其中 $e(t)$是系统的激励输入信号，$h(t)$是系统的单位冲激响应。

系统的完全响应 $r(t)=r_{zi}(t)+r_{zs}(t)$。

(3) 单位冲激响应与阶跃响应

对于一个连续时间的线性时不变系统，激励输入为单位冲激信号 $\delta(t)$时的零状态响应称为系统的单位冲激响应，记为 $h(t)$。

一个连续时间的线性时不变系统，激励输入为单位阶跃信号 $u(t)$时的零状态响应称为系统的单位阶跃响应，单位阶跃响应记为 $g(t)$。

系统的单位冲激响应 $h(t)$与系统的单位阶跃响应 $g(t)$之间的关系：

$$\begin{cases} g'(t)=h(t) \\ \int_{-\infty}^{t} h(t)dt=\int_{0_-}^{t} h(t)dt=g(t) \end{cases}$$

(4) 因果系统与稳定系统的时域判别方法

线性时不变系统的单位冲激响应为 $h(t)$，则系统是因果系统的充要条件是 $h(t)$是因果信号，即满足 $t<0$ 时，$h(t)=0$。

线性时不变系统的单位冲激响应为 $h(t)$，则系统稳定的充要条件是 $h(t)$满足绝对可积：

$$\int_{-\infty}^{\infty} |h(t)| \mathrm{d}t = N < \infty$$

(5) 子系统的连接

级联系统的单位冲激响应 $h(t)$ 是两个子系统单位冲激响应的卷积，即 $h(t)=h_1(t)*h_2(t)$，期中 $h_1(t)$，$h_2(t)$ 分别是子系统的单位冲激响应。

并联系统的单位冲激响应 $h(t)$ 是两个子系统单位冲激响应的和，即 $h(t)=h_1(t)+h_2(t)$。

习题 2

2-1 对题图 2-1 所示电路，试列出输出电压 $u_o(t)$ 对输入电压 $e(t)$ 的微分方程表示。

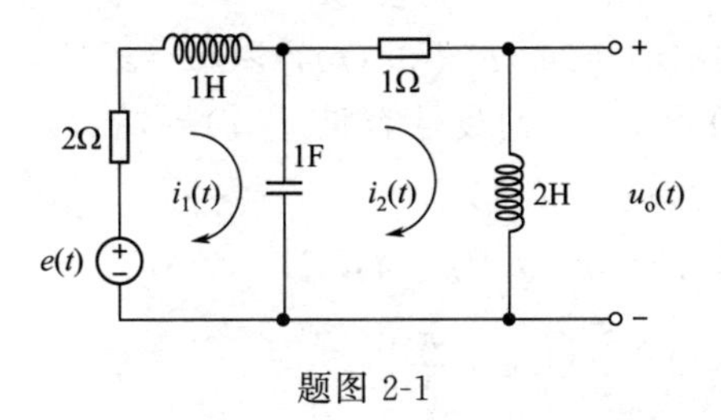

题图 2-1

2-2 对题图 2-2 所示电路，$t=0$ 时刻之前开关位于"1"，并已经达到稳态，在 $t=0$ 时刻，开关从"1"转至"2"，试列出输出电流 $i(t)$ 对输入电压 $e(t)$ 的微分方程表示。

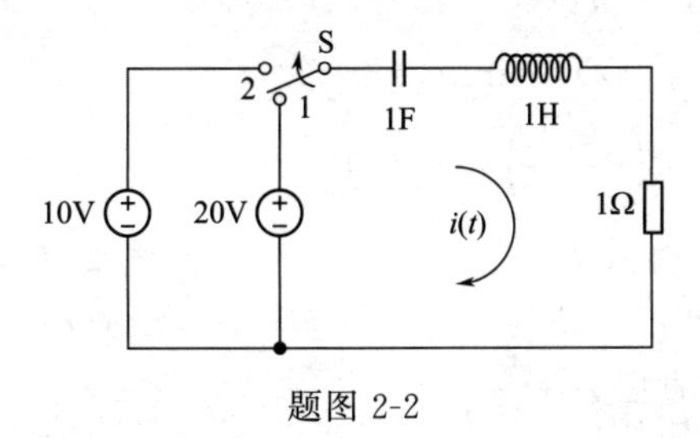

题图 2-2

2-3 如题图 2-3 所示的电路系统，电压 $u_s(t)$ 为输入，电压 $u_2(t)$ 为输出，试列出输出对输入关系的微分方程模型，并求该系统的单位冲激响应 $h(t)$ 和阶跃响应 $g(t)$。

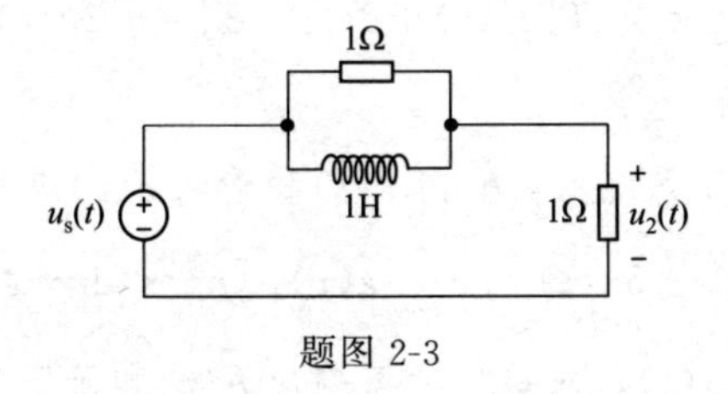

题图 2-3

2-4 已知连续时间系统的微分方程，及其对应的 0_- 状态，分别求系统的零输入响应 $r_{zi}(t)$。

(1) $r''(t)+5r'(t)+4r(t)=2e'(t)+5e(t)$，$r(0_-)=1$，$r'(0_-)=5$；

(2) $r''(t)+4r'(t)+4r(t)=3e'(t)+2e(t)$，$r(0_-)=-2$，$r'(0_-)=3$；

(3) $r''(t)+2r'(t)+2r(t)=e'(t)+2e(t)$，$r(0_-)=1$，$r'(0_-)=2$；

(4) $r'''(t)+2r''(t)+r'(t)=e'(t)-e(t)$，$r(0_-)=r'(0_-)=0$，$r''(0_-)=1$。

2-5 求下列微分方程描述的连续时间系统的单位冲激响应 $h(t)$ 和阶跃响应 $g(t)$。

(1) $r'(t)+3r(t)=2e'(t)$；

(2) $r''(t)+3r'(t)+2r(t)=4e(t)$；

(3) $r''(t)+4r'(t)+4r(t)=2e'(t)+5e(t)$；

(4) $r''(t)+4r'(t)+8r(t)=4e'(t)+2e(t)$；

(5) $r'(t)+2r(t)=e''(t)+3e'(t)+3e(t)$；

(6) $r''(t)+5r'(t)+6r(t)=e''(t)+7e'(t)+4e(t)$。

2-6 给定系统的微分方程，激励输入信号 $e(t)$ 和起始状态，试求系统的单位冲激响应、零输入响应、零状态响应和完全响应，并指出系统的自由响应和强迫响应，以及暂态响应和稳态响应分量。

(1) $r''(t)+3r'(t)+2r(t)=e'(t)+3e(t)$，$e(t)=u(t)$，$r(0_-)=1$，$r'(0_-)=2$；

(2) $r''(t)+7r'(t)+10r(t)=2e'(t)+3e(t)$，$e(t)=e^{-t}u(t)$，$r(0_-)=1$，$r'(0_-)=1$。

2-7 求下列信号 $f_1(t)$ 和 $f_2(t)$ 的线性卷积 $y_1(t)=f_1(t)*f_2(t)$。

(1) $f_1(t)=\mathrm{e}^{-t}u(t)$，$f_2(t)=u(t)$；

(2) $f_1(t)=\mathrm{e}^{-3t}u(t)$，$f_2(t)=\mathrm{e}^{-5t}u(t)$；

(3) $f_1(t)=\delta(t)$，$f_2(t)=\cos\left(\omega t+\dfrac{\pi}{4}\right)$；

(4) $f_1(t)=\delta(t+1)-\delta(t-1)$，$f_2(t)=\cos(\omega t)$；

(5) $f_1(t)=u(t)-u(t-1)$，$f_2(t)=u(t-2)-u(t-3)$；

(6) $f_1(t)=(1+t)[u(t)-u(t-1)]$，$f_2(t)=[u(t-1)-u(t-2)]$；

(7) $f_1(t)=\mathrm{e}^{-at}u(t)$，$f_2(t)=\sin t u(t)$；

(8) $f_1(t)=\delta\left(t+\dfrac{1}{2}\right)-\delta\left(t-\dfrac{1}{2}\right)$，$f_2(t)=u(t+1)-u(t-1)$。

2-8 有一系统，当激励输入为 $e_1(t)=u(t)$ 时，系统的完全响应为 $r_1(t)=2\mathrm{e}^{-t}u(t)$，当激励输入为 $e_2(t)=\delta(t)$ 时，系统的完全响应为 $r_2(t)=\delta(t)$。

(1) 求该系统的零输入响应 $r_{\mathrm{zi}}(t)$；

(2) 设系统的起始状态不变，求激励输入为 $r_3(t)=\mathrm{e}^{-t}u(t)$ 时的完全响应 $r_3(t)$。

2-9 已知一个 LTI 系统无初始储能，在激励输入 $e(t)=2\mathrm{e}^{-2t}u(t)$ 作用下的响应输出为 $r(t)$，即 $r(t)=T[e(t)]$，又已知 $T[e'(t)+\delta(t)-2]=-2r(t)+\dfrac{1}{2}\mathrm{e}^{-2t}u(t)$，求系统的单位冲激响应 $h(t)$。

2-10 已知一个因果 LTI 系统，其输出 $r(t)$ 和输入 $e(t)$ 满足方程：

$$r'(t)+5r(t)=\int_{-\infty}^{\infty}e(\tau)p(t-\tau)\mathrm{d}\tau-e(t)$$

其中 $p(t)=\mathrm{e}^{-t}u(t)+3\delta(t)$，求单位冲激响应 $h(t)$ 和阶跃响应 $g(t)$。

2-11 已知系统的单位冲激响应为 $h(t)=\mathrm{e}^{-2t}u(t)$。

(1) 若激励输入信号为 $e(t)=\mathrm{e}^{-t}[u(t)-u(t-2)]+\beta\delta(t-2)$，$\beta$ 为常数，试求系统的零状态响应 $r_{\mathrm{zs}}(t)$；

(2) 若激励输入信号为 $e(t)=x(t)[u(t)-u(t-2)]+\beta\delta(t-2)$，$x(t)$ 是某个函数，若要求系统在 $t>2$ 时的零状态响应 $r_{\mathrm{zs}}(t)=0$，试确定 β 的值。

2-12 设 $y(t)=\mathrm{e}^{-t}u(t)*\sum_{k=-\infty}^{\infty}\delta(t-3k)$，试证明 $0\leqslant t<3$ 时，$y(t)=A\mathrm{e}^{-t}$，并求出 A。

2-13 设有一个 LTI 系统，它的输出 $r(t)$ 和输入 $e(t)$ 的关系为：

$$r(t)=\int_{-\infty}^{t}\mathrm{e}^{-(t-\tau)}e(\tau-2)\mathrm{d}\tau$$

试确定：

(1) 该系统的 $h(t)$；

(2) 当 $e(t)=u(t+1)-u(t-2)$ 时，输出 $r(t)$。

2-14 一因果的 LTI 系统，其输入-输出关系用下列微分-积分方程表示：

$$\frac{\mathrm{d}}{\mathrm{d}t}r(t)+5r(t)=\int_{-\infty}^{\infty}e(\tau)f(t-\tau)\mathrm{d}\tau-e(t)$$

其中，$f(t)=\mathrm{e}^{-t}u(t)+3\delta(t)$，求该系统的单位冲激响应 $h(t)$。

2-15 设描述系统的微分方程表示为 $r''(t)+5r'(t)+6r(t)=\mathrm{e}^{-t}u(t)$，求使得系统完全响应为 $r(t)=Ce^{-t}u(t)$ 时的系统起始状态 $r(0_-)$ 和 $r'(0_-)$，并确定常数 C 的值。

2-16 已知某连续时间 LTI 系统在单位阶跃信号 $u(t)$ 激励下产生的阶跃响应为 $g(t)=(2\mathrm{e}^{-2t}-1)u(t)$，试求系统在 $e(t)=\mathrm{e}^{-3t}u(t)$ 激励下产生的零状态响应 $r_{zs}(t)$。

2-17 已知某连续时间 LTI 系统，激励输入为冲激偶 $\delta'(t)$ 时的零状态响应为 $r_{zs}(t)=3\mathrm{e}^{-2t}u(t)$，试求：

(1) 系统的单位冲激响应 $h(t)$；

(2) 激励输入为 $e(t)=2[u(t)-u(t-2)]$ 时系统的零状态响应 $r_{zs}(t)$。

2-18 已知一个因果的连续时间 LTI 系统的微分方程为

$$r''(t)+5r'(t)+6r(t)=e(t)$$

已知起始状态 $r(0_-)=1$，$r'(0_-)=0$，激励输入为 $e(t)=10\cos t u(t)$。

(1) 求系统的单位冲激响应 $h(t)$；

(2) 求系统的零输入响应 $r_{zi}(t)$、零状态响应 $r_{zs}(t)$ 和完全响应 $r(t)$；

(3) 指出系统响应中的瞬态响应分量和稳态响应分量，自由响应分量 $r_h(t)$ 和强迫响应分量 $r_p(t)$。

答案

第3章

连续时间信号的频域分析——傅里叶变换

连续时间信号的时域分析，是将连续时间信号表示为时间 t 的函数，可以用一般函数的分析方法，分析信号的连续性、可微性、单调性、极值特性、奇偶对称特性、周期性等。还有信号的各种运算特性，包括信号的时域分解。可以将连续时间信号表示为单位冲激信号或脉冲信号的线性组合，进而从时域分析连续信号通过线性时不变系统时，输入、输出和系统三者之间的关系。但时域分析包括运算，也有不便之处，如信号之间的卷积运算有时非常复杂。基于信号分解的思想，开始有了从时域分析转入变换域分析。连续时间信号的傅里叶变换是最经典的变换域分析——频域分析，又推广到了复频域分析——拉普拉斯变换。变换域分析方法常用的还有小波变换、沃尔什变换、希尔伯特变换、余弦变换等。

傅里叶变换是在周期信号的傅里叶级数分解变换的基础上发展起来的，它的研究与应用已经有了一百多年的历史。1882 年，法国数学家傅里叶（Fourier）在研究热传导理论时，发表了《热的分析理论》，提出并证明了连续周期函数展成正弦级数的原理，奠定了傅里叶级数的理论基础，将这一成果应用到电学当中，发展了非周期信号的频域分析——傅里叶变换。20 世纪以后，谐振电路、滤波器、正弦振荡器等一系列具体工程问题的解决，使得傅里叶变换分析在通信及控制领域得到了广泛的有效利用。信号的傅里叶分析揭示了信号的时域与频域之间的内在联系，为信号与系统的分析提供了一种新的方法和途径，傅里叶分析方法已经成为信号分析与系统设计不可缺少的重要工具。

傅里叶分析方法不仅应用在通信和控制领域之中，而且应用于电力工程、力学、光学、量子物理等领域，在有关数学、物理和工程技术中各种线性系统的分析中得到了广泛的应用。

本章从信号的正交分解角度，讨论连续周期信号的级数分解及相关特性分析，在此基础上给出非周期信号的傅里叶变换的概念，并讨论傅里叶变换的基本性质、典型信号的傅里叶变换特性等，初步掌握傅里叶分析方法在信号抽样中的分析应用。

3.1 连续时间周期信号的傅里叶级数

信号的分解方式很多，最实用的是信号的正交分解，常见的信号变换都是基于信号的正交分解理论，不同的变换选取的正交基不同。

3.1.1 连续时间信号的正交分解

满足一定条件的实连续时间信号将构成一个信号空间。我们先给出信号空间中，信号间正交的概念。假定信号空间中的信号都是定义在某个区间内，不妨假设为区间$[a,b]$，可以是有限区间，也可以是无穷区间，甚至是$(-\infty,\infty)$。

定义 3-1 设$f_1(t)$和$f_2(t)$是定义在区间$[a,b]$上的实信号，如果满足下列条件：

$$\int_a^b f_1(t)\cdot f_2(t)\mathrm{d}t=0 \tag{3-1}$$

则称信号$f_1(t)$和$f_2(t)$在区间$[a,b]$上是正交的。

定义 3-2 设$f_1(t)$，$f_2(t)$，$\cdots,f_i(t),\cdots$都是定义在区间$[a,b]$上的实信号，如果满足下列条件：

$$\begin{cases}\int_a^b f_i(t)\cdot f_k(t)\mathrm{d}t=0, & i\neq k\\ K, & i=k\end{cases} \tag{3-2}$$

则称信号$f_1(t)$，$f_2(t)$，$\cdots,f_i(t),\cdots$在区间$[a,b]$上是彼此正交的，构成一个正交信号集。

定义 3-3 假设A是由定义在区间$[a,b]$上满足一定条件的实信号构成的信号空间，$f_1(t)$，$f_2(t)$，$\cdots,f_i(t),\cdots$在区间$[a,b]$上是一族属于A且彼此正交的信号，并且不存在其他非零信号$h(t)\in A$，$h(t)\neq f_i(t),\forall i$ 满足条件：

$$\int_a^b f_i(t)\cdot h(t)\mathrm{d}t=0,\forall f_i(t)\in A \tag{3-3}$$

则称$f_1(t)$，$f_2(t)$，$\cdots,f_i(t),\cdots$是信号空间A的一组完备正交基。

定理 3-1 假设A是由定义在区间$[a,b]$上满足一定条件的实信号构成的信号空间，$f_1(t)$，$f_2(t)$，$\cdots,f_i(t),\cdots$是信号空间A的一组完备正交基，则对任意信号$f(t)\in A$，必有信号$f(t)$在该完备正交基下的唯一分解表示，即有：

$$f(t)=a_1f_1(t)+a_2f_2(t)+\cdots+a_if_i(t)+\cdots=\sum_{i=1}^{\infty}a_if_i(t) \tag{3-4}$$

式中，系数$a_1,a_2,\cdots$是唯一确定的常数。

下面考虑连续时间周期信号$f(t)$，信号的周期为T，并记$\Omega_0=\dfrac{2\pi}{T}$，称为周期信号的基波模拟角频率，简称周期信号的基波频率。

定义 3-4 以T为周期的连续信号$f(t)$，如果满足下列一组条件，称为满足狄里赫利(Dirichlet)条件：

① $f(t)$在一个周期内，如果有间断点存在，则只有有限个；

② $f(t)$在一个周期内，只有有限个极值点；

③ $f(t)$在一个周期内，满足绝对可积条件，即$\int_{t_0}^{t_0+T}|f_n(t)|\mathrm{d}t$ 等于有限值。

定理 3-2 所有满足狄里赫利条件的以T为周期的连续时间周期信号构成一个信号空间A_T。

定理 3-3 正弦信号集$\left\{1,\cos(n\Omega_0t),\sin(n\Omega_0t)\,|\,\Omega_0=\dfrac{2\pi}{T},n=1,2,3,\cdots\right\}$是信号空间$A_T$

上的一组完备正交基。满足下列条件：

$$\int_{t_0}^{t_0+T}\cos(n\Omega_0 t)\cdot\cos(m\Omega_0 t)\mathrm{d}t=\begin{cases}0, & n\neq m\\ \dfrac{T}{2}, & n=m\neq 0\\ T, & n=m=0\end{cases} \tag{3-5}$$

$$\int_{t_0}^{t_0+T}\sin(n\Omega_0 t)\cdot\sin(m\Omega_0 t)\mathrm{d}t=\begin{cases}0, & n\neq m\\ \dfrac{T}{2}, & n=m\end{cases} \tag{3-6}$$

$$\int_{t_0}^{t_0+T}\cos(n\Omega_0 t)\cdot\sin(m\Omega_0 t)\mathrm{d}t=0 \tag{3-7}$$

3.1.2 周期信号的三角形式的傅里叶级数

任何一个满足狄里赫利条件的周期信号 $f(t)$，周期为 T，则由定理 3-1 可得到周期信号 $f(t)$的三角形式的傅里叶级数分解：

$$f(t)=a_0+\sum_{n=1}^{\infty}[a_n\cos(n\Omega_0 t)+b_n\sin(n\Omega_0 t)] \tag{3-8}$$

称 $\Omega_0=\dfrac{2\pi}{T}$为信号 $f(t)$的基波角频率，$\cos(\Omega_0 t)$、$\sin(\Omega_0 t)$是基波信号，$\cos(n\Omega_0 t)$、$\sin(n\Omega_0 t)$是周期信号的第 n 次谐波信号。其中，a_0 是周期信号 $f(t)$的直流分量，$a_n\cos(n\Omega_0 t)$、$b_n\sin(n\Omega_0 t)$是周期信号 $f(t)$的 n 次谐波分量，a_n、b_n 是周期信号 $f(t)$的 n 次谐波系数，也称为级数分解的傅里叶系数。也就是说周期信号 $f(t)$可以唯一地分解成一个直流信号与各次谐波信号的线性叠加信号。

为了方便起见，周期信号 $f(t)$的一个周期可以取区间$[0,T]$或$\left[-\dfrac{T}{2},\dfrac{T}{2}\right]$。则利用完备正交基$\left\{1,\cos(n\Omega_0 t),\sin(n\Omega_0 t)\mid\Omega_0=\dfrac{2\pi}{T},n=1,2,3,\cdots\right\}$的正交特性，利用式(3-8) 可以求得直流分量 a_0，以及各次谐波系数 a_n、b_n，$n=1,2,3,\cdots$的值：

直流分量：

$$a_0=\frac{1}{T}\int_0^T f(t)\mathrm{d}t \tag{3-9}$$

余弦分量的幅度：

$$a_n=\frac{2}{T}\int_0^T f(t)\cdot\cos(n\Omega_0 t)\mathrm{d}t \tag{3-10}$$

正弦分量的幅度：

$$b_n=\frac{2}{T}\int_0^T f(t)\cdot\sin(n\Omega_0 t)\mathrm{d}t \tag{3-11}$$

上述结果，我们可以利用$\left\{1,\cos(n\Omega_0 t),\sin(n\Omega_0 t)\mid\Omega_0=\dfrac{2\pi}{T},n=1,2,3,\cdots\right\}$的正交特性加以证明。下面给出 $a_n=\dfrac{2}{T}\int_0^T f(t)\cdot\cos(n\Omega_0 t)\mathrm{d}t$ 的证明。

设有级数分解 $f(t)=a_0+\sum_{k=1}^{\infty}[a_k\cos(k\Omega_0 t)+b_k\sin(k\Omega_0 t)]$，等式两边乘以 $\cos(n\Omega_0 t)$

后在一个周期内积分，得：

$$\int_0^T f(t)\cos(n\Omega_0 t)\mathrm{d}t=\int_0^T \left\{a_0+\sum_{k=1}^{\infty}[a_k\cos(k\Omega_0 t)+b_k\sin(k\Omega_0 t)]\right\}\cos(n\Omega_0 t)\mathrm{d}t$$

$$=\int_0^T \left\{a_0\cos(n\Omega_0 t)+\sum_{k=1}^{\infty}[a_k\cos(k\Omega_0 t)\cos(n\Omega_0 t)+b_k\sin(k\Omega_0 t)\cos(n\Omega_0 t)]\right\}\mathrm{d}t$$

$$=\int_0^T a_0\cos(n\Omega_0 t)\mathrm{d}t+\sum_{k=1}^{\infty}\int_0^T a_k\cos(k\Omega_0 t)\cos(n\Omega_0 t)\mathrm{d}t+\sum_{k=1}^{\infty}\int_0^T b_k\sin(k\Omega_0 t)\cos(n\Omega_0 t)\mathrm{d}t$$

$$=\frac{T}{2}a_n$$

从而证得，$a_n=\frac{2}{T}\int_0^T f(t)\cdot\cos(n\Omega_0 t)\mathrm{d}t$。

从式(3-8) 还可以看出，利用三角函数的性质，我们还可以将周期信号 $f(t)$分别唯一地分解成如下余弦形式和正弦形式的级数分解：

$$f(t)=c_0+\sum_{n=1}^{\infty}c_n\cos(n\Omega_0 t+\phi_n) \tag{3-12}$$

$$f(t)=d_0+\sum_{n=1}^{\infty}d_n\sin(n\Omega_0 t+\theta_n) \tag{3-13}$$

比较式(3-8)、式(3-12) 和式(3-13)，三种形式的傅里叶级数展开式中，各直流分量及各次谐波系数之间有如下关系：

$$\begin{cases} a_0=b_0=c_0 \\ c_n=d_n=\sqrt{a_n^2+b_n^2} \\ a_n=c_n\cos\phi_n=d_n\sin\theta_n \\ b_n=-c_n\sin\phi_n=d_n\cos\theta_n \\ \phi_n=\arctan\left(-\dfrac{b_n}{a_n}\right) \\ \theta_n=\arctan\left(\dfrac{a_n}{b_n}\right) \\ n=1,2,\cdots \end{cases} \tag{3-14}$$

式中，c_n,ϕ_n，$n=1,2,3,\cdots$是余弦分解形式中的 n 次谐波的谐波系数和相位；d_n,θ_n，$n=1,2,3,\cdots$是正弦分解形式中的 n 次谐波的谐波系数和相位。显然，谐波系数 a_n,b_n 及 c_n,d_n 都是频率 $n\Omega_0$ 的函数，相位 ϕ_n,θ_n 也是频率 $n\Omega_0$ 的函数。

对于周期信号 $f(t)$的余弦形式的分解 (3-12)，把 $c_n,n=0,1,2,\cdots$对频率 $n\Omega_0$ 的关系绘成函数线图，就得到周期信号 $f(t)$余弦形式的分解的幅度频谱，如图 3-1 所示。把 ϕ_n，$n=0,1,2,\cdots$对频率 $n\Omega_0$ 的关系绘成函数线图，就得到周期信号 $f(t)$余弦形式的分解的相位频谱，如图 3-2 所示。

3.1.3 周期信号的复指数形式的傅里叶级数

依据欧拉公式，正余弦信号可以表示成复指数信号的形式：

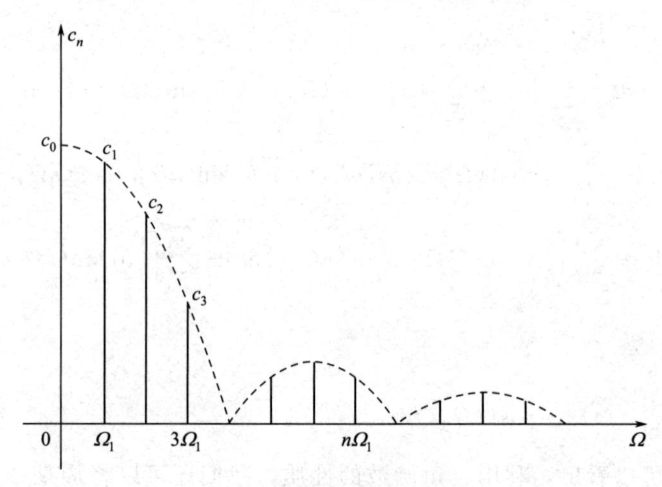

图 3-1　周期信号的幅度谱

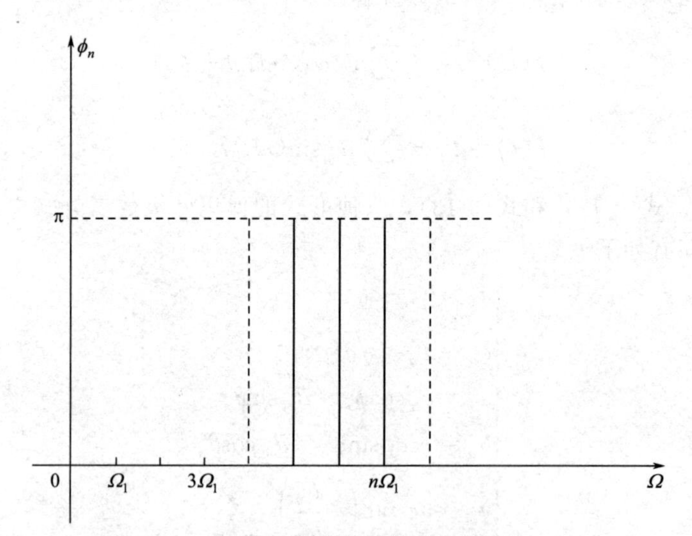

图 3-2　周期信号的相位谱

$$\cos(n\Omega_0 t)=\frac{1}{2}(\mathrm{e}^{\mathrm{j}n\Omega_0 t}+\mathrm{e}^{-\mathrm{j}n\Omega_0 t}) \tag{3-15}$$

$$\sin(n\Omega_0 t)=\frac{1}{2\mathrm{j}}(\mathrm{e}^{\mathrm{j}n\Omega_0 t}-\mathrm{e}^{-\mathrm{j}n\Omega_0 t}) \tag{3-16}$$

将式(3-15) 和式(3-16) 代入式(3-8)，得到下式：

$$\begin{aligned} f(t)&=a_0+\sum_{n=1}^{\infty}[a_n\cos(n\Omega_0 t)+b_n\sin(n\Omega_0 t)] \\ &=a_0+\sum_{n=1}^{\infty}\left[a_n\ \frac{1}{2}(\mathrm{e}^{\mathrm{j}n\Omega_0 t}+\mathrm{e}^{-\mathrm{j}n\Omega_0 t})+b_n\ \frac{1}{2\mathrm{j}}(\mathrm{e}^{\mathrm{j}n\Omega_0 t}-\mathrm{e}^{-\mathrm{j}n\Omega_0 t})\right] \\ &=a_0+\sum_{n=1}^{\infty}\left(\frac{a_n-\mathrm{j}b_n}{2}\mathrm{e}^{\mathrm{j}n\Omega_0 t}+\frac{a_n+\mathrm{j}b_n}{2}\mathrm{e}^{-\mathrm{j}n\Omega_0 t}\right) \end{aligned}$$

令 $F(n\Omega_0)=\frac{a_n-\mathrm{j}b_n}{2},n>0$，则容易验证 $F(-n\Omega_0)=\frac{a_n+\mathrm{j}b_n}{2}$，事实上，由于有：

$$F(n\Omega_0 t)=\frac{a_n-\mathrm{j}b_n}{2}=\frac{1}{2}\left[\frac{2}{T}\int_0^T f(t)\cdot\cos(n\Omega_0 t)\mathrm{d}t-\mathrm{j}\frac{2}{T}\int_0^T f(t)\cdot\sin(n\Omega_0 t)\mathrm{d}t\right]$$

$$\begin{aligned}F(-n\Omega_0)&=\frac{1}{2}\left[\frac{2}{T}\int_0^T f(t)\cdot\cos(-n\Omega_0 t)\mathrm{d}t-\mathrm{j}\frac{2}{T}\int_0^T f(t)\cdot\sin(-n\Omega_0 t)\mathrm{d}t\right]\\&=\frac{1}{2}\left[\frac{2}{T}\int_0^T f(t)\cdot\cos(n\Omega_0 t)\mathrm{d}t+\mathrm{j}\frac{2}{T}\int_0^T f(t)\cdot\sin(n\Omega_0 t)\mathrm{d}t\right]\\&=\frac{1}{2}(a_n+\mathrm{j}b_n)\end{aligned}$$

因此有：

$$f(t)=a_0+\sum_{n=1}^{\infty}[F(n\Omega_0)\mathrm{e}^{\mathrm{j}n\Omega_0 t}+F(-n\Omega_0)\mathrm{e}^{-\mathrm{j}n\Omega_0 t}],\ n>0 \tag{3-17}$$

记 $a_0=F(0)$，则得到周期信号的指数形式的级数分解为：

$$f(t)=\sum_{n=-\infty}^{\infty}F(n\Omega_0)\mathrm{e}^{\mathrm{j}n\Omega_0 t} \tag{3-18}$$

显然，$F(n\Omega_0)$是频率 $n\Omega_0$ 的函数，可以将 $F(n\Omega_0)$简记为 $F(n)$或 F_n，它是周期信号指数形式的级数分解中各分量的幅度系数，是唯一的。$F(n\Omega_0)$与 a_n,b_n 之间的关系如下：

$$\begin{cases}F(0)=a_0\\F(n\Omega_0)=\dfrac{a_n-\mathrm{j}b_n}{2}\\F(-n\Omega_0)=\dfrac{a_n+\mathrm{j}b_n}{2}\end{cases},\ n>0 \tag{3-19}$$

将式(3-9)、式(3-10) 代入 $F(n\Omega_0)=\dfrac{a_n-\mathrm{j}b_n}{2}$和 $F(-n\Omega_0)=\dfrac{a_n+\mathrm{j}b_n}{2}$，$n>0$，可得如下结果：

$$\begin{aligned}F(n\Omega_0)&=\frac{a_n-\mathrm{j}b_n}{2}=\frac{1}{2}\left[\frac{2}{T}\int_0^T f(t)\cdot\cos(n\Omega_0 t)\mathrm{d}t-\mathrm{j}\frac{2}{T}\int_0^T f(t)\cdot\sin(n\Omega_0 t)\mathrm{d}t\right]\\&=\frac{1}{T}\left[\int_0^T f(t)\cdot\cos(n\Omega_0 t)\mathrm{d}t-\mathrm{j}\int_0^T f(t)\cdot\sin(n\Omega_0 t)\mathrm{d}t\right]\\&=\frac{1}{T}\int_0^T f(t)\cdot[\cos(n\Omega_0 t)-\mathrm{j}\sin(n\Omega_0 t)]\mathrm{d}t\\&=\frac{1}{T}\int_0^T f(t)\cdot\mathrm{e}^{-\mathrm{j}n\Omega_0 t}\mathrm{d}t\end{aligned} \tag{3-20}$$

$$\begin{aligned}F(-n\Omega_0)&=\frac{a_n+\mathrm{j}b_n}{2}=\frac{1}{2}\left[\frac{2}{T}\int_0^T f(t)\cdot\cos(n\Omega_0 t)\mathrm{d}t+\mathrm{j}\frac{2}{T}\int_0^T f(t)\cdot\sin(n\Omega_0 t)\mathrm{d}t\right]\\&=\frac{1}{T}\left[\int_0^T f(t)\cdot\cos(n\Omega_0 t)\mathrm{d}t+\mathrm{j}\int_0^T f(t)\cdot\sin(n\Omega_0 t)\mathrm{d}t\right]\\&=\frac{1}{T}\int_0^T f(t)\cdot[\cos(n\Omega_0 t)+\mathrm{j}\sin(n\Omega_0 t)]\mathrm{d}t\\&=\frac{1}{T}\int_0^T f(t)\cdot\mathrm{e}^{\mathrm{j}n\Omega_0 t}\mathrm{d}t\end{aligned} \tag{3-21}$$

由式(3-20)、式(3-21)，对任意的整数 n，可得周期信号的指数形式的级数分解中的幅度系数：

$$F(n\Omega_0)=F(n)=\frac{1}{T}\int_0^T f(t)\cdot \mathrm{e}^{-\mathrm{j}n\Omega_0 t}\mathrm{d}t \tag{3-22}$$

$F(n\Omega_0)$是频率 $n\Omega_0$ 的复值函数，$F(n\Omega_0)$称为周期信号的指数形式的级数分解的谱系数。$F(n\Omega_0)$也可以写成模指数的形式（极坐标形式）：

$$F(n\Omega_0)=F(n)=|F(n\Omega_0)|\cdot \mathrm{e}^{\mathrm{j}\phi_n} \tag{3-23}$$

$$|F(n\Omega_0)|=|F_n|=\left|\frac{1}{2}(a_n-\mathrm{j}b_n)\right|=\left|\frac{1}{2}(a_n+\mathrm{j}b_n)\right| \tag{3-24}$$

$$\phi_n=\arctan\left(-\frac{b_n}{a_n}\right) \tag{3-25}$$

周期信号的指数形式的级数分解中，引入了负频率。式(3-24) 中$|F(n\Omega_0)|$是频率 $n\Omega_0$ 的实值函数，是偶函数，称为周期信号的幅度频谱，ϕ_n 是频率$n\Omega_0$ 的实值函数，是奇函数，称为周期信号的相位频谱。

从前面的结论容易得出，谱系数 $F(n\Omega_0)=F(n)$与三角形式分解的系数关系如下：

$$\begin{cases}F_0=a_0=c_0=d_0\\ F(n)=|F(n\Omega_0)|\cdot \mathrm{e}^{\mathrm{j}\phi_n}=\dfrac{1}{2}(a_n-\mathrm{j}b_n)\\ F(-n)=|F(-n\Omega_0)|\cdot \mathrm{e}^{-\mathrm{j}\phi_n}=\dfrac{1}{2}(a_n+\mathrm{j}b_n)\\ |F(n\Omega_0)|=|F(-n\Omega_0)|=\dfrac{1}{2}\sqrt{a_n^2+b_n^2}=\dfrac{1}{2}c_n=\dfrac{1}{2}d_n\\ |F(n)|+|F(-n)|=c_n=d_n\\ F(n)+F(-n)=a_n\\ \mathrm{j}[F(n)-F(-n)]=b_n\\ c_n^2=d_n^2=a_n^2+b_n^2=4F(n)F(-n)\\ n=1,2,\cdots\end{cases} \tag{3-26}$$

总结前面的讨论，以 T 为周期的周期信号 $f(t)$的指数形式的级数分解为：

$$f(t)=\sum_{n=-\infty}^{\infty}F(n\Omega_0)\mathrm{e}^{\mathrm{j}n\Omega_0 t}\text{，其中 }\Omega_0=\frac{2\pi}{T} \tag{3-27}$$

$$F(n\Omega_0)=F(n)=\frac{1}{T}\int_{t_0}^{t_0+T}f(t)\cdot \mathrm{e}^{-\mathrm{j}n\Omega_0 t}\mathrm{d}t=\frac{1}{T}\int_0^T f(t)\cdot \mathrm{e}^{-\mathrm{j}n\Omega_0 t}\mathrm{d}t \tag{3-28}$$

事实上，周期信号 $f(t)$的指数形式的级数分解也是正交分解，是在完备正交基$\{\mathrm{e}^{\mathrm{j}n\Omega_0 t},n\in\mathbf{Z}\}$下的正交分解。可以证明完备正交基$\{\mathrm{e}^{\mathrm{j}n\Omega_0 t},n\in\mathbf{Z}\}$与$\left\{1,\cos(n\Omega_0 t),\sin(n\Omega_0 t)\mid\Omega_0=\dfrac{2\pi}{T},n=1,2,3,\cdots\right\}$是等价的，即可以互相线性表示。

证明：当 $n=0$ 时，$\mathrm{e}^{\mathrm{j}n\Omega_0 t}=1$；

当 $n>0$ 时，$\mathrm{e}^{\mathrm{j}n\Omega_0 t}=\cos(n\Omega_0 t)+\mathrm{j}(\sin n\Omega_0 t)$；

当$-n>0$ 时，$\mathrm{e}^{-\mathrm{j}n\Omega_0 t}=\cos(-n\Omega_0 t)+\mathrm{j}[\sin(-n\Omega_0 t)]=\cos(n\Omega_0 t)-\mathrm{j}(\sin n\Omega_0 t)$。

当 $n \geqslant 0$ 时，$\cos(n\Omega_0 t)=\frac{1}{2}e^{jn\Omega_0 t}+\frac{1}{2}e^{-jn\Omega_0 t}$；$\sin(n\Omega_0 t)=\frac{1}{2j}e^{jn\Omega_0 t}-\frac{1}{2j}e^{-jn\Omega_0 t}$。

两组基中的函数可以互相线性表示，所以是等价的。

周期信号 $f(t)$ 的指数形式的傅里叶级数分解中，傅里叶系数 $F(n\Omega_0)=F(n)$ 具有以下特性，谐波性、离散型、收敛性：

① 谐波性。周期为 T 的信号 $f(t)$，它的傅里叶级数是由直流分量 $F(0)$、基波分量 $e^{j\Omega_0 t}$ 及各次谐波分量 $e^{jn\Omega_0 t}$ 线性组合而成。

② 离散特性。傅里叶系数看成频率的函数，它只在频率 $n\Omega_0$ 处有值，具有离散性。幅度频谱 $|F(n)|$、相位频谱 $\phi(n)$ 的波形都是由等间隔的谱线组成，谱线间间隔为 Ω_0，$\Omega_0=\frac{2\pi}{T}$，由信号的周期 T 确定。显然，周期 T 的值越大，谱线间隔越小，周期 T 的值越小，谱线间隔越大。

③ 收敛性。周期信号 $f(t)$ 的指数形式的傅里叶级数分解系数 $F(n\Omega_0)=F(n)$，也可以看成是变量 n 的函数，可以证明，当 $n\to\infty$ 时，$|F(n)|\to 0$，即满足 $\lim\limits_{n\to\infty}F(n)=\lim\limits_{n\to\infty}|F(n)|e^{j\phi(n)}=0$，显然有 $n\to\infty$ 时，$a_n\to 0$，$b_n\to 0$。

一个周期为 T 的连续时间信号 $f(t)$ 的级数分解包含无穷项：

$$f(t)=a_0+\sum_{k=1}^{\infty}[a_k\cos(k\Omega_0 t)+b_k\sin(k\Omega_0 t)]$$

在实际应用中可以做近似计算，可以取级数分解中前 N 项和作为信号 $f(t)$ 的近似表达，记为 $f_N(t)$，表达式为：

$$f(t)\approx f_N(t)=a_0+\sum_{k=1}^{N-1}[a_k\cos(k\Omega_0 t)+b_k\sin(k\Omega_0 t)] \tag{3-29}$$

用 $f_N(t)$ 近似表达 $f(t)$ 的绝对误差为：

$$S_N(t)=f(t)-f_N(t) \tag{3-30}$$

均方误差为：

$$\begin{aligned}E_N&=\overline{[S_N(t)]^2}=\overline{S_N^2(t)}=\frac{1}{T}\int_{-\frac{T}{2}}^{\frac{T}{2}}[f(t)-f_N(t)]^2\mathrm{d}t\\&=\frac{1}{T}\int_{-\frac{T}{2}}^{\frac{T}{2}}[f^2(t)-2f(t)f_N(t)+f_N^2(t)]\mathrm{d}t\end{aligned}$$

$$\begin{aligned}\frac{1}{T}\int_{-\frac{T}{2}}^{\frac{T}{2}}[-2f(t)f_N(t)]\mathrm{d}t&=\frac{1}{T}\int_{-\frac{T}{2}}^{\frac{T}{2}}\left(-2\left\{a_0+\sum_{k=1}^{\infty}[a_k\cos(k\Omega_0 t)+b_k\sin(k\Omega_0 t)]\right\}\cdot\right.\\&\qquad\left.\left\{a_0+\sum_{k=1}^{\infty}[a_k\cos(k\Omega_0 t)+b_k\sin(k\Omega_0 t)]\right\}\right)\mathrm{d}t\\&=-2[a_0^2+\frac{1}{2}\sum_{k=1}^{N-1}(a_k^2+b_k^2)]\text{(利用正交特性)}\end{aligned}$$

$$\frac{1}{T}\int_{-\frac{T}{2}}^{\frac{T}{2}}[f_N^2(t)]\mathrm{d}t=a_0^2+\frac{1}{2}\sum_{k=1}^{N-1}(a_k^2+b_k^2)$$

所以有

$$E_N=\overline{f^2(t)}-[a_0^2+\frac{1}{2}\sum_{k=1}^{N-1}(a_k^2+b_k^2)] \tag{3-31}$$

由系数的收敛性，只要 N 足够大，近似表达的精度就可以满足要求。

【例 3-1】 计算周期三角波信号 $f(t)$ 的三角形式和指数形式的级数分解系数，并求指数分解形式的幅度谱和相位谱。如图 3-3 所示，在主周期信号内信号的表达式为：

$$f_T(t)=\begin{cases}-t-1, & -1\leqslant t<-0.5\\ t, & -0.5\leqslant t\leqslant 0.5\\ -t+1, & 0.5<t<1\end{cases}$$

解：由题意知信号 $f(t)$ 的周期 $T=2$，$\Omega_0=\dfrac{2\pi}{2}=\pi$。

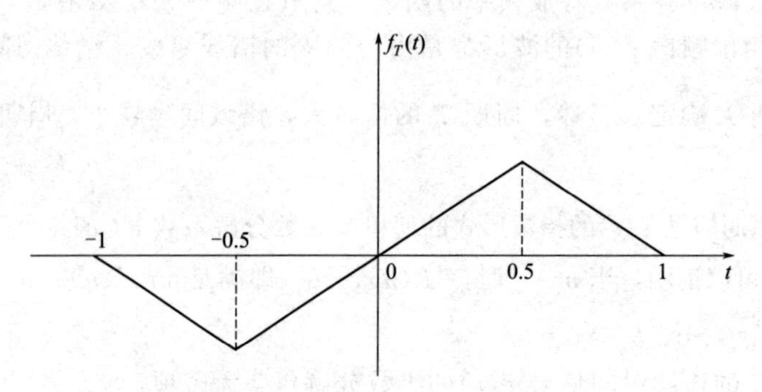

图 3-3 周期三角波的主周期信号

① 三角形式的傅里叶系数 a_n，b_n。

$$a_0=\frac{1}{T}\int_{-\frac{T}{2}}^{\frac{T}{2}}f(t)\mathrm{d}t=\frac{1}{2}\left[\int_{-1}^{-0.5}(-t-1)\mathrm{d}t\right]+\frac{1}{2}\int_{-0.5}^{0.5}t\mathrm{d}t+\frac{1}{2}\int_{0.5}^{1}(-t+1)\mathrm{d}t$$

$$=\frac{1}{2}\left[\left(-\frac{1}{2}t^2-t\right)\Bigg|_{-1}^{-0.5}+\frac{1}{2}t^2\Bigg|_{-0.5}^{0.5}+\left(-\frac{1}{2}t^2+t\right)\Bigg|_{0.5}^{1}\right]=0$$

$$a_n=\frac{2}{T}\int_{-\frac{T}{2}}^{\frac{T}{2}}f(t)\cdot\cos(n\pi t)\mathrm{d}t$$

$$=\frac{1}{2}\int_{-1}^{-0.5}(-t-1)\cos(n\pi t)\mathrm{d}t+\frac{1}{2}\int_{-0.5}^{0.5}t\cos(n\pi t)\mathrm{d}t+\frac{1}{2}\int_{0.5}^{1}(-t+1)\cos(n\pi t)\mathrm{d}t$$

$$=0$$

$$b_n=\frac{2}{T}\int_{-\frac{T}{2}}^{\frac{T}{2}}f(t)\cdot\sin(n\pi t)\mathrm{d}t$$

$$=\frac{1}{2}\int_{-1}^{-0.5}(-t-1)\sin(n\pi t)\mathrm{d}t+\frac{1}{2}\int_{-0.5}^{0.5}t\sin(n\pi t)\mathrm{d}t+\frac{1}{2}\int_{0.5}^{1}(-t+1)\sin(n\pi t)\mathrm{d}t$$

$$=\frac{4}{n^2\pi^2}\sin\frac{n\pi}{2}$$

② 指数形式的傅里叶系数 $F(n)=F_n$。

$$F(0)=a_0=0$$

$$F(n)=\frac{1}{T}\int_{-\frac{T}{2}}^{\frac{T}{2}}f(t)\cdot\mathrm{e}^{-\mathrm{j}n\Omega_0 t}\mathrm{d}t$$

$$=\frac{1}{2}\int_{-1}^{1}f(t)\cdot\mathrm{e}^{\mathrm{j}n\pi t}\mathrm{d}t$$

$$=\frac{1}{2}\left[\int_{-1}^{-0.5}(-t-1)\cdot \mathrm{e}^{\mathrm{j}n\pi t}\mathrm{d}t+\int_{-0.5}^{+0.5}t\cdot \mathrm{e}^{\mathrm{j}n\pi t}\mathrm{d}t+\int_{0.5}^{1}(-t+1)\cdot \mathrm{e}^{\mathrm{j}n\pi t}\mathrm{d}t\right]$$

$$=\frac{-2\mathrm{j}}{n^2\pi^2}\sin\frac{n\pi}{2}，\ n\neq 0，\ n\in\mathbf{Z}$$

指数形式的傅里叶系数 $F_n=\frac{-2\mathrm{j}}{n^2\pi^2}\sin\frac{n\pi}{2}$是纯虚数。

③ 指数分解的傅里叶系数的频谱。

幅度频谱：$|F_n|=|F(n)|=\left|\frac{-2\mathrm{j}}{n^2\pi^2}\sin\frac{n\pi}{2}\right|=\begin{cases}\frac{2}{n^2\pi^2}, & n=2k+1\\ 0, & n=2k\end{cases}，k\in\mathbf{Z}$

相位频谱：$\phi_n=\begin{cases}-\frac{\pi}{2}, & n=2k+1\\ \frac{\pi}{2}, & n=2k\end{cases}，k\in\mathbf{Z}$

指数分解的傅里叶系数的幅度频谱和相位频谱如图 3-4(a)、(b) 所示。

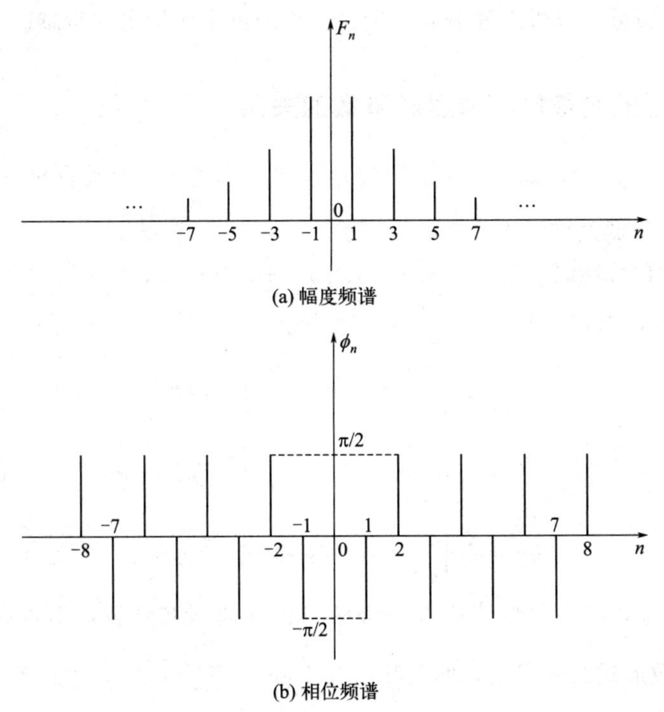

图 3-4 指数分解的傅里叶系数的频谱

3.1.4 连续时间周期信号的平均功率

周期为 T 的连续时间周期信号 $f(t)$，是功率信号，它的平均功率 P_f 的表达式为：

$$P_\mathrm{f}=\frac{1}{T}\int_{-\frac{T}{2}}^{\frac{T}{2}}|f(t)|^2\mathrm{d}t \tag{3-32}$$

如果 $f(t)$是复信号，$|f(t)|$是它的模，P_f 就是周期信号在 1Ω 电阻上消耗的平均功率。

利用周期信号 $f(t)$ 的三角形式级数分解和完备正交基的正交特性，有下式成立：

$$
\begin{aligned}
P_{\mathrm{f}} &= \frac{1}{T}\int_{-\frac{T}{2}}^{\frac{T}{2}} \left|\left\{a_0+\sum_{n=1}^{\infty}[a_n\cos(n\Omega_0 t)+b_n\sin(n\Omega_0 t)]\right\}\right|^2 \mathrm{d}t \\
&= \frac{1}{T}\int_{-\frac{T}{2}}^{\frac{T}{2}} \left|\left\{a_0+\sum_{n=1}^{\infty}[a_n\cos(n\Omega_0 t)+b_n\sin(n\Omega_0 t)]\right\}\right| \cdot \\
&\quad \left|\left\{a_0+\sum_{n=1}^{\infty}[a_n\cos(n\Omega_0 t)+b_n\sin(n\Omega_0 t)]\right\}\right| \mathrm{d}t \\
&= a_0^2+\sum_{n=1}^{\infty}(a_n^2+b_n^2)
\end{aligned} \tag{3-33}
$$

利用周期信号 $f(t)$ 的指数形式的级数分解系数与三角分解系数间的关系，有下式成立：

$$P_{\mathrm{f}}=|F_0|^2+\sum_{n=-\infty}^{\infty}|F_n|^2 \tag{3-34}$$

$|F_n|^2$ 是离散频率的函数，称为周期信号的离散平均功率谱，简称功率谱。从上述结果可以看到，周期信号的平均功率等于直流分量、基波分量与各次谐波分量的平均功率之和。从功率谱的分布可以分析出各谐波分量在信号分解中所做出的贡献。

3.1.5 周期信号的对称性与傅里叶系数的关系

对于实周期信号 $f(t)$，如果具有对称特性，则其傅里叶系数具有相应的特性。

（1）$f(t)$ 满足偶对称特性

$f(t)$ 满足偶对称特性时，有 $f(-t)=f(t)$，且 $f(t)\cdot\cos(n\Omega_0 t)$ 是偶函数，$f(t)\cdot\sin(n\Omega_0 t)$ 是奇函数，则有：

$$a_0=\frac{1}{T}\int_{-\frac{T}{2}}^{\frac{T}{2}} f(t)\mathrm{d}t=\frac{2}{T}\int_{0}^{\frac{T}{2}} f(t)\mathrm{d}t \tag{3-35}$$

$$a_n=\frac{2}{T}\int_{-\frac{T}{2}}^{\frac{T}{2}} f(t)\cdot\cos(n\Omega_0 t)\mathrm{d}t=\frac{4}{T}\int_{0}^{\frac{T}{2}} f(t)\cdot\cos(n\Omega_0 t)\mathrm{d}t \tag{3-36}$$

$$b_n=\frac{2}{T}\int_{-\frac{T}{2}}^{\frac{T}{2}} f(t)\cdot\sin(n\Omega_0 t)\mathrm{d}t=0 \tag{3-37}$$

偶对称的实信号，其三角形式级数分解中只包含偶谐波分量，不含奇谐波分量（正弦项）。因此它的指数形式的分解中，傅里叶系数 $F(n)=F_n=\frac{1}{2}a_n$ 为实数，即 $F(n)=F_n$ 是频率 $n\Omega_0$ 的实值函数，此时可以直接画出系数 $F(n)$ 的波形。

（2）$f(t)$ 满足奇对称特性

$f(t)$ 满足奇对称特性时，有 $-f(-t)=f(t)$，且 $f(t)\cdot\cos(n\Omega_0 t)$ 是奇函数，$f(t)\cdot\sin(n\Omega_0 t)$ 是偶函数，则有：

$$a_0=\frac{1}{T}\int_{-\frac{T}{2}}^{\frac{T}{2}} f(t)\mathrm{d}t=0 \tag{3-38}$$

$$a_n=\frac{2}{T}\int_{-\frac{T}{2}}^{\frac{T}{2}} f(t)\cdot\cos(n\Omega_0 t)\mathrm{d}t=0 \tag{3-39}$$

$$b_n=\frac{2}{T}\int_{-\frac{T}{2}}^{\frac{T}{2}} f(t)\cdot\sin(n\Omega_0 t)\mathrm{d}t=\frac{4}{T}\int_0^{\frac{T}{2}} f(t)\cdot\sin(n\Omega_0 t)\mathrm{d}t \tag{3-40}$$

奇对称的实信号，其三角形式级数分解中只包含奇谐波分量，不含偶谐波分量（直流分量及余弦项）。因此它的指数形式的分解中，傅里叶系数 $F(n)=F_n=-\frac{1}{2}\mathrm{j}b_n$，$F(-n)=F_{-n}=\frac{1}{2}\mathrm{j}b_n$ 为纯虚数，即 $F(n)=F_n$ 是频率 $n\Omega_0$ 的纯虚函数，且相位谱 $\phi(n)$的值为 $-\frac{\pi}{2}$ 或 $\frac{\pi}{2}$。在例 3-1 中周期三角波信号是奇函数，所以它的傅里叶系数 $F_n=\frac{-2\mathrm{j}}{n^2\pi^2}\sin\frac{n\pi}{2}$ 是纯虚数。

（3）$f(t)$ 满足奇谐函数特性

定义 3-5 如果一个周期为 T 的函数（信号）$f(t)$满足条件：

$$f(t)=-f\left(t\pm\frac{T}{2}\right) \tag{3-41}$$

则称函数 $f(t)$为奇谐函数，或者称为半波对称函数。

显然，一个奇谐函数的波形沿时间轴平移半个周期，并相对于时间上下反转后，波形不发生变化。对于一个周期为 T 的奇谐函数，分析它的傅里叶系数 a_n, b_n。

当 $n=0$ 时：

$$\begin{aligned}
a_0&=\frac{1}{T}\int_{-\frac{T}{2}}^{\frac{T}{2}} f(t)\mathrm{d}t=\frac{1}{T}\int_0^{\frac{T}{2}} f(t)\mathrm{d}t+\frac{1}{T}\int_{-\frac{T}{2}}^{0} f(t)\mathrm{d}t\\
&=\frac{1}{T}\int_0^{\frac{T}{2}} f(t)\mathrm{d}t+\frac{1}{T}\int_{-\frac{T}{2}}^{0}\left[-f\left(t+\frac{T}{2}\right)\right]\mathrm{d}t\\
&=\frac{1}{T}\int_0^{\frac{T}{2}} f(t)\mathrm{d}t-\frac{1}{T}\int_0^{\frac{T}{2}} f(\tau)\mathrm{d}\tau=0
\end{aligned}$$

当 n 为偶数，即 $n=2k$ 时：

$$\begin{aligned}
a_n&=\frac{2}{T}\int_{-\frac{T}{2}}^{\frac{T}{2}} f(t)\cdot\cos(n\Omega_0 t)\mathrm{d}t=\frac{2}{T}\int_{-\frac{T}{2}}^{\frac{T}{2}} f(t)\cdot\cos(2k\Omega_0 t)\mathrm{d}t\\
&=\frac{2}{T}\int_0^{\frac{T}{2}} f(t)\cdot\cos(2k\Omega_0 t)\mathrm{d}t+\frac{2}{T}\int_{-\frac{T}{2}}^{0} f(t)\cdot\cos(2k\Omega_0 t)\mathrm{d}t\\
&=\frac{2}{T}\int_0^{\frac{T}{2}} f(t)\cdot\cos(2k\Omega_0 t)\mathrm{d}t+\frac{2}{T}\int_{-\frac{T}{2}}^{0}\left[-f\left(t+\frac{T}{2}\right)\right]\cdot\cos(2k\Omega_0 t)\mathrm{d}t\\
&=\frac{2}{T}\int_0^{\frac{T}{2}} f(t)\cdot\cos(2k\Omega_0 t)\mathrm{d}t-\frac{2}{T}\int_0^{\frac{T}{2}} f(\tau)\cdot\cos\left[2k\Omega_0\left(\tau-\frac{T}{2}\right)\right]\mathrm{d}\tau\\
&=\frac{2}{T}\int_0^{\frac{T}{2}} f(t)\cdot\cos(2k\Omega_0 t)\mathrm{d}t-\frac{2}{T}\int_0^{\frac{T}{2}} f(\tau)\cdot\cos[2k\Omega_0\tau-2k\pi)]\mathrm{d}\tau\\
&=\frac{2}{T}\int_0^{\frac{T}{2}} f(t)\cdot\cos(2k\Omega_0 t)\mathrm{d}t-\frac{2}{T}\int_0^{\frac{T}{2}} f(\tau)\cdot\cos[2k\Omega_0\tau]\mathrm{d}\tau=0
\end{aligned}$$

同理可得：当 n 为偶数，$b_n=0$。

当 n 为奇数时，有：

$$\begin{cases} a_n = \dfrac{4}{T}\displaystyle\int_0^{\frac{T}{2}} f(t)\cdot\cos(n\Omega_0 t)\mathrm{d}t \\ b_n = \dfrac{4}{T}\displaystyle\int_0^{\frac{T}{2}} f(t)\cdot\sin(n\Omega_0 t)\mathrm{d}t \end{cases} \tag{3-42}$$

上述结果说明，奇谐函数三角形式的级数分解中，没有直流分量，也没有各次偶谐波分量。对于奇谐函数，利用系数间的关系，容易知道其指数形式的傅里叶级数分解中没有直流分量，也没有偶次谐波分量，即满足当 n 为偶数时，$F_n = F(n) = 0$。

3.2 典型周期信号的傅里叶级数

在实际应用中，常见的典型周期信号有矩形脉冲、方波脉冲、三角形脉冲信号等。下面分析以下指数形式的级数分解及其频谱特性。

3.2.1 周期矩形脉冲信号

周期为 T，脉宽为 τ，$T>\tau$，幅度为 E 的周期脉冲信号记为 $\tilde{R}_\tau(t)$，如图 3-5 所示，主周期内的表达式为：

$$R_\tau(t) = \begin{cases} E, & -\dfrac{\tau}{2} \leqslant t \leqslant \dfrac{\tau}{2} \\ 0, & -\dfrac{T}{2} \leqslant t < -\dfrac{\tau}{2}, \dfrac{\tau}{2} < t \leqslant \dfrac{T}{2} \end{cases} = E\left[u\left(t+\frac{\tau}{2}\right) - u\left(t-\frac{\tau}{2}\right)\right]$$

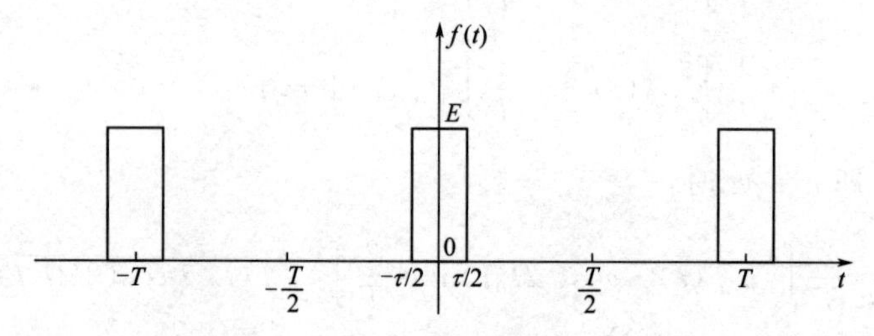

图 3-5 周期矩形脉冲信号

周期矩形脉冲信号 $\tilde{R}_\tau(t)$ 的指数形式的级数分解，傅里叶系数可以直接计算如下：

$$\begin{aligned} F_n &= \frac{1}{T}\int_{-\frac{T}{2}}^{\frac{T}{2}} f(t)\cdot \mathrm{e}^{-\mathrm{j}n\Omega_0 t}\mathrm{d}t = \frac{1}{T}\int_{-\frac{\tau}{2}}^{\frac{\tau}{2}} E\mathrm{e}^{-\mathrm{j}n\Omega_0 t}\mathrm{d}t \\ &= \frac{E}{T}\frac{1}{-\mathrm{j}n\Omega_0}\mathrm{e}^{-\mathrm{j}n\Omega_0 t}\Big|_{-\frac{\tau}{2}}^{\frac{\tau}{2}} = -\frac{E}{j2\pi n}(\mathrm{e}^{-\mathrm{j}n\Omega_0\frac{\tau}{2}} - \mathrm{e}^{\mathrm{j}n\Omega_0\frac{\tau}{2}}) \\ &= -\frac{E}{\mathrm{j}2\pi n}(\mathrm{e}^{-\mathrm{j}n\Omega_0\frac{\tau}{2}} - \mathrm{e}^{\mathrm{j}n\Omega_0\frac{\tau}{2}}) = \frac{E}{\pi n}\sin\left(n\Omega_0\ \frac{\tau}{2}\right) \\ &= \frac{E\tau}{T}\mathrm{Sa}\left(\frac{n\Omega_0\tau}{2}\right) \end{aligned} \tag{3-43}$$

由于该周期矩形脉冲为偶函数，所以它的傅里叶系数 $F(n)=F_n$ 为实数，可以直接画

出波形，如图 3-6 所示。它以抽样函数$\frac{E\tau}{T}\mathrm{Sa}\left(\frac{\Omega\tau}{2}\right)$为包络线，抽样函数 $\mathrm{Sa}\left(\frac{\Omega\tau}{2}\right)$的过零点为 $\Omega=\frac{2k\pi}{\tau}$，$k\neq 0$ 是整数，在 $\Omega=0$ 处的值最大为 $F(0)=F_0=\frac{E\tau}{T}$。幅度频谱 $|F_n|=\frac{E\tau}{T}\left|\mathrm{Sa}\left(\frac{n\Omega_0\tau}{2}\right)\right|$，相位频谱 $\phi(n)$的值为 π 或$-\pi$，谱线间隔为 $\Omega_0=\frac{2\pi}{T}$，如图 3-7 所示。

该周期矩形脉冲的指数形式的级数分解表达式为：

$$f(t)=\sum_{n=-\infty}^{\infty}F(n\Omega_0)\mathrm{e}^{\mathrm{j}n\Omega_0 t}=\sum_{n=-\infty}^{\infty}\frac{E\tau}{T}\mathrm{Sa}\left(\frac{n\Omega_0\tau}{2}\right)\mathrm{e}^{\mathrm{j}n\Omega_0 t} \tag{3-44}$$

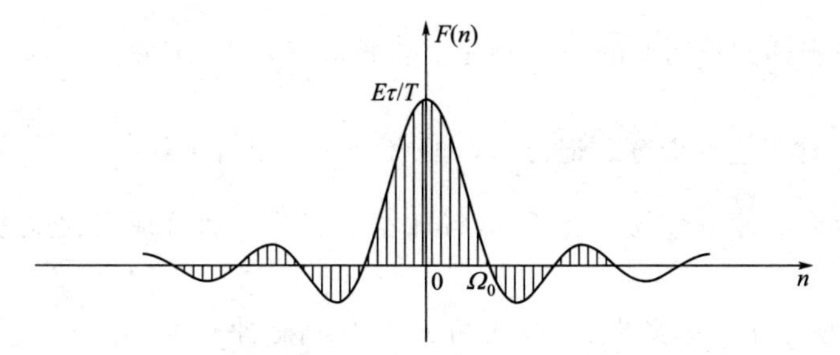

图 3-6　周期矩形脉冲的谱系数

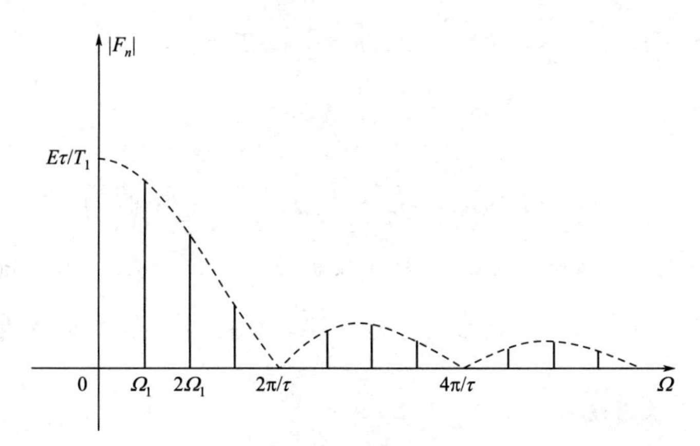

(a) 周期矩形脉冲的幅度频谱

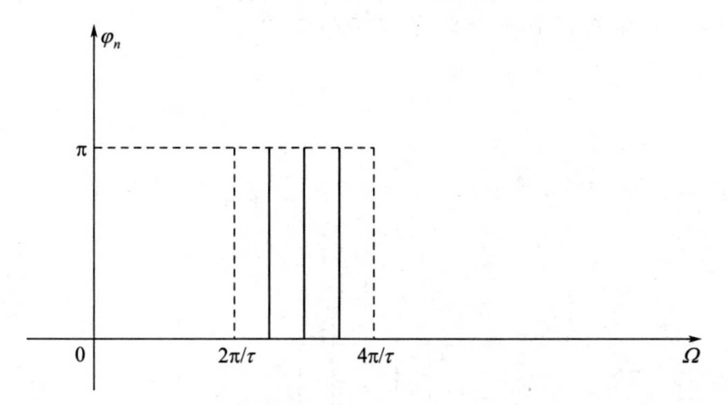

(b) 周期矩形脉冲的相位频谱

图 3-7　周期矩形脉冲的幅度频谱和相位频谱

周期矩形脉冲信号 $\widetilde{R}_\tau(t)$的级数分解的傅里叶系数满足谐波性、离散型和收敛性。

① 基波频率 $\Omega_0=\frac{2\pi}{T}$，n 次谐波频率为 $n\Omega_0=\frac{2n\pi}{T}$，频谱的谱线间隔为 $\Omega_0=\frac{2\pi}{T}$。周期 T 越大，谱线间隔越小。

② 周期矩形脉冲在脉宽 τ，$T>\tau$，幅度 E 不变的情况下，周期 T 越大，幅度频谱 $|F_n|$ 的值越小，当 $T\to\infty$ 时，$|F(n)|\to 0$，系数 $F(n)\to 0$。

级数分解的傅里叶系数 $F(n)=F_n$ 的波形的包络线是抽样函数$\frac{E\tau}{T}\mathrm{Sa}\left(\frac{\Omega\tau}{2}\right)$，它的正半轴第一个过零点为$\frac{2\pi}{\tau}$，级数分解中频率$\leqslant\frac{2\pi}{\tau}$的各谐波分量，其平均功率之和占据了总平均功率的大部分，一般会达到总功率的 90%以上。常把频率范围 $0\leqslant\Omega\leqslant\frac{2\pi}{\tau}$称为周期矩形脉冲信号的频带范围，$\frac{2\pi}{\tau}$称为它的带宽，记为 B，即 $B=\frac{2\pi}{\tau}$，或者 $B_{\mathrm{f}}=\frac{1}{\tau}$。

显然，周期矩形脉冲信号的带宽 B 只与脉宽 τ 有关，而且成反比关系，τ 越小，带宽越大。

【例 3-2】 周期为 T、脉宽为 τ、幅度为 E 的周期脉冲信号记为 $\widetilde{R}_{\tau}(t)$，试在下列不同条件下求傅里叶系数 F_n，并分析频谱特性：

① $E=1$，$\tau=\frac{1}{20}\mathrm{s}$，$T=\frac{1}{4}\mathrm{s}$；② $E=1$，$\tau=\frac{1}{20}\mathrm{s}$，$T=\frac{1}{2}\mathrm{s}$。

解： ① $\Omega_0=\frac{2\pi}{T}=8\pi$

$$F(n)=F(n\Omega_0)=\frac{E\tau}{T}\mathrm{Sa}\left(n\Omega_0\ \frac{\tau}{2}\right)=\frac{1}{5}\mathrm{Sa}\left(\frac{n\pi}{5}\right)$$

$F(n)$ 的波形如图 3-8 所示。谱线在 $\Omega_0=8\pi$ 的整数倍上，$n\Omega_0=0,\pm 8\pi,\pm 16\pi,\cdots$，$n=0$ 时，幅度为$\frac{1}{5}$。包络线的第一个过零点为 $\Omega=\frac{2\pi}{\tau}=40\pi$，第一个过零点内的谱线数为 $n=\frac{40\pi}{\Omega_0}=\frac{40\pi}{8\pi}=5$，第五次谐波系数为零，即 $F_5=0$。

带宽 $B=\frac{2\pi}{\tau}=40\pi$，带宽内各分量的总平均功率为：

$$\sum_{k=-4}^{4}|F(n)|^2$$

$$=|F_{-4}|^2+|F_{-3}|^2+|F_{-2}|^2+|F_{-1}|^2+|F_0|^2+|F_1|^2+|F_2|^2+|F_3|^2+|F_4|^2$$

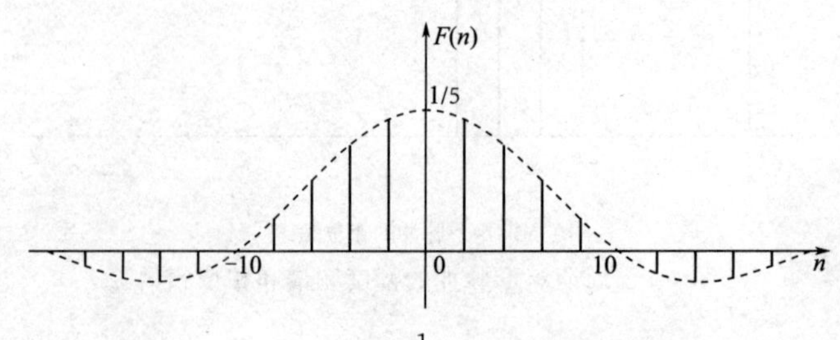

图 3-8　$T=\frac{1}{4}\mathrm{s}$ 时的谱系数

② $\Omega_0=\frac{2\pi}{T}=4\pi$

$$F(n)=F(n\Omega_0)=\frac{E\tau}{T}\mathrm{Sa}\left(n\Omega_0\ \frac{\tau}{2}\right)=\frac{1}{10}\mathrm{Sa}\left(\frac{n\pi}{10}\right)$$

$F(n)$的波形如图 3-9 所示。谱线在 $\Omega_0=4\pi$ 的整数倍上，$n\Omega_0=0,\pm4\pi,\pm8\pi,\cdots$，$n=0$ 时，幅度为 $\frac{1}{10}$。包络线的第一个过零点为 $\Omega=\frac{2\pi}{\tau}=40\pi$，第一个过零点内的谱线数为 $n=\frac{40\pi}{\Omega_0}=\frac{40\pi}{4\pi}=10$，第 10 次谐波系数为零，即 $F_{10}=0$。

带宽 $B=\frac{2\pi}{\tau}=40\pi$，带宽内各分量的总平均功率为：

$$\sum_{k=-9}^{9}|F(n)|^2$$

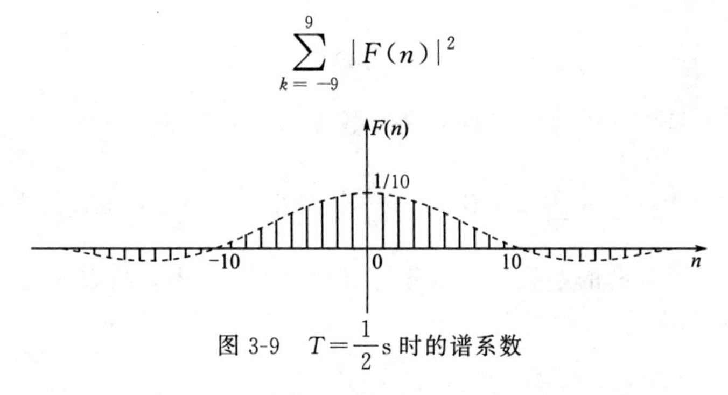

图 3-9　$T=\frac{1}{2}$ s 时的谱系数

容易看出，在脉宽、幅度不变的条件下，周期 T 越大，谱线间隔越窄，幅度频谱 $|F_n|$ 的值越小，当 $T\to\infty$ 时，$|F(n)|\to0$，系数 $F(n)\to0$。

3.2.2 周期方波脉冲信号

周期为 T、脉宽为 $\frac{T}{2}$、幅度为 ±1 的方波脉冲信号 $f(t)=\tilde{f}_T(t)$，如图 3-10 所示，在主周期内的表达式 $f_T(t)$ 为：

$$f_T(t)=\begin{cases}1, & -\frac{T}{4}\leqslant t<\frac{T}{4}\\ -1, & -\frac{T}{2}\leqslant t<-\frac{T}{4},\frac{T}{4}\leqslant t<\frac{T}{2}\end{cases} \tag{3-45}$$

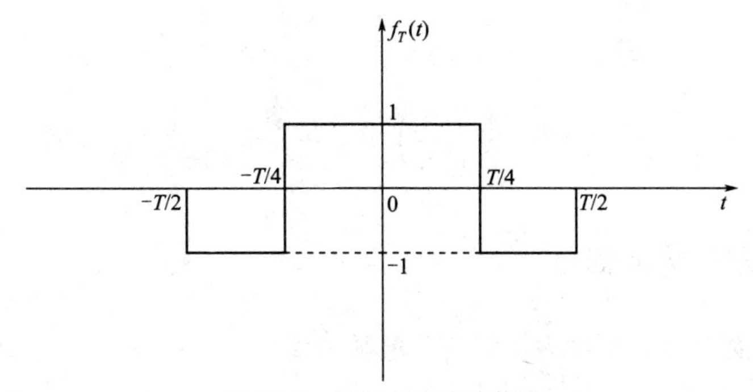

图 3-10　周期方波脉冲信号

容易验证，周期方波脉冲信号 $f(t)=\tilde{f}_T(t)$ 既是偶函数，也是奇谐函数。它的三角形式的级数分解的傅里叶系数为：

$$
\begin{aligned}
b_n &= 0 \\
a_n &= \frac{2}{T}\int_{-\frac{T}{2}}^{\frac{T}{2}} f(t)\cdot\cos(n\Omega_0 t)\mathrm{d}t \\
&= -\frac{2}{T}\int_{-\frac{T}{2}}^{-\frac{T}{4}}\cos\left(\frac{2\pi n}{T}t\right)\mathrm{d}t+\frac{2}{T}\int_{-\frac{T}{4}}^{\frac{T}{4}}\cos\left(\frac{2\pi n}{T}t\right)\mathrm{d}t-\frac{2}{T}\int_{\frac{T}{4}}^{\frac{T}{2}}\cos\left(\frac{2\pi n}{T}t\right)\mathrm{d}t \\
&= \frac{1}{n\pi}\sin\frac{\pi n}{2} \\
&= \begin{cases}\dfrac{1}{n\pi}(-1)^k, & n=2k+1 \\ 0, & n=2k\end{cases}
\end{aligned}
$$

所以方波脉冲信号 $f(t)=\tilde{f}_T(t)$ 的三角级数表达式为：

$$
f(t)=\tilde{f}_T(t)=\frac{1}{\pi}\left[\cos(\Omega_0 t)-\frac{1}{3}\cos(3\Omega_0 t)+\frac{1}{5}\cos(5\Omega_0 t)+\cdots\right] \tag{3-46}
$$

利用指数形式级数分解的系数与三角分解的系数间的关系，可以求得：
当 $n=2k$ 为偶数时

$$
F_n=0
$$

当 $n=2k+1$ 为奇数时

$$
F_n=\frac{a_n-\mathrm{j}b_n}{2}=\frac{1}{n\pi}(-1)^k
$$

记周期方波脉冲信号 $f(t)=\tilde{f}_T(t)$ 的总平均功率为 $P_\mathrm{f}=\frac{1}{T}\int_{-\frac{T}{2}}^{\frac{T}{2}}|f(t)|^2\mathrm{d}t$，则有：

$$
P_\mathrm{f}=\frac{1}{T}\int_{-\frac{T}{2}}^{\frac{T}{2}}|f(t)|^2\mathrm{d}t=\frac{1}{T}\int_{-\frac{T}{2}}^{\frac{T}{2}}\mathrm{d}t=1
$$

在三角级数分解中取前五次谐波分量的和，做近似计算有：

$$
f(t)\approx\frac{1}{\pi}\left[\cos(\Omega_0 t)-\frac{1}{3}\cos(3\Omega_0 t)+\frac{1}{5}\cos(5\Omega_0 t)\right]
$$

均方误差为：

$$
\begin{aligned}
E_N &= \overline{f^2(t)}-\left[a_0^2+\frac{1}{2}\sum_{k=1}^{N-1}(a_k^2+b_k^2)\right] \\
&= 1-\frac{1}{2}\left[\left(\frac{1}{\pi}\right)^2+\left(\frac{1}{3\pi}\right)^2+\left(\frac{1}{5\pi}\right)^2\right]\approx 0.06
\end{aligned}
$$

3.2.3 周期三角形脉冲信号

周期为 T、脉宽为 T、幅度为 1 的三角形脉冲信号 $f(t)=\tilde{f}_T(t)$，如图 3-11 所示，在主周期内的表达式 $f_T(t)$ 为：

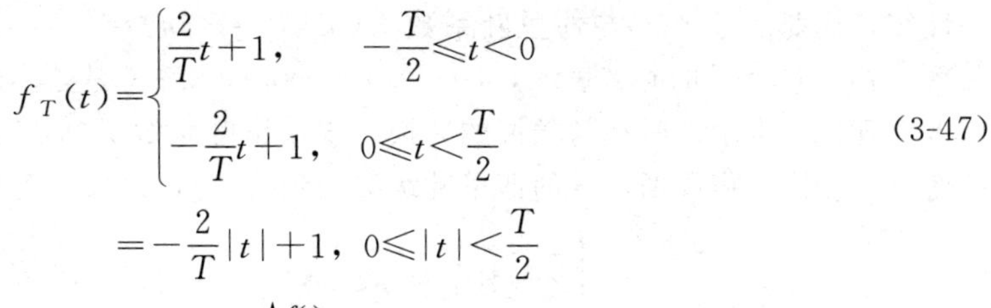

$$f_T(t)=\begin{cases}\dfrac{2}{T}t+1, & -\dfrac{T}{2}\leqslant t<0\\ -\dfrac{2}{T}t+1, & 0\leqslant t<\dfrac{T}{2}\end{cases}\tag{3-47}$$

$$=-\frac{2}{T}|t|+1,\ 0\leqslant|t|<\frac{T}{2}$$

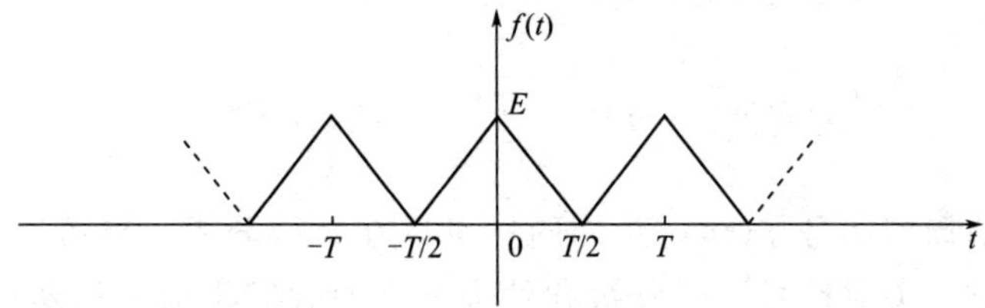

图 3-11　周期三角形脉冲信号

显然，周期三角形脉冲信号 $f(t)=\tilde{f}_T(t)$ 是偶函数。它的三角形式的级数分解的傅里叶系数为：

$$b_n=0$$

$$a_0=\frac{1}{T}\int_{-\frac{T}{2}}^{\frac{T}{2}}f(t)\mathrm{d}t=\frac{2}{T}\int_0^{\frac{T}{2}}\left(-\frac{2}{T}t+1\right)\mathrm{d}t=\frac{1}{2}$$

$$a_n=\frac{2}{T}\int_{-\frac{T}{2}}^{\frac{T}{2}}f(t)\cdot\cos(n\Omega_0t)\mathrm{d}t$$

$$=\frac{4}{T}\int_0^{\frac{T}{2}}\left(-\frac{2}{T}t+1\right)\cos\left(\frac{2\pi n}{T}t\right)\mathrm{d}t$$

$$=\frac{4}{n^2\pi^2}\sin^2\left(\frac{\pi n}{2}\right)$$

所以周期三角形脉冲信号 $f(t)=\tilde{f}_T(t)$ 的三角形式的级数表达式为：

$$f(t)=\tilde{f}_T(t)=\frac{1}{2}+\sum_{n=1}^{\infty}\frac{4}{n^2\pi^2}\sin^2\left(\frac{\pi n}{2}\right)\cdot\cos(n\Omega_0t)\tag{3-48}$$

利用指数形式级数分解的系数与三角分解的系数间的关系，可以求得：

$$F_0=\frac{1}{2}$$

$$F_n=\frac{a_n-\mathrm{j}b_n}{2}=\frac{2}{n^2\pi^2}\sin^2\left(\frac{\pi n}{2}\right)$$

所以周期三角形脉冲信号 $f(t)=\tilde{f}_T(t)$ 的指数形式的级数表达式为：

$$f(t)=\tilde{f}_T(t)=\sum_{n=-\infty}^{\infty}F(n\Omega_0)\mathrm{e}^{\mathrm{j}n\Omega_0t}=\frac{2}{\pi^2}\sum_{n=-\infty}^{\infty}\frac{1}{n^2}\sin^2\left(\frac{\pi n}{2}\right)\mathrm{e}^{\mathrm{j}n\Omega_0t}\tag{3-49}$$

3.3 非周期信号的傅里叶变换

3.3.1 傅里叶变换的定义

周期为 T 的连续时间信号的级数分解 $f(t)=\sum\limits_{n=-\infty}^{\infty}F(n\Omega_0)\mathrm{e}^{\mathrm{j}n\Omega_0t}$，由分解中系数的唯

一性知，周期信号 $f(t)$与傅里叶系数 $F(n\Omega_0)=F(n)=F_n$，$n\in\mathbf{Z}$ 之间建立了确定的对应关系，$f(t)$是信号的时域表示，$F(n\Omega_0)=F(n)$，$n\in\mathbf{Z}$ 是频率的函数，是信号的频域表示，可以实现信号表示的时域与频域的转换。求傅里叶系数 F_n，$n\in\mathbf{Z}$ 实质上就是周期信号的一种傅里叶变换，将周期信号的傅里叶级数简记为 FS，组成一个 FS 变换对：

$$\begin{cases}\text{正变换：}F(n)=\dfrac{1}{T}\displaystyle\int_{-\frac{T}{2}}^{\frac{T}{2}}f(t)\cdot \mathrm{e}^{-\mathrm{j}n\Omega_0 t}\,\mathrm{d}t \\ \text{逆变换：}f(t)=\displaystyle\sum_{n=-\infty}^{\infty}F(n\Omega_0)\mathrm{e}^{\mathrm{j}n\Omega_0 t}\end{cases} \tag{3-50}$$

对于连续时间非周期信号 $f(t)$，我们同样可以在时域分析，也可以经过傅里叶变换成为频率的函数，在频域中对信号进行分析和处理。下面我们将借助周期信号的 FS，给出连续时间非周期信号的傅里叶变换的概念。

对于任意一个连续时间非周期信号 $f(t)$，给定正常数 T，通过周期性延拓叠加的方法可以得到一个周期为 T 的周期信号，记为 $\tilde{f}_T(t)$。它的表达式为：

$$\tilde{f}_T(t)=\sum_{k=-\infty}^{\infty}f(t+kT) \tag{3-51}$$

假定周期信号 $\tilde{f}_T(t)$的 FS 存在，则有傅里叶系数：

$$F(n)=\frac{1}{T}\int_{-\frac{T}{2}}^{\frac{T}{2}}\tilde{f}_T(t)\cdot \mathrm{e}^{-\mathrm{j}n\Omega_0 t}\,\mathrm{d}t\text{，}\Omega_0=\frac{2\pi}{T} \tag{3-52}$$

假定非周期信号 $f(t)$是定义在有限区间 $\left[-\dfrac{a}{2},\dfrac{a}{2}\right]$（并假设 $T>a$）上的有限长信号，那么级数分解的谱系数有如下表达式：

$$F(n)=\frac{1}{T}\int_{-\frac{T}{2}}^{\frac{T}{2}}f(t)\cdot \mathrm{e}^{-\mathrm{j}n\Omega_0 t}\,\mathrm{d}t\text{，}\Omega_0=\frac{2\pi}{T} \tag{3-53}$$

如果让周期 T 逐渐增大，那么极限状态下周期信号 $\tilde{f}_T(t)$就是非周期信号 $f(t)$。随着周期 T 逐渐增大，频谱间隔 $\Omega_0=\dfrac{2\pi}{T}$将逐渐减小，幅度频谱$|F_n|$将逐渐较小，在极限状态下，即当 $T\to\infty$时，$\Omega_0\to 0$，$F_n\to 0$，离散谱将变成连续谱，但谱线幅度将趋于零。此时，用傅里叶系数描述非周期信号 $f(t)$是不合适的，需要引进新的表示方式。在式(3-53）两边同时乘以 T 得到如下表达式：

$$T\cdot F(n)=T\cdot\frac{1}{T}\int_{-\frac{T}{2}}^{\frac{T}{2}}f(t)\cdot \mathrm{e}^{-\mathrm{j}n\Omega_0 t}\,\mathrm{d}t=\int_{-\frac{T}{2}}^{\frac{T}{2}}f(t)\cdot \mathrm{e}^{-\mathrm{j}n\Omega_0 t}\,\mathrm{d}t \tag{3-54}$$

在式(3-54）中，$T\cdot F(n)=\dfrac{F(n)}{\frac{1}{T}}=\dfrac{F(n)}{f}$，其中 $f=\dfrac{1}{T}$表示频率，所以$\dfrac{F(n)}{f}$表示单位频带上的谱系数值。等式左右两边同时取极限，即令 $T\to\infty$，则有 $\left[-\dfrac{T}{2},\dfrac{T}{2}\right]\to(-\infty,\infty)$，由于离散频谱间隔 $\Omega_0\to 0$，离散频率 $n\Omega_0$ 将变为连续频率（连续变化的频率），即有 $n\Omega_0\to\Omega$。所以有如下结果成立：

$$\lim_{T\to\infty}T\cdot F(n)=\lim_{T\to\infty}\int_{-\frac{T}{2}}^{\frac{T}{2}}f(t)\cdot \mathrm{e}^{-\mathrm{j}n\Omega_0 t}\,\mathrm{d}t=\int_{-\infty}^{\infty}f(t)\cdot \mathrm{e}^{-\mathrm{j}\Omega t}\,\mathrm{d}t \tag{3-55}$$

可以看到等式左边是单位频带上的谱系数值的极限，等式右边广义积分收敛的情况下，

它是频率 Ω 的函数，区别于谱系数，它称为非周期信号 $f(t)$的频谱密度函数，或者称为非周期信号的傅里叶变换，记为 $F(\Omega)$，或者记为 $F(\mathrm{j}\Omega)$，即有如下表达式：

$$F(\Omega)=\int_{-\infty}^{\infty} f(t)\cdot \mathrm{e}^{-\mathrm{j}\Omega t}\mathrm{d}t \tag{3-56}$$

利用周期信号 FS 的逆变换公式 $\tilde{f}_T(t)=\sum_{n=-\infty}^{\infty} F(n\Omega_0)\mathrm{e}^{\mathrm{j}n\Omega_0 t}$，可以推导出非周期信号的傅里叶逆变换公式。

$$\begin{aligned}\tilde{f}_T(t)&=\sum_{n=-\infty}^{\infty} F(n\Omega_0)\mathrm{e}^{\mathrm{j}n\Omega_0 t}=\sum_{n=-\infty}^{\infty}\frac{F(n\Omega_0)}{\Omega_0}\mathrm{e}^{\mathrm{j}n\Omega_0 t}\cdot\Omega_0\\&=\frac{1}{2\pi}\sum_{n=-\infty}^{\infty}\frac{F(n\Omega_0)}{\frac{1}{T}}\mathrm{e}^{\mathrm{j}n\Omega_0 t}\cdot\Omega_0\end{aligned} \tag{3-57}$$

式(3-57) 的等式左右两边同时取极限，即令 $T\to\infty$，则有：

$$\begin{aligned}\lim_{T\to\infty}\tilde{f}_T(t)=f(t)&=\lim_{T\to\infty}\frac{1}{2\pi}\sum_{n=-\infty}^{\infty}\frac{F(n\Omega_0)}{\frac{1}{T}}\mathrm{e}^{\mathrm{j}n\Omega_0 t}\cdot\Omega_0\\&=\frac{1}{2\pi}\int_{-\infty}^{\infty}F(\Omega)\mathrm{e}^{\mathrm{j}\Omega t}\mathrm{d}\Omega\end{aligned} \tag{3-58}$$

上面借助周期信号的傅里叶级数，导出了非周期信号的傅里叶变换的概念，这只是便于读者理解。关于连续时间非周期信号 $f(t)$的傅里叶变换的一般定义如下：

$$F(\Omega)=\int_{-\infty}^{\infty} f(t)\cdot \mathrm{e}^{-\mathrm{j}\Omega t}\mathrm{d}t \tag{3-59}$$

如果广义积分 $\int_{-\infty}^{\infty} f(t)\cdot \mathrm{e}^{-\mathrm{j}\Omega t}\mathrm{d}t$ 收敛，则把 $F(\Omega)$称为连续时间非周期信号 $f(t)$的傅里叶变换，也可以记为 $F(\mathrm{j}\Omega)$，称为非周期信号 $f(t)$的频谱密度函数。连续非周期信号的傅里叶变换可以用记号 CTFT 或 FT 表示。在傅里叶变换存在的条件下，还可以用 $f(t)$的频谱密度函数 $F(\Omega)$计算 $f(t)$，表达式如下：

$$f(t)=\frac{1}{2\pi}\int_{-\infty}^{\infty}F(\Omega)\mathrm{e}^{\mathrm{j}\Omega t}\mathrm{d}\Omega \tag{3-60}$$

通常把式(3-59) 称为非周期信号 $f(t)$的傅里叶正变换，而把式(3-60) 称为非周期信号 $f(t)$的傅里叶逆变换。非周期信号 $f(t)$的傅里叶变换对也可以用 $f(t)\leftrightarrow F(\Omega)$表示。或者用下式表示：

$$\begin{cases}\text{正变换}:F(\Omega)=\int_{-\infty}^{\infty} f(t)\cdot \mathrm{e}^{-\mathrm{j}\Omega t}\mathrm{d}t\\ \text{逆变换}:f(t)=\frac{1}{2\pi}\int_{-\infty}^{\infty}F(\Omega)\mathrm{e}^{\mathrm{j}\Omega t}\mathrm{d}\Omega\end{cases} \tag{3-61}$$

非周期信号 $f(t)$的频谱密度函数 $F(\mathrm{j}\Omega)$是频率 Ω 的复值函数。可以有两种表示方式：

$$F(\Omega)=\begin{cases}|F(\Omega)|\cdot\mathrm{e}^{\mathrm{j}\phi(\Omega)}\\ \mathrm{Re}\{F(\Omega)\}+\mathrm{jIm}\{F(\Omega)\}\end{cases} \tag{3-62}$$

$|F(\mathrm{j}\Omega)|$是频率 Ω 的实值函数，称为非周期信号 $f(t)$的幅度频谱，简称幅度谱，其函数图像称为幅度频谱图。$\phi(\Omega)$也是频率 Ω 的实值函数，称为非周期信号 $f(t)$的相位频谱，简称相位谱。

利用欧拉公式 $\mathrm{e}^{-\mathrm{j}\Omega t}=\cos(\Omega t)-\mathrm{j}\sin(\Omega t)$，代入正变换公式有：

$$F(\Omega)=\int_{-\infty}^{\infty} f(t)\cdot \mathrm{e}^{-\mathrm{j}\Omega t}\mathrm{d}t=\int_{-\infty}^{\infty} f(t)\cdot[\cos(\Omega t)-\mathrm{j}\sin(\Omega t)]\mathrm{d}t$$
$$=\int_{-\infty}^{\infty} f(t)\cdot\cos(\Omega t)\mathrm{d}t-\mathrm{j}\int_{-\infty}^{\infty} f(t)\sin(\Omega t)\mathrm{d}t \tag{3-63}$$

由式(3-62) 和式(3-63) 可以得到如下结果：

$$\begin{cases}\mathrm{Re}\{F(\Omega)\}=\int_{-\infty}^{\infty} f(t)\cdot\cos(\Omega t)\mathrm{d}t\\ \mathrm{Im}\{F(\Omega)\}=-\int_{-\infty}^{\infty} f(t)\sin(\Omega t)\mathrm{d}t\end{cases} \tag{3-64}$$

由式(3-63) 知，非周期信号 $f(t)$的幅度频谱$|F(\Omega)|$满足下式：

$$|F(\Omega)|=\sqrt{\left[\int_{-\infty}^{\infty} f(t)\cdot\cos(\Omega t)\mathrm{d}t\right]^2+\left[-\int_{-\infty}^{\infty} f(t)\cdot\sin(\Omega t)\mathrm{d}t\right]^2}$$
$$=\sqrt{\left[\int_{-\infty}^{\infty} f(t)\cdot\cos(\Omega t)\mathrm{d}t\right]^2+\left[\int_{-\infty}^{\infty} f(t)\cdot\sin(\Omega t)\mathrm{d}t\right]^2}$$
$$|F(-\Omega)|=\sqrt{\left[\int_{-\infty}^{\infty} f(t)\cdot\cos(-\Omega t)\mathrm{d}t\right]^2+\left[-\int_{-\infty}^{\infty} f(t)\cdot\sin(-\Omega t)\mathrm{d}t\right]^2}$$
$$=\sqrt{\left[\int_{-\infty}^{\infty} f(t)\cdot\cos(\Omega t)\mathrm{d}t\right]^2+\left[\int_{-\infty}^{\infty} f(t)\cdot\sin(\Omega t)\mathrm{d}t\right]^2}$$

显然有$|F(\Omega)|=|F(-\Omega)|$，所以幅度谱是频率 Ω 的偶函数，同样可以证明，相位谱 $\phi(\Omega)$是奇函数。

非周期信号 $f(t)$的频谱密度函数 $F(\Omega)$的实部 $\mathrm{Re}\{F(\Omega)\}$和虚部 $\mathrm{Im}\{F(\Omega)\}$都是频率 Ω 的实函数，实部 $\mathrm{Re}\{F(\Omega)\}$是偶函数，虚部 $\mathrm{Im}\{F(\Omega)\}$是奇函数。证明如下：

$$\mathrm{Re}\{F(-\Omega)\}=\int_{-\infty}^{\infty} f(t)\cdot\cos(-\Omega t)\mathrm{d}t=\int_{-\infty}^{\infty} f(t)\cdot\cos(\Omega t)\mathrm{d}t=\mathrm{Re}\{F(\Omega)\}$$

$$-\mathrm{Im}\{F(-\Omega)\}=\int_{-\infty}^{\infty} f(t)\cdot\sin(-\Omega t)\mathrm{d}t=-\int_{-\infty}^{\infty} f(t)\cdot\sin(\Omega t)\mathrm{d}t=\mathrm{Im}\{F(\Omega)\}$$

如果非周期信号 $f(t)$是偶函数，即满足 $f(t)=f(-t)$，则 $f(t)\cdot\cos(\Omega t)$是偶函数，$f(t)\cdot\sin(\Omega t)$是奇函数，则由式(3-63) 便有：

$$F(\Omega)=\int_{-\infty}^{\infty} f(t)\cdot\cos(\Omega t)\mathrm{d}t=2\int_{0}^{\infty} f(t)\cdot\cos(\Omega t)\mathrm{d}t \tag{3-65}$$

这说明偶函数 $f(t)$的傅里叶变换 $F(\Omega)$是实值函数，可以直接画出它的波形，相位谱 $\phi(\Omega)$的取值为 π 或 $-\pi$。同样道理可知，奇函数 $f(t)$［满足 $f(t)=-f(-t)$］的傅里叶变换 $F(\Omega)=-2\mathrm{j}\int_{0}^{\infty} f(t)\sin(\Omega t)\mathrm{d}t$ 是纯虚函数，$\phi(\Omega)$的取值为$\frac{\pi}{2}$或$-\frac{\pi}{2}$。

3.3.2 傅里叶变换的物理意义

连续时间周期信号的 FS，它的逆变换就是周期信号的级数分解。对于连续时间非周期信号的傅里叶变换，它的逆变换本质上也是一种信号的分解，这就是傅里叶变换的物理意义。

$$f(t)=\frac{1}{2\pi}\int_{-\infty}^{\infty} F(\Omega)\mathrm{e}^{\mathrm{j}\Omega t}\mathrm{d}\Omega=\frac{1}{2\pi}\int_{-\infty}^{\infty}[|F(\Omega)|\cdot \mathrm{e}^{\mathrm{j}\phi(\Omega)}|\mathrm{e}^{\mathrm{j}\Omega t}\mathrm{d}\Omega$$
$$=\frac{1}{2\pi}\int_{-\infty}^{\infty}|F(\Omega)|\cdot \mathrm{e}^{\mathrm{j}[\phi(\Omega)+\Omega t]}\mathrm{d}\Omega$$

$$=\frac{1}{2\pi}\int_{-\infty}^{\infty}|F(\Omega)|\cdot\{\cos[\phi(\Omega)+\Omega t]+\mathrm{j}\sin[\phi(\Omega)+\Omega t]\}\mathrm{d}\Omega$$

$$=\frac{1}{\pi}\int_{0}^{\infty}|F(\Omega)|\cdot\{\cos[\phi(\Omega)+\Omega t]\}\mathrm{d}\Omega$$

$$f(t)=\int_{0}^{\infty}\frac{|F(\Omega)|\cdot\mathrm{d}\Omega}{\pi}\cdot\{\cos[\Omega t+\phi(\Omega)]\} \tag{3-66}$$

式(3-66)说明，非周期信号 $f(t)$的逆变换公式可以看成是信号 $f(t)$的一种分解形式，即非周期信号 $f(t)$可以表示成具有任意频率的余弦信号的线性叠加，在每个频率点对应的余弦信号的幅度和初始相位都由信号的频谱确定。

一个连续时间非周期的信号 $f(t)$，它的傅里叶变换不一定存在，是否存在需要一定的条件。可以证明，一个连续时间非周期的信号 $f(t)$满足狄里赫利条件时，它的傅里叶变换 $F(\Omega)$一定存在。狄里赫利条件为：

① 信号 $f(t)$满足绝对可积条件，即满足条件：

$$\int_{-\infty}^{\infty}|f(t)|\mathrm{d}t<\infty \tag{3-67}$$

② 信号 $f(t)$在其定义域内只有有限个极值点；

③ 信号 $f(t)$在其定义域只有有限个不连续点（第一类间断点）。

注意这个条件只是信号傅里叶变换存在的充分条件，不是必要条件，也就是说一个非周期信号 $f(t)$即使不满足绝对可积条件式(3-67)，它的傅里叶变换 $F(\Omega)$也可能存在。

3.3.3 典型非周期信号的傅里叶变换

对于一些常见的典型非周期信号可以按照定义计算它的频谱密度函数，并分析它们的幅度谱和相位谱。常见的典型非周期信号有单位冲激信号、直流信号、矩形脉冲信号、单边指数信号、符号函数、单位阶跃信号等。

（1）单位冲激信号

单位冲激信号 $f(t)=\delta(t)$是偶函数，它的傅里叶变换可以直接按照定义求出：

$$F(\Omega)=\int_{-\infty}^{\infty}\delta(t)\cdot \mathrm{e}^{-\mathrm{j}\Omega t}\mathrm{d}t=\mathrm{e}^{-\mathrm{j}\Omega t}\big|_{t=0}=1 \tag{3-68}$$

即单位冲激信号 $\delta(t)$的傅里叶变换为常数，即 $F(\Omega)=1$。单位冲激信号 $\delta(t)$在时域的持续时间趋于0，频域的频率持续范围是无限宽的。

单位冲激信号 $\delta(t)$的傅里叶逆变换表达式为：

$$\delta(t)=\frac{1}{2\pi}\int_{-\infty}^{\infty}\mathrm{e}^{\mathrm{j}\Omega t}\mathrm{d}\Omega \tag{3-69}$$

（2）直流信号

直流信号 $f(t)=1, -\infty<t<+\infty$不满足绝对可积条件，但它的傅里叶变换是存在的。利用单位冲激函数的偶函数特性 $\delta(t)=\delta(-t)$及式(3-69)，可以得到直流信号的傅里叶变换：

$$F(\Omega)=\int_{-\infty}^{\infty}1\cdot \mathrm{e}^{-\mathrm{j}\Omega t}\mathrm{d}t=2\pi\cdot\frac{1}{2\pi}\int_{-\infty}^{\infty}\mathrm{e}^{-\mathrm{j}\Omega t}\mathrm{d}t=2\pi\delta(-\Omega)=2\pi\delta(\Omega) \tag{3-70}$$

这说明直流信号 $f(t)=1$ 的傅里叶变换为频域的冲激函数，强度为 2π。直流信号 $f(t)=1$ 在时域的持续时间无穷大，频域的频率持续范围趋于零。可以看到，直流信号与单位冲激信号在时域和频域存在一种对称特性，即信号在时域是常量，频域是冲激函数，信号在时域是冲激函数，频域就是常量。

（3）矩形脉冲信号

矩形脉冲信号 $f(t)=\begin{cases}A, & -\frac{\tau}{2}\leqslant t\leqslant\frac{\tau}{2}\\0, & 其他\end{cases}=A\left[u\left(t+\frac{\tau}{2}\right)-u\left(t-\frac{\tau}{2}\right)\right]$是偶函数，它的傅里叶变换为：

$$F(\Omega)=\int_{-\tau/2}^{\tau/2}E\mathrm{e}^{-\mathrm{j}\Omega t}\,\mathrm{d}t=\frac{E}{-\mathrm{j}\Omega}\mathrm{e}^{-\mathrm{j}\Omega t}\Bigg|_{-\frac{\tau}{2}}^{\frac{\tau}{2}}$$

$$=\frac{E\tau}{\Omega\frac{\tau}{2}}\cdot\frac{\mathrm{e}^{\mathrm{j}\Omega\frac{\tau}{2}}-\mathrm{e}^{-\mathrm{j}\Omega\frac{\tau}{2}}}{2\mathrm{j}}=E\tau\frac{\sin\left(\frac{\Omega\tau}{2}\right)}{\frac{\Omega\tau}{2}} \tag{3-71}$$

$$=E\tau\mathrm{Sa}\left(\frac{\Omega\tau}{2}\right)$$

矩形脉冲信号的傅里叶变换 $F(\Omega)$是抽样函数，且是实函数，如图 3-12 所示。矩形脉冲信号的幅度频谱和相位频谱如图 3-13(a)、(b) 所示。

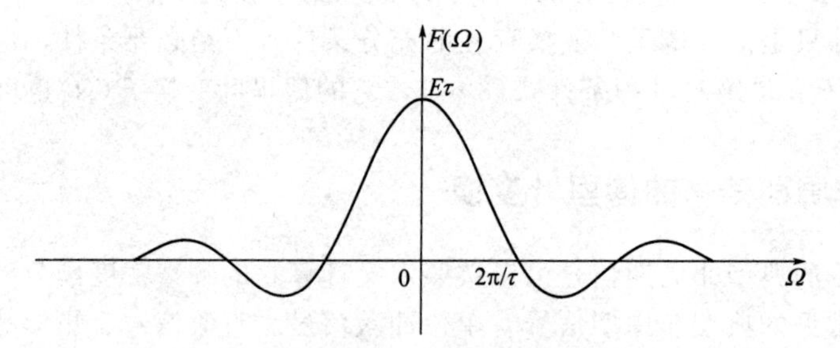

图 3-12 矩形脉冲信号的傅里叶变换

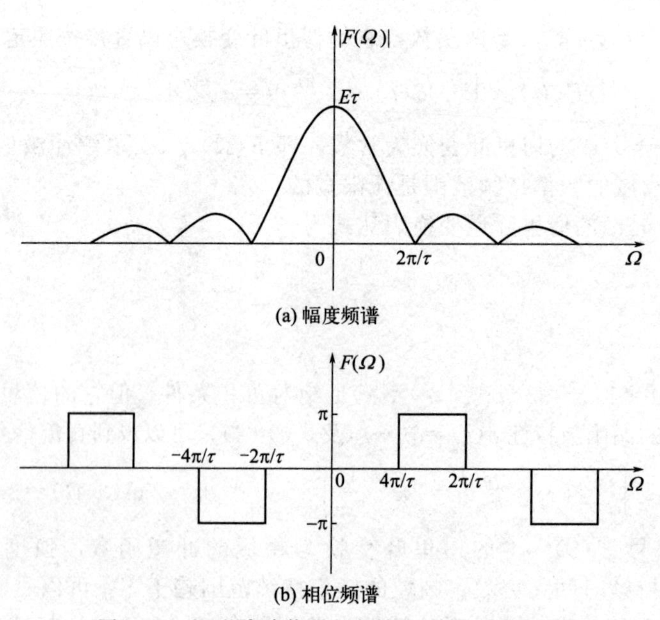

图 3-13 矩形脉冲信号的幅度频谱和相位频谱

幅度频谱：
$$|F(\omega)|=E\tau\left|\mathrm{Sa}\left(\frac{\Omega\tau}{2}\right)\right| \tag{3-72}$$

相位频谱：
$$\phi(\omega)=\begin{cases}0, & \frac{4n\pi}{\tau}<|\Omega|<\frac{2(2n+1)\pi}{\tau} \\ \pm\pi, & \frac{2(2n+1)\pi}{\tau}<|\Omega|<\frac{2(2n+2)\pi}{\tau}\end{cases} \quad n=0,1,2,\cdots \tag{3-73}$$

（4）单边指数信号

单边实指数信号 $f(t)=\begin{cases}E\mathrm{e}^{-\alpha t}, & t>0,\alpha>0 \\ 0, & t<0\end{cases}=E\mathrm{e}^{-\alpha t}u(t)$的傅里叶变换 $F(\Omega)$可以按照定义计算如下：

$$\begin{aligned}F(\Omega)&=\int_{-\infty}^{\infty}E\mathrm{e}^{-\alpha t}u(t)\mathrm{e}^{-\mathrm{j}\Omega t}\mathrm{d}t=\int_{0}^{\infty}E\mathrm{e}^{-\alpha t}\mathrm{e}^{-\mathrm{j}\Omega t}\mathrm{d}t \\ &=\int_{0}^{\infty}E\mathrm{e}^{-(\alpha+\mathrm{j}\Omega)t}\mathrm{d}t=-\frac{E}{\alpha+\mathrm{j}\Omega}\mathrm{e}^{-(\alpha+\mathrm{j}\Omega)t}\Big|_{0}^{\infty} \\ &=\frac{E}{\alpha+\mathrm{j}\Omega}\end{aligned} \tag{3-74}$$

幅度频谱：
$$|F(\Omega)|=\frac{E}{\sqrt{\alpha^2+\Omega^2}} \tag{3-75}$$

相位频谱：
$$\phi(\Omega)=-\arctan\left(\frac{\Omega}{\alpha}\right) \tag{3-76}$$

单边实指数信号的频谱图如图 3-14(a)、(b) 所示。

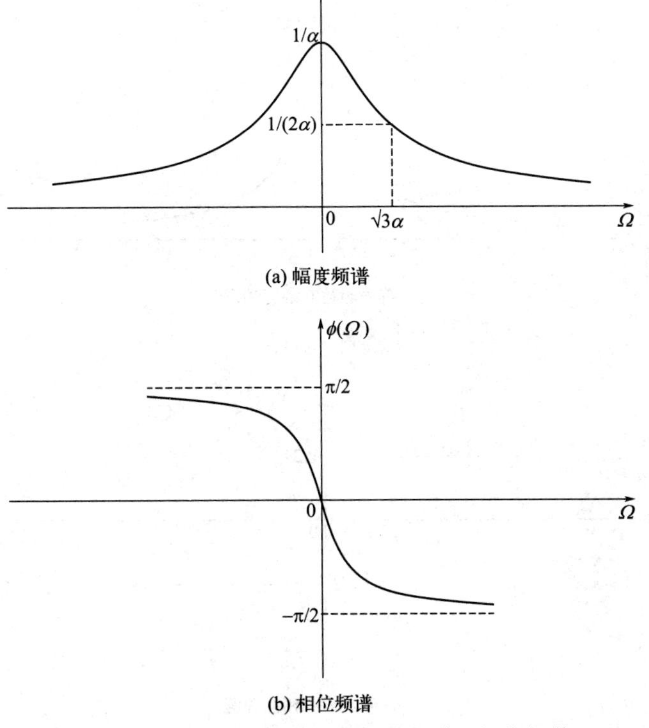

图 3-14　单边实指数信号的幅度频谱和相位频谱

(5) 符号函数

符号函数 $f(t)=\mathrm{sgn}(t)=\begin{cases}1, & t>0 \\ -1, & t<0\end{cases}$ 是奇函数，不满足绝对可积条件，也不能直接用定义计算，但可以借助于辅助函数计算它的傅里叶变换 $F(\Omega)$。

取一个双边信号 $f_1(t)=\mathrm{sgn}(t)\mathrm{e}^{-\alpha|t|}$，$\alpha>0$，先计算 $f_1(t)$的傅里叶变换：

$$
\begin{aligned}
F_1(\Omega) &= \int_{-\infty}^{0} -\mathrm{e}^{\alpha t}\mathrm{e}^{-\mathrm{j}\Omega t}\,\mathrm{d}t + \int_{0}^{\infty} \mathrm{e}^{-\alpha t}\mathrm{e}^{-\mathrm{j}\Omega t}\,\mathrm{d}t \\
&= \frac{-1}{\alpha-\mathrm{j}\Omega}+\frac{1}{\alpha+\mathrm{j}\Omega} \\
&= \frac{-\mathrm{j}2\Omega}{\alpha^2+\Omega^2}
\end{aligned}
$$

当 $\alpha \to 0$ 时，$f_1(t)=\mathrm{sgn}(t)\mathrm{e}^{-\alpha|t|} \to \mathrm{sgn}(t)$，所以有：

$$
\begin{aligned}
F(\Omega) &= \lim_{\alpha\to 0} F_1(\Omega) = \lim_{\alpha\to 0}\frac{-\mathrm{j}2\Omega}{\alpha^2+\Omega^2} \\
&= \frac{-\mathrm{j}2}{\Omega} = \frac{2}{\mathrm{j}\Omega}
\end{aligned}
$$

幅度频谱：
$$|F(\Omega)|=\sqrt{\left(\frac{2}{\Omega}\right)^2}=\frac{2}{|\Omega|} \tag{3-77}$$

相位频谱：
$$\phi(\Omega)=\begin{cases}-\dfrac{\pi}{2}, & \Omega>0 \\ \dfrac{\pi}{2}, & \Omega<0\end{cases} = -\frac{\pi}{2}\mathrm{sgn}(\Omega) \tag{3-78}$$

符号函数的频谱图如图 3-15(a)、(b) 所示。

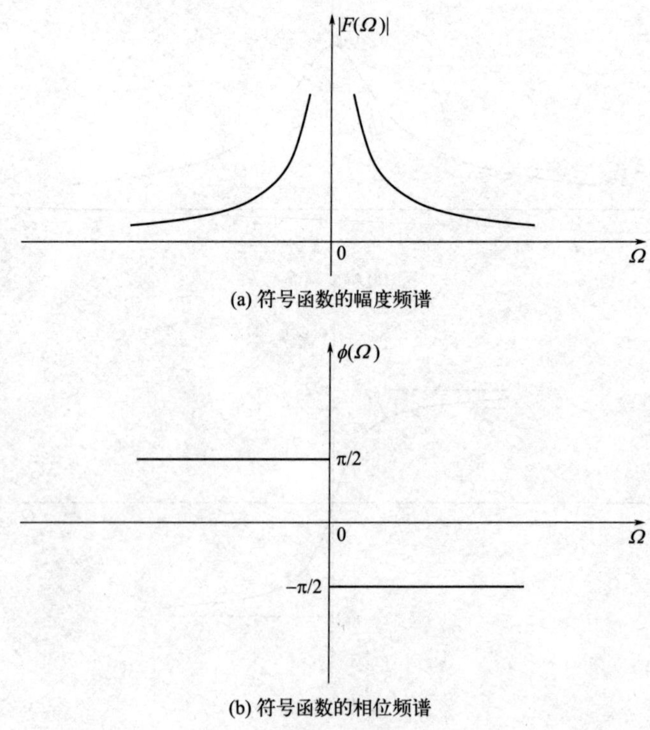

(a) 符号函数的幅度频谱

(b) 符号函数的相位频谱

图 3-15　符号函数的频谱图

(6) 单位阶跃信号

单位阶跃信号 $u(t)=\frac{1}{2}[\text{sgn}(t)+1]$，提前利用一下傅里叶变换的线性特性，可以得到单位阶跃信号的傅里叶变换：

$$f(t)=1\leftrightarrow 2\pi\delta(\Omega)$$

$$\text{sgn}(t)\leftrightarrow\frac{2}{\text{j}\Omega}$$

$$u(t)=\frac{1}{2}[\text{sgn}(t)+1]\leftrightarrow\frac{1}{2}\left[2\pi\delta(\Omega)+\frac{2}{\text{j}\Omega}\right]=\pi\delta(\Omega)+\frac{1}{\text{j}\Omega} \tag{3-79}$$

单位阶跃信号的傅里叶变换中有一个冲激函数。它的频谱图如图 3-16 所示。

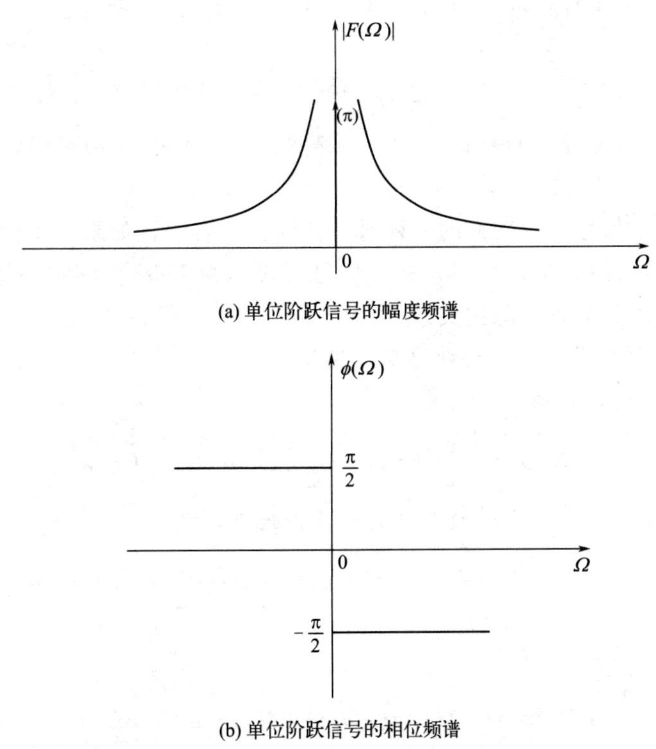

(a) 单位阶跃信号的幅度频谱

(b) 单位阶跃信号的相位频谱

图 3-16 单位阶跃信号的频谱图

3.4 傅里叶变换的基本性质

信号的傅里叶变换把时域信号变换成频域信号，使得我们可以在时域和频域两个不同角度对同一个信号做比较分析，也便于做进一步的相关处理和运算。分析研究傅里叶变换的有关特性，将使我们能够更好地了解信号在时域的相关特性与在频域的相关特性之间的关系，以便于根据需要在合适的域中对信号做深入的分析和处理。傅里叶变换的相关特性对实际信号的分析和处理非常重要，也是后续课程中理论的基础。傅里叶变换最重要的性质有 9 条，包括对称特性、线性特性、共轭对称特性、尺度变换特性、时移特性、频移特性、微分特性、积分特性和卷积定理。

(1) 时频变换的对称特性

在3.3.3节中看到，直流信号与单位冲激信号在时域和频域的变换存在一种变换对称特性，即信号在时域是常量函数，频域是冲激函数，信号在时域是冲激函数，频域就是常量函数。一般地，如果一个连续时间非周期的信号 $f(t)$ 的傅里叶变换为 $F(\Omega)$，即 $f(t)\leftrightarrow F(\Omega)$，则有：

$$F(t)\leftrightarrow 2\pi f(-\Omega) \tag{3-80}$$

证明：由条件知 $f(t)=\dfrac{1}{2\pi}\displaystyle\int_{-\infty}^{\infty}F(\Omega)e^{j\Omega t}d\Omega=\dfrac{1}{2\pi}\displaystyle\int_{-\infty}^{\infty}F(\omega)e^{j\omega t}d\omega$，则 $F(t)$ 的傅里叶变换为：

$$F(t)\to\int_{-\infty}^{\infty}F(t)e^{-j\Omega t}dt\overset{\omega=t}{=}\int_{-\infty}^{\infty}F(\omega)e^{-j\Omega\omega}d\omega$$

$$=2\pi\cdot\frac{1}{2\pi}\int_{-\infty}^{\infty}F(\omega)e^{-j\Omega\omega}d\omega=2\pi f(-\Omega)$$

所以有傅里叶变换对 $F(t)\leftrightarrow 2\pi f(-\Omega)$。显然，如果信号 $f(t)$ 是偶函数，则有 $F(t)\leftrightarrow 2\pi f(\Omega)$。

式(3-80)体现了信号时频变换的一种对称特性。这表明，如果一个信号与信号 $f(t)$ 的频谱密度函数 $F(\Omega)$ 的函数关系相同，这个信号可表示为 $F(t)$，则它的傅里叶变换的函数关系与信号 $f(t)$ 的函数关系呈翻褶关系。

【例3-3】 求抽样信号 $Sa(\Omega_0 t)$ 的傅里叶变换。

解：前面已经知道，矩形脉冲信号

$$f(t)=E\left[u\left(t+\frac{\tau}{2}\right)-u\left(t-\frac{\tau}{2}\right)\right]\leftrightarrow F(\Omega)=E\tau Sa\left(\frac{\Omega\tau}{2}\right)$$

矩形脉冲函数是偶函数，由时频变换的对称特性有：

$$F(t)=E\tau Sa\left(\frac{t\tau}{2}\right)\leftrightarrow 2\pi f(\Omega)=2\pi E\left[u\left(\Omega+\frac{\tau}{2}\right)-u\left(\Omega-\frac{\tau}{2}\right)\right]$$

令 $\Omega_0=\dfrac{\tau}{2}$，$2\Omega_0=\tau$，则有：

$$2E\Omega_0 Sa(\Omega_0 t)\leftrightarrow 2\pi E[u(\Omega+\Omega_0)-u(\Omega-\Omega_0)]$$

$$Sa(\Omega_0 t)\leftrightarrow\frac{\pi}{\Omega_0}[u(\Omega+\Omega_0)-u(\Omega-\Omega_0)]=\frac{\pi}{\Omega_0}R_{2\Omega_0}(\Omega) \tag{3-81}$$

可见，矩形脉冲的傅里叶变换是抽样函数，抽样函数的傅里叶变换是矩形脉冲，体现了时频变换的对称性。

(2) 线性特性

傅里叶变换的线性特性包含齐次特性和叠加特性。如果 $f_1(t)\leftrightarrow F_1(\Omega)$，$f_2(t)\leftrightarrow F_2(\Omega)$，则有：

齐次特性： $kf_1(t)\leftrightarrow kF_1(\Omega)$，$k$ 为任意常数

叠加性： $f_1(t)+f_2(t)\leftrightarrow F_1(\Omega)+F_2(\Omega)$

线性特性： $k_1f_1(t)+k_2f_2(t)\leftrightarrow k_1F_1(\Omega)+k_2F_2(\Omega)$ (3-82)

其中 k_1,k_2 为任意常数。

利用傅里叶变换的线性特性及信号的分解，可以将复杂信号的傅里叶变换的计算变成常

见典型信号的傅里叶变换的计算。

【例 3-4】 求单位阶跃信号 $u(t)$ 的傅里叶变换。

解：

$$u(t)=\frac{1}{2}\mathrm{sgn}(t)+\frac{1}{2}$$

$$\mathrm{sgn}(t)\leftrightarrow\frac{2}{\mathrm{j}\Omega}$$

$$f(t)=1\leftrightarrow 2\pi\delta(\Omega)$$

由傅里叶变换的线性特性有：

$$u(t)\leftrightarrow\pi\delta(\Omega)+\frac{1}{\mathrm{j}\Omega} \tag{3-83}$$

（3）共轭对称特性

傅里叶变换的共轭对称特性描述如下。设连续时间非周期的信号 $f(t)$ 的傅里叶变换为 $F(\Omega)$，即 $f(t)\leftrightarrow F(\Omega)$，则有：

$$f^*(t)\leftrightarrow F^*(-\Omega) \tag{3-84}$$

$$f^*(-t)\leftrightarrow F^*(\Omega) \tag{3-85}$$

证明：

$$\begin{aligned}f^*(t)\rightarrow\int_{-\infty}^{\infty}f^*(t)\cdot\mathrm{e}^{-\mathrm{j}\Omega t}\mathrm{d}t&=\int_{-\infty}^{\infty}[f(t)\cdot\mathrm{e}^{\mathrm{j}\Omega t}]^*\mathrm{d}t\\&=\left[\int_{-\infty}^{\infty}f(t)\cdot\mathrm{e}^{\mathrm{j}\Omega t}\mathrm{d}t\right]^*=\left[\int_{-\infty}^{\infty}f(t)\cdot\mathrm{e}^{-\mathrm{j}(-\Omega)t}\mathrm{d}t\right]^*\\&=[F(-\Omega)]^*=F^*(-\Omega)\end{aligned}$$

$$\begin{aligned}f^*(-t)\rightarrow\int_{-\infty}^{\infty}f^*(-t)\cdot\mathrm{e}^{-\mathrm{j}\Omega t}\mathrm{d}t&=\int_{-\infty}^{\infty}[f(-t)\cdot\mathrm{e}^{\mathrm{j}\Omega t}]^*\mathrm{d}t\\&=\left[-\int_{\infty}^{-\infty}f(\tau)\cdot\mathrm{e}^{-\mathrm{j}\Omega\tau}\mathrm{d}\tau\right]^*=\left[\int_{-\infty}^{\infty}f(\tau)\cdot\mathrm{e}^{-\mathrm{j}\Omega\tau}\mathrm{d}\tau\right]^*\\&=[F(\Omega)]^*=F^*(\Omega)\end{aligned}$$

在 1.4.3 节知道，对于任意的连续时间复信号 $f(t)$，有两种分解方式：

$$f(t)=\mathrm{Re}f(t)+\mathrm{jIm}f(t) \tag{3-86}$$

$$f(t)=f_{\mathrm{e}}(t)+f_{\mathrm{o}}(t) \tag{3-87}$$

同样信号 $f(t)$ 的傅里叶变换 $F(\Omega)$ 也有两种分解方式：

$$F(\Omega)=\mathrm{Re}F(\Omega)+\mathrm{jIm}F(\Omega) \tag{3-88}$$

$$F(\Omega)=F_{\mathrm{e}}(\Omega)+F_{\mathrm{o}}(\Omega) \tag{3-89}$$

式中，$F_{\mathrm{e}}(\Omega)=\frac{1}{2}[F(\Omega)+F^*(-\Omega)]$ 是共轭对称分量；$F_{\mathrm{o}}(\Omega)=\frac{1}{2}[F(\Omega)-F^*(-\Omega)]$ 是共轭反对称分量。则信号 $f(t)$ 的傅里叶变换 $F(\Omega)$ 有如下共轭对称特性：

$$\mathrm{Re}f(t)\rightarrow F_{\mathrm{e}}(\Omega) \tag{3-90}$$

$$\mathrm{jIm}f(t)\rightarrow F_{\mathrm{o}}(\Omega) \tag{3-91}$$

$$f_{\mathrm{e}}(t)\rightarrow\mathrm{Re}F(\Omega) \tag{3-92}$$

$$f_{\mathrm{o}}(t)\rightarrow\mathrm{jIm}F(\Omega) \tag{3-93}$$

对式(3-90) 和式(3-92) 证明，其余类似。证明如下：

$$\mathrm{Re}f(t)=\frac{1}{2}[f(t)+f^*(t)]\to\frac{1}{2}[F(\Omega)+F^*(-\Omega)]=F_e(\Omega)$$

$$f_e(t)=\frac{1}{2}[f(t)+f^*(-t)]\to\frac{1}{2}[F(\Omega)+F^*(\Omega)]=\mathrm{Re}F(\Omega)$$

当信号 $f(t)$为实信号时，$f(t)=\mathrm{Re}f(t)\leftrightarrow F(\Omega)=F_e(\Omega)$，所以实信号的傅里叶变换 $F(\Omega)$是共轭对称的，即满足 $F(\Omega)=F^*(-\Omega)$。

当信号 $f(t)$为实偶信号时，$f(t)=\mathrm{Re}f(t)=f_e(t)\leftrightarrow F(\Omega)=F_e(\Omega)=\mathrm{Re}F(\Omega)$，所以实偶信号的傅里叶变换 $F(\Omega)$是实偶函数，即满足 $F(\Omega)=\mathrm{Re}F(\Omega)=F(-\Omega)$。

当信号 $f(t)$为纯虚信号时，$f(t)=\mathrm{jIm}f(t)\leftrightarrow F(\Omega)=F_o(\Omega)=\frac{1}{2}[F(\Omega)-F^*(-\Omega)]$，$F(\Omega)=-F^*(-\Omega)$，所以纯虚信号 $f(t)$的傅里叶变换 $F(\Omega)$是共轭反对称的，即满足 $F(\Omega)=-F^*(-\Omega)$。

（4）尺度变换特性

设连续时间非周期的信号 $f(t)$的傅里叶变换为 $F(\Omega)$，即 $f(t)\leftrightarrow F(\Omega)$，则有：

$$f(at)\leftrightarrow\frac{1}{|a|}F\left(\frac{\Omega}{a}\right) \tag{3-94}$$

式中，a 为非零实数。

证明：当 $a>0$ 时，

$$\begin{aligned}f(at)&\to\int_{-\infty}^{\infty}f(at)\cdot \mathrm{e}^{-\mathrm{j}\Omega t}\mathrm{d}t=\int_{-\infty}^{\infty}f(\tau)\cdot \mathrm{e}^{-\mathrm{j}\Omega\frac{\tau}{a}}\mathrm{d}\frac{\tau}{a}\\&=\frac{1}{a}\int_{-\infty}^{\infty}f(\tau)\cdot \mathrm{e}^{-\mathrm{j}\frac{\Omega}{a}\tau}\mathrm{d}\tau=\frac{1}{a}F\left(\frac{\Omega}{a}\right)\\&=\frac{1}{|a|}F\left(\frac{\Omega}{a}\right)\end{aligned}$$

当 $a<0$ 时，

$$\begin{aligned}f(at)&\to\int_{-\infty}^{\infty}f(at)\cdot \mathrm{e}^{-\mathrm{j}\Omega t}\mathrm{d}t=\int_{\infty}^{-\infty}f(\tau)\cdot \mathrm{e}^{-\mathrm{j}\Omega\frac{\tau}{a}}\mathrm{d}\frac{\tau}{a}\\&=-\frac{1}{a}\int_{-\infty}^{\infty}f(\tau)\cdot \mathrm{e}^{-\mathrm{j}\frac{\Omega}{a}\tau}\mathrm{d}\tau=-\frac{1}{a}F\left(\frac{\Omega}{a}\right)\\&=\frac{1}{|a|}F\left(\frac{\Omega}{a}\right)\end{aligned}$$

所以，任意的非零实数 a，有 $f(at)\leftrightarrow\frac{1}{|a|}F\left(\frac{\Omega}{a}\right)$。

当 $a>1$ 时，$f(at)$是信号 $f(t)$在时间轴上压缩 a 倍，$f(at)$的频谱是信号 $f(t)$的频谱在频率轴上的扩展。当 $0<a<1$ 时，$f(at)$是信号 $f(t)$在时间轴上的扩展，$f(at)$的频谱是信号 $f(t)$的频谱在频率轴上的压缩。

当 $a=-1$ 时，就得到信号 $f(t)$的翻褶信号 $f(-t)$的频谱，$f(-t)\leftrightarrow F(-\Omega)$。

【例 3-5】 已知矩形脉冲 $f(t)=R_\tau(t)=u\left(t+\frac{\tau}{2}\right)-u\left(t-\frac{\tau}{2}\right)$和它的频谱 $F(\Omega)=\tau\mathrm{Sa}\left(\frac{\Omega\tau}{2}\right)$的波形如图 3-17(a)、(b) 所示，试画出信号 $f(2t)$和信号 $f\left(\frac{1}{2}t\right)$波形及频谱图。

解：

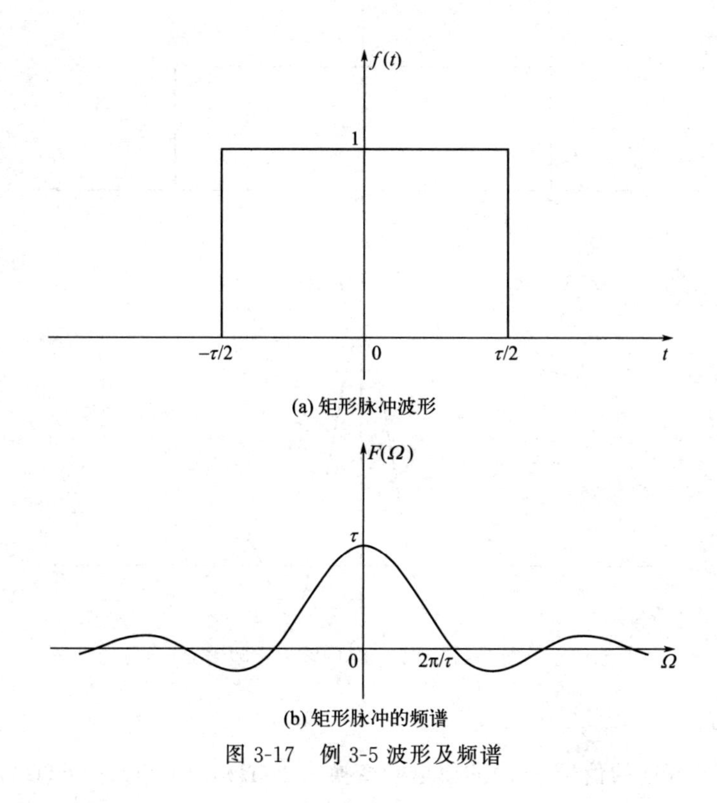

图 3-17　例 3-5 波形及频谱

信号 $f(2t)$的波形及频谱如图 3-18 所示。

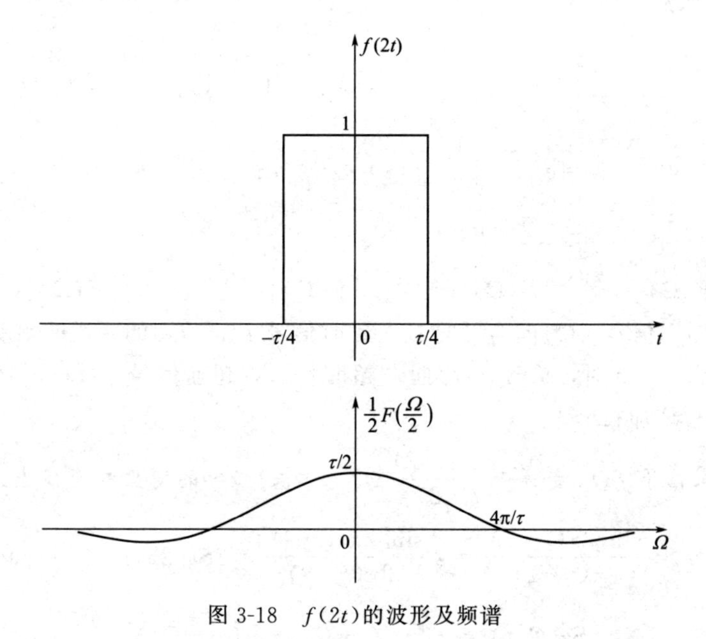

图 3-18　$f(2t)$的波形及频谱

信号 $f\left(\frac{1}{2}t\right)$的波形及频谱如图 3-19 所示。

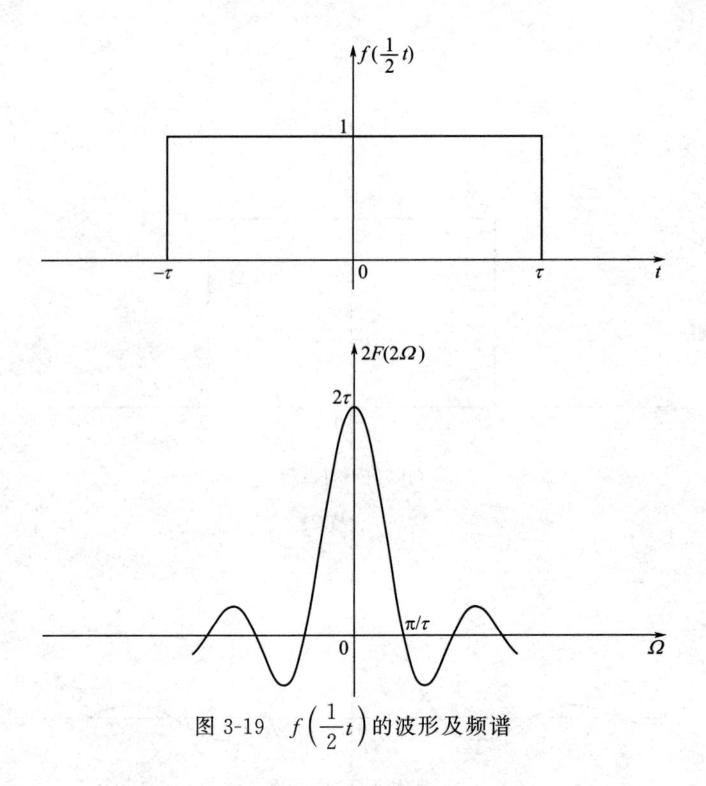

图 3-19 $f\left(\frac{1}{2}t\right)$的波形及频谱

（5）时移特性

设连续时间非周期的信号 $f(t)$的傅里叶变换为 $F(\Omega)$，即 $f(t)\leftrightarrow F(\Omega)$，则有：

$$f(t-t_0)\leftrightarrow F(\Omega)\mathrm{e}^{-\mathrm{j}\Omega t_0} \tag{3-95}$$

式中，t_0 为实数。

证明：

$$\begin{aligned}f(t-t_0)\rightarrow&\int_{-\infty}^{\infty}f(t-t_0)\cdot\mathrm{e}^{-\mathrm{j}\Omega t}\mathrm{d}t=\int_{-\infty}^{\infty}f(\tau)\cdot\mathrm{e}^{-\mathrm{j}\Omega(\tau+t_0)}\mathrm{d}\tau\\&=\mathrm{e}^{-\mathrm{j}\Omega t_0}\int_{-\infty}^{\infty}f(\tau)\cdot\mathrm{e}^{-\mathrm{j}\Omega\tau}\mathrm{d}\tau\\&=\mathrm{e}^{-\mathrm{j}\Omega t_0}F(\Omega)\end{aligned}$$

显然 $\mathrm{e}^{-\mathrm{j}\Omega t_0}F(\Omega)=\mathrm{e}^{-\mathrm{j}\Omega t_0}|F(\Omega)|\mathrm{e}^{\mathrm{j}\phi(\Omega)}=|F(\Omega)|\mathrm{e}^{\mathrm{j}\phi(\Omega)-\mathrm{j}\Omega t_0}=|F(\Omega)|\mathrm{e}^{\mathrm{j}[\phi(\Omega)-\Omega t_0]}$，此式说明，当 $t_0>0$ 时，信号 $f(t)$向右延时 t_0，延时信号 $f(t-t_0)$的频谱的幅度谱不发生变化，相位减少 Ωt_0。当 $t_0<0$ 时，信号 $f(t)$向左超前$|t_0|$，超前信号 $f(t-t_0)$的频谱的幅度谱不发生变化，相位增加$|\Omega t_0|$。

【例 3-6】 求信号 $f(t)=\dfrac{\sin[2\pi(t-2)]}{\pi(t-2)}$，$-\infty<t<\infty$的傅里叶变换 $F(\Omega)$。

解： 信号 $f(t)=\dfrac{\sin[2\pi(t-2)]}{\pi(t-2)}=2\dfrac{\sin[2\pi(t-2)]}{2\pi(t-2)}=2\mathrm{Sa}[2\pi(t-2)]$。由例 3-3 知：

$$\mathrm{Sa}(\Omega_0 t)\leftrightarrow\frac{\pi}{\Omega_0}[u(\Omega+\Omega_0)-u(\Omega-\Omega_0)]$$

所以 $\mathrm{Sa}[2\pi t]\leftrightarrow\dfrac{1}{2}[u(\Omega+2\pi)-u(\Omega-2\pi)]$

$$f(t)=2\mathrm{Sa}[2\pi(t-2)]\leftrightarrow[u(\Omega+2\pi)-u(\Omega-2\pi)]\mathrm{e}^{-2\mathrm{j}\Omega}$$
$$=\begin{cases}\mathrm{e}^{-2\mathrm{j}\Omega}, & |\Omega|\leqslant 2\pi\\ 0, & |\Omega|>2\pi\end{cases}$$

将信号傅里叶变换的尺度变换特性与移位特性结合起来，便可以得到如下特性：

$$f(at+b)\rightarrow\frac{1}{|a|}F\left(\frac{\Omega}{a}\right)\mathrm{e}^{\mathrm{j}\Omega\frac{b}{a}} \tag{3-96}$$

式中，a,b 为实数，且 $a\neq 0$。尺度变换与移位的结合特性也可以表示成如下形式：

$$f(at-b)\rightarrow\frac{1}{|a|}F\left(\frac{\Omega}{a}\right)\mathrm{e}^{-\mathrm{j}\Omega\frac{b}{a}} \tag{3-97}$$

$$f(b-at)\rightarrow\frac{1}{|a|}F\left(-\frac{\Omega}{a}\right)\mathrm{e}^{-\mathrm{j}\Omega\frac{b}{a}} \tag{3-98}$$

【例 3-7】 已知 $f(t)\leftrightarrow F(\Omega)=E\tau\mathrm{Sa}\left(\frac{\Omega\tau}{2}\right)$，求信号 $f(2t-3)$的傅里叶变换。

解：由傅里叶变换的尺度变换知：

$$f(2t)\leftrightarrow\frac{1}{2}F\left(\frac{\Omega}{2}\right)=\frac{E\tau}{2}\mathrm{Sa}\left(\frac{\Omega\tau}{4}\right)$$

信号 $f(2t)$右移$\frac{3}{2}$得到信号 $f\left[2\left(t-\frac{3}{2}\right)\right]=f(2t-3)$，再利用移位特性便得：

$$f(2t-3)\leftrightarrow\frac{E\tau}{2}\mathrm{Sa}\left(\frac{\Omega\tau}{4}\right)\mathrm{e}^{-\mathrm{j}\Omega\frac{3}{2}}$$

【例 3-8】 已知 $f(t)\leftrightarrow F(\Omega)$，求信号 $f(3-2t)$的傅里叶变换。

解：由式(3-98)，直接可得：

$$f(3-2t)\leftrightarrow\frac{1}{2}F\left(-\frac{\Omega}{2}\right)\mathrm{e}^{-\mathrm{j}\Omega\frac{3}{2}}$$

（6）频移特性

设连续时间非周期的信号 $f(t)$的傅里叶变换为 $F(\Omega)$，即 $f(t)\leftrightarrow F(\Omega)$，则有：

$$f(t)\mathrm{e}^{\mathrm{j}\Omega_0 t}\leftrightarrow F(\Omega-\Omega_0) \tag{3-99}$$

式中，Ω_0 为实数。

证明：

$$f(t)\mathrm{e}^{\mathrm{j}\Omega_0 t}\rightarrow\int_{-\infty}^{\infty}f(t)\mathrm{e}^{\mathrm{j}\Omega_0 t}\cdot\mathrm{e}^{-\mathrm{j}\Omega t}\mathrm{d}t$$
$$=\int_{-\infty}^{\infty}f(t)\cdot\mathrm{e}^{-\mathrm{j}(\Omega-\Omega_0)}\mathrm{d}\tau$$
$$=F(\Omega-\Omega_0)$$

同理有下式成立：

$$f(t)\mathrm{e}^{-\mathrm{j}\Omega_0 t}\leftrightarrow F(\Omega+\Omega_0) \tag{3-100}$$

利用欧拉公式 $\cos(\Omega_0 t)=\frac{1}{2}(\mathrm{e}^{\mathrm{j}\Omega_0 t}+\mathrm{e}^{-\mathrm{j}\Omega_0 t})$，由傅里叶变换的线性特性有：

$$f(t)\cos(\Omega_0 t)=\frac{1}{2}[f(t)\mathrm{e}^{\mathrm{j}\Omega_0 t}+f(t)\mathrm{e}^{-\mathrm{j}\Omega_0 t}]\leftrightarrow\frac{1}{2}[F(\Omega-\Omega_0)+F(\Omega+\Omega_0)] \tag{3-101}$$

由于 $f(t)=1\leftrightarrow 2\pi\delta(\Omega)$，利用式(3-101) 便得余弦信号的傅里叶变换：

$$\cos(\Omega_0 t)\leftrightarrow\pi[\delta(\Omega+\Omega_0)+\delta(\Omega-\Omega_0)] \tag{3-102}$$

同理可得：

$$f(t)\sin(\Omega_0 t)\leftrightarrow\frac{1}{2\mathrm{j}}[F(\Omega-\Omega_0)-F(\Omega+\Omega_0)] \tag{3-103}$$

$$\sin(\Omega_0 t)\leftrightarrow\mathrm{j}\pi[\delta(\Omega+\Omega_0)-\delta(\Omega-\Omega_0)] \tag{3-104}$$

式(3-101) 表明，信号 $f(t)$被频率为 Ω_0 的余弦信号 $\cos(\Omega_0 t)$调制后，调制信号的频谱是原信号频谱在频率轴上分别向右、向左搬移 Ω_0 后的叠加，且幅度为原来的$\frac{1}{2}$。实际工程应用中，利用频移特性，用一个高频的载波余弦信号对低频信号 $f(t)$进行调制，就可实现频谱的搬移，搬移后的频谱中心在 Ω_0 处，调制信号就成了高频信号，便于实现信号的传输。所以，傅里叶变换的频移特性是连续时间信号幅度调制与解调的理论基础。

【例 3-9】 已知信号 $f(t)$的傅里叶变换为 $F(\Omega)=\delta(\Omega+\Omega_0)-\delta(\Omega-\Omega_0)$，求 $f(t)$。

解：因为 $1\leftrightarrow2\pi\delta(\Omega)$，由频移特性有：

$$\mathrm{e}^{-\mathrm{j}\Omega_0 t}\leftrightarrow2\pi\delta(\Omega+\Omega_0)$$

$$\mathrm{e}^{\mathrm{j}\Omega_0 t}\leftrightarrow2\pi\delta(\Omega-\Omega_0)$$

$$\mathrm{e}^{-\mathrm{j}\Omega_0 t}-\mathrm{e}^{\mathrm{j}\Omega_0 t}\leftrightarrow2\pi[\delta(\Omega+\Omega_0)-\delta(\Omega-\Omega_0)]$$

$$\frac{1}{2\pi}(\mathrm{e}^{-\mathrm{j}\Omega_0 t}-\mathrm{e}^{\mathrm{j}\Omega_0 t})\leftrightarrow\delta(\Omega+\Omega_0)-\delta(\Omega-\Omega_0)$$

$$-\frac{\mathrm{j}}{\pi}\sin(\Omega_0 t)\leftrightarrow\delta(\Omega+\Omega_0)-\delta(\Omega-\Omega_0)$$

所以，$f(t)=-\frac{\mathrm{j}}{\pi}\sin(\Omega_0 t)=\frac{1}{\mathrm{j}\pi}\sin(\Omega_0 t)$。

（7）微分特性

设连续时间非周期的信号 $f(t)$的傅里叶变换为 $F(\Omega)$，即 $f(t)\leftrightarrow F(\Omega)$，则有时域微分特性：

$$\frac{\mathrm{d}f(t)}{\mathrm{d}t}=f'(t)\leftrightarrow\mathrm{j}\Omega F(\Omega) \tag{3-105}$$

证明：因为 $$f(t)=\frac{1}{2\pi}\int_{-\infty}^{\infty}F(\Omega)\cdot\mathrm{e}^{\mathrm{j}\Omega t}\mathrm{d}\Omega$$

等式两边同时对 t 求导，有：

$$f'(t)=\frac{1}{2\pi}\int_{-\infty}^{\infty}F(\Omega)\cdot(\mathrm{e}^{\mathrm{j}\Omega T})'\mathrm{d}\Omega=\frac{1}{2\pi}\int_{-\infty}^{\infty}[\mathrm{j}\Omega F(\Omega)]\cdot\mathrm{e}^{\mathrm{j}\Omega t}\mathrm{d}\Omega$$

$$f'(t)\leftrightarrow\mathrm{j}\Omega F(\Omega)$$

由式(3-105) 可以推得$\frac{\mathrm{d}^2f(t)}{\mathrm{d}t^2}=f''(t)\leftrightarrow(\mathrm{j}\Omega)^2F(\Omega)$，推广到高阶导数情况，有：

$$\frac{\mathrm{d}^nf(t)}{\mathrm{d}t^n}=f^{(n)}(t)\leftrightarrow(\mathrm{j}\Omega)^nF(\Omega) \tag{3-106}$$

利用微分特性及 $u(t)\leftrightarrow\pi\delta(\Omega)+\frac{1}{\mathrm{j}\Omega}$，便有下式成立：

$$u'(t)=\delta(t)\leftrightarrow\mathrm{j}\Omega\left[\pi\delta(\Omega)+\frac{1}{\mathrm{j}\Omega}\right]=1$$

$$\delta'(t)\leftrightarrow(\mathrm{j}\Omega)^2\left[\pi\delta(\Omega)+\frac{1}{\mathrm{j}\Omega}\right]=\mathrm{j}\Omega \tag{3-107}$$

设连续时间非周期的信号 $f(t)$ 的傅里叶变换为 $F(\Omega)$，即 $f(t)\leftrightarrow F(\Omega)$，则有频域微分特性：

$$(-\mathrm{j}t)f(t)\leftrightarrow F'(\Omega)=\frac{\mathrm{d}F(\Omega)}{\mathrm{d}\Omega} \tag{3-108}$$

证明：利用正变换公式 $F(\Omega)=\int_{-\infty}^{\infty}f(t)\cdot\mathrm{e}^{-\mathrm{j}\Omega t}\mathrm{d}t$，等式两边对 Ω 求导，有：

$$F'(\Omega)=\left[\int_{-\infty}^{\infty}f(t)\cdot\mathrm{e}^{-\mathrm{j}\Omega t}\mathrm{d}t\right]'=\int_{-\infty}^{\infty}f(t)\cdot(\mathrm{e}^{-\mathrm{j}\Omega t})'\mathrm{d}t$$

$$=\int_{-\infty}^{\infty}f(t)\cdot(-\mathrm{j}t)\mathrm{e}^{-\mathrm{j}\Omega t}\mathrm{d}t$$

所以有 $f(t)\cdot(-\mathrm{j}t)\leftrightarrow F'(\Omega)=\frac{\mathrm{d}F(\Omega)}{\mathrm{d}\Omega}$。推广到高阶导数情况，有：

$$(-\mathrm{j}t)^n f(t)\leftrightarrow F^{(n)}(\Omega)=\frac{\mathrm{d}^n F(\Omega)}{\mathrm{d}\Omega^n} \tag{3-109}$$

式(3-109) 所示的频域微分特性，还可以写成如下形式：

$$t^n f(t)\leftrightarrow\frac{1}{(-\mathrm{j})^n}F^{(n)}(\Omega)=\mathrm{j}^n F^{(n)}(\Omega) \tag{3-110}$$

【例 3-10】 已知信号 $f(t)$ 的傅里叶变换为 $F(\Omega)$，求信号 $(t-2)f(t)$ 的傅里叶变换。

解：利用线性特性及频域微分特性便得：

$$(t-2)f(t)=tf(t)-2f(t)\leftrightarrow\mathrm{j}\frac{\mathrm{d}F(\Omega)}{\mathrm{d}\Omega}-2F(\Omega)$$

【例 3-11】 求多项式信号 $f(t)=3t^3-2t^2+4t-1$ 的傅里叶变换 $F(\Omega)$。

解：利用直流信号的傅里叶变换 $1\leftrightarrow2\pi\delta(\Omega)=F(\Omega)$ 及频域微分特性，有：

$$t\leftrightarrow2\mathrm{j}\pi\delta'(\Omega)$$

$$t^2\leftrightarrow2\mathrm{j}^2\pi\delta''(\Omega)$$

$$t^3\leftrightarrow2\mathrm{j}^3\pi\delta^{(3)}(\Omega)$$

所以信号 $f(t)=3t^3-2t^2+4t-1$ 的傅里叶变换 $F(\Omega)$ 为：

$$F(\Omega)=6\mathrm{j}^3\pi\delta^{(3)}(\Omega)-4\mathrm{j}^2\pi\delta''(\Omega)+8\mathrm{j}\pi\delta'(\Omega)-2\pi\delta(\Omega)$$

(8) 积分特性

设连续时间非周期的信号 $f(t)$ 的傅里叶变换为 $F(\Omega)$，即 $f(t)\leftrightarrow F(\Omega)$，则有时域积分特性：

$$f^{(-1)}(t)=\int_{-\infty}^{t}f(\tau)\mathrm{d}\tau\leftrightarrow\frac{1}{\mathrm{j}\Omega}F(\Omega)+\pi F(0)\delta(\Omega) \tag{3-111}$$

证明：

$$\int_{-\infty}^{t}f(\tau)\mathrm{d}\tau\leftrightarrow\int_{-\infty}^{\infty}\left[\int_{-\infty}^{t}f(\tau)\mathrm{d}\tau\right]\mathrm{e}^{-\mathrm{j}\Omega t}\mathrm{d}t$$

$$=\int_{-\infty}^{\infty}\left[\int_{-\infty}^{\infty}f(\tau)u(t-\tau)\mathrm{d}\tau\right]\mathrm{e}^{-\mathrm{j}\Omega t}\mathrm{d}t$$

将二重积分交换积分次序后得：

$$\int_{-\infty}^{t} f(\tau)\mathrm{d}\tau \leftrightarrow \int_{-\infty}^{\infty} f(\tau)\left[\int_{-\infty}^{\infty} u(t-\tau)\mathrm{e}^{-\mathrm{j}\Omega t}\mathrm{d}t\right]\mathrm{d}\tau$$

利用阶跃信号的傅里叶变换及傅里叶变换的移位特性有：

$$\begin{aligned}\int_{-\infty}^{t} f(\tau)\mathrm{d}\tau \leftrightarrow &\int_{-\infty}^{\infty} f(\tau)\left[\pi\delta(\Omega)+\frac{1}{\mathrm{j}\Omega}\right]\mathrm{e}^{-\mathrm{j}\Omega\tau}\mathrm{d}\tau \\ &=\pi\delta(\Omega)\int_{-\infty}^{\infty} f(\tau)\mathrm{e}^{-\mathrm{j}\Omega\tau}\mathrm{d}\tau+\frac{1}{\mathrm{j}\Omega}\int_{-\infty}^{\infty} f(\tau)\mathrm{e}^{-\mathrm{j}\Omega\tau}\mathrm{d}\tau \\ &=\pi\delta(\Omega)F(\Omega)+\frac{1}{\mathrm{j}\Omega}F(\Omega) \\ &=\frac{1}{\mathrm{j}\Omega}F(\Omega)+\pi F(0)\delta(\Omega)\end{aligned}$$

信号 $f(t)$ 的积分 $\int_{-\infty}^{t} f(\tau)\mathrm{d}\tau$ 也可以用 $f^{(-1)}(t)$ 表示，即 $f^{(-1)}(t)=\int_{-\infty}^{t} f(\tau)\mathrm{d}\tau$，或者表示为 $f^{(-1)}(t)=\int_{-\infty}^{t} f(t)\mathrm{d}t$。

【例 3-12】 求矩形脉冲信号 $R_\tau(t)=u\left(t+\frac{\tau}{2}\right)-u\left(t-\frac{\tau}{2}\right)$ 的积分 $f(t)=\int_{-\infty}^{t} R_\tau(y)\mathrm{d}y$ 的傅里叶变换 $F(\Omega)$。

解：$R_\tau(t)\leftrightarrow \tau\mathrm{Sa}\left(\frac{\Omega\tau}{2}\right)$，且有 $\tau\mathrm{Sa}\left(\frac{\Omega\tau}{2}\right)\Big|_{\Omega=0}=\tau$，所以有：

$$F(\Omega)=\pi\tau\delta(\Omega)+\frac{\tau}{\mathrm{j}\Omega}\mathrm{Sa}\left(\frac{\Omega\tau}{2}\right)$$

（9）卷积定理

在 2.4.3 节中已经讨论过，对于一个线性时不变系统，设系统的单位冲激响应为 $h(t)$，则激励输入信号为 $e(t)$ 时，系统的零状态响应 $r_{zs}(t)=r(t)=e(t)*h(t)$。如果输入信号 $e(t)$ 比较复杂，响应的卷积时域运算是困难的。是否可以利用频域变换简化计算呢？理论上是可行的，卷积定理揭示了信号在时间域与频率域之间的运算关系。我们有如下的时域卷积定理和频域卷积定理。

定理 3-4 设信号 $f_1(t)$ 和 $f_2(t)$ 的傅里叶变换分别为 $F_1(\Omega)$ 和 $F_2(\Omega)$，则有：

$$f_1(t)*f_2(t)\leftrightarrow F_1(\Omega)\cdot F_2(\Omega) \tag{3-112}$$

称为时域卷积定理。

证明：利用卷积积分公式 $f_1(t)*f_2(t)=\int_{-\infty}^{\infty} f_1(\tau)f_2(t-\tau)\mathrm{d}\tau$ 和傅里叶变换的定义有：

$$f_1(t)*f_2(t)\leftrightarrow \int_{-\infty}^{\infty}\left[\int_{-\infty}^{\infty} f_1(\tau)f_2(t-\tau)\mathrm{d}\tau\right]\mathrm{e}^{-\mathrm{j}\Omega t}\mathrm{d}t$$

将右边的二重积分交换积分次序后有：

$$\begin{aligned}f_1(t)*f_2(t)\leftrightarrow &\int_{-\infty}^{\infty} f_1(\tau)\left[\int_{-\infty}^{\infty} f_2(t-\tau)\mathrm{e}^{-\mathrm{j}\Omega t}\mathrm{d}t\right]\mathrm{d}\tau \\ &\xlongequal{t-\tau=y}\int_{-\infty}^{\infty} f_1(\tau)\left[\int_{-\infty}^{\infty} f_2(y)\mathrm{e}^{-\mathrm{j}\Omega(y+\tau)}\mathrm{d}y\right]\mathrm{d}\tau \\ &=\int_{-\infty}^{\infty} f_1(\tau)\mathrm{e}^{-\mathrm{j}\Omega\tau}\mathrm{d}\tau\cdot\int_{-\infty}^{\infty} f_2(y)\mathrm{e}^{-\mathrm{j}\Omega y}\mathrm{d}y\end{aligned}$$

$$=F_1(\Omega)\cdot F_2(\Omega)$$

式(3-112) 表明，两个信号 $f_1(t)$和 $f_2(t)$的卷积的傅里叶变换等于其各自傅里叶变换的乘积，这就将时域的卷积运算转化到了频域的乘法运算。这样计算卷积 $f_1(t)*f_2(t)$可以按照以下步骤进行：

① 分别求 $f_1(t)$和 $f_2(t)$的傅里叶变换 $F_1(\Omega)$和 $F_2(\Omega)$；

② 计算乘积 $F(\Omega)=F_1(\Omega)\cdot F_2(\Omega)$；

③ 求 $F(\Omega)=F_1(\Omega)\cdot F_2(\Omega)$的傅里叶逆变换 $f(t)$；

④ 得到卷积结果 $f(t)=f_1(t)*f_2(t)$。

定理 3-5 设信号 $f_1(t)$和 $f_2(t)$的傅里叶变换分别为 $F_1(\Omega)$和 $F_2(\Omega)$，则有：

$$f_1(t)\cdot f_2(t)\leftrightarrow\frac{1}{2\pi}F_1(\Omega)*F_2(\Omega) \tag{3-113}$$

称为频域卷积定理。

证明：利用卷积积分公式 $F_1(\Omega)*F_2(\Omega)=\int_{-\infty}^{\infty}F_1(v)F_2(\Omega-v)\mathrm{d}v$ 和傅里叶逆变换的公式，$\frac{1}{2\pi}F_1(\Omega)*F_2(\Omega)$的逆变换 $f(t)$为：

$$f(t)=\frac{1}{2\pi}\int_{-\infty}^{\infty}\left[\frac{1}{2\pi}F_1(\Omega)*F_2(\Omega)\right]\mathrm{e}^{\mathrm{j}\Omega_t}\mathrm{d}\Omega=\frac{1}{2\pi}\int_{-\infty}^{\infty}\left[\frac{1}{2\pi}\int_{-\infty}^{\infty}F_1(v)F_2(\Omega-v)\mathrm{d}v\right]\mathrm{e}^{\mathrm{j}\Omega_t}\mathrm{d}\Omega$$

将右边的二重积分交换积分次序后有：

$$\begin{aligned}f(t)&=\frac{1}{2\pi}\int_{-\infty}^{\infty}F_1(v)\mathrm{d}v\left[\frac{1}{2\pi}\int_{-\infty}^{\infty}F_2(\Omega-v)\mathrm{e}^{\mathrm{j}\Omega t}\mathrm{d}\Omega\right]\\&\xlongequal{\Omega-v=\tau}\frac{1}{2\pi}\int_{-\infty}^{\infty}F_1(v)\mathrm{d}v\left[\frac{1}{2\pi}\int_{-\infty}^{\infty}F_2(\tau)\mathrm{e}^{\mathrm{j}(\tau+v)t}\mathrm{d}\tau\right]\\&=\frac{1}{2\pi}\int_{-\infty}^{\infty}F_1(v)\mathrm{e}^{\mathrm{j}vt}\mathrm{d}v\cdot\left[\frac{1}{2\pi}\int_{-\infty}^{\infty}F_2(\tau)\mathrm{e}^{\mathrm{j}\tau t}\mathrm{d}\tau\right]\\&=f_1(t)\cdot f_2(t)\end{aligned}$$

式(3-113) 表明，两个信号 $f_1(t)$和 $f_2(t)$在时域的乘积的傅里叶变换等于其各自傅里叶变换在频域的线性卷积，并乘以系数$\frac{1}{2\pi}$。

【例 3-13】 利用卷积定理求信号 $f(t)$的积分 $f^{(-1)}(t)=\int_{-\infty}^{t}f(\tau)\mathrm{d}\tau$ 的傅里叶变换。

解：由积分的定义及单位阶跃函数的定义，有下式成立：

$$f^{(-1)}(t)=\int_{-\infty}^{\infty}f(\tau)u(t-\tau)\mathrm{d}\tau=f(t)*u(t) \tag{3-114}$$

$$f(t)\leftrightarrow F(\Omega)$$

$$u(t)\leftrightarrow\pi\delta(\Omega)+\frac{1}{\mathrm{j}\Omega}$$

由卷积定理有：

$$\int_{-\infty}^{t}f(\tau)\mathrm{d}\tau\leftrightarrow F(\Omega)\cdot\left[\pi\delta(\Omega)+\frac{1}{\mathrm{j}\Omega}\right]=\pi F(0)\delta(\Omega)+\frac{F(\Omega)}{\mathrm{j}\Omega}$$

这个结果与式(3-111) 所示的结果一致。这个例子也告诉我们，信号 $f(t)$的积分 $f^{(-1)}(t)=\int_{-\infty}^{t}f(\tau)\mathrm{d}\tau$，恰好等于信号 $f(t)$与 $u(t)$的线性卷积，$f^{(-1)}(t)=f(t)*u(t)$。

【例 3-14】 计算三角形脉冲信号 $f(t)=\begin{cases}E^2t+E^2\tau, & -\tau\leqslant t<0\\ -E^2t+E^2\tau, & 0\leqslant t\leqslant\tau\end{cases}$（如图 3-20 所示）的傅里叶变换。

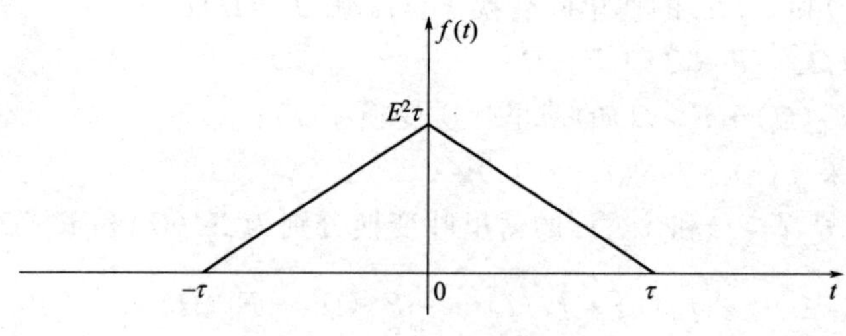

图 3-20 三角形脉冲信号

解： 记脉宽为 τ、幅度为 E 的偶对称矩形脉冲为 $f_1(t)=E\left[u\left(t+\dfrac{\tau}{2}\right)-u\left(t-\dfrac{\tau}{2}\right)\right]$，则有：

$$f(t)=f_1(t)*f_1(t)$$

$$f_1(t)\leftrightarrow E\tau\mathrm{Sa}\left(\frac{\Omega\tau}{2}\right)$$

$$f(t)\leftrightarrow E^2\tau^2\mathrm{Sa}^2\left(\frac{\Omega\tau}{2}\right)$$

此例说明，脉宽为 2τ、幅度为 $E^2\tau$ 的偶对称三角形脉冲，恰好是脉宽为 τ、幅度为 E 的偶对称矩形脉冲 $f_1(t)$ 与 $f_1(t)$ 的线性卷积。它的频谱是实函数，如图 3-21 所示。

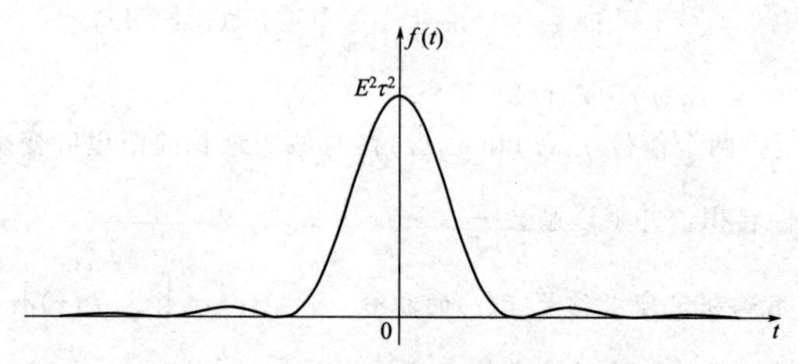

图 3-21 三角形脉冲信号的频谱 $F(\Omega)$

【例 3-15】 求信号 $f(t)=[\mathrm{e}^{-t}u(t)]*[u(t)-u(t-2)]$ 的傅里叶变换 $F(\Omega)$。

解： 由 3.3.3 节知，单边指数信号的频谱为：

$$\mathrm{e}^{-t}u(t)\leftrightarrow\frac{1}{1+\mathrm{j}\Omega}$$

$$f_1(t)=[u(t+1)-u(t-1)]\leftrightarrow 2\mathrm{Sa}(\Omega)$$

$$f_1(t-1)=u(t)-u(t-2)\leftrightarrow 2\mathrm{Sa}(\Omega)\mathrm{e}^{-\mathrm{j}\Omega}$$

由卷积定理得：

$$F(\Omega)=\frac{1}{1+\mathrm{j}\Omega}\cdot 2\mathrm{Sa}(\Omega)\mathrm{e}^{-\mathrm{j}\Omega}=\frac{2}{1+\mathrm{j}\Omega}\mathrm{Sa}(\Omega)\mathrm{e}^{-\mathrm{j}\Omega}$$

3.5 周期信号的傅里叶变换

在 3.1 节给出了连续时间周期信号的级数分解、三角形式的级数分解和指数形式的级数分解。事实上，对连续时间周期信号 $f(t)$ 也可以求它的傅里叶变换，即求频谱密度函数 $F(\Omega)$。那么，连续时间周期信号 $f(t)$ 的谱系数 $F_n=F(n)=F(n\Omega_0)$ 与密度函数 $F(\Omega)$ 之间的关系是什么？下面将讨论一般连续时间周期信号 $f(t)$ 的傅里叶变换。

设连续时间周期信号 $f(t)$ 的周期为 T，则基波频率 $\Omega_0=\dfrac{2\pi}{T}$，$f(t)$ 的级数展开为：

$$f(t)=\sum_{n=-\infty}^{\infty}F(n)\mathrm{e}^{\mathrm{j}n\Omega_0 t}$$

对展开式等式两边求傅里叶变换，利用线性特性及 $\mathrm{e}^{\mathrm{j}n\Omega_0 t}\leftrightarrow 2\pi\delta(\Omega-n\Omega_0)$ 有：

$$\begin{aligned}F(\Omega)&=\sum_{n=-\infty}^{\infty}F(n)\cdot 2\pi\delta(\Omega-n\Omega_0)\\&=2\pi\sum_{n=-\infty}^{\infty}F(n)\cdot\delta(\Omega-n\Omega_0)\end{aligned}\tag{3-115}$$

从式(3-115) 可知，周期信号的频谱密度函数是离散频谱，由频域冲激信号叠加而成，冲激信号间的离散间隔为 Ω_0，在频率 $n\Omega_0$ 处的冲激强度为 $2\pi F_n$。

【例 3-16】 求周期为 T 的单位冲激序列 $\delta_T(t)=\sum\limits_{k=-\infty}^{\infty}\delta(t-kT)$ 的傅里叶变换 $F(\Omega)$。

解： 单位冲激序列的基波频率 $\Omega_0=\dfrac{2\pi}{T}$。

单位冲激序列的谱系数 $F_n=\dfrac{1}{T}\int_{-\frac{T}{2}}^{\frac{T}{2}}\delta_T(t)\cdot\mathrm{e}^{-\mathrm{j}n\Omega_0 t}\mathrm{d}t=\dfrac{1}{T}\int_{-\frac{T}{2}}^{\frac{T}{2}}\delta(t)\cdot\mathrm{e}^{-\mathrm{j}n\Omega_0 t}\mathrm{d}t=\dfrac{1}{T}$，由式(3-115) 得单位冲激序列 $\delta_T(t)$ 的傅里叶变换：

$$\delta_T(t)\leftrightarrow F(\Omega)=2\pi\sum_{n=-\infty}^{\infty}\frac{1}{T}\cdot\delta(\Omega-n\Omega_0)=\Omega_0\sum_{n=-\infty}^{\infty}\delta(\Omega-n\Omega_0)\tag{3-116}$$

上式表明，周期单位冲激序列的傅里叶变换仍为频域的周期冲激序列，频域间隔为 Ω_0，强度为 Ω_0。

【例 3-17】 一个周期为 T 的矩形脉冲序列 $f_T(t)$，其主周期矩形脉冲 $f_1(t)$ 的脉宽为 τ，$T>\tau$，幅度为 1，$f_1(t)=u\left(t+\dfrac{\tau}{2}\right)-u\left(t-\dfrac{\tau}{2}\right)$，求 $f_T(t)$ 的傅里叶变换 $F(\Omega)$。

解： 周期矩形脉冲序列的基波频率 $\Omega_0=\dfrac{2\pi}{T}$。

周期矩形脉冲序列 $f_T(t)$ 的谱系数 $F_n=\dfrac{1}{T}\int_{-\frac{\tau}{2}}^{\frac{\tau}{2}}f_1(t)\cdot\mathrm{e}^{-\mathrm{j}n\Omega_0 t}\mathrm{d}t=\dfrac{\tau}{T}\mathrm{Sa}\left(\dfrac{n\Omega_0\tau}{2}\right)$。由式(3-115)，得周期矩形冲激序列 $f_T(t)$ 的傅里叶变换：

$$\begin{aligned}f_T(t)\leftrightarrow F(\Omega)&=2\pi\sum_{n=-\infty}^{\infty}\frac{\tau}{T}\mathrm{Sa}\left(\frac{n\Omega_0\tau}{2}\right)\cdot\delta(\Omega-n\Omega_0)\\&=\Omega_0\tau\sum_{n=-\infty}^{\infty}Sa\left(\frac{n\Omega_0\tau}{2}\right)\cdot\delta(\Omega-n\Omega_0)\end{aligned}\tag{3-117}$$

对于任意一个连续时间非周期信号 $f(t)$，可以通过周期延拓得到对应的以 T 为周期的周期信号 $f_T(t)$。

假定 $f(t)$的非零区间为 $\left[-\frac{\tau}{2},\frac{\tau}{2}\right]$，且 $T>\tau$，则称 $f_T(t)$为 $f(t)$的周期延拓信号，而 $f(t)$是周期信号 $f_T(t)$的主周期信号，它们的关系表示式如下：

$$\begin{cases} f_T(t)=\sum\limits_{n=-\infty}^{\infty} f(t+nT) \\ f(t)=f_T(t)\cdot R_T(t) \end{cases} \tag{3-118}$$

下面分析非周期信号 $f(t)$的频谱密度函数 $F(\Omega)$与周期信号 $f_T(t)$的谱系数之间的关系。

周期信号 $f_T(t)$的傅里叶级数，其 FS 变换对为：

$$\begin{cases} f_T(t)=\sum\limits_{n=-\infty}^{\infty} F(n)\mathrm{e}^{\mathrm{j}n\Omega_0 t} \\ F_n=F(n)=\dfrac{1}{T}\displaystyle\int_{-\frac{T}{2}}^{\frac{T}{2}} f_T(t)\mathrm{e}^{-\mathrm{j}n\Omega_0 t}\mathrm{d}t \end{cases} \tag{3-119}$$

非周期信号 $f(t)$的频谱密度函数 $F(\Omega)$为：

$$F(\Omega)=\int_{-\frac{T}{2}}^{\frac{T}{2}} f(t)\mathrm{e}^{-\mathrm{j}\Omega t}\mathrm{d}t=\int_{-\frac{T}{2}}^{\frac{T}{2}} f_T(t)\mathrm{e}^{-\mathrm{j}\Omega t}\mathrm{d}t \tag{3-120}$$

比较式(3-119) 和式(3-120)，可以得到非周期信号 $f(t)$的频谱密度函数 $F(\Omega)$与周期信号 $f_T(t)$的谱系数之间的关系：

$$F_n=F(n)=\frac{1}{T}\int_{-\frac{T}{2}}^{\frac{T}{2}} f_T(t)\mathrm{e}^{-\mathrm{j}n\Omega_0 t}\mathrm{d}t=\frac{1}{T}F(\Omega)\Big|_{\Omega=n\Omega_0} \tag{3-121}$$

由 (3-121) 知，为了求周期信号 $f_T(t)$的傅里叶变换，可以先求主周期信号的傅里叶变换，进而得到周期信号的傅里叶系数 F_n，再利用式(3-115) 就可得到周期信号 $f_T(t)$的傅里叶变换。

【例 3-18】 一个周期为 T 的矩形脉冲序列 $f_T(t)$，其主周期矩形脉冲 $f_1(t)$的脉宽为 τ，$T>\tau$，幅度为 1，$f_1(t)=u\left(t+\frac{\tau}{2}\right)-u\left(t-\frac{\tau}{2}\right)$，求 $f_T(t)$的傅里叶变换 $F(\Omega)$。

解：$f_1(t)=u\left(t+\frac{\tau}{2}\right)-u\left(t-\frac{\tau}{2}\right)\leftrightarrow\tau\mathrm{Sa}\left(\frac{\Omega\tau}{2}\right)$

$$F_n=\frac{1}{T}F(\Omega)\Big|_{\Omega=n\Omega_0}=\frac{1}{T}\tau\mathrm{Sa}\left(\frac{\Omega\tau}{2}\right)\Big|_{\Omega=n\Omega_0}=\frac{\tau}{T}\mathrm{Sa}\left(\frac{n\Omega_0\tau}{2}\right)$$

$$\begin{aligned} f_T(t)\leftrightarrow F(\Omega)&=2\pi\sum_{n=-\infty}^{\infty}F(n)\cdot\delta(\Omega-n\Omega_0) \\ &=\frac{2\pi\tau}{T}\sum_{n=-\infty}^{\infty}\mathrm{Sa}\left(\frac{n\Omega_0\tau}{2}\right)\cdot\delta(\Omega-n\Omega_0) \\ &=\Omega_0\tau\sum_{n=-\infty}^{\infty}\mathrm{Sa}\left(\frac{n\Omega_0\tau}{2}\right)\cdot\delta(\Omega-n\Omega_0) \end{aligned} \tag{3-122}$$

3.6 信号的时域抽样与频域抽样

随着技术的不断进步与发展，数字化技术已经应用到信息处理与传输的各个领域，特别是在区块链、大数据、人工智能等新型技术领域得到了飞速的发展。在实际应用中，所有的连续时间信号都需要先通过抽样得到离散时间信号，再通过量化成为数字信号，进而做进一步的分析处理。信号的时域抽样和频域抽样为信号的数字化分析和处理奠定了理论基础。对于时域抽样，本节重点分析抽样信号的频谱变换及从抽样信号正确恢复原信号的条件。

3.6.1 信号的时域抽样

对于连续时间信号 $f(t)$进行时域抽样将得到离散时间信号，在实际工程应用中通常进行等间隔抽样，它是通过模/数（A/D）转换器将模拟信号转换为数字信号，数字信号经过处理后再通过数/模（D/A）转换器恢复成模拟信号。

假定采样间隔为 T（也称为采样周期），对连续时间信号 $f(t)$进行等间隔采样，实质上是将信号 $f(t)$在各时间点 $t=nT$ 的值取出，这样就得到了离散时间信号 $f(nT)=f(t)|_{t=nT}$，$n=0,\pm1,\pm2,\cdots$，也可简记为序列 $f(n)$，对连续时间信号抽样后得到的抽样信号实质上是离散时间信号，也就是序列。为了便于分析时域抽样后信号频谱的变化，我们用数学模型方法对时域信号抽样进行频谱分析。对时域信号进行的抽样就是用周期性脉冲 $p_T(t)$和信号进行乘积，乘积结果实质上就是抽样信号。用周期单位冲激序列 $\delta_T(t)$作为周期脉冲进行抽样，称为理想抽样，如果用脉宽为 τ，幅度为 1，周期为 T，$T>\tau$ 的周期矩形脉冲进行抽样，称为自然抽样。

(1) 理想抽样信号的频谱分析

用单位冲激序列 $\delta_T(t)$和连续时间信号 $f(t)$进行相乘得到抽样信号 $f_s(t)$：

$$f_s(t)=f(t)\cdot\delta_T(t) \tag{3-123}$$

$$f_s(t)=f(t)\cdot\delta_T(t)=f(t)\cdot\sum_{n=-\infty}^{\infty}\delta(t-nT)=\sum_{n=-\infty}^{\infty}f(nT)\delta(t-nT) \tag{3-124}$$

式(3-124) 表明，抽样信号由一系列冲激信号叠加而成，对应于抽样点 nT 处的冲激信号其冲激强度恰为 $f(nT)$，是信号 $f(t)$在时刻 $t=nT$ 处的抽样值。所以用式(3-124) 可以描述抽样信号 $f_s(t)$。由于冲激信号可以认为是连续时间信号，所以式(3-124) 是抽样信号表达的连续形式，这与实际抽样信号的离散形式 $f(nT)=f(t)|_{t=nT}$ 是等价的，即理想抽样信号有两种等价的表示方式，离散形式为 $f(nT)=f(n)$，连续形式为 $f_s(t)=f(t)\cdot\delta_T(t)$。

设信号 $f(t)$的频谱密度函数为 $F(\Omega)$，$f(t)\leftrightarrow F(\Omega)$。

由例 3-16 知：　$p_T(t)=\delta_T(t)\leftrightarrow P_T(\Omega)=\Omega_0\sum_{n=-\infty}^{\infty}\delta(\Omega-n\Omega_0)$

再由频域卷积定理，得抽样信号 $f_s(t)$的频谱密度函数 $F_s(\Omega)$：

$$
\begin{aligned}
F_s(\Omega) &= \frac{1}{2\pi}F(\Omega) * P_T(\Omega) = \frac{1}{2\pi}F(\Omega) * \left[\Omega_0 \sum_{n=-\infty}^{\infty} \delta(\Omega - n\Omega_0)\right] \\
&= \frac{1}{2\pi}\Omega_0 \sum_{n=-\infty}^{\infty} \left[F(\Omega) * \delta(\Omega - n\Omega_0)\right] \\
&= \frac{1}{T} \sum_{n=-\infty}^{\infty} F(\Omega - n\Omega_0)
\end{aligned} \tag{3-125}
$$

式中，T 是抽样间隔（采样周期、抽样周期）；$\Omega_0 = \frac{2\pi}{T}$称为抽样角频率，一般记为 $\Omega_s = \Omega_0 = \frac{2\pi}{T}$，$f_s = \frac{1}{T}$称为抽样频率。式(3-125) 表明，抽样信号的频谱是原来信号频谱的周期性延拓叠加，并乘以常数$\frac{1}{T}$，所以理想抽样信号 $f_s(t)$的频谱密度函数 $F_s(\Omega)$是以抽样角频率 Ω_s 为周期的周期性频谱。

假定连续时间信号 $f(t)$是频带有限的信号，即频谱密度函数 $F(\Omega)$满足下列条件：

$$
|F(\Omega)| = \begin{cases} |F(\Omega)|, & 0 \leqslant |\Omega| \leqslant \Omega_m \\ 0, & |\Omega| > \Omega_m \end{cases} \tag{3-126}
$$

式中，$\Omega_m \geqslant 0$，称为连续时间信号 $f(t)$的最高截止角频率，最高截止频率记为 f_m，$\Omega_m = 2\pi f_m$。

分析式(3-125) 可知，只要抽样间隔 T 足够小，则抽样信号的频谱周期 Ω_s 就足够大，原信号 $f(t)$的频谱在周期延拓叠加过程中不会发生频谱的重叠、叠加，即不会发生频谱混叠。显然，如果抽样频率 $\Omega_s \geqslant 2\Omega_m$，或者满足 $T \leqslant \frac{1}{2f_m}$，则理想抽样信号 $f_s(t)$的频谱 $F_s(\Omega)$不会发生混叠。对连续时间信号 $f(t)$ 进行理想抽样，时域和频域的对应如图 3-22 所示。

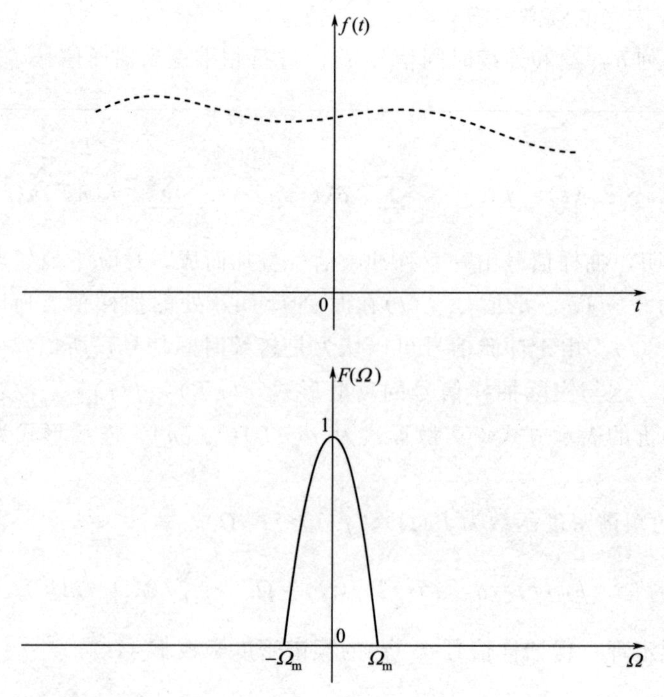

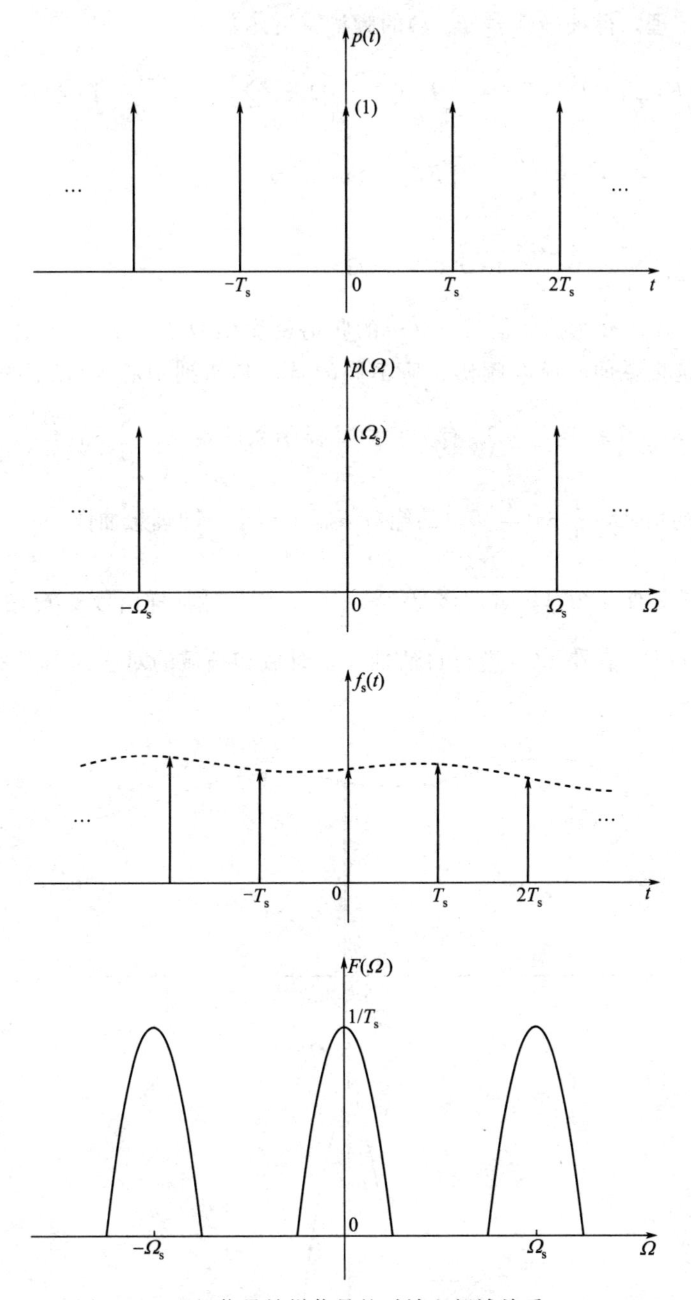

图 3-22 理想信号抽样信号的时域和频域关系 $F_s(\Omega)$

（2）自然抽样信号的频谱分析

用脉宽为 τ、幅度为 1、周期为 T、$T>\tau$ 的矩形脉冲 $p_T(t)$ 进行抽样，得抽样信号 $f_s(t)$：

$$f_s(t)=f(t)\cdot p_T(t) \tag{3-127}$$

由例 3-17 知，周期矩形脉冲信号的频谱为：

$$P_T(\Omega)=\Omega_0\tau\sum_{n=-\infty}^{\infty}\mathrm{Sa}\left(\frac{n\Omega_0\tau}{2}\right)\cdot\delta(\Omega-n\Omega_0)$$

由频域卷积定理，得抽样信号 $f_s(t)$的频谱密度函数 $F_s(\Omega)$：

$$F_s(\Omega)=\frac{1}{2\pi}F(\Omega)*P_T(\Omega)=\frac{1}{2\pi}F(\Omega)*\left[\Omega_0\tau\sum_{n=-\infty}^{\infty}\mathrm{Sa}\left(\frac{n\Omega_0\tau}{2}\right)\cdot\delta(\Omega-n\Omega_0)\right]$$

$$=\frac{1}{2\pi}\Omega_0\tau\sum_{n=-\infty}^{\infty}\mathrm{Sa}\left(\frac{n\Omega_0\tau}{2}\right)\cdot[F(\Omega)*\delta(\Omega-n\Omega_0)]$$

$$=\sum_{n=-\infty}^{\infty}\frac{\tau}{T}\mathrm{Sa}\left(\frac{n\Omega_0\tau}{2}\right)\cdot F(\Omega-n\Omega_0) \tag{3-128}$$

由式(3-128) 知，自然抽样信号 $f_s(t)$的频谱密度函数 $F_s(\Omega)$同样是以抽样角频率 Ω_s 为周期进行周期延拓叠加而成的频谱，所不同的是，延拓到中心为 $n\Omega_0$ 的频谱，其幅度要乘以$\frac{\tau}{T}\mathrm{Sa}\left(\frac{n\Omega_0\tau}{2}\right)$，这个值还与 $n\Omega_0$ 有关。由抽样函数的定义知$\frac{\tau}{T}\mathrm{Sa}\left(\frac{n\Omega_0\tau}{2}\right)$在 $n=0$ 时有最大值$\frac{\tau}{T}$，随着 n 的增大，$\frac{\tau}{T}\mathrm{Sa}\left(\frac{n\Omega_0\tau}{2}\right)$的绝对值越来越小。同理想抽样一样，对于频带有限的信号，如果抽样频率 $\Omega_s\geqslant2\Omega_m$，或者满足 $T\leqslant\frac{1}{2f_m}$，则自然抽样信号 $f_s(t)$的频谱 $F_s(\Omega)$不会发生混叠。对连续时间信号 $f(t)$进行自然抽样，时域和频域的对应如图 3-23 所示。

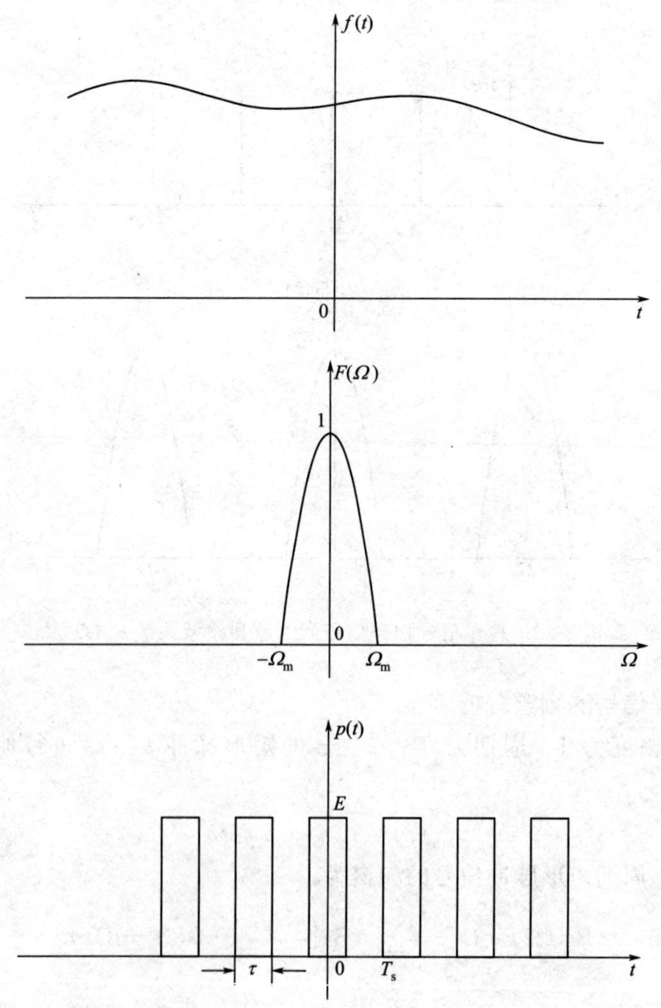

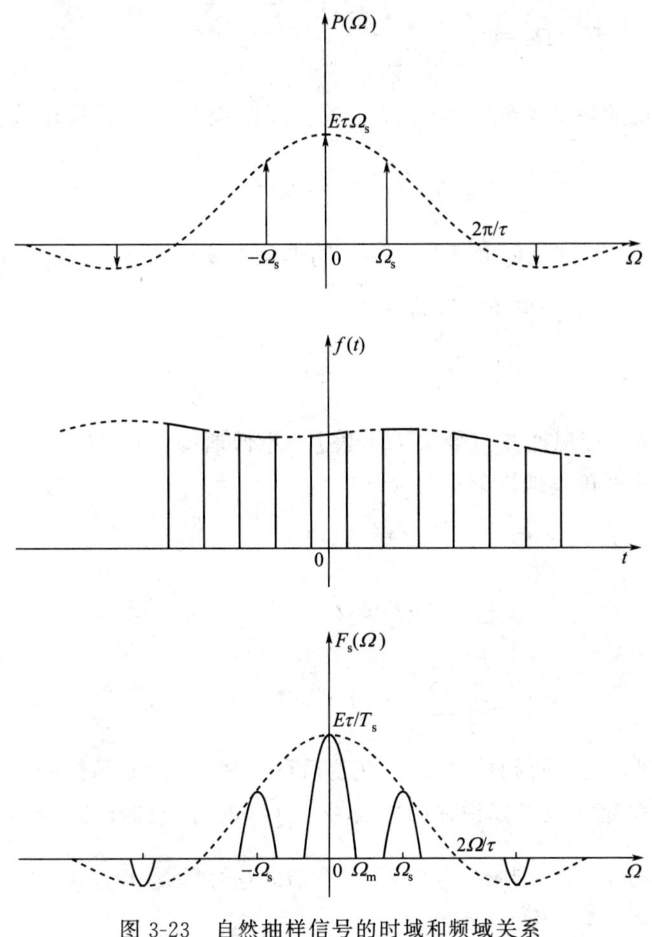

图 3-23　自然抽样信号的时域和频域关系

（3）抽样信号的恢复

由前面的分析可知，对于一个具有最高截止频率 f_m 的频带有限信号 $f(t)$，无论是理想抽样还是自然抽样，只要抽样间隔满足 $T \leqslant \frac{1}{2f_m}$，则抽样信号 $f_s(t)$的频谱 $F_s(\Omega)$不会发生混叠，在中心频率 $\Omega=0$ 处，对应一个原信号包含完整信息的频谱，在理想抽样下为 $\frac{1}{T}F(\Omega)$，在自然抽样下为$\frac{\tau}{T}F(\Omega)$。因此，抽样信号 $f_s(t)$保留了原信号 $f(t)$的全部信息，可以从抽样信号 $f_s(t)$正确恢复原信号 $f(t)$。从抽样信号恢复原信号的时域、频域分析如下。

设一个具有最高截止频率 f_m 的频带有限信号 $f(t)$，频谱如图 3-24 所示。对信号 $f(t)$进行理想抽样，抽样间隔满足 $T \leqslant \frac{1}{2f_m}$，得到抽样信号 $f_s(t)=f(t)\cdot\delta_T(t)$，抽样信号的频谱没有发生混叠，频谱为 $F(\Omega)=\frac{1}{T}\sum\limits_{n=-\infty}^{\infty}F(\Omega-n\Omega_0)$。将抽样信号输入一个合适的理想低通滤波器 H_d，则其输出就是原信号 $f(t)$，信号得以恢复。设理想低通滤波器的单位冲激响应为 $h(t)$，它的傅里叶变换，即频谱密度函数为 $H_d(\Omega)$满足下式：

$$H_d(\Omega)=\begin{cases}T, & |\Omega|\leqslant\Omega_c \\ 0, & |\Omega|>\Omega_c\end{cases}, \ \Omega_m\leqslant\Omega_c\leqslant\frac{\Omega_s}{2}=\frac{\Omega_0}{2} \tag{3-129}$$

利用傅里叶变换的对称特性，可知 $H_d(\Omega)$的反变换 $h(t)$是抽样函数：

$$h(t)=T\frac{\Omega_c}{\pi}\mathrm{Sa}(\Omega_c t) \tag{3-130}$$

抽样信号 $f_s(t)$经过理想低通滤波器 H_d 的零状态输出为 $\tilde{f}(t)=f_s(t)*h(t)$，由卷积定理知道输出信号 $\tilde{f}(t)$的频谱 $\tilde{F}(\Omega)$满足：

$$\tilde{F}(\Omega)=\left[\frac{1}{T}\sum_{n=-\infty}^{\infty}F(\Omega-n\Omega_0)\right]\cdot H_d(\Omega)=F(\Omega) \tag{3-131}$$

式(3-131) 说明，理想抽样信号 $f_s(t)$经过理想低通滤波器 H_d 后，就完整地恢复出了原信号的频谱，因此可正确地恢复原信号 $f(t)$：

$$\begin{aligned}f(t)&=\tilde{f}(t)=f_s(t)*h(t)\\&=\left[\sum_{n=-\infty}^{\infty}f(nT)\delta(t-nT)\right]*T\frac{\Omega_c}{\pi}\mathrm{Sa}(\Omega_c t)\\&=T\frac{\Omega_c}{\pi}\sum_{n=-\infty}^{\infty}f(nT)\mathrm{Sa}[\Omega_c(t-nT)]\end{aligned} \tag{3-132}$$

式(3-132) 说明，连续时间信号 $f(t)$恢复后可以展开成 Sa 函数的无穷级数，级数的系数由抽样值 $f(nT)$确定。也可以说在抽样信号 $f_s(t)$的每个抽样点 nT 上画一个 Sa 函数波形 $T\frac{\Omega_c}{\pi}\mathrm{Sa}[\Omega_c(t-nT)]$，分别乘以 $f(nT)$后叠加的信号就是 $f(t)$。

Sa 函数 $T\frac{\Omega_c}{\pi}\mathrm{Sa}[\Omega_c(t-nT)]$也可以称为信号恢复的内插函数，它与信号 $f(t)$本身无关。

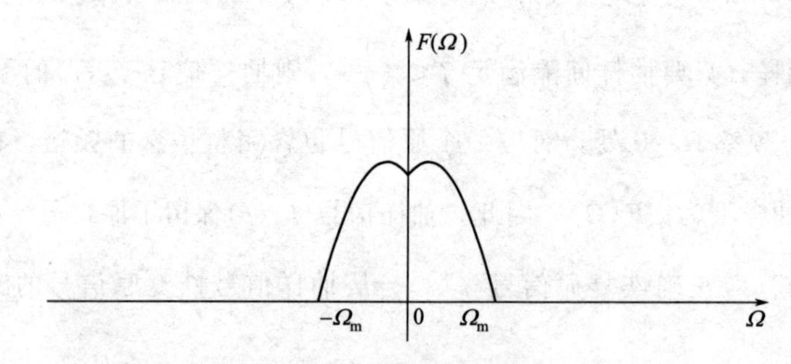

图 3-24 抽样信号的恢复

当然，如果抽样间隔太大，$T>\frac{1}{2f_m}$时，抽样信号 $f_s(t)$的频谱会发生混叠，如图 3-25 所示。虽然仍可用内插函数和抽样值 $f(nT)$按照式(3-132) 写出一个信号恢复的表达式，但 $T\frac{\Omega_c}{\pi}\sum_{n=-\infty}^{\infty}f(nT)\mathrm{Sa}[\Omega_c(t-nT)]=\tilde{f}(t)\neq f(t)$，即由抽样信号不能精确恢复原信号 $f(t)$。

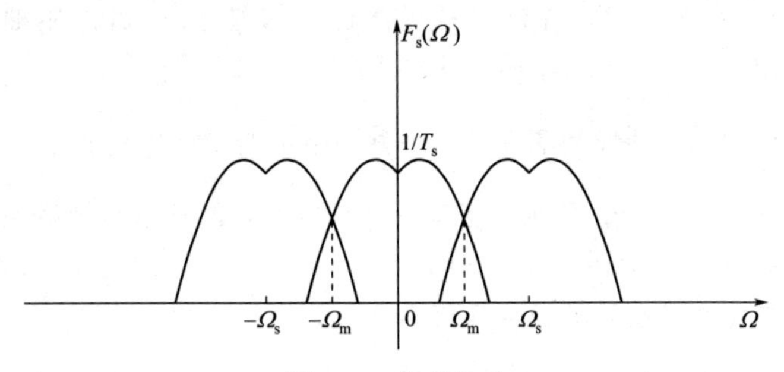

图 3-25　频谱混叠

如果取合适的抽样间隔 T，使得 $T=\dfrac{1}{2f_{\mathrm{m}}}$，即满足 $\Omega_{\mathrm{s}}=2\Omega_{\mathrm{m}}$，$T=\dfrac{2\pi}{\Omega_{\mathrm{s}}}=\dfrac{\pi}{\Omega_{\mathrm{c}}}$。此时则有 Sa 函数 $T\dfrac{\Omega_{\mathrm{c}}}{\pi}\mathrm{Sa}[\Omega_{\mathrm{c}}(t-nT)]=\mathrm{Sa}[\Omega_{\mathrm{c}}(t-nT)]$。对于任意的 n，Sa 函数 $\mathrm{Sa}[\Omega_{\mathrm{c}}(t-nT)]$在 $t=nT$ 处的值为 1，在其他任意抽样时刻 $t=kT$，$k\neq n$ 处，$\mathrm{Sa}[\Omega_{\mathrm{c}}(t-kT)]=0$。即内插函数在除本抽样点外，在其他抽样时刻点的值均为零，如图 3-26 所示。

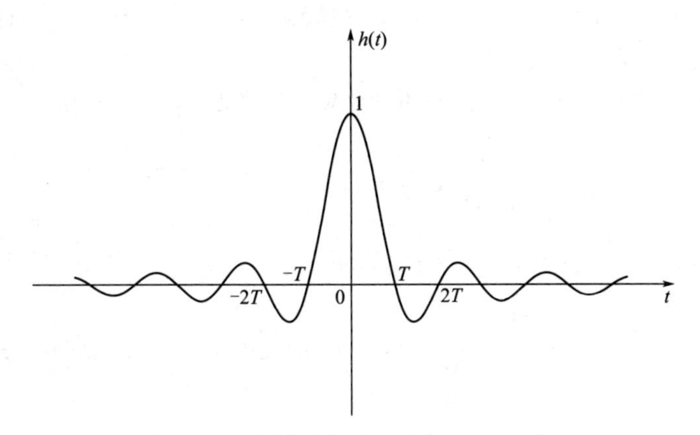

图 3-26　内插函数的过零点（$n=0$ 时）

此条件下，信号的恢复表达式简化为：

$$f(t)=\tilde{f}(t)=\sum_{n=-\infty}^{\infty}f(nT)\mathrm{Sa}[\Omega_{\mathrm{c}}(t-nT)] \tag{3-133}$$

式(3-133) 表明，在各个抽样时刻点 $t=nT$ 处，恢复信号 $\tilde{f}(t)$的值 $\tilde{f}(nT)$恰好等于抽样值 $f(nT)$，在一般时刻点 t 处 $f(t)$的值等于各 Sa 函数值的组合值。

（4）抽样定理

从理想抽样和自然抽样的讨论中可以知道，对于一个频带有限的信号 $f(t)$，只要选取合适的抽样间隔 T，就能从抽样信号 $f_{\mathrm{s}}(t)$正确恢复出原信号，这就是低通抽样定理。

定理 3-6　设有一个频带有限的实信号 $f(t)$，它的最高截止频率为 f_{m}，当抽样间隔 T 满足下述条件：

$$T\leqslant\frac{1}{2f_{\mathrm{m}}}=\frac{\pi}{\Omega_{\mathrm{m}}} \tag{3-134}$$

则从抽样信号 $f_{\mathrm{s}}(t)$可以正确地恢复出原信号 $f(t)$，即用抽样序列 $f(nT)=f(n)$可以正确

恢复出原信号 $f(t)$。换句话说，在满足抽样条件下信号 $f(t)$ 可以用抽样序列 $f(nT)=f(n)$ 正确地表示出来。

把满足抽样条件的最大抽样间隔 $T=\frac{1}{2f_m}$ 称为奈奎斯特抽样间隔，对应地，把满足抽样条件的最小抽样频率 $f_{min}=2f_m$ 称为奈奎斯特抽样频率，简称奈奎斯特频率。

【例 3-19】 已知信号 $f(t)=\mathrm{Sa}(100\pi t)[1+\mathrm{Sa}(100\pi t)]$，若对 $f(t)$ 进行理想抽样，求使抽样信号的频谱不发生混叠的最低抽样频率 f_{min}。

解： $f(t)=\mathrm{Sa}(100\pi t)[1+\mathrm{Sa}(100\pi t)]=\mathrm{Sa}(100\pi t)+\mathrm{Sa}^2(100\pi t)$

由例 3-3 知，$\mathrm{Sa}(\Omega_0 t)\leftrightarrow\frac{\pi}{\Omega_0}[u(\Omega+\Omega_0)-u(\Omega-\Omega_0)]$，所以有：

$$\mathrm{Sa}(100\pi t)\leftrightarrow\frac{1}{100}[u(\Omega+100\pi)-u(\Omega-100\pi)]$$

信号 $\mathrm{Sa}(100\pi t)$ 的最高截止角频率为 100π。

由频域卷积定理知：

$$\mathrm{Sa}^2(100\pi t)\leftrightarrow\frac{1}{100^2}[u(\Omega+100\pi)-u(\Omega-100\pi)]*[u(\Omega+100\pi)-u(\Omega-100\pi)]$$

由例 3-14 知，脉宽为 τ、幅度为 E 的偶对称矩形脉冲为 $f_1(t)=E\left[u\left(t+\frac{\tau}{2}\right)-u\left(t-\frac{\tau}{2}\right)\right]$，线性卷积 $f_1(t)*f_1(t)$ 是三角形脉冲信号 $f(t)=\begin{cases}E^2t+E^2\tau, & -\tau\leqslant t<0\\ -E^2t+E^2\tau, & 0\leqslant t\leqslant\tau\end{cases}$，其脉宽为 2τ。

利用这个结果便有：

$$\begin{aligned}&[u(\Omega+100\pi)-u(\Omega-100\pi)]*[u(\Omega+100\pi)-u(\Omega-100\pi)]\\&=\begin{cases}\Omega+200\pi, & -\tau\leqslant\Omega<0\\ -\Omega+200\pi, & 0\leqslant\Omega\leqslant\tau\end{cases}\end{aligned}$$

这说明信号 $\mathrm{Sa}^2(100\pi t)$ 的最高截止角频率为 200π，所以信号 $f(t)$ 的最高截止角频率为 $\Omega_m=200\pi$，信号的最高截止频率为 $f_m=100\mathrm{Hz}$。由抽样定理，使抽样信号的频谱不发生混叠的最小抽样频率 $f_{min}=2f_m=200\mathrm{Hz}$。

【例 3-20】 已知频带有限信号 $f(t)$ 的最高截止频率为 $f_m=100\mathrm{Hz}$，若对下列信号进行时域抽样，试求最小抽样频率 f_{min}。

① $f(5t)$； ② $f(t)\cdot f(3t)$； ③ $f(t)+f(2t)$。

解： ① $f(5t)\leftrightarrow\frac{1}{5}F\left(\frac{\Omega}{5}\right)$，$f(5t)$ 的带宽扩展，频带为原来 $f(t)$ 的频带的 5 倍，所以它的最高截止频率为 500Hz，对 $f(5t)$ 进行抽样需要的最小频率为 $f_{min}=2\times500\mathrm{Hz}=1000\mathrm{Hz}$。

② $f(3t)\leftrightarrow\frac{1}{3}F\left(\frac{\Omega}{3}\right)$，$f(3t)$ 的带宽扩展，频带为原来 $f(t)$ 的 3 倍。

$$f(t)\cdot f(3t)\leftrightarrow\frac{1}{2\pi}F(\Omega)*\left[\frac{1}{3}F\left(\frac{\Omega}{3}\right)\right]=\frac{1}{6\pi}F(\Omega)*F\left(\frac{\Omega}{3}\right)$$

$F(\Omega)$ 的频率范围为 $[-100\mathrm{Hz},100\mathrm{Hz}]$，$F\left(\frac{\Omega}{3}\right)$ 的频率范围为 $[-300\mathrm{Hz},300\mathrm{Hz}]$，由线

性卷积的定义知 $F(\Omega)*F\left(\frac{\Omega}{3}\right)$ 的频率范围为[−400Hz,400Hz]，所以对 $f(t)\cdot f(3t)$ 进行抽样需要的最小频率为 $f_{\min}=2\times400\text{Hz}=800\text{Hz}$。

③ $f(2t)\leftrightarrow\frac{1}{2}F\left(\frac{\Omega}{2}\right)$，$f(2t)$ 的带宽扩展，频带为原来 $f(t)$ 的 2 倍，所以它的最高截止频率为 200Hz，而 $f(t)+f(2t)\leftrightarrow F(\Omega)+\frac{1}{2}F\left(\frac{\Omega}{2}\right)$，所以 $f(t)+f^2(t)$ 的最高截止频率为 200Hz，所以对 $f(t)+f^2(t)$ 进行抽样需要的最小频率为 $f_{\min}=2\times200\text{Hz}=400\text{Hz}$。

3.6.2 信号的频域抽样

设连续时间信号 $f(t)$ 的傅里叶变换为 $F(\Omega)$，$-\infty<\Omega<\infty$。与信号的时域抽样类似，我们也可以对 $F(\Omega)$ 在频域进行抽样，将频率离散化。取均匀的频域离散间隔 Ω_s，在各个频率点 $\Omega=n\Omega_s$，$n=0,\pm1,\pm2,\cdots$ 处抽取出 $F(\Omega)$ 的值，将得到离散的频谱密度值 $F(n\Omega_s)$，简记为 $F(n)=F(n\Omega_s)$，这就是信号的频域抽样。频域抽样可以用数学方式描述如下。

已知 $f(t)\leftrightarrow F(\Omega)$，取一个频域的周期单位冲激序列 $\delta_{\Omega_s}(\Omega)=\sum\limits_{n=-\infty}^{\infty}\delta(\Omega-n\Omega_s)$，令：

$$\begin{aligned}F_s(\Omega)&=F(\Omega)\cdot\delta_{\Omega_s}(\Omega)=F(\Omega)\cdot\sum_{n=-\infty}^{\infty}\delta(\Omega-n\Omega_s)\\&=\sum_{n=-\infty}^{\infty}F(n\Omega_s)\delta(\Omega-n\Omega_s)\end{aligned}\tag{3-135}$$

频域抽样信号表示成了频域冲激函数的叠加，在每个频域抽样点处对应的冲激函数的强度为频域抽样值 $F(n\Omega_s)$。$F_s(\Omega)$ 的傅里叶逆变换 $\tilde{f}(t)$ 与信号 $f(t)$ 之间有何联系？

由于 $\delta_T(t)=\sum\limits_{n=-\infty}^{\infty}\delta(t-nT)\leftrightarrow\Omega_0\sum\limits_{n=-\infty}^{\infty}\delta(\Omega-n\Omega_0)$，所以有：

$$\delta_{\Omega_s}(\Omega)=\sum_{n=-\infty}^{\infty}\delta(\Omega-n\Omega_s)\leftrightarrow\frac{1}{\Omega_s}\sum_{n=-\infty}^{\infty}\delta(t-nT),\quad T=\frac{2\pi}{\Omega_s}$$

由卷积定理有：

$$\begin{aligned}\tilde{f}(t)&=f(t)*\left[\frac{1}{\Omega_s}\sum_{n=-\infty}^{\infty}\delta(t-nT)\right]=\frac{1}{\Omega_s}\sum_{n=-\infty}^{\infty}f(t)*\delta\left(t-n\frac{2\pi}{\Omega_s}\right)\\&=\frac{1}{\Omega_s}\sum_{n=-\infty}^{\infty}f\left(t-n\frac{2\pi}{\Omega_s}\right)\end{aligned}\tag{3-136}$$

式(3-136) 表明，对连续时间信号 $f(t)$ 的频谱密度函数 $F(\Omega)$，在频域以等间隔频率 Ω_s 进行频域抽样，则得到的频域抽样信号 $F_s(\Omega)$ 的傅里叶逆变换 $\tilde{f}(t)$ 是信号 $f(t)$ 的周期延拓叠加信号，并乘以系数 $\frac{1}{\Omega_s}$，$\tilde{f}(t)$ 是以 $\frac{2\pi}{\Omega_s}=T$ 为周期的周期信号。

假如 $f(t)$ 是时域有限信号，即满足 $f(t)=\begin{cases}f(t), & -T_1\leqslant t\leqslant T_1\\0, & |t|>T_1\end{cases}$，$f(t)\leftrightarrow F(\Omega)$。只要频域抽样间隔 Ω_s 满足条件 $\Omega_s\leqslant\frac{2\pi}{2T_1}=\frac{\pi}{T_1}$，则 $\tilde{f}(t)$ 在时域不会发生混叠，$\tilde{f}(t)$ 的主周期

信号恰好等于 $f(t)$。这就说明对于时域有限信号 $f(t)$，只要频域抽样间隔 Ω_s 足够小，则从频域抽样信号 $F_s(\Omega)$ 能够精确恢复原信号 $f(t)$。

本章小结

本章先对连续时间周期信号进行时域分析，给出了周期信号三角形式的级数分解和指数形式的级数分解，在此基础上给出了连续时间信号的傅里叶变换的定义及其变换性质，最后讨论了信号抽样及其抽样定理。本章的重点和难点内容总结如下。

(1) 连续时间周期信号的级数分解

① 三角形式的级数分解

$$f(t)=a_0+\sum_{k=1}^{\infty}\left[a_k\cos(k\Omega_0 t)+b_k\sin(k\Omega_0 t)\right]$$

$$a_n=\frac{2}{T}\int_0^T f(t)\cdot\cos(n\Omega_0 t)\mathrm{d}t$$

$$b_n=\frac{2}{T}\int_0^T f(t)\cdot\sin(n\Omega_0 t)\mathrm{d}t$$

② 指数形式的级数分解

$$f(t)=\sum_{n=-\infty}^{\infty}F(n\Omega_0)\mathrm{e}^{\mathrm{j}n\Omega_0 t}$$

$$F(n\Omega_0)=F(n)=\frac{1}{T}\int_0^T f(t)\cdot\mathrm{e}^{-\mathrm{j}n\Omega_0 t}\mathrm{d}t=|F(n\Omega_0)|\mathrm{e}^{\mathrm{j}\phi(n\Omega_0)}$$

幅度频谱 $|F(n\Omega_0)|=\frac{1}{2}\sqrt{a_n^2+b_n^2}$

相位频谱 $\phi(n\Omega_0)=\arctan\left(-\frac{b_n}{a_n}\right)$

(2) 连续时间信号的傅里叶变换

① 傅里叶变换的定义

$$\begin{cases}\text{正变换}:F(\Omega)=\int_{-\infty}^{\infty}f(t)\cdot\mathrm{e}^{-\mathrm{j}\Omega t}\mathrm{d}t\\ \text{反变换}:f(t)=\frac{1}{2\pi}\int_{-\infty}^{\infty}F(\Omega)\mathrm{e}^{\mathrm{j}\Omega t}\mathrm{d}\Omega\end{cases}$$

$F(\Omega)=|F(\Omega)|\mathrm{e}^{\mathrm{j}\phi(\Omega)}$，幅度频谱 $|F(\Omega)|$，相位频谱 $\phi(\Omega)$。

② 主要性质

设连续时间非周期的信号 $f(t)$ 的傅里叶变换为 $F(\Omega)$，记为 $f(t)\leftrightarrow F(\Omega)$

移位性质 $f(t-t_0)\leftrightarrow F(\Omega)\mathrm{e}^{-\mathrm{j}\Omega t_0}$

尺度变换 $f(at)\leftrightarrow\frac{1}{|a|}F\left(\frac{\Omega}{a}\right)$

频移性质 $f(t)\mathrm{e}^{\mathrm{j}\Omega_0 t}\leftrightarrow F(\Omega-\Omega_0)$

微分性质 $\frac{\mathrm{d}f(t)}{\mathrm{d}t}=f'(t)\leftrightarrow\mathrm{j}\Omega F(\Omega)$

积分性质　$f^{(-1)}(t)=\int_{-\infty}^{t} f(\tau)\mathrm{d}\tau \leftrightarrow \frac{1}{\mathrm{j}\Omega}F(\Omega)+\pi F(0)\delta(\Omega)$

卷积定理　$f_1(t)*f_2(t)=F_1(\Omega)\cdot F_2(\Omega)$

连续时间周期信号 $f(t)$ 的周期为 T，$f(t)\leftrightarrow 2\pi\sum_{n=-\infty}^{\infty} F(n\Omega_0)\delta(\Omega-n\Omega_0)$

③ 典型信号的傅里叶变换

矩形脉冲信号　$f(t)=E\left[u\left(t+\frac{\tau}{2}\right)-u\left(t-\frac{\tau}{2}\right)\right]\leftrightarrow E\tau \mathrm{Sa}\left(\frac{\Omega\tau}{2}\right)$

单位阶跃信号　$u(t)\leftrightarrow \pi\delta(\Omega)+\frac{1}{\mathrm{j}\Omega}$

抽样信号　$\mathrm{Sa}(\Omega_0 t)\leftrightarrow \frac{\pi}{\Omega_0}[u(\Omega+\Omega_0)-u(\Omega-\Omega_0)]$

余弦信号　$\cos(\Omega_0 t)\leftrightarrow \pi[\delta(\Omega+\Omega_0)+\delta(\Omega-\Omega_0)]$

调制信号的频谱　$f(t)\cos(\Omega_0 t)\leftrightarrow \frac{1}{2}[F(\Omega+\Omega_0)+F(\Omega-\Omega_0)]$

(3) 信号抽样及其抽样定理

① 理想抽样信号的频谱

$$f_s(t)=f(t)\cdot\delta_T(t)\leftrightarrow F_s(\Omega)=\frac{1}{T}\sum_{n=-\infty}^{\infty}F(\Omega-n\Omega_s)\text{，抽样角频率 }\Omega_s=\frac{2\pi}{T}\text{。}$$

② 设有一个频带有限的实信号 $f(t)$，它的最高截止频率为 f_m，当抽样间隔 T 满足下述条件：

$$T\leqslant\frac{1}{2f_m}=\frac{\pi}{\Omega_m}$$

则从抽样信号 $f_s(t)$ 可以正确地恢复出原信号 $f(t)$。

③ 从理想抽样信号 $f_s(t)$ 恢复信号 $f(t)$　理想抽样信号 $f_s(t)$ 输入到一个截止频率为 Ω_c 的理想低通滤波器，$\Omega_m\leqslant\Omega_c\leqslant\Omega_s-\Omega_m$，就可恢复信号 $f(t)$。

$$f(t)=T\frac{\Omega_c}{\pi}\sum_{n=-\infty}^{\infty}f(nT)\mathrm{Sa}[\Omega_c(t-nT)]$$

习题 3

3-1　求题图 3-1 所示以 T 为周期的周期三角形脉冲的傅里叶级数。

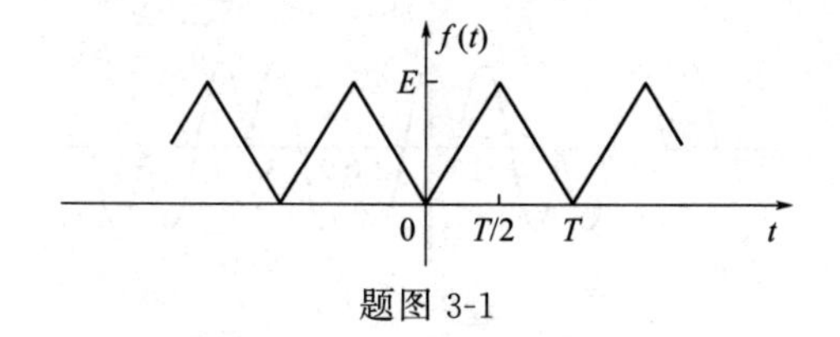

题图 3-1

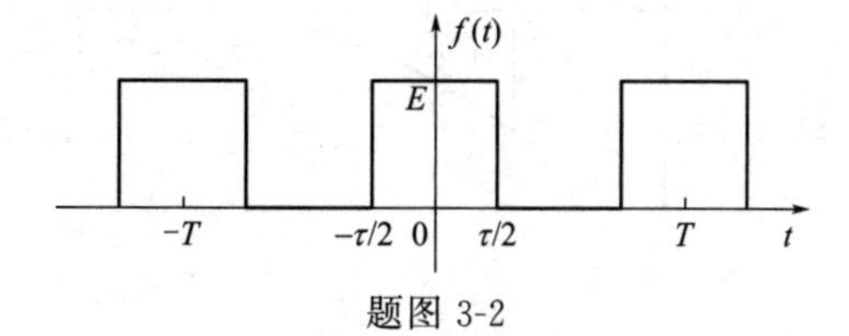

题图 3-2

3-2　如题图 3-2 所示以 T 为周期的周期矩形脉冲 $f(t)$，其参数为 $\tau=20\mu s$，$f=5\mathrm{kHz}$，$E=10\mathrm{V}$，试求：

(1) $f(t)$的直流分量；

(2) $f(t)$的基波、二次谐波和三次谐波的有效值。

3-3 求题图 3-3 所示以 T 为周期的半波余弦的傅里叶级数。若参数 $E=10\text{V}$，$T=0.1\text{ms}$，大致画出它的幅度谱。

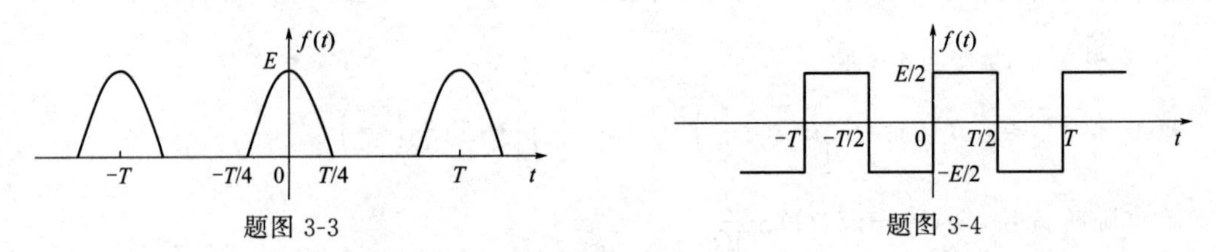

题图 3-3　　题图 3-4

3-4 求题图 3-4 所示以 T 为周期的周期矩形脉冲的三角形式及指数形式的傅里叶级数。

3-5 求题图 3-5 所示以 T 为周期的周期矩形脉冲的三角形式及指数形式的傅里叶级数。

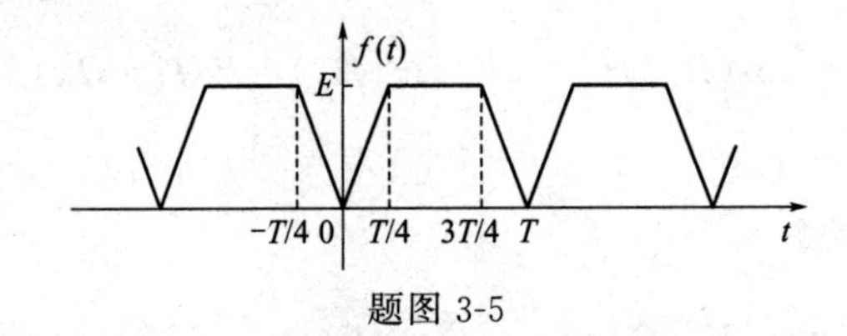

题图 3-5

3-6 已知以 T 为周期的信号 $f(t)$，它的前四分之一周期的波形如题图 3-6 所示。试根据下列各种情况的要求分别画出信号 $f(t)$在一个周期（$0\leqslant t<T$）内的波形。

(1) $f(t)$是偶函数，只含有偶次谐波；

(2) $f(t)$是偶函数，只含有奇次谐波；

(3) $f(t)$是偶函数，含有偶次谐波和奇次谐波；

(4) $f(t)$是奇函数，只含有偶次谐波；

(5) $f(t)$是奇函数，只含有奇次谐波；

(6) $f(t)$是奇函数，含有偶次谐波和奇次谐波。

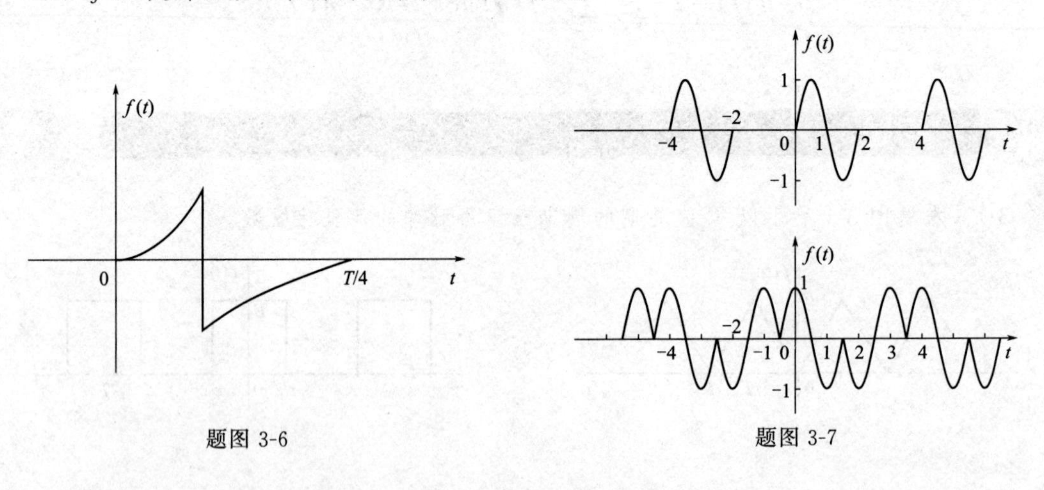

题图 3-6　　题图 3-7

3-7 求题图 3-7 所示周期正弦脉冲信号的傅里叶级数的系数 a_n、b_n 及 F_n。

3-8 求下列周期信号的频谱，并画出其频谱图。

(1) $f(t)=\sin(2\omega_0 t)$；　　(2) $f(t)=\cos\left(3t+\frac{\pi}{4}\right)$；

(3) $f(t)=\sin^2(\omega_0 t)$；　　(4) $f(t)=\sin(2t)+\cos(4t)+\sin(6t)$。

3-9 已知周期信号 $f(t)=2\cos(2\pi t-3)+\sin(6\pi t)$，试画出其频谱和功率谱，并计算其平均功率 P。

3-10 试计算下列信号 $f(t)$ 的频谱密度函数 $F(\omega)$。

(1) $f(t)=\cos[\omega_0(t-t_0)]$；　　(2) $f(t)=\sin^2(\omega_0 t)u(t)$；

(3) $f(t)=e^{-2t}[u(t)-u(t-2)]$；　　(4) $f(t)=e^{-jt}\delta(t-2)$；

(5) $f(t)=e^{-3(t-1)}\delta'(t-1)$；　　(6) $f(t)=\frac{d}{dt}[te^{-2t}\sin t\cdot u(t)]$；

(7) $f(t)=\int_{-\infty}^{t}\frac{\sin(\pi\tau)}{\pi\tau}d\tau$；　　(8) $f(t)=\int_0^t e^{-3\tau}e^{-2(t-\tau)}d\tau$，$t>0$；

(9) $f(t)=e^{jt}\operatorname{sgn}(3-2t)$；　　(10) $f(t)=e^{2t}u(-t+1)$。

3-11 已知信号傅里叶变换对 $f(t)\leftrightarrow F(\omega)=F(j\omega)$，试求下列信号的频谱密度函数。

(1) $f(2t-5)$；　　(2) $(t-2)f(t)$；

(3) $f(t)\cos(5t)$；　　(4) $e^{jat}f(bt)$；

(5) $f(t)\delta(t-t_0)$；　　(6) $e^{-at}u(-t)$；

(7) $t\frac{df(t)}{dt}$；　　(8) $f(t)*f(2t)$。

3-12 求题图 3-8 所示的半波余弦脉冲的傅里叶变换，并画出频谱图。

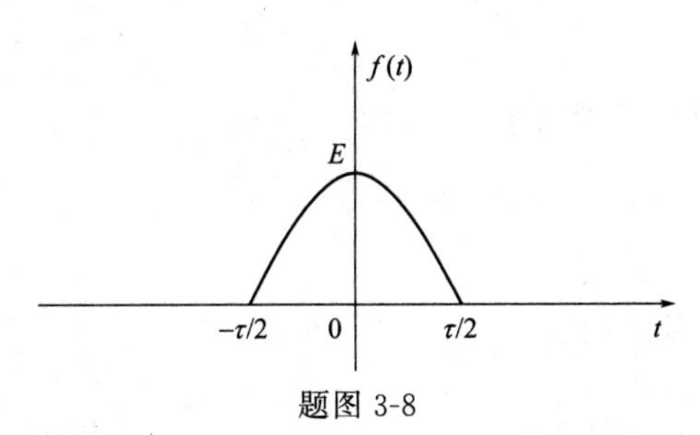

题图 3-8

3-13 信号 $f_1(t)$ 的波形如题图 3-9 所示，已知 $f_1(t)\leftrightarrow F_1(\Omega)$，且 $f_2(t)$ 是 $f_1(t)$ 以 $t=\frac{t_0}{2}$ 为轴翻褶后所得，求 $f_2(t)$ 的傅里叶变换。

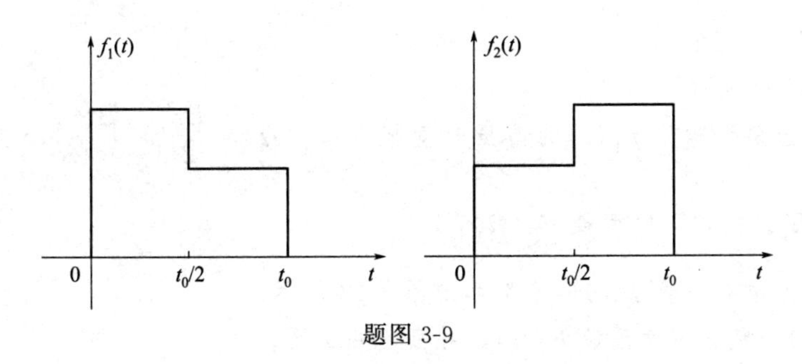

题图 3-9

3-14 求高斯信号 $f(t)=e^{-\left(\frac{t}{\tau}\right)^2}$ 的傅里叶变换 $F(\Omega)$。

3-15 试求下列频谱密度函数 $F(\Omega)$所对应的时域信号 $f(t)$。

(1) $F(\Omega)=\dfrac{2}{\mathrm{j}\Omega+3}+\dfrac{4}{\mathrm{j}\Omega-3}$；　(2) $F(\Omega)=\mathrm{Sa}^2(\Omega\tau)$；

(3) $F(\Omega)=\dfrac{1}{\mathrm{j}\Omega(\mathrm{j}\Omega+1)}+2\pi\delta(\Omega)$；　(4) $F(\Omega)=-\dfrac{2}{\Omega^2}$；

(5) $F(\Omega)=\dfrac{4\sin(2\Omega-2)}{2\Omega-2}+\dfrac{4\sin(2\Omega+2)}{2\Omega+2}$；　(6) $F(\Omega)=\dfrac{2\sin(\Omega)}{\Omega(\mathrm{j}\Omega+1)}$；

(7) $F(\Omega)=\dfrac{\mathrm{d}}{\mathrm{d}\Omega}\left[4\cos(3\Omega)\dfrac{\sin(2\Omega)}{\Omega}\right]$；　(8) $F(\Omega)=\dfrac{1}{(a+\mathrm{j}\Omega)^2}$。

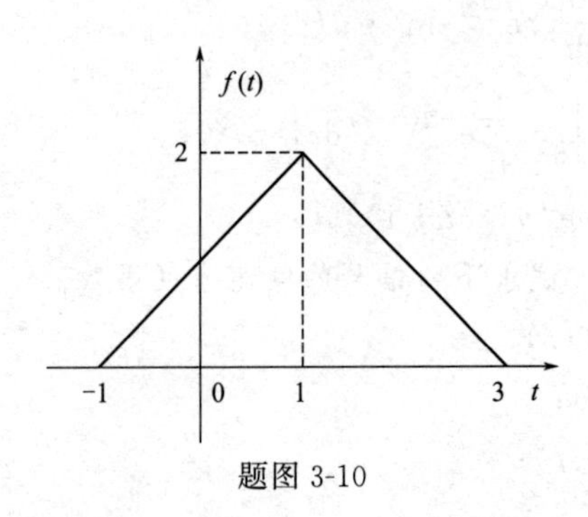

题图 3-10

3-16 题图 3-10 所示信号 $f(t)$，它的傅里叶变换 $F(\Omega)=|F(\Omega)|\mathrm{e}^{\mathrm{j}\phi(\Omega)}$，利用傅里叶变换的性质（不作积分运算），求：

(1) $\phi(\Omega)$；

(2) $F(0)$；

(3) $\int_{-\infty}^{\infty}F(\Omega)\mathrm{d}\Omega$；

(4) $\mathrm{Re}[F(\Omega)]$的逆变换的图形。

3-17 (1) 已知信号 $\mathrm{e}^{-at}u(t)$的傅里叶变换为$\dfrac{1}{a+\mathrm{j}\Omega}$，求 $f(t)=t\mathrm{e}^{-at}u(t)$的傅里叶变换；

(2) 证明 $tu(t)$的傅里叶变换为 $\mathrm{j}\pi\delta'(\Omega)+\dfrac{1}{(\mathrm{j}\Omega)^2}$。

3-18 已知题图 3-11 中两个矩形脉冲 $f_1(t)$和 $f_2(t)$。

(1) 画出 $f_1(t)*f_2(t)$的图形；

(2) 求 $f_1(t)*f_2(t)$的频谱。

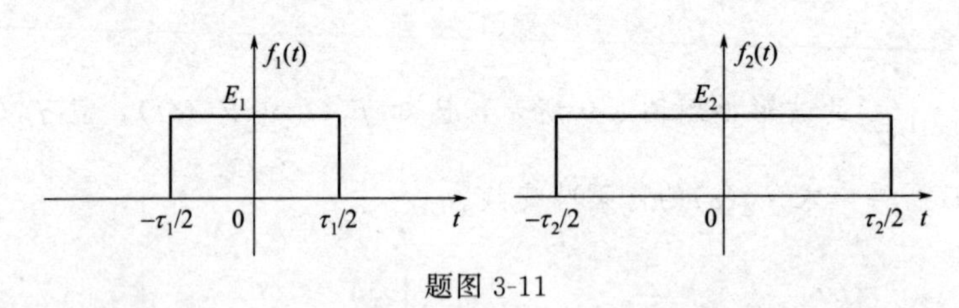

题图 3-11

3-19 已知三角形脉冲 $f_1(t)$的傅里叶变换为 $F_1(\Omega)=\dfrac{E\tau}{2}\mathrm{Sa}^2\left(\dfrac{\Omega\tau}{4}\right)$，求信号 $f_2(t)=f_1\left(t-\dfrac{\tau}{2}\right)\cos(\Omega_0 t)$的傅里叶变换 $F_2(\Omega)$。

3-20 已知三角波信号 $f(t)$的波形如题图 3-12 所示。

(1) 求 $f(t)$的频谱密度函数 $F(\Omega)$，并画出频谱图；

(2) $f_s(t)=f(t)\delta_{T_1}(t)$，$T_1=\dfrac{T}{8}$，$\delta_{T_1}(t)$是周期单位冲激信号，求 $f_s(t)$的频谱密度

函数 $F_s(\Omega)$，并画出频谱图；

(3) 将 $f(t)$ 以 T 为周期进行延拓构成周期信号 $f_T(t)=\sum_{n=-\infty}^{\infty} f(t-nT)$，求 $f_T(t)$ 的频谱密度函数 $F_T(\Omega)$，并画出频谱图；

(4) $f_{Ts}(t)$ 是 $f_T(t)$ 乘以周期单位冲激信号 $\delta_{T_1}(t)$，$T_1=\frac{T}{8}$，即 $f_{Ts}(t)=f_T(t)\cdot\delta_{T_1}(t)$，求 $f_{Ts}(t)$ 的频谱密度函数 $F_{Ts}(\Omega)$，并画出频谱图。

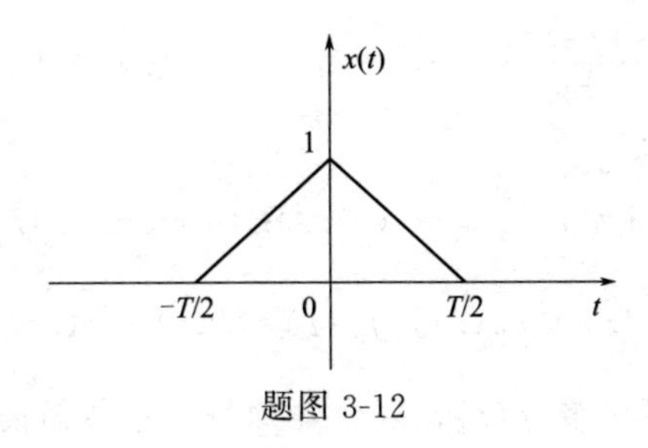

题图 3-12

3-21 已知信号 $x(t)$ 的傅里叶变换为 $X(\mathrm{j}\Omega)=X(\Omega)$，且满足以下条件：

(1) $\mathrm{F}^{-1}[(2+\mathrm{j}\Omega)X(\Omega)]=A\mathrm{e}^{-t}u(t)$，其中 $A>0$ 为实数，与 t 无关；

(2) $\frac{1}{2\pi}\int_{-\infty}^{\infty}|X(\Omega)|^2\mathrm{d}\Omega=1$。

试求信号 $x(t)$ 的时域表达式。

3-22 求余弦函数 $f(t)=\cos\left(\frac{\pi t}{2}\right)\cdot[u(t+1)-u(t-1)]$ 的频谱密度函数 $F(\Omega)$。

3-23 已知信号 $x(t)=E[u(t)-u(t-\tau)]$，求它的傅里叶变换 $X(\Omega)$，$X(0)$，$\int_{-\infty}^{\infty}X(\Omega)\mathrm{d}\Omega$，并求它的幅度响应 $|X(\Omega)|$、相位响应 $\theta(\Omega)$。

3-24 设 $y(t)=\mathrm{e}^{-t}u(t)*\sum_{k=-\infty}^{\infty}\delta(t-3k)$，试证明 $0\leqslant t<3$ 时，$y(t)=A\mathrm{e}^{-t}$，并求出 A。

3-25 已知信号 $e(t)=5+2\cos(2\pi f_1 t)+\cos(4\pi f_1 t)$，其中 $f_1=1\mathrm{kHz}$。

(1) 计算 $e(t)$ 的频谱 $E(\Omega)$，并画出 $e(t)$ 的频谱图；

(2) 若用抽样率 $f_s=\frac{4}{5}f_1$ 的理想冲激函数序列 $\delta_{T_s}(t)=\sum_{n=-\infty}^{\infty}\delta(t-nT_s)$ 进行抽样，计算抽样得到的信号 $f_s(t)$ 的频谱，并画出 $f_s(t)$ 的频谱图。

3-26 已知系统如题图 3-13 所示，$x_1(t)=\frac{\sin(2\Omega_0 t)}{\pi t}$，$H_A(\omega)=\begin{cases}1, & 2\Omega_0<|\Omega|<3\Omega_0\\ 0, & 其他\end{cases}$，

$H_B(\Omega)=\begin{cases}1, & |\Omega|<3\Omega_0\\ 0, & 其他\end{cases}$，$\Omega_0$ 是常数。

(1) 写出 $X_1(\Omega)$ 的表示式，画出 $x_2(t)$ 的频谱图 $X_2(\Omega)$；

(2) 画出 $x_3(t)$ 的频谱图 $X_3(\Omega)$；

(3) 画出 $x_4(t)$ 的频谱图 $X_4(\Omega)$；

(4) 画出 $x_5(t)$ 的 $X_5(\Omega)$ 的频谱图，并求出 $x_5(t)$ 的表达式；

(5) 对 $x_5(t)$ 以等间隔 $T_s=\frac{\pi}{2\Omega_0}$ 进行理想抽样，画出抽样信号 $x_6(t)$ 的频谱 $X_6(\Omega)$。

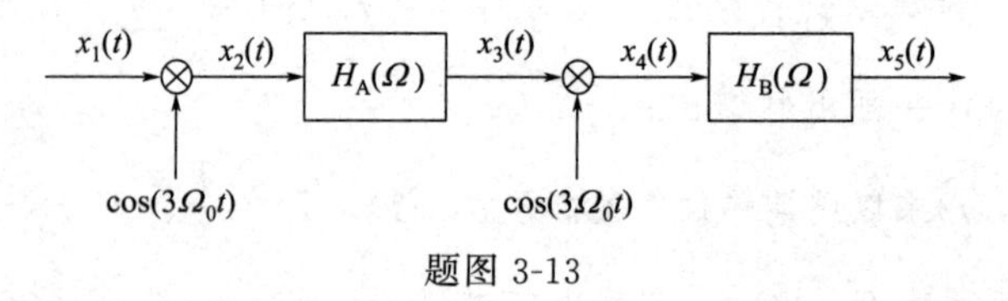

题图 3-13

3-27 已知信号 $f(t)=\frac{\sin(4\pi t)}{\pi t}$，$-\infty<t<\infty$。当对该信号进行时域抽样时，试求能恢复原信号的最大抽样间隔 T_{max}。

3-28 系统如题图 3-14 所示，已知 $f_1(t)=\text{Sa}(1000\pi t)$，$f_2(t)=\text{Sa}(2000\pi t)$，$p(t)=\sum_{n=-\infty}^{\infty}\delta(t-nT)$，$f(t)=f_1(t)\cdot f_2(t)$，$f_s(t)=f(t)\cdot p(t)$。

(1) 为了从 $f_s(t)$ 无失真恢复 $f(t)$，求允许的最大抽样间隔 T_{max}；

(2) 当抽样间隔 $T=T_{max}$ 时，画出 $f_s(t)$ 的幅度频谱 $|F_s(\Omega)|$。

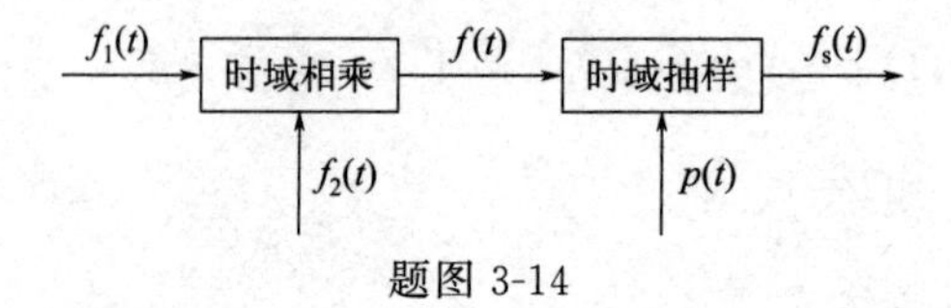

题图 3-14

3-29 确定下列信号的最低抽样率和奈奎斯特间隔。

(1) $\text{Sa}(100t)$；　　(2) $\text{Sa}^2(100t)$；

(3) $\text{Sa}(100t)+\text{Sa}(50t)$；　　(4) $\text{Sa}(100t)+\text{Sa}^2(60t)$。

3-30 有限频带信号 $f(t)$ 的最高截止频率为 $f_m=100\text{Hz}$，若对下列信号进行不失真采样，试求最小采样频率 f_{smin}。

(1) $f(3t)$；　　(2) $f^2(t)$；

(3) $f(t)*f(2t)$；　　(4) $f(t)+f^2(t)$。

答案

第4章

连续时间信号的复频域分析——拉普拉斯变换

连续时间信号 $f(t)$ 通过傅里叶变换得到了信号在频域的等价表达，即频谱密度函数 $F(\Omega)$，使我们能够在时域和频域两个不同的角度去分析信号的特性，而且可以利用不同域之间的内在关系进行计算或化简。连续时间信号 $f(t)$ 的频域分析——傅里叶变换，揭示了信号在时域和频域之间的内在联系，拓展了信号分析的方法，也为进一步分析系统在时域和频域的内在联系提供了理论基础，总之，信号的频域分析是分析信号和系统最重要、最有效的方法。信号 $f(t)$ 存在傅里叶变换需要满足一定的条件，因此有些信号 $f(t)$ 不存在傅里叶变换，因而无法对其进行频域分析，这就限制了实际应用。那么，是否有一种新的信号变换可以对更大范围的信号进行变换域分析？这样的变换是存在的，这就是拉普拉斯变换。拉普拉斯变换是傅里叶变换的推广，它扩展了能够做变换域分析的信号范围，而且在一定条件下拉普拉斯变换就是傅里叶变换。信号的拉普拉斯变换分析称为复频域分析。

4.1 拉普拉斯变换

4.1.1 拉普拉斯变换的定义和收敛域

一个连续时间非周期的信号 $f(t)$ 满足狄里赫利（Dirichlet）条件时，它的傅里叶变换 $F(\Omega)$ 是存在的。实际应用中有些信号不满足绝对可积条件时傅里叶变换也存在，但多数不满足绝对可积条件的信号是不存在傅里叶变换的。例如阶跃信号 $u(t)$ 不满足绝对可积条件但它的傅里叶变换存在，而常用的指数信号 $f(t)=e^{\alpha t}u(t)$，$\alpha>0$ 不满足绝对可积条件，它的傅里叶变换也不存在。如何能够扩展做频域变换分析的信号范围？一个简单的思路是，如果信号 $f(t)$ 不满足绝对可积条件，那么让 $f(t)$ 乘以一个衰减因子 $e^{\sigma t}$，$\sigma<0$，使得 $f(t)e^{\sigma t}$ 满足绝对可积条件，则信号 $f(t)e^{\sigma t}$ 的傅里叶变换存在。按照这种思想，我们就得到了一种新的变换，称为拉普拉斯变换。

一般地，对于一个连续时间非周期的信号 $f(t)$，乘以一个实指数信号 $e^{-\sigma t}$，σ 是实数，如果信号 $f(t)e^{-\sigma t}$ 的傅里叶变换存在，则有：

$$f(t)e^{-\sigma t}\leftrightarrow\int_{-\infty}^{\infty}f(t)e^{-\sigma t}e^{-j\Omega t}dt=\int_{-\infty}^{\infty}f(t)e^{-(\sigma+j\Omega)t}dt$$

如果记 $s=\sigma+j\Omega$，则 s 是一个复数，信号 $f(t)e^{-\sigma t}$ 的傅里叶变换的形式变为：

$$f(t)\mathrm{e}^{-\sigma t} \leftrightarrow \int_{-\infty}^{\infty} f(t)\mathrm{e}^{-(\sigma+\mathrm{j}\Omega)t}\mathrm{d}t = \int_{-\infty}^{\infty} f(t)\mathrm{e}^{-st}\mathrm{d}t \tag{4-1}$$

由式(4-1) 表明，信号 $f(t)\mathrm{e}^{-\sigma t}$ 的傅里叶变换可以看作是复变量 $s=\sigma+\mathrm{j}\Omega$ 的函数，记为 $F(s)$，即有 $F(s)=\int_{-\infty}^{\infty} f(t)\mathrm{e}^{-st}\mathrm{d}t$，复变量 $s=\sigma+\mathrm{j}\Omega$ 也可称为复频率。也就是说，当信号 $f(t)\mathrm{e}^{-\sigma t}$ 的傅里叶变换存在时 $F(s)$存在，此时我们把 $F(s)$称为连续时间信号 $f(t)$的拉普拉斯变换，简称拉氏变换。即当广义积分 $\int_{-\infty}^{\infty} f(t)\mathrm{e}^{-st}\mathrm{d}t$ 收敛时，称 $F(s)=\int_{-\infty}^{\infty} f(t)\mathrm{e}^{-st}\mathrm{d}t$ 为连续时间非周期信号 $f(t)$的拉普拉斯变换，记为：

$$L[f(t)]=F(s)=\int_{-\infty}^{\infty} f(t)\mathrm{e}^{-st}\mathrm{d}t \tag{4-2}$$

也称为双边拉普拉斯变换，一般记为：

$$L[f(t)]=F_{\mathrm{B}}(s)=\int_{-\infty}^{\infty} f(t)\mathrm{e}^{-st}\mathrm{d}t \tag{4-3}$$

拉氏变换 $F(s)$是复频率 $s=\sigma+\mathrm{j}\Omega$ 的复函数，用拉氏变换对信号或系统进行分析，称为复频域分析。

从拉普拉斯变换的定义可以看出，连续时间非周期信号 $f(t)$的拉普拉斯变换存在时，$\int_{-\infty}^{\infty} f(t)\mathrm{e}^{-(\sigma+\mathrm{j}\Omega)t}\mathrm{d}t$ 收敛，此时实数 σ 有一个允许的取值范围，在 σ 的这个取值范围内，能保证 $\int_{-\infty}^{\infty} f(t)\mathrm{e}^{-(\sigma+\mathrm{j}\Omega)t}\mathrm{d}t$ 收敛，即使得拉普拉斯变换 $F(s)$存在。实数 σ 允许的取值范围对应复数 $s=\sigma+\mathrm{j}\Omega$ 在复平面内的取值区域，把这个区域称为信号 $f(t)$的拉普拉斯变换的收敛域。任何一个连续时间信号 $f(t)$的拉普拉斯变换存在时，都有对应的收敛域（region of convergence，ROC）。

在实际应用中，我们要分析的信号 $f(t)$大多是单边信号，默认信号的起始时刻为零时刻，所以多数信号是因果信号。例如信号输入系统的时刻为零时刻，输入的信号就是单边信号。信号 $f(t)$的拉普拉斯变换最常用的是单边拉普拉斯变换。可以定义如下：

一个连续时间非周期信号 $f(t)$，如果广义积分 $\int_{0}^{\infty} f(t)\mathrm{e}^{-st}\mathrm{d}t$ 收敛，则称信号 $f(t)$的单边拉普拉斯变换存在，记为 $L[f(t)]=F(s)$，即有：

$$L[f(t)]=F(s)=\int_{0}^{\infty} f(t)\mathrm{e}^{-st}\mathrm{d}t \tag{4-4}$$

为了将来便于分析冲激函数类的单边拉氏变换，将单边拉氏变换定义如下：

$$L[f(t)]=F(s)=\int_{0-}^{\infty} f(t)\mathrm{e}^{-st}\mathrm{d}t \tag{4-5}$$

式(4-5) 中积分下限定义为 0－，也可以理解为：

$$\int_{0-}^{\infty} f(t)\mathrm{e}^{-st}\mathrm{d}t = \lim_{\alpha\to 0-}\int_{\alpha}^{\infty} f(t)\mathrm{e}^{-st}\mathrm{d}t \tag{4-6}$$

同双边拉普拉斯变换一样，信号 $f(t)$的单边拉氏变换也有收敛域。为了区别，信号 $f(t)$的双边拉普拉斯变换一般记为 $F_{\mathrm{B}}(s)$，单边拉氏变换记为 $F(s)$，或者统一记为 $F(s)$，依据实际情况判断 $F(s)$是指双边拉氏变换还是指单边拉氏变换。一般把信号 $f(t)$的拉氏变换 $F(s)$称为像函数。

从拉普拉斯变换的定义可以看出，如果连续时间信号 $f(t)$是因果信号，即满足 $t<0$

时，$f(t)=0$，则有 $F_B(s)=\int_{-\infty}^{\infty} f(t)e^{-st}dt=\int_{0-}^{\infty} f(t)e^{-st}dt=F(s)$，此时双边拉氏变换与单边拉氏变换相同，收敛域也相同。

【例 4-1】 求右边信号 $f(t)=e^{\alpha t}u(t)$（α 为实数）的拉氏变换及收敛域。

解： 由拉氏变换的定义知，只要 $f(t)e^{-\sigma t}=e^{\alpha t}u(t)\cdot e^{-\sigma t}$ 满足狄里赫利条件，也就是只要满足绝对可积条件 $\int_{-\infty}^{\infty}|f(t)e^{-\sigma t}|dt<\infty$，则 $f(t)$的拉氏变换存在。

因为 $e^{\alpha t}u(t)\cdot e^{-\sigma t}=e^{(\alpha-\sigma)t}u(t)$，只要 $\alpha-\sigma<0$，即 $\sigma>\alpha=\sigma_0$，则满足绝对可积条件，单边信号 $f(t)$的拉氏变换存在，所以收敛域为 $\mathrm{ROC}=\{s|s=\sigma+\mathrm{j}\Omega,\sigma>\alpha\}$，或简记为 $\sigma>\alpha=\sigma_0$。在复平面上 $\sigma=\sigma_0$ 称为拉氏变换的收敛点，实部为 $\mathrm{Re}(s)=\sigma=\sigma_0$ 平行于虚轴的直线称为拉氏变换的收敛轴，收敛域是收敛轴的右侧区域（不含收敛轴），如图 4-1 所示。

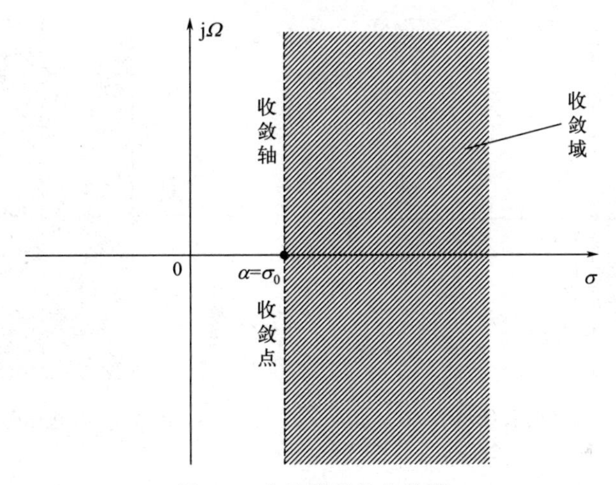

图 4-1　右边信号的收敛域

收敛时，按照定义像函数 $F_B(s)$为：

$$
\begin{aligned}
F_B(s)&=\int_{-\infty}^{\infty} e^{\alpha t}u(t)\cdot e^{-st}dt=\int_{0}^{\infty} e^{\alpha t}\cdot e^{-st}dt\\
&=\int_{0}^{\infty} e^{(\alpha-s)t}dt=\frac{1}{\alpha-s}e^{(\alpha-\sigma-\mathrm{j}\Omega)t}\Big|_0^{\infty}=0-\frac{1}{\alpha-s}\\
&=\frac{1}{s-\alpha}
\end{aligned}
\tag{4-7}
$$

所以，右边信号 $f(t)=e^{\alpha t}u(t)$的像函数 $F_B(s)=\frac{1}{s-\alpha}$，收敛域为 $\sigma>\alpha=\sigma_0$。由于 $f(t)=e^{\alpha t}u(t)$是因果信号，所以单边拉氏变换的像函数 $F(s)=F_B(s)=\frac{1}{s-\alpha}$，收敛域相同。

【例 4-2】 求左边信号 $f(t)=-e^{\beta t}u(-t)$（β 为实数）的拉氏变换及收敛域。

解： $f(t)e^{-\sigma t}=-e^{\beta t}u(-t)\cdot e^{-\sigma t}=-e^{(\beta-\sigma)t}u(-t)$，当 $\beta-\sigma>0$ 时，$f(t)e^{-\sigma t}$ 满足狄里赫利条件，信号 $f(t)=-e^{\beta t}u(-t)$的拉氏变换存在，所以收敛域为 $\sigma<\beta=\sigma_0$，收敛轴为实部 $\sigma=\sigma_0$ 平行于虚轴的直线，收敛域是收敛轴的左侧区域（不含收敛轴），$\mathrm{ROC}=\{s|s=\sigma+\mathrm{j}\Omega,\sigma<\beta\}$，如图 4-2 所示。

收敛时，按照定义像函数 $F_B(s)$ 为：

$$F_B(s)=\int_{-\infty}^{\infty}-e^{\beta t}u(-t)\cdot e^{-st}dt=-\int_{-\infty}^{0}e^{\beta t}\cdot e^{-st}dt$$
$$=-\int_{-\infty}^{0}e^{(\beta-s)t}dt=-\frac{1}{\beta-s}e^{(\beta-\sigma-j\Omega)t}\Big|_{-\infty}^{0}=-\frac{1}{\beta-s}-0 \tag{4-8}$$
$$=\frac{1}{s-\beta}$$

所以，左边信号 $f(t)=-e^{\beta t}u(-t)$ 的像函数 $F_B(s)=\frac{1}{s-\beta}$，收敛域为 $\sigma<\beta=\sigma_0$。容易计算 $f(t)=e^{\beta t}u(-t)$ 的单边拉氏变换的像函数 $F(s)=0$，收敛域为整个复数平面。

由例 4-1、例 4-2 可以看出右边信号 $f(t)=e^{\alpha t}u(t)$ 与左边信号 $f(t)=-e^{\alpha t}u(-t)$（α 为实数）的双边拉普拉斯变换的像函数是相同的，但收敛域不同。

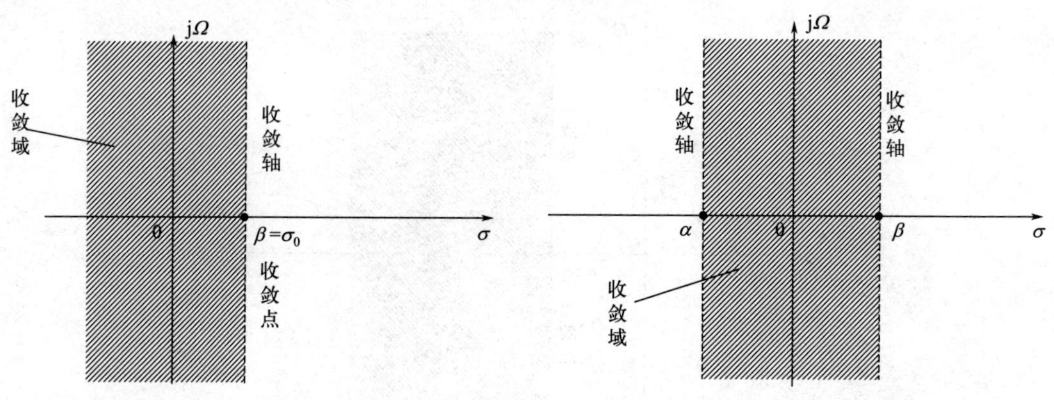

图 4-2 左边信号的收敛域　　图 4-3 双边信号的收敛域

【例 4-3】 求双边信号 $e^{pt}=\begin{cases}e^{\beta t}, & t<0\\ e^{\alpha t}, & t>0\end{cases}$（$\alpha,\beta$ 为实数）的拉氏变换及收敛域。

解： $e^{pt}\cdot e^{-\sigma t}$ 只要满足 $\lim\limits_{t\to\pm\infty}e^{pt}\cdot e^{-\sigma t}=0$，$e^{pt}\cdot e^{-\sigma t}$ 就满足狄里赫利条件，则信号 e^{pt} 的拉氏变换存在。

$\lim\limits_{t\to-\infty}e^{\beta t}\cdot e^{-\sigma t}=0$，则要求 $\beta-\sigma>0$，即满足 $\sigma<\beta$；

$\lim\limits_{t\to+\infty}e^{\alpha t}\cdot e^{-\sigma t}=0$，则要求 $\alpha-\sigma<0$，即满足 $\sigma>\alpha$。

如果 $\beta>\alpha$，则当 $\alpha<\sigma<\beta$ 时，有 $\lim\limits_{t\to\pm\infty}e^{pt}\cdot e^{-\sigma t}=0$，此时信号 e^{pt} 的拉氏变换存在，收敛域为 $\alpha<\sigma<\beta$，有两个收敛轴，分别为实部 $\sigma=\alpha$ 和 $\sigma=\beta$，平行于虚轴的两条直线，收敛域是两个收敛轴之间的区域（不含收敛轴），$\mathrm{ROC}=\{s|s=\sigma+j\Omega,\alpha<\sigma<\beta\}$，如图 4-3 所示。

收敛时，按照定义像函数 $F_B(s)$ 为：

$$F_B(s)=\int_{-\infty}^{\infty}e^{pt}\cdot e^{-st}dt=\int_{-\infty}^{0}e^{\beta t}\cdot e^{-st}dt+\int_{0}^{\infty}e^{\alpha t}\cdot e^{-st}dt$$
$$=-\frac{1}{s-\beta}+\frac{1}{s-\alpha} \tag{4-9}$$
$$=\frac{1}{s-\alpha}-\frac{1}{s-\beta}$$

如果 $\beta<\alpha$，则信号 e^{pt} 的双边拉氏变换 $F_B(s)$不存在。

容易计算得，双边信号 e^{pt} 的单边拉氏变换的像函数为：

$$
\begin{aligned}
F(s) &= \int_{-\infty}^{\infty} e^{pt} \cdot e^{-st} dt = \int_{0-}^{\infty} e^{pt} \cdot e^{-st} dt \\
&= \int_{0-}^{\infty} e^{\alpha t} \cdot e^{-st} dt \\
&= \frac{1}{s-\alpha}
\end{aligned}
$$

收敛域为 $ROC=\{s \mid s=\sigma+j\Omega, \sigma>\alpha\}$。

由前面3个例子，可以总结出拉氏变换收敛域特性的一般规律。当连续时间非周期信号 $f(t)$的双边拉普拉斯变换 $F_B(s)$存在时，有：

① 如果信号 $f(t)$是右边信号，则存在收敛点 $\sigma=\sigma_0$，收敛域是复平面内收敛轴右侧区域（不含收敛轴）。

② 如果信号 $f(t)$是左边信号，则存在收敛点 $\sigma=\sigma_0$，收敛域是复平面内收敛轴左侧区域（不含收敛轴）。

③ 如果信号 $f(t)$是双边边信号，则存在两个收敛点 $\sigma=\sigma_{01}$ 和 $\sigma=\sigma_{02}$，$\sigma_{01}<\sigma_{02}$，收敛域是复平面内两个收敛轴之间的内部区域（不含收敛轴）。显然，如果 $\sigma_{01}\to-\infty$，$\sigma_{02}\to+\infty$，收敛域就是整个复平面。

当连续时间非周期信号 $f(t)$的单边拉普拉斯变换 $F(s)$存在时，有：存在收敛点 $\sigma=\sigma_0$，收敛域是复平面内收敛轴右侧区域（不含收敛轴），如果 $\sigma_0\to-\infty$，收敛域就是整个复平面。

4.1.2 拉普拉斯逆变换的定义

讨论双边拉氏变换时知道，由于信号 $f(t)$的拉氏变换 $F(s)$实质上是信号 $f(t)e^{-\sigma t}$ 的傅里叶变换，利用傅里叶逆变换，我们可以推得拉普拉斯的逆变换表达式。

$$
f(t)e^{-\sigma t} \leftrightarrow \int_{-\infty}^{\infty} f(t)e^{-(\sigma+j\Omega)t} dt = \int_{-\infty}^{\infty} f(t)e^{-st} dt = F_B(s)
$$

由傅里叶变换的逆变换公式有：

$$
\begin{aligned}
f(t)e^{-\sigma t} &= \frac{1}{2\pi}\int_{-\infty}^{\infty} F_B(s)e^{j\Omega t} d\Omega \\
f(t) &= e^{\sigma t}\frac{1}{2\pi}\int_{-\infty}^{\infty} F_B(s)e^{j\Omega t} d\Omega = \frac{1}{2\pi}\int_{-\infty}^{\infty} F_B(s)e^{(\sigma+j\Omega)t} d\Omega \\
&\xlongequal{s=\sigma+j\Omega} \frac{1}{2\pi j}\int_{\sigma-j\infty}^{\sigma+j\infty} F_B(s)e^{st} ds
\end{aligned}
\tag{4-10}
$$

由式(4-10) 就得到了双边拉氏变换的逆变换，组成信号 $f(t)$的拉氏变换对：

$$
\begin{cases}
\text{正变换}: F_B(s) = \int_{-\infty}^{\infty} f(t)e^{-st} dt \\
\text{逆变换}: f(t) = \dfrac{1}{2\pi j}\int_{\sigma-j\infty}^{\sigma+j\infty} F_B(s)e^{st} ds
\end{cases}
\tag{4-11}
$$

拉普拉斯变换对可以简记为 $f(t)\leftrightarrow F_B(s)$，$L[f(t)]=F_B(s)$，$f(t)=L^{-1}[F(s)]$。

对于单边拉普拉斯变换，同样可以得到逆变换公式，组成信号 $f(t)$的单边拉氏变换对：

$$
\begin{cases} \text{正变换}: F(s)=L[f(t)]=\int_{0-}^{\infty} f(t)\mathrm{e}^{-st}\,\mathrm{d}t \\ \text{逆变换}: f(t)=L^{-1}[F(s)]=\dfrac{1}{2\pi\mathrm{j}}\int_{\sigma-\mathrm{j}\infty}^{\sigma+\mathrm{j}\infty} F_{\mathrm{B}}(s)\mathrm{e}^{st}\,\mathrm{d}s \end{cases} \tag{4-12}
$$

一般地，把 $F_{\mathrm{B}}(s)$或 $F(s)$称为拉氏变换的像函数，把信号 $f(t)$称为拉氏变换的原函数。由式(4-11) 和式(4-12) 可知，拉氏逆变换的计算公式是复函数的围线积分，与信号 $f(t)$的拉普拉斯变换的收敛域有关，双边拉氏变换和单边拉氏变换逆变换计算公式的形式是相同的。因此，在求信号 $f(t)$的拉氏变换时，不仅要求出像函数，还要求出收敛域，由像函数 $F(s)$和收敛域 ROC 才能唯一地确定原函数 $f(t)$。

4.1.3 拉普拉斯变换的物理意义

连续时间信号 $f(t)$的拉氏变换对 $f(t)=L^{-1}[F(s)]\leftrightarrow F(s)=L[f(t)]$，其逆变换公式为：

$$
\begin{aligned}
f(t)=L^{-1}[F(s)]&=\frac{1}{2\pi\mathrm{j}}\int_{\sigma-\mathrm{j}\infty}^{\sigma+\mathrm{j}\infty} F_{\mathrm{B}}(s)\mathrm{e}^{st}\,\mathrm{d}s \\
&=\frac{1}{2\pi}\int_{-\infty}^{\infty} F(\sigma+\mathrm{j}\Omega)\cdot\mathrm{e}^{\sigma t}\cdot\mathrm{e}^{\mathrm{j}\Omega t}\,\mathrm{d}\Omega \\
&=\frac{1}{2\pi}\int_{-\infty}^{0} F(\sigma+\mathrm{j}\Omega)\cdot\mathrm{e}^{\sigma t}\cdot\mathrm{e}^{\mathrm{j}\Omega t}\,\mathrm{d}\Omega+\frac{1}{2\pi}\int_{0}^{\infty} F(\sigma+\mathrm{j}\Omega)\cdot\mathrm{e}^{\sigma t}\cdot\mathrm{e}^{\mathrm{j}\Omega t}\,\mathrm{d}\Omega \\
&=-\frac{1}{2\pi}\int_{\infty}^{0} F(\sigma-\mathrm{j}\Omega)\cdot\mathrm{e}^{\sigma t}\cdot\mathrm{e}^{-\mathrm{j}\Omega t}\,\mathrm{d}\Omega+\frac{1}{2\pi}\int_{0}^{\infty} F(\sigma+\mathrm{j}\Omega)\cdot\mathrm{e}^{\sigma t}\cdot\mathrm{e}^{\mathrm{j}\Omega t}\,\mathrm{d}\Omega \\
&=\frac{1}{2\pi}\int_{0}^{\infty} F(\sigma-\mathrm{j}\Omega)\cdot\mathrm{e}^{\sigma t}\cdot\mathrm{e}^{-\mathrm{j}\Omega t}\,\mathrm{d}\Omega+\frac{1}{2\pi}\int_{0}^{\infty} F(\sigma+\mathrm{j}\Omega)\cdot\mathrm{e}^{\sigma t}\cdot\mathrm{e}^{\mathrm{j}\Omega t}\,\mathrm{d}\Omega \\
&=\frac{1}{2\pi}\int_{0}^{\infty}[F(\sigma-\mathrm{j}\Omega)\cdot\mathrm{e}^{-\mathrm{j}\Omega t}+F(\sigma+\mathrm{j}\Omega)\cdot\mathrm{e}^{\mathrm{j}\Omega t}]\cdot\mathrm{e}^{\sigma t}\,\mathrm{d}\Omega
\end{aligned}
$$

注意到，将拉氏变换表示成 $F(s)=|F(s)|\mathrm{e}^{\mathrm{j}\phi(s)}$，$[F(s)]^*=F(s^*)$有：

$$F(\sigma+\mathrm{j}\Omega)\cdot\mathrm{e}^{\mathrm{j}\Omega t}=F(s)\cdot\mathrm{e}^{\mathrm{j}\Omega t}=|F(s)|\mathrm{e}^{\mathrm{j}\phi(s)}\cdot\mathrm{e}^{\mathrm{j}\Omega t}=|F(s)|\mathrm{e}^{\mathrm{j}[\Omega t+\phi(s)]}$$

$$F(\sigma-\mathrm{j}\Omega)\cdot\mathrm{e}^{-\mathrm{j}\Omega t}=[F(\sigma+\mathrm{j}\Omega)]^*\cdot[\mathrm{e}^{\mathrm{j}\Omega t}]^*=[F(s)\cdot\mathrm{e}^{\mathrm{j}\Omega t}]^*=|F(s)|\mathrm{e}^{-\mathrm{j}[\Omega t+\phi(s)]}$$

$$[F(\sigma-\mathrm{j}\Omega)\cdot\mathrm{e}^{-\mathrm{j}\Omega t}+F(\sigma+\mathrm{j}\Omega)\cdot\mathrm{e}^{\mathrm{j}\Omega t}]=2|F(s)|\cos[\Omega t+\phi(s)]$$

这样就得到拉氏逆变换的等价表示式：

$$
\begin{aligned}
f(t)=L^{-1}[F(s)]&=\frac{1}{2\pi}\int_{0}^{\infty} 2|F(s)|\cos[\Omega t+\phi(s)]\cdot\mathrm{e}^{\sigma t}\,\mathrm{d}\Omega \\
&=\int_{0}^{\infty}\frac{|F(s)|\mathrm{e}^{\sigma t}\,\mathrm{d}\Omega}{\pi}\cos[\Omega t+\phi(s)]
\end{aligned} \tag{4-13}
$$

积分实质就是和，式(4-13) 表明连续时间信号可以分解成具有任意频率的变幅振荡信号的叠加，每个余弦振荡信号的角频率为 Ω，幅度和初始相位与复频率 $s=\sigma+\mathrm{j}\Omega$ 及拉氏变换的像函数 $F(s)=|F(s)|\mathrm{e}^{\mathrm{j}\phi(s)}$有关。

4.1.4 连续时间信号的拉普拉斯变换与傅里叶变换之间的关系

一个连续时间信号 $f(t)$的双边拉氏变换对 $F_{\mathrm{B}}(s)=L[f(t)]$存在时，它的收敛域一般为收敛轴平行于虚轴的半个复平面 $\mathrm{Re}(s)>\sigma_1$（或 $\mathrm{Re}(s)<\sigma_2$），或者是复平面内的一个平行于虚轴的条形区域 $\sigma_1<\mathrm{Re}(s)<\sigma_2$，或者为整个复平面。如果信号 $f(t)$的双边拉氏变换的收敛域包含虚轴，说明对于虚轴上的复数点 s，广义积分 $F_{\mathrm{B}}(s)=\int_{-\infty}^{\infty} f(t)\mathrm{e}^{-st}\mathrm{d}t$ 是收敛的。在虚轴上的复数 $s=\mathrm{j}\Omega$，所以将像函数限制在虚轴上则有：

$$F_{\mathrm{B}}(s)|_{s=\mathrm{j}\Omega}=F_{\mathrm{B}}(\mathrm{j}\Omega)=\int_{-\infty}^{\infty} f(t)\mathrm{e}^{-\mathrm{j}\Omega t}\mathrm{d}t \tag{4-14}$$

依据傅里叶变换的定义，式(4-14) 的右端恰好是连续时间信号 $f(t)$的傅里叶变换，即有 $F(\Omega)=F_{\mathrm{B}}(s)|_{s=\mathrm{j}\Omega}=\int_{-\infty}^{\infty} f(t)\mathrm{e}^{-\mathrm{j}\Omega t}\mathrm{d}t$。这就表明，如果连续时间信号 $f(t)$的双边拉氏变换的收敛域包含虚轴，则 $f(t)$的傅里叶变换一定存在，像函数 $F_{\mathrm{B}}(s)$的复变量 s 限制在虚轴上就是信号的傅里叶变换 $F_{\mathrm{B}}(s)|_{s=\mathrm{j}\Omega}=F_{\mathrm{B}}(\mathrm{j}\Omega)=F(\Omega)$。

对于连续时间因果信号 $f(t)=f(t)u(t)$，如果它的拉氏变换存在，则双边拉氏变换和单边拉氏变换是一样的，$F_{\mathrm{B}}(s)=\int_{-\infty}^{\infty} f(t)u(t)\mathrm{e}^{-st}\mathrm{d}t=\int_{0-}^{\infty} f(t)u(t)\mathrm{e}^{-st}\mathrm{d}t=F(s)$，收敛域是收敛轴 $\mathrm{Re}(s)=\sigma_0$ 右侧区域，其中 σ_0 是实数，分三种情况：

① 如果 $\sigma_0<0$，收敛域包含虚轴，此时 $f(t)$的傅里叶变换存在：

$$F(\Omega)=F(s)|_{s=\mathrm{j}\Omega}=F(\mathrm{j}\Omega) \tag{4-15}$$

以后常把信号 $f(t)$的频谱密度函数 $F(\Omega)$，记成 $F(\mathrm{j}\Omega)=F(\Omega)$。

② 如果 $\sigma_0>0$，收敛域不包含虚轴，此时 $f(t)$的傅里叶变换不存在。

③ 如果 $\sigma_0=0$，收敛域是虚轴右侧区域，虚轴是收敛轴。由复变函数的知识，像函数 $F(s)$在虚轴上有极点。如果 $F(s)$在虚轴上仅有 N 个单阶极点 $s_1=\mathrm{j}\Omega_1$，$s_2=\mathrm{j}\Omega_2,\cdots$，$s_n=\mathrm{j}\Omega_n$，则像函数可以分解成如下形式：

$$F(s)=F_0(s)+\sum_{i=1}^{N}\frac{C_i}{s-\mathrm{j}\Omega_i} \tag{4-16}$$

其中 $F_0(s)$在虚轴上无极点，此时拉氏变换对为 $F_0(s)\leftrightarrow f_0(t)$，傅里叶变换对为 $f_0(t)\leftrightarrow F_0(\Omega)$，且 $f_0(t)$的拉氏变换的收敛域包含虚轴，所以有 $F_0(\Omega)=F_0(s)|_{s=\mathrm{j}\Omega}$。式(4-16) 的拉氏逆变换为：

$$f(t)=L^{-1}[F_0(s)]+L^{-1}[\sum_{i=1}^{N}\frac{C_i}{s-\mathrm{j}\Omega_i}]=f_0(t)+\sum_{i=1}^{N}C_i\mathrm{e}^{\mathrm{j}\Omega_i t}u(t) \tag{4-17}$$

对式(4-17) 两边求傅里叶变换得：

$$\begin{aligned}F(\Omega)&=F_0(\Omega)+\sum_{i=1}^{N}C_i\left\{\delta(\Omega-\Omega_i)*\left[\pi\delta(\Omega)+\frac{1}{\mathrm{j}\Omega}\right]\right\}\\&=F_0(\Omega)+\sum_{i=1}^{N}C_i\left[\pi\delta(\Omega-\Omega_i)+\frac{1}{j(\Omega-\Omega_i)}\right]\\&=F_0(\Omega)+\sum_{i=1}^{N}\frac{C_i}{\mathrm{j}(\Omega-\Omega_i)}+\sum_{i=1}^{N}C_i\pi\delta(\Omega-\Omega_i)\\&=F(s)|_{s=\mathrm{j}\Omega}+\sum_{i=1}^{N}C_i\pi\delta(\Omega-\Omega_i)\end{aligned} \tag{4-18}$$

式(4-18) 给出了连续时间因果信号 $f(t)=f(t)u(t)$的拉氏变换收敛轴为虚轴，且像函数在虚轴上恰有 N 个单阶极点 $s_1=\mathrm{j}\Omega_1$，$s_2=\mathrm{j}\Omega_2,\cdots$，$s_n=\mathrm{j}\Omega_n$ 时，信号 $f(t)$的频谱密度函

数 $F(\Omega)$ 与像函数 $F(s)$ 之间的关系。

如果像函数 $F(s)$ 在虚轴上只有一个 r 重极点 $s_0=\mathrm{j}\Omega_0$，那么 $f(t)$ 的频谱密度函数为：

$$F(\Omega)=F(s)|_{s=\mathrm{j}\Omega}+\frac{C_0\pi\mathrm{j}^{r-1}}{(r-1)!}\delta^{(r-1)}(\Omega-\Omega_0) \tag{4-19}$$

4.2 典型连续时间信号的单边拉普拉斯变换

常用的连续时间信号有单边指数信号、正弦型信号、单位阶跃信号、单位冲激信号、冲激偶信号、多项式函数信号等。在实际工程应用中，大部分信号都可以用上述常用信号的组合表示出来。我们分别讨论它们的单边拉氏变换的像函数和收敛域。

(1) 单边复指数信号

设信号 $f(t)=\mathrm{e}^{s_0 t}u(t), s_0=\alpha_0+\mathrm{j}\Omega_0$，$\alpha_0, \Omega_0$ 均为实数。

令 $\lim\limits_{t\to+\infty}\mathrm{e}^{\alpha_0 t}\cdot\mathrm{e}^{-\sigma t}=0$，则得 $\sigma>\alpha_0$，此时有 $\lim\limits_{t\to+\infty}f(t)\cdot\mathrm{e}^{-\sigma t}=0$，$f(t)$ 的拉氏变换存在。

$$\begin{aligned}L[f(t)]=F(s)&=\int_{0_-}^{\infty}f(t)\mathrm{e}^{-st}\mathrm{d}t\\&=\int_{0_-}^{\infty}\mathrm{e}^{s_0 t}\mathrm{e}^{-st}\mathrm{d}t=\int_{0_-}^{\infty}\mathrm{e}^{(s_0-s)t}\mathrm{d}t\\&=\frac{1}{s_0-s}\mathrm{e}^{(s_0-s)t}\Big|_{0_-}^{\infty}=0-\frac{1}{s_0-s}\\&=\frac{1}{s-s_0}\end{aligned} \tag{4-20}$$

所以单边复指数信号 $f(t)=\mathrm{e}^{s_0 t}u(t)$ 的拉氏变换为 $F(s)=\dfrac{1}{s-s_0}$，收敛域为 $\sigma>\alpha_0$。

同理可得：$f(t)=\mathrm{e}^{-s_0 t}u(t)\leftrightarrow F(s)=\dfrac{1}{s+s_0}$，收敛域为 $\sigma>\mathrm{Re}(-s_0)=-\alpha_0$。

当 $s_0=\mathrm{j}\Omega_0$ 和 $s_0=-\mathrm{j}\Omega_0$ 时，便有如下常用结果：

$$\mathrm{e}^{-\mathrm{j}\Omega_0 t}u(t)\leftrightarrow\frac{1}{s+\mathrm{j}\Omega_0} \tag{4-21}$$

$$\mathrm{e}^{\mathrm{j}\Omega_0 t}u(t)\leftrightarrow\frac{1}{s-\mathrm{j}\Omega_0} \tag{4-22}$$

收敛域均为 $\mathrm{Re}(s)=\sigma>0$。

(2) 正弦型信号

由于正弦型信号 $\cos(\Omega_0 t)=\dfrac{1}{2}(\mathrm{e}^{\mathrm{j}\Omega_0 t}+\mathrm{e}^{-\mathrm{j}\Omega_0 t})$，提前利用一下拉氏变换的线性特性有：

$$\cos(\Omega_0 t)u(t)\leftrightarrow\frac{1}{2}\left(\frac{1}{s-\mathrm{j}\Omega_0}+\frac{1}{s+\mathrm{j}\Omega_0}\right)=\frac{s}{s^2+\Omega_0^2} \tag{4-23}$$

收敛域 $\mathrm{Re}(s)=\sigma>0$。

同理有：

$$\sin(\Omega_0 t)u(t)\leftrightarrow\frac{1}{2\mathrm{j}}\left(\frac{1}{s-\mathrm{j}\Omega_0}-\frac{1}{s+\mathrm{j}\Omega_0}\right)=\frac{\Omega_0}{s^2+\Omega_0^2} \tag{4-24}$$

收敛域 $\mathrm{Re}(s)=\sigma>0$。

(3) 单位阶跃信号 $u(t)$

单位阶跃信号可以表示成 $u(t)=\mathrm{e}^{0\times t}u(t)$，由式(4-20) 有：

$$u(t)\leftrightarrow\frac{1}{s} \tag{4-25}$$

收敛域 $\mathrm{Re}(s)=\sigma>0$。

(4) 单位冲激信号 $\delta(t)$

由拉普拉斯变换的定义，直接计算有：

$$L[\delta(t)]=F_{\mathrm{B}}(s)=\int_{-\infty}^{\infty}\delta(t)\mathrm{e}^{-st}\mathrm{d}t=1 \tag{4-26}$$

$$L[\delta(t)]=F(s)=\int_{0-}^{\infty}\delta(t)\mathrm{e}^{-st}\mathrm{d}t=1 \tag{4-27}$$

收敛域均为整个复平面。

(5) 冲激偶信号 $\delta'(t)$

$$\begin{aligned}L[\delta'(t)]=F_{\mathrm{B}}(s)&=\int_{-\infty}^{\infty}\delta'(t)\mathrm{e}^{-st}\mathrm{d}t=\int_{-\infty}^{\infty}\mathrm{e}^{-st}\mathrm{d}\delta(t)\\&=\mathrm{e}^{-st}\cdot\delta(t)\big|_{-\infty}^{\infty}-\int_{-\infty}^{\infty}\delta(t)\mathrm{d}\mathrm{e}^{-st}\\&=0+s\int_{-\infty}^{\infty}\delta(t)\mathrm{e}^{-st}\mathrm{d}t\\&=s\end{aligned} \tag{4-28}$$

$$L[\delta'(t)]=F(s)=\int_{0-}^{\infty}\delta'(t)\mathrm{e}^{-st}\mathrm{d}t=s$$

可以推广到单位冲激信号 $\delta(t)$的 n 阶导数 $\delta^{(n)}(t)$的拉氏变换：

$$L[\delta^{(n)}(t)]=F_{\mathrm{B}}(s)=F(s)=s^n \tag{4-29}$$

收敛域均为整个复平面。

(6) 多项式函数信号

$$\begin{aligned}tu(t)\leftrightarrow L[tu(t)]&=\int_{0_-}^{\infty}t\mathrm{e}^{-st}\mathrm{d}t\\&=-\frac{1}{s}\left(t\mathrm{e}^{-st}\big|_{0-}^{\infty}-\int_{0-}^{\infty}\mathrm{e}^{-st}\mathrm{d}t\right)\\&=\frac{1}{s^2}\end{aligned} \tag{4-30}$$

同理有：

$$L[t^2u(t)]=\frac{2!}{s^3} \tag{4-31}$$

一般地，对于任意的正整数 n，有：

$$L[t^nu(t)]=\int_{0_-}^{\infty}t^n\mathrm{e}^{-st}\mathrm{d}t=-\frac{1}{s}\int_{0_-}^{\infty}t^n\mathrm{d}\mathrm{e}^{-st}$$

$$=-\frac{1}{s}\left(t^n e^{-st}\Big|_{0_-}^{\infty}-\int_{0_-}^{\infty} n e^{-st} t^{n-1} dt\right)$$

$$=\frac{n}{s}\int_{0_-}^{\infty} e^{-st} t^{n-1} dt$$

$$=\frac{n}{s}L[t^{n-1}u(t)] \tag{4-32}$$

这是一个递推公式，利用式(4-25)、式(4-30)、式(4-32) 递推便有：

$$L[t^n u(t)]=\frac{n!}{s^{n+1}}, \ n\geqslant 0 \tag{4-33}$$

它们的收敛域均为 $\mathrm{Re}(s)=\sigma>0$。

将来利用拉氏变换的线性特性，可得多项式信号的拉氏变换：

$$f(t)=(a_n t^n+a_{n-1}t^{n-1}+\cdots+a_1 t+a_0)u(t)\leftrightarrow F(s)$$

$$F(s)=a_n\frac{n!}{s^{n+1}}+a_{n-1}\frac{(n-1)!}{s^n}+\cdots+a_1\frac{1}{s^2}+a_0\frac{1}{s} \tag{4-34}$$

以上详细地讨论了几个常用信号的拉氏变换及其收敛域。将常用信号的拉氏变换及其收敛域总结见表 4-1。

表 4-1 常用信号的拉氏变换及其收敛域

序号	单边信号 $f(t)u(t)$	拉氏变换 $F(s)=L[f(t)u(t)]$	收敛域 $\mathrm{Re}(s)=\sigma$
1	$e^{s_0 t}u(t)$	$\frac{1}{s-s_0}$	$\sigma>\mathrm{Re}(s_0)$
2	$e^{-j\Omega_0 t}u(t)$	$\frac{1}{s+j\Omega_0}$	$\sigma>0$
3	$\cos(\Omega_0 t)u(t)$	$\frac{s}{s^2+\Omega_0^2}$	$\sigma>0$
4	$\sin(\Omega_0 t)u(t)$	$\frac{\Omega_0}{s^2+\Omega_0^2}$	$\sigma>0$
5	$u(t)$	$\frac{1}{s}$	$\sigma>0$
6	$\delta(t)$	1	整个复平面
7	$\delta^{(n)}(t)$	s^n	整个复平面
8	$t^n u(t)$	$\frac{n!}{s^{n+1}}$	$\sigma>0$
9	$e^{-\alpha t}\cos(\Omega_0 t)u(t)$	$\frac{s+\alpha}{(s+\alpha)^2+\Omega_0^2}$	$\sigma>\mathrm{Re}(-\alpha)$
10	$e^{-\alpha t}\sin(\Omega_0 t)u(t)$	$\frac{\Omega_0}{(s+\alpha)^2+\Omega_0^2}$	$\sigma>\mathrm{Re}(-\alpha)$
11	$e^{-\alpha t}t^n u(t)$	$\frac{n!}{(s+\alpha)^{n+1}}$	$\sigma>\mathrm{Re}(-\alpha)$
12	$t\cos(\Omega_0 t)u(t)$	$\frac{s^2-\Omega_0^2}{(s^2+\Omega_0^2)^2}$	—
13	$t\sin(\Omega_0 t)u(t)$	$\frac{2\Omega_0 s}{(s^2+\Omega_0^2)^2}$	—

4.3 拉普拉斯变换的性质

同傅里叶变换类似，连续时间信号 $f(t)$的拉普拉斯变换 $F(s)$，使我们能够在时域和复频域两个域对同一信号进行分析和运算。为了更好地了解信号时域特性和频域特性之间的内在关系，我们来研究拉氏变换的基本性质。如不做特殊声明，所讨论的性质对双边拉氏变换和单边拉氏变换都成立，像函数都用 $F(s)$表示。拉氏变换是傅里叶变换的推广，因此拉氏变换的基本性质与傅里叶变换的基本性质大部分是类似的。

（1）线性特性

对于连续时间信号 $f_1(t)$和 $f_2(t)$，如果它们对应的拉氏变换对为：

$$f_1(t)\longleftrightarrow F_1(s)，\text{收敛域为 } \alpha_1<\sigma<\beta_1$$

$$f_2(t)\longleftrightarrow F_2(s)，\text{收敛域为 } \alpha_2<\sigma<\beta_2$$

则任意线性组合 $C_1f_1(t)+C_2f_2(t)$的拉氏变换对为：

$$C_1f_1(t)+C_2f_2(t)\longleftrightarrow C_1F_1(s)+C_2F_2(s) \tag{4-35}$$

式中，C_1,C_2 为任意常数；收敛域为 $\max(\alpha_1,\alpha_2)<\sigma<\min(\beta_1,\beta_2)$。

证明：

$$\begin{aligned}L[C_1f_1(t)+C_2f_2(t)]&=\int_{-\infty}^{\infty}[C_1f_1(t)+C_2f_2(t)]\mathrm{e}^{-st}\mathrm{d}t\\&=\int_{-\infty}^{\infty}C_1f_1(t)\mathrm{e}^{-st}\mathrm{d}t+\int_{-\infty}^{\infty}C_2f_2(t)\mathrm{e}^{-st}\mathrm{d}t\\&=C_1F_1(s)+C_2F_2(s)\end{aligned}$$

收敛域为 $f_1(t)$和 $f_2(t)$拉氏变换收敛域的公共部分：

$$\max(\alpha_1,\alpha_2)<\sigma<\min(\beta_1,\beta_2)$$

需要注意的是，由于信号线性叠加后非零区间可能变小，组合信号 $C_1f_1(t)+C_2f_2(t)$的拉氏变换的实际收敛域可能会增大。

【例 4-4】 求正弦型信号 $\sin(\Omega_0t)u(t)$的拉氏变换。

解：

$$\sin(\Omega_0t)u(t)=\frac{1}{2\mathrm{j}}[\mathrm{e}^{\mathrm{j}\Omega_0t}u(t)-\mathrm{e}^{-\mathrm{j}\Omega_0t}u(t)]$$

$$\mathrm{e}^{-\mathrm{j}\Omega_0t}u(t)\leftrightarrow\frac{1}{s+\mathrm{j}\Omega_0}$$

$$\mathrm{e}^{\mathrm{j}\Omega_0t}u(t)\leftrightarrow\frac{1}{s-\mathrm{j}\Omega_0}$$

由拉氏变换的线性特性有：

$$\sin(\Omega_0t)u(t)\leftrightarrow\frac{1}{2\mathrm{j}}\left(\frac{1}{s-\mathrm{j}\Omega_0}-\frac{1}{s+\mathrm{j}\Omega_0}\right)=\frac{\Omega_0}{s^2+\Omega_0^2}$$

（2）时域移位特性

对于连续时间信号 $f(t)$，对应的拉氏变换对为：

$$f(t)\longleftrightarrow F(s)，\text{收敛域为 } \alpha<\sigma<\beta$$

则移位信号 $f(t-t_0)$的拉氏变换为：

$$f(t-t_0)\leftrightarrow F(s)\mathrm{e}^{-st_0} \tag{4-36}$$

收敛域为 $\alpha<\sigma<\beta$。

证明：

$$L[f(t-t_0)]=\int_{-\infty}^{\infty}[f(t-t_0)]e^{-st}dt \xlongequal{t-t_0=\tau} \int_{-\infty}^{\infty}f(\tau)e^{-s(\tau+t_0)}d\tau$$
$$=e^{-st_0}\int_{-\infty}^{\infty}f(\tau)e^{-s\tau}d\tau$$
$$=F(s)e^{-st_0}$$

从证明过程可以看出，收敛域不发生变化为 $\alpha<\sigma<\beta$。需要注意的是，对于单边拉氏变换，要求 $t_0>0$。

【例 4-5】 求信号 $f(t)=tu(t-2)$ 的拉氏变换。

解：
$$f(t)=tu(t-2)=(t-2)u(t-2)+2u(t-2)$$
$$tu(t)\leftrightarrow\frac{1}{s^2}$$
$$u(t)\leftrightarrow\frac{1}{s}$$

由拉氏变换的时域移位性质有：

$$f(t)=tu(t-2)\leftrightarrow L[(t-2)u(t-2)+2u(t-2)]$$
$$=\frac{1}{s^2}e^{-2s}+\frac{2}{s}e^{-2s}=\left(\frac{1}{s^2}+\frac{2}{s}\right)e^{-2s}$$

【例 4-6】 求信号 $f(t)=\sin(\pi t)\cdot[u(t)-u(t-3)]$ 的拉氏变换。

解： $f(t)=\sin(\pi t)\cdot[u(t)-u(t-3)]=\sin(\pi t)\cdot u(t)-\sin(\pi t)\cdot u(t-3)$
$=\sin(\pi t)\cdot u(t)+\sin[\pi(t-3)]\cdot u(t-3)$

$$\sin(\pi t)\cdot u(t)\leftrightarrow\frac{\pi}{s^2+\pi^2}$$

由拉氏变换的移位特性有：

$$f(t)\leftrightarrow L[f(t)]=\frac{\pi}{s^2+\pi^2}+\frac{\pi}{s^2+\pi^2}e^{-3t}$$
$$=\frac{\pi(1+e^{-3t})}{s^2+\pi^2}$$

【例 4-7】 求周期为 T 的单边周期矩形脉冲信号 $f(t)=f_T(t)u(t)$ 的拉氏变换。已知周期脉冲的主周期信号为 $f_1(t)=\begin{cases}E, & 0<t<\tau\\ 0, & \tau<t<T\end{cases}$，如图 4-4 所示。

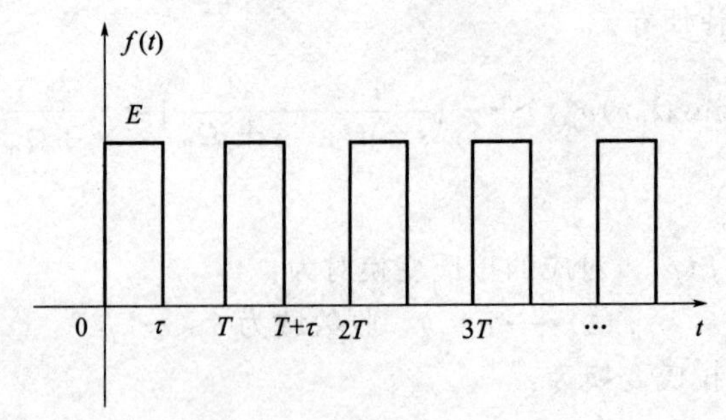

图 4-4　单边周期矩形脉冲信号

解：由拉氏变换的定义可得：

$$F_1(s)=\int_0^{\tau} E\cdot e^{-st}dt=\frac{E}{s}(1-e^{-s\tau})$$

$$f(t)=f_T(t)u(t)=f_1(t)+f_1(t-T)+f_1(t-2T)+\cdots=\sum_{n=0}^{\infty} f_1(t-nT)$$

由拉氏变换的移位特性得：

$$\begin{aligned}f(t)\leftrightarrow L[\sum_{n=0}^{\infty} f_1(t-nT)]&=\sum_{n=0}^{\infty} F_1(s)\cdot e^{-nsT}\\&=F_1(s)\sum_{n=0}^{\infty} e^{-nsT}=F_1(s)(1+e^{-sT}+e^{-2sT}+\cdots)\\&=\frac{E}{s}(1-e^{-s\tau})\cdot\frac{1}{1-e^{-sT}}=\frac{E}{s}\times\frac{1-e^{-s\tau}}{1-e^{-sT}}\end{aligned}$$

上述结果中，$\frac{1}{1-e^{-sT}}$称为周期信号拉氏变换的周期化因子。这说明单边周期性信号的拉氏变换等于主周期脉冲的拉氏变换乘以周期化因子。

【例 4-8】 已知连续时间单边信号 $f(t)=f(t)u(t)$，以抽样间隔 T 对信号 $f(t)$进行理想抽样，求抽样信号 $f_s(t)$的拉氏变换 $F_s(t)$。

解：用周期性单位冲激序列 $\delta_T(t)=\sum_{n=0}^{\infty}\delta(t-nT)$对信号 $f(t)$进行理想抽样的抽样信号为：

$$f_s(t)=[f(t)u(t)]\cdot\sum_{n=0}^{\infty}\delta(t-nT)=\sum_{n=0}^{\infty} f(nT)\cdot\delta(t-nT)$$

由拉氏变换的移位特性有：

$$\delta(t-nT)\leftrightarrow L[\delta(t-nT)]=e^{-snT}$$

再由拉氏变换的线性特性得抽样信号 $f_s(t)$的拉氏变换 $F_s(t)$：

$$F_s(t)=\sum_{n=0}^{\infty} f(nT)\cdot e^{-snT} \tag{4-37}$$

式(4-37) 表明，抽样信号的拉氏变换可表示为复频域（s 域）的级数。

（3）频域移位特性

对于连续时间信号 $f(t)$，对应的拉氏变换对为：

$$f(t)\longleftrightarrow F(s)\text{，收敛域为 }\alpha<\sigma<\beta$$

则信号 $f(t)e^{s_0t}$ 的拉氏变换为：

$$f(t)e^{s_0t}\leftrightarrow F(s-s_0) \tag{4-38}$$

收敛域为 $\alpha+\mathrm{Re}[s_0]<\sigma<\beta+\mathrm{Re}[s_0]$。

证明：由拉氏变换的定义可得：

$$\begin{aligned}f(t)e^{s_0t}\leftrightarrow\int_{-\infty}^{\infty} f(t)e^{s_0t}e^{-st}dt&=\int_{-\infty}^{\infty} f(t)e^{-(s-s_0)t}dt\\&=F(s-s_0)\end{aligned}$$

收敛域为 $\alpha<\mathrm{Re}(s-s_0)<\beta$，即 $\alpha+\mathrm{Re}[s_0]<\sigma<\beta+\mathrm{Re}[s_0]$。

【例 4-9】 求信号 $e^{-\alpha t}\sin(\Omega_0 t)u(t)$的拉氏变换。

解：已知 $\sin(\Omega_0 t)u(t)\leftrightarrow\dfrac{\Omega_0}{s^2+\Omega_0^2}$，$\sigma>0$

由频移特性有：

$$e^{-\alpha t}\sin(\Omega_0 t)u(t)\leftrightarrow\frac{\Omega_0}{(s+\alpha)^2+\Omega_0^2},\ \sigma>\mathrm{Re}(-\alpha)$$

【例 4-10】 求信号 $f(t)=[t^3+te^{-3t}\cos(2t)]u(t)$ 的像函数 $F(s)$。

解：由表 4-1 给出的拉氏变换，$t\cos(\Omega_0 t)u(t)\leftrightarrow\dfrac{s^2-\Omega_0^2}{(s^2+\Omega_0^2)^2}$，所以：

$$t\cos(2t)u(t)\leftrightarrow\frac{s^2-4}{(s^2+4)^2}$$

$$t^3\cdot u(t)\leftrightarrow\frac{3!}{s^4}$$

由拉氏变换的线性及频移特性得：

$$f(t)\leftrightarrow F(s)=\frac{3!}{s^4}+\frac{(s+3)^2-4}{[(s+3)^2+4]^2}$$

(4) 尺度变换特性

对于连续时间信号 $f(t)$，对应的拉氏变换对为：

$$f(t)\longleftrightarrow F(s)，收敛域为\ \alpha<\sigma<\beta$$

则移位信号 $f(at)$（$a\neq0$，为实数）的拉氏变换为：

$$f(at)\leftrightarrow\frac{1}{|a|}F\left(\frac{s}{a}\right)\tag{4-39}$$

当 $a>0$ 时，收敛域为 $a\alpha<\sigma<a\beta$，当 $a<0$ 时，收敛域为 $a\beta<\sigma<a\alpha$。

证明：当 $a>0$ 时，由拉氏变换的定义可得：

$$\begin{aligned}f(at)&\leftrightarrow\int_{-\infty}^{\infty}f(at)e^{-st}\,dt\overset{at=\tau}{=\!=\!=}\int_{-\infty}^{\infty}f(\tau)e^{-s\frac{\tau}{a}}\,d\frac{\tau}{a}\\&=\frac{1}{a}\int_{-\infty}^{\infty}f(\tau)e^{-\frac{s}{a}\tau}\,d\tau\\&=\frac{1}{a}F\left(\frac{s}{a}\right)=\frac{1}{|a|}F\left(\frac{s}{a}\right)\end{aligned}\tag{4-40}$$

当 $a<0$ 时，由拉氏变换的定义可得：

$$\begin{aligned}f(at)&\leftrightarrow\int_{-\infty}^{\infty}f(at)e^{-st}\,dt\overset{at=\tau}{=\!=\!=}-\frac{1}{|a|}\int_{\infty}^{-\infty}f(\tau)e^{-\frac{s}{a}\tau}\,d\tau\\&=\frac{1}{|a|}\int_{-\infty}^{\infty}f(\tau)e^{-\frac{s}{a}\tau}\,d\tau\\&=\frac{1}{|a|}F\left(\frac{s}{a}\right)\end{aligned}\tag{4-41}$$

综合式(4-40）和式(4-41）得移位信号 $f(at)$（$a\neq0$，为实数）的拉氏变换为：

$$f(at)\leftrightarrow\frac{1}{|a|}F\left(\frac{s}{a}\right)$$

对于单边拉氏变换，要求系数为 $a>0$ 的实数，像函数表达式不变。

从上述证明过程可以看到收敛域为 $\alpha<\mathrm{Re}s=\dfrac{\sigma}{a}<\beta$，所以当 $a>0$ 时，收敛域为 $a\alpha<\sigma<a\beta$，当 $a<0$ 时，收敛域为 $a\beta<\sigma<a\alpha$。

对于既有尺度变换又有移位的信号 $f(at-b)$（$a\neq0$，a,b 均为实数）的拉氏变换为：

$$f(at-b)\leftrightarrow\frac{1}{|a|}F\left(\frac{s}{a}\right)\mathrm{e}^{-s\frac{b}{a}} \tag{4-42}$$

当 $a>0$ 时，收敛域为 $a\alpha<\sigma<a\beta$，当 $a<0$ 时，收敛域为 $a\beta<\sigma<a\alpha$。对于单边拉氏变换要求 $a>0$，$b>0$ 均为实数，像函数表达式不变。

【例 4-11】 求信号 $f(t)=\mathrm{e}^{-(3t-2)}u(2t-1)$ 的拉氏变换 $F(s)$。

解：$f(t)=\mathrm{e}^{-(3t-2)}u(2t-1)=\mathrm{e}^{-\frac{3}{2}\left(2t-\frac{4}{3}\right)}u(2t-1)=\mathrm{e}^{\frac{1}{2}}\mathrm{e}^{-\frac{3}{2}(2t-1)}u(2t-1)$

$$\mathrm{e}^{-\frac{3}{2}t}u(t)\leftrightarrow\frac{1}{s+\dfrac{3}{2}}$$

由式(4-42) 得：

$$\mathrm{e}^{-\frac{3}{2}(2t-1)}u(2t-1)\leftrightarrow\frac{1}{2}\times\frac{1}{\dfrac{s}{2}+\dfrac{3}{2}}\mathrm{e}^{-\frac{s}{2}}=\frac{1}{s+3}\mathrm{e}^{-\frac{s}{2}}$$

所以信号 $f(t)=\mathrm{e}^{-(3t-2)}u(2t-1)$ 的拉氏变换 $F(s)$ 为：

$$F(s)=\mathrm{e}^{\frac{1}{2}}\frac{1}{s+3}\mathrm{e}^{-\frac{s}{2}}=\frac{1}{s+3}\mathrm{e}^{-\frac{s-1}{2}}$$

（5）卷积特性（卷积定理）

时域卷积特性：如果对于连续时间信号 $f_1(t)$ 和 $f_2(t)$，对应的双边拉氏变换对为：

$$f_1(t)\longleftrightarrow F_{\mathrm{B1}}(s)\text{，收敛域为 }\alpha_1<\sigma<\beta_1$$
$$f_2(t)\longleftrightarrow F_{\mathrm{B2}}(s)\text{，收敛域为 }\alpha_2<\sigma<\beta_2$$

则线性卷积信号 $f_1(t)*f_2(t)$ 的双边拉氏变换为：

$$f_1(t)*f_2(t)\leftrightarrow F_{\mathrm{B1}}(s)\cdot F_{\mathrm{B2}}(s) \tag{4-43}$$

收敛域为 $\max(\alpha_1,\alpha_2)<\sigma<\min(\beta_1,\beta_2)$。

证明：由双边拉氏变换的定义，卷积信号 $f_1(t)*f_2(t)$ 的双边拉氏变换为：

$$\begin{aligned}f_1(t)*f_2(t)\leftrightarrow&\int_{-\infty}^{\infty}\left[\int_{-\infty}^{\infty}f_1(\tau)f_2(t-\tau)\mathrm{d}\tau\right]\mathrm{e}^{-st}\mathrm{d}t\\&=\int_{-\infty}^{\infty}f_1(\tau)\mathrm{d}\tau\left[\int_{-\infty}^{\infty}f_2(t-\tau)\mathrm{e}^{-st}\mathrm{d}t\right]\\&=\int_{-\infty}^{\infty}f_1(\tau)\mathrm{e}^{-s\tau}\mathrm{d}\tau\left[\int_{-\infty}^{\infty}f_2(r)\mathrm{e}^{-sr}\mathrm{d}r\right]\\&=F_{\mathrm{B1}}(s)\cdot F_{\mathrm{B2}}(s)\end{aligned}$$

由证明过程可以看出，收敛域是公共部分 $\max(\alpha_1,\alpha_2)<\sigma<\min(\beta_1,\beta_2)$。

同理可以推得，线性卷积信号 $f_1(t)*f_2(t)$ 的单边拉氏变换为：

$$f_1(t)*f_2(t)\leftrightarrow F_1(s)\cdot F_2(s) \tag{4-44}$$

收敛域为 $\max(\alpha_1,\alpha_2)<\sigma<\min(\beta_1,\beta_2)$。

频域卷积特性：如果对于连续时间信号 $f_1(t)$ 和 $f_2(t)$，对应的拉氏变换对为：

$$f_1(t) \longleftrightarrow F_1(s)，收敛域为\ \alpha_1<\sigma<\beta_1$$

$$f_2(t) \longleftrightarrow F_2(s)，收敛域为\ \alpha_2<\sigma<\beta_2$$

则乘积信号 $f_1(t) \cdot f_2(t)$ 的拉氏变换为：

$$f_1(t) \cdot f_2(t) \leftrightarrow \frac{1}{2\pi} F_1(s) * F_2(s) = \frac{1}{2\pi \mathrm{j}} \int_{\sigma-\mathrm{j}\infty}^{\sigma+\mathrm{j}\infty} F_1(p) F_2(s-p) \mathrm{d}p \tag{4-45}$$

收敛域为 $\alpha_1+\alpha_2<\sigma<\beta_1+\beta_2$。证明略。

(6) 时域微分特性

如果对于连续时间信号 $f(t)$，对应的双边拉氏变换对为：

$$f(t) \longleftrightarrow F_{\mathrm{B}}(s)，收敛域为\ \alpha<\sigma<\beta$$

则微分信号 $f'(t)=\dfrac{\mathrm{d}f(t)}{\mathrm{d}t}$ 的双边拉氏变换为：

$$\frac{\mathrm{d}f(t)}{\mathrm{d}t} \leftrightarrow sF_{\mathrm{B}}(s) \tag{4-46}$$

收敛域为 $\alpha<\sigma<\beta$。

证明：由双边拉氏变换的定义，微分信号 $f'(t)=\dfrac{\mathrm{d}f(t)}{\mathrm{d}t}$ 的双边拉氏变换为：

$$\begin{aligned} f'(t) \leftrightarrow \int_{-\infty}^{\infty} f'(t) \mathrm{e}^{-st} \mathrm{d}t &= \int_{-\infty}^{\infty} \mathrm{e}^{-st} \mathrm{d}f(t) \\ &= \mathrm{e}^{-st} f(t) \big|_{-\infty}^{\infty} - \int_{-\infty}^{\infty} f(t) \mathrm{d}\mathrm{e}^{-st} \\ &= s \int_{-\infty}^{\infty} f(t) \mathrm{e}^{-st} \mathrm{d}t = sF(s) \end{aligned}$$

收敛域为 $\alpha<\sigma<\beta$。

式(4-47) 可以推广到信号 $f(t)$ 的 n 阶导数的情况，$f^{(n)}(t)=\dfrac{\mathrm{d}^n f(t)}{\mathrm{d}t^n}$ 的双边拉氏变换为：

$$\frac{\mathrm{d}^n f(t)}{\mathrm{d}t^n} \leftrightarrow s^n F(s) \tag{4-47}$$

如果对于连续时间信号 $f(t)$，对应的单边拉氏变换对为：

$$f(t) \longleftrightarrow F(s)，收敛域为\ \alpha<\sigma<\beta$$

则微分信号 $f'(t)=\dfrac{\mathrm{d}f(t)}{\mathrm{d}t}$ 的单边拉氏变换为：

$$\frac{\mathrm{d}f(t)}{\mathrm{d}t} \leftrightarrow sF(s)-f(0_-) \tag{4-48}$$

收敛域为 $\alpha<\sigma<\beta$。

证明：由单边拉氏变换的定义，微分信号 $f'(t)=\dfrac{\mathrm{d}f(t)}{\mathrm{d}t}$ 的单边拉氏变换为：

$$\begin{aligned} f'(t) \leftrightarrow \int_{0_-}^{\infty} f'(t) \mathrm{e}^{-st} \mathrm{d}t &= \int_{0_-}^{\infty} \mathrm{e}^{-st} \mathrm{d}f(t) \\ &= \mathrm{e}^{-st} f(t) \big|_{0_-}^{\infty} - \int_{-\infty}^{\infty} f(t) \mathrm{d}\mathrm{e}^{-st} \\ &= -f(0_-) + s \int_{-\infty}^{\infty} f(t) \mathrm{e}^{-st} \mathrm{d}t \\ &= sF(s) - f(0_-) \end{aligned} \tag{4-49}$$

收敛域为 $\alpha<\sigma<\beta$。

由式(4-49) 可以推得，连续时间信号 $f(t)$的二阶微分 $f^{(2)}(t)=\dfrac{\mathrm{d}^2 f(t)}{\mathrm{d}t^2}$的单边拉氏变换为：

$$\frac{\mathrm{d}^2 f(t)}{\mathrm{d}t^2}\leftrightarrow s[sF(s)-f(0_-)]-f'(0_-)=s^2F(s)-sf(0_-)-f'(0_-) \tag{4-50}$$

推广到信号 $f(t)$的 n 阶导数的情况，$f^{(n)}(t)=\dfrac{\mathrm{d}^n f(t)}{\mathrm{d}t^n}$的单边拉氏变换为：

$$\frac{\mathrm{d}^n f(t)}{\mathrm{d}t^n}\leftrightarrow s^nF(s)-\sum_{i=0}^{n-1}s^{n-i-1}f^{(i)}(0_-) \tag{4-51}$$

收敛域为 $\alpha<\sigma<\beta$。

由式(4-51) 容易得到，对于因果信号 $f(t)=f(t)u(t)$，满足条件 $\forall i f^{(i)}(0_-)=f^{(i)}(t)\big|_{t=0_-}=0$，所以 $f^{(n)}(t)=\dfrac{\mathrm{d}^n f(t)}{\mathrm{d}t^n}$的单边拉氏变换为：

$$\frac{\mathrm{d}^n f(t)}{\mathrm{d}t^n}\leftrightarrow s^nF(s) \tag{4-52}$$

收敛域为 $\alpha<\sigma<\beta$。

【例 4-12】 求信号 $f(t)=\begin{cases}-1, & t<0\\ \mathrm{e}^{-\alpha t}, & t>0\end{cases}$ $(\alpha>0)$及其导数 $f'(t)$的单边拉氏变换。

解：由信号 $f(t)$的表达式可得 $f(0_-)=\lim\limits_{t\to 0-}f(t)=-1$。

由单边拉氏变换的定义得 $f(t)$的单边拉氏变换为：

$$\begin{aligned}f(t)\leftrightarrow F(s)&=\int_{0_-}^{\infty}f(t)\mathrm{e}^{-st}\mathrm{d}t=\int_{0_-}^{\infty}\mathrm{e}^{-\alpha t}\mathrm{e}^{-st}\mathrm{d}t\\&=\frac{1}{s+\alpha}\end{aligned}$$

收敛域为 $\sigma>\mathrm{Re}(-\alpha)=-\alpha$。

由式(4-49) 可得导数 $f'(t)$的单边拉氏变换：

$$\begin{aligned}f'(t)&=sF(s)-f(0_-)=s\frac{1}{s+\alpha}-(-1)\\&=\frac{2s+\alpha}{s+\alpha}=2-\frac{\alpha}{s+\alpha}\end{aligned}$$

【例 4-13】 已知流经电感的电流信号为 $f(t)=i_L(t)$，它的单边拉氏变换为 $L[i_L(t)]=I_L(s)$，求电感电压 $v_L(t)$的单边拉氏变换 $V_L(s)$。

解：设电感系数为 L，则由关系式 $v_L(t)=L\dfrac{\mathrm{d}i_L(t)}{\mathrm{d}t}$，时域微分特性有：

$$V_L(s)=L[sI_L(s)-i_L(0_-)]=sLI_L(s)-Li_L(0_-) \tag{4-53}$$

式(4-53) 给出了电感器的 s 域模型，称为电感器的复频域模型。

(7) 时域积分特性

如果对于连续时间信号 $f(t)$，对应的双边拉氏变换对为：

$$f(t)\longleftrightarrow F_{\mathrm{B}}(s)，收敛域为 \alpha<\sigma<\beta$$

则积分信号 $f^{-1}(t)=\int_{-\infty}^{t} f(\tau)\mathrm{d}\tau$ 的双边拉氏变换为：

$$f^{-1}(t)\leftrightarrow\frac{F_{\mathrm{B}}(s)}{s} \tag{4-54}$$

收敛域为 $\max(\alpha,0)<\sigma<\beta$，且 $\beta>0$。

证明：积分信号 $f^{-1}(t)=\int_{-\infty}^{t} f(\tau)\mathrm{d}\tau=f(t)*u(t)$，由卷积定理有：

$$f^{-1}(t)\leftrightarrow F_{\mathrm{B}}(s)\cdot\frac{1}{s}$$

如果对于连续时间信号 $f(t)$，对应的单边拉氏变换对为：

$$f(t)\longleftrightarrow F(s)\text{，收敛域为 }\alpha<\sigma<\beta$$

则积分信号 $f^{-1}(t)=\int_{-\infty}^{t} f(\tau)\mathrm{d}\tau$ 的单边拉氏变换为：

$$f^{-1}(t)\leftrightarrow\frac{F(s)}{s}+\frac{f^{-1}(0_{-})}{s} \tag{4-55}$$

收敛域为 $\max(\alpha,0)<\sigma<\beta$，且 $\beta>0$。

证明：

$$\begin{aligned}\text{积分信号 } f^{-1}(t)&=\int_{-\infty}^{t} f(\tau)\mathrm{d}\tau=\int_{-\infty}^{0_{-}} f(\tau)\mathrm{d}\tau+\int_{0_{-}}^{t} f(\tau)\mathrm{d}\tau=f^{-1}(0_{-})+\int_{0_{-}}^{t} f(\tau)\mathrm{d}\tau\\&=f^{-1}(0_{-})u(t)+\int_{0_{-}}^{t} f(\tau)\mathrm{d}\tau\end{aligned}$$

$\int_{0_{-}}^{t} f(\tau)\mathrm{d}\tau$ 的单边拉氏变换为：

$$\begin{aligned}\int_{0_{-}}^{t} f(\tau)\mathrm{d}\tau\leftrightarrow\int_{0_{-}}^{\infty}\left[\int_{0_{-}}^{t} f(\tau)\mathrm{d}\tau\right]\mathrm{e}^{-st}\mathrm{d}t&=-\frac{1}{s}\int_{0_{-}}^{\infty}\left[\int_{0_{-}}^{t} f(\tau)\mathrm{d}\tau\right]\mathrm{d}\mathrm{e}^{-st}\\&=-\frac{1}{s}\left\{\left[\mathrm{e}^{-st}\int_{0_{-}}^{t} f(\tau)\mathrm{d}\tau\right]\Bigg|_{0_{-}}^{\infty}-\int_{0_{-}}^{\infty}\mathrm{e}^{-st}f(t)\mathrm{d}t\right\}\\&=\frac{1}{s}F(s)\end{aligned}$$

由拉氏变换的线性特性，积分信号 $f^{-1}(t)=\int_{-\infty}^{t} f(\tau)\mathrm{d}\tau$ 的单边拉氏变换为：

$$f^{-1}(t)\leftrightarrow L\left[f^{-1}(0_{-})u(t)+\int_{0_{-}}^{t} f(\tau)\mathrm{d}\tau\right]=\frac{F(s)}{s}+\frac{f^{-1}(0_{-})}{s}$$

收敛域不含 $s=0$，收敛域为 $\max(\alpha,0)<\sigma<\beta$，且 $\beta>0$。

【例 4-14】 已知流经电容的电流信号为 $f(t)=i_C(t)$，它的单边拉氏变换为 $L[i_C(t)]=I_C(s)$，求电容电压 $v_C(t)$ 的单边拉氏变换 $V_C(s)$。

解：设电容系数为 C，则由关系式 $v_C(t)=\frac{1}{C}\int_{-\infty}^{t} i_C(\tau)\mathrm{d}\tau$，由时域积分特性有：

$$V_C(s)=\frac{1}{C}\left[\frac{I_C(s)}{s}+\frac{i_C{}^{(-1)}(0_{-})}{s}\right]=\frac{1}{sC}I_C(s)+\frac{1}{sC}i_C{}^{(-1)}(0_{-}) \tag{4-56}$$

式(4-56) 给出了电容器的 s 域模型，称为电容器的复频域模型。

(8) 复频域微分特性

如果对于连续时间信号 $f(t)$，对应的双边拉氏变换对为：

$$f(t) \longleftrightarrow F_{\mathrm{B}}(s)，收敛域为\ \alpha<\sigma<\beta$$

则频域微分$\frac{\mathrm{d}F_{\mathrm{B}}(s)}{\mathrm{d}s}$的双边拉氏逆变换为：

$$\frac{\mathrm{d}F_{\mathrm{B}}(s)}{\mathrm{d}s} \leftrightarrow -tf(t) \tag{4-57}$$

收敛域为 $\alpha<\sigma<\beta$。

证明： 由双边拉氏逆变换的定义，频域微分$-\frac{\mathrm{d}F_{\mathrm{B}}(s)}{\mathrm{d}s}$的逆变换为：

$$\begin{aligned}
\frac{\mathrm{d}F_{\mathrm{B}}(s)}{\mathrm{d}s} \rightarrow \frac{1}{2\pi\mathrm{j}}\int_{\sigma-\mathrm{j}\infty}^{\sigma+\mathrm{j}\infty} F'_{\mathrm{B}}(s)\mathrm{e}^{st}\,\mathrm{d}s &= \frac{1}{2\pi\mathrm{j}}\int_{\sigma-\mathrm{j}\infty}^{\sigma+\mathrm{j}\infty} \mathrm{e}^{st}\,\mathrm{d}F_{\mathrm{B}}(s) \\
&= \frac{1}{2\pi\mathrm{j}}\left[F_{\mathrm{B}}(s)\mathrm{e}^{st}\ \Big|_{\sigma-\mathrm{j}\infty}^{\sigma+\mathrm{j}\infty} - t\int_{\sigma-\mathrm{j}\infty}^{\sigma+\mathrm{j}\infty} F_{\mathrm{B}}(s)\mathrm{e}^{st}\,\mathrm{d}s\right] \\
&= -t\,\frac{1}{2\pi\mathrm{j}}\int_{\sigma-\mathrm{j}\infty}^{\sigma+\mathrm{j}\infty} F_{\mathrm{B}}(s)\mathrm{e}^{st}\,\mathrm{d}s \\
&= -tf(t)
\end{aligned}$$

所以有双边拉氏变换对：

$$-tf(t) \leftrightarrow \frac{\mathrm{d}F_{\mathrm{B}}(s)}{\mathrm{d}s}$$

收敛域为 $\alpha<\sigma<\beta$。

式(4-57) 可以推广到频域高阶微分的情况：

$$t^n f(t) \longleftrightarrow (-1)^n\,\frac{\mathrm{d}^n F_{\mathrm{B}}(s)}{\mathrm{d}^n s}$$

收敛域为 $\alpha<\sigma<\beta$。

对于单边拉氏变换，如果连续时间信号 $f(t)$对应的单边拉氏变换对为：

$$f(t) \longleftrightarrow F(s)，收敛域为\ \alpha<\sigma<\beta$$

则有频域高阶微分特性：

$$t^n f(t) \longleftrightarrow (-1)^n\,\frac{\mathrm{d}^n F(s)}{\mathrm{d}^n s} \tag{4-58}$$

其中 n 为非负整数，收敛域为 $\alpha<\sigma<\beta$。

【例 4-15】 求信号 $t^2u(t)$的拉氏变换。

解： 已知 $u(t) \leftrightarrow \frac{1}{s}$，由频域微分特性有：

$$(-1)^2\left(\frac{1}{s}\right)'' = \frac{2}{s^3} \leftrightarrow t^2u(t)$$

所以信号 $t^2u(t)$的拉氏变换为 $F_{\mathrm{B}}(t)=F(t)=\frac{2}{s^3}$。

（9）复频域积分特性

如果对于连续时间信号 $f(t)$，对应的拉氏变换对为：

$$f(t) \longleftrightarrow F(s)，收敛域为\ \alpha<\sigma<\beta$$

则频域积分 $\int_s^{\infty} F(p)\mathrm{d}p$ 的拉氏逆变换为：

$$\int_s^{\infty} F(p)\mathrm{d}p \leftrightarrow \frac{f(t)}{t} \tag{4-59}$$

收敛域为 $\alpha<\sigma<\beta$。

证明：$F(s)=\int_{-\infty}^{\infty} f(t)\mathrm{e}^{-st}\mathrm{d}t$，两边对 s 积分：

$$\begin{aligned}\int_s^{\infty} F(p)\mathrm{d}p &= \int_s^{\infty}\int_{-\infty}^{\infty} f(t)\mathrm{e}^{-st}\mathrm{d}t\mathrm{d}s \\ &= \int_{-\infty}^{\infty} f(t)\mathrm{d}t\int_s^{\infty}\mathrm{e}^{-pt}\mathrm{d}p \\ &= \int_{-\infty}^{\infty} f(t)\left(-\frac{1}{t}\mathrm{e}^{-pt}\Big|_s^{\infty}\right)\mathrm{d}t \\ &= \int_{-\infty}^{\infty}\frac{f(t)}{t}\mathrm{e}^{-st}\mathrm{d}t\end{aligned}$$

所以有拉氏变换对：

$$\frac{f(t)}{t}\leftrightarrow\int_s^{\infty} F(p)\mathrm{d}p$$

（10）初值和终值定理

设连续时间信号 $f(t)$及导数 $f'(t)$的单边拉氏变换都存在，且信号 $f(t)$在 $t=0$ 不含冲激函数及其导数项，对应的单边拉氏变换对为：

$$f(t)\longleftrightarrow F(s)，收敛域为\ \alpha<\sigma<\beta$$

则有如下结果：

$$f(0_+)=\lim_{t\to 0_+} f(t)=\lim_{s\to\infty} sF(s) \tag{4-60}$$

以上称为初值定理，由其即可直接从像函数求出原函数的初始值 $f(0_+)$。

证明：由单边拉氏变换的时域微分特性有：

$$\begin{aligned}sF(s)-f(0_-) &= \int_{0_-}^{\infty} f'(t)\mathrm{e}^{-st}\mathrm{d}t = \int_{0_-}^{0_+} f'(t)\mathrm{e}^{-st}\mathrm{d}t + \int_{0_+}^{\infty} f'(t)\mathrm{e}^{-st}\mathrm{d}t \\ &= f(0_+)-f(0_-)+\int_{0_+}^{\infty} f'(t)\mathrm{e}^{-st}\mathrm{d}t\end{aligned}$$

$$sF(s)=f(0_+)+\int_{0_+}^{\infty} f'(t)\mathrm{e}^{-st}\mathrm{d}t$$

两边取 $s\to\infty$时的极限有：

$$\lim_{s\to\infty} sF(s)=f(0_+)$$

设连续时间信号 $f(t)$及导数 $f'(t)$的单边拉氏变换都存在，收敛域 $\alpha<\sigma<\beta$ 包含虚轴，对应的单边拉氏变换对为：

$$f(t)\longleftrightarrow F(s)$$

则有如下结果：

$$f(\infty)=\lim_{t\to\infty} f(t)=\lim_{s\to 0} sF(s) \tag{4-61}$$

以上称为终值定理，由其即可直接从像函数求出原函数的终值 $f(\infty)$。

证明：$sF(s)=f(0_+)+\int_{0_+}^{\infty} f'(t)\mathrm{e}^{-st}\mathrm{d}t$，两边取 $s\to 0$ 时的极限：

$$\lim_{s\to 0} sF(s)=\lim_{s\to 0}[f(0_+)+\int_{0_+}^{\infty} f'(t)\mathrm{e}^{-st}\mathrm{d}t]=f(0_+)+\int_{0_+}^{\infty} f'(t)(\lim_{s\to 0}\mathrm{e}^{-st})\mathrm{d}t$$

$$=f(0_+)+\int_{0_+}^{\infty} f'(t)\mathrm{d}t=f(0_+)+f(t)\Big|_{0_+}^{\infty}$$
$$=f(\infty)$$

【例 4-16】 已知连续时间信号 $f(t)$ 的像函数为 $F(s)=\dfrac{2s}{s^2+5s+6}$，收敛域为 $\sigma>-2$，求信号 $f(t)$ 的初始值 $f(0_+)$ 和终值 $f(\infty)$。

解：信号 $f(t)$ 的像函数为真分式，则信号 $f(t)$ 在 $t=0$ 不含冲激函数及其导数项，且收敛域包含虚轴，所以有：

$$f(0_+)=\lim_{s\to\infty}sF(s)=\lim_{s\to\infty}\frac{2s^2}{s^2+5s+6}=2$$

$$f(\infty)=\lim_{s\to 0}sF(s)=\lim_{s\to 0}\frac{2s^2}{s^2+5s+6}=0$$

【例 4-17】 已知连续时间信号 $f(t)$ 的像函数为 $F(s)=\dfrac{3s^3}{s^2+5s+6}$，收敛域为 $\sigma>-2$，求信号 $f(t)$ 的初始值 $f(0_+)$ 和终值 $f(\infty)$。

解：信号 $f(t)$ 的像函数为 $F(s)=\dfrac{3s^3}{s^2+5s+6}$，不是真分式。做恒等变形有：

$$F(s)=\frac{3s^3}{s^2+5s+6}=3s-15+\frac{57s+90}{s^2+5s+6}$$

记 $F_1(s)=\dfrac{57s+90}{s^2+5s+6}$，$f_1(t)\leftrightarrow F_1(s)$，$F(s)=3s-15+F_1(s)$，则有：

$$f(t)=3\delta'(t)-15\delta(t)+f_1(t)$$
$$f(0_+)=\lim_{t\to 0_+}[3\delta'(t)-15\delta(t)+f_1(t)]=\lim_{t\to 0_+}f_1(t)$$
$$f(\infty)=\lim_{t\to\infty}[3\delta'(t)-15\delta(t)+f_1(t)]=\lim_{t\to\infty}f_1(t)$$

由初值定理有：

$$\lim_{t\to 0_+}f_1(t)=\lim_{s\to\infty}[sF_1(s)]=\lim_{s\to\infty}\frac{57s^2+90s}{s^2+5s+6}=57$$

由终值定理有：

$$\lim_{t\to\infty}f_1(t)=\lim_{s\to 0}[sF_1(s)]=\lim_{s\to 0}\frac{57s^2+90s}{s^2+5s+6}=0$$

4.4 拉普拉斯逆变换的计算

对于连续时间信号 $f(t)$，$f(t)$ 与它的像函数 $F(s)$ 和收敛域有确定的对应关系。已知 $f(t)$，拉氏变换存在时可求得像函数 $F(s)$ 和收敛域，这是拉氏变换的正变换；反过来对于给定的像函数 $F(s)$ 和收敛域可以唯一地确定原函数 $f(t)$，这就是拉氏变换的逆变换（反变换）。由于在实际工程应用中，涉及的大多数信号是因果信号，对应的拉氏变换是单边变换，所以这一节我们重点讨论单边拉氏变换逆变换的计算，逆变换的计算公式为：

$$f(t)=L^{-1}[F(s)]=\frac{1}{2\pi j}\int_{\sigma-j\infty}^{\sigma+j\infty}F(s)e^{st}ds \tag{4-62}$$

4.4.1 单边拉普拉斯变换的逆变换

对于连续时间信号 $f(t)$，它的像函数为 $F(s)$，收敛域为 $\mathrm{Re}(s)=\sigma>\sigma_0$，收敛轴为 $\mathrm{Re}(s)=\sigma_0$。由像函数 $F(s)$和收敛域计算逆变换的常用方法是留数法（围线积分法）和部分分式展开法。在实际工程应用中，大多数信号 $f(t)$的像函数 $F(s)$是关于变量 s 的有理分式，即有如下形式：

$$F(s)=\frac{P(s)}{Q(s)}=\frac{b_m s^m+b_{m-1}s^{m-1}+\cdots+b_1 s+b_0}{a_n s^n+a_{n-1}s^{n-1}+\cdots+a_1 s+a_0} \tag{4-63}$$

式中，m,n 是非负整数；系数 $a_i,i=0,1,2,\cdots,n$ 及 $b_j,j=0,1,2,\cdots,m$ 是实数。

非负整数 m,n 之间的大小，有两种可能 $m\geqslant n$ 或 $m<n$。如果 $m<n$，则像函数 $F(s)=\frac{P(s)}{Q(s)}$是真分式；如果 $m\geqslant n$，则像函数可以用多项式除法等于两部分的和，一部分是变量 s 的多项式函数，另一部分是真分式 $F_1(s)$：

$$F(s)=\frac{P(s)}{Q(s)}=c_0+c_1 s+\cdots+c_{m-n}s^{m-n}+\frac{P_1(s)}{Q(s)} \tag{4-64}$$

式中，系数 $c_i,i=1,2,\cdots,m-n$ 是实数；$F_1(s)=\frac{P_1(s)}{Q(s)}$是真分式。

利用拉氏变换的线性特性及变换对 $\delta^{(n)}(t)\leftrightarrow s^n$，可得：

$$c_0+c_1 s+\cdots+c_{m-n}s^{m-n}\leftrightarrow c_0\delta(t)+c_1\delta^{(1)}(t)+\cdots+c_{m-n}\delta^{(m-n)}(t)$$

所以只要能够求解真分式 $F_1(s)$的逆变换，就可求得 $F(s)$的逆变换。所以下面重点讨论像函数 $F(s)$为真分式时逆变换的求解。

（1）部分分式展开

设像函数 $F(s)$为有理真分式，$F(s)=\frac{P(s)}{Q(s)}=\frac{b_m s^m+b_{m-1}s^{m-1}+\cdots+b_1 s+b_0}{a_n s^n+a_{n-1}s^{n-1}+\cdots+a_1 s+a_0}$。在复数范围内 $Q(s)=a_n s^n+a_{n-1}s^{n-1}+\cdots+a_1 s+a_0=0$ 必有 n 个根，如果互不相同，则都是单根，有：

$$Q(s)=a_n s^n+a_{n-1}s^{n-1}+\cdots+a_1 s+a_0=a_n(s-s_1)(s-s_2)\cdots(s-s_n) \tag{4-65}$$

如果有相同根的则出现重根，此时有表达式：

$$Q(s)=a_n(s-s_{k_1})^{k_1}(s-s_{k_2})^{k_2}\cdots(s-s_{k_r})^{k_r} \tag{4-66}$$

式中，$s_{k_i},i=1,2,\cdots r$ 是 k_i 重根，$k_1+k_2+\cdots+k_r=n$。

根 $s_i,i=1,2,\cdots,n$ 都是像函数 $F(s)$的极点，单根是单极点，重根是重极点，并且有像函数 $F(s)$收敛域为 $\mathrm{Re}(s)=\sigma>\sigma_0=\max\{\mathrm{Re}(s_i),i=1,2,\cdots,n\}$。

① 如果像函数 $F(s)=\frac{P(s)}{Q(s)}$的极点都是单阶极点，则有如下部分分式分解：

$$\begin{aligned}F(s)=\frac{P(s)}{Q(s)}&=\frac{P(s)}{a_n(s-s_1)(s-s_2)\cdots(s-s_n)}\\&=\frac{k_1}{s-s_1}+\frac{k_2}{s-s_2}+\cdots+\frac{k_n}{s-s_n}\end{aligned} \tag{4-67}$$

式(4-67)中的系数 $k_i, i=1,2,\cdots,n$，可以按照下式确定：

$$(s-s_i)F(s)\big|_{s=s_i}=k_i \tag{4-68}$$

利用单边拉氏变换对 $e^{s_0 t}u(t)\leftrightarrow\dfrac{1}{s-s_0}$，$\sigma>\mathrm{Re}(s_0)$，可得 $F(s)$的逆变换：

$$f(t)=L^{-1}[F(s)]=(k_1e^{s_1 t}+k_2e^{s_2 t}+\cdots+k_ne^{s_n t})u(t) \tag{4-69}$$

② 如果像函数 $F(s)=\dfrac{P(s)}{Q(s)}$有一个 r 阶重极点 s_r，其余为单阶极点，则有如下部分分式分解：

$$\begin{aligned}F(s)&=\frac{P(s)}{Q(s)}=\frac{P(s)}{(s-s_r)^r(s-s_{r+1})\cdots(s-s_n)}\\&=\frac{k_1}{s-s_r}+\frac{k_2}{(s-s_r)^2}+\cdots+\frac{k_r}{(s-s_r)^r}+\frac{k_{r+1}}{s-s_{r+1}}+\cdots+\frac{k_n}{s-s_n}\end{aligned} \tag{4-70}$$

式(4-70)中的系数 $k_i, i=r+1,r+2,\cdots,n$，可以按照下式确定：

$$(s-s_i)F(s)\big|_{s=s_i}=k_i \tag{4-71}$$

式(4-70)中的系数 $k_i, i=1,2,\cdots,r$ 如何确定？对式(4-70)两边同时乘以$(s-s_r)^r$ 可得：

$$\begin{aligned}&(s-s_r)^rF(s)\\&=k_1(s-s_r)^{r-1}+k_2(s-s_r)^{r-2}+\cdots+k_{r-1}(s-s_r)+k_r+\sum_{i=r+1}^{n}\frac{k_i}{s-s_i}(s-s_r)^r\end{aligned} \tag{4-72}$$

由式(4-72)可得：

$$k_r=(s-s_r)^rF(s)\big|_{s=s_r}$$

$$k_{r-1}=\frac{d}{ds}[(s-s_r)^rF(s)]\big|_{s=s_r}$$

式(4-72)两边对 s 求 $r-i$（$i=1,2,\cdots,r-1$）阶导数后，可确定系数 k_i：

$$k_i=\frac{1}{(r-i)!}\times\frac{d^{(r-i)}}{ds^{(r-i)}}[(s-s_r)^rF(s)]\big|_{s=s_r} \tag{4-73}$$

利用单边拉氏变换对 $e^{-\alpha t}t^nu(t)\leftrightarrow\dfrac{n!}{(s+\alpha)^{n+1}}$，$\sigma>\mathrm{Re}(-\alpha)$，可得 $F(s)$的逆变换：

$$f(t)=L^{-1}[F(s)]=\left[\sum_{i=1}^{r}\frac{k_i}{(i-1)!}e^{s_r t}t^{i-1}\right]u(t)+\Big(\sum_{i=r+1}^{n}k_ie^{s_i t}\Big)u(t) \tag{4-74}$$

【例 4-18】 已知像函数 $F(s)=\dfrac{2s^2+3s+3}{s^3+6s^2+11s+6}$，收敛域$\sigma>-1$，求逆变换 $f(t)$。

解： $F(s)=\dfrac{2s^2+3s+3}{(s+1)(s+2)(s+3)}$，有三个单阶极点 $s_1=-1$，$s_2=-2$，$s_3=-3$，所以：

$$F(s)=\frac{k_1}{s+1}+\frac{k_2}{s+2}+\frac{k_3}{s+3}$$

$$k_1=(s+1)\frac{2s^2+3s+3}{(s+1)(s+2)(s+3)}\bigg|_{s=-1}=1$$

$$k_2=(s+2)F(s)\big|_{s=-2}=-5$$

$$k_3=(s+3)F(s)\big|_{s=-3}=6$$

所以有 $F(s)=\frac{1}{s+1}+\frac{-5}{s+2}+\frac{6}{s+3}$，逆变换为：

$$f(t)=(\mathrm{e}^{-t}-5\mathrm{e}^{-2t}+6\mathrm{e}^{-3t})u(t)$$

【例 4-19】 已知像函数 $F(s)=\frac{s^2+3s+3}{(s+1)^3(s+2)}$，收敛域 $\sigma>-1$，求逆变换 $f(t)$。

解： $F(s)=\frac{s^2+3s+3}{(s+1)^3(s+2)}$，有一个三重极点 $s_1=-1$，一个单阶极点 $s_2=-2$，所以：

$$F(s)=\frac{k_1}{s+1}+\frac{k_2}{(s+1)^2}+\frac{k_3}{(s+1)^3}+\frac{k_4}{s+2}$$

$$k_4=(s+2)\frac{s^2+3s+3}{(s+1)^3(s+2)}\bigg|_{s=-2}=-1$$

$$k_3=(s+1)^3F(s)|_{s=-1}=\frac{s^2+3s+3}{s+2}\bigg|_{s=-1}=1$$

$$k_2=\frac{\mathrm{d}}{\mathrm{d}s}[(s+1)^3F(s)]|_{s=-1}=\frac{\mathrm{d}}{\mathrm{d}s}\left(\frac{s^2+3s+3}{s+2}\right)\bigg|_{s=-1}=0$$

$$k_1=\frac{1}{2}\times\frac{\mathrm{d}^2}{\mathrm{d}s^2}[(s+1)^3F(s)]|_{s=-1}=\frac{1}{2}\times\frac{\mathrm{d}^2}{\mathrm{d}s^2}\left(\frac{s^2+3s+3}{s+2}\right)\bigg|_{s=-1}=1$$

所以有 $F(s)=\frac{1}{s+1}+\frac{1}{(s+1)^3}+\frac{1}{s+2}$，逆变换为：

$$f(t)=(\mathrm{e}^{-t}+\frac{1}{2}t^2\mathrm{e}^{-t}-\mathrm{e}^{-2t})u(t)$$

【例 4-20】 已知像函数 $F(s)=\frac{s^3+2s+3}{s^2+5s+6}$，收敛域 $\sigma>-2$，求逆变换 $f(t)$。

解： 像函数 $F(s)=\frac{s^3+2s+3}{s^2+5s+6}$不是真分式，用除法得商和余式：

$$F(s)=s-5+\frac{21s+33}{s^2+5s+6}$$

$$\frac{21s+33}{s^2+5s+6}=\frac{21s+33}{(s+2)(s+3)}=\frac{k_1}{s+2}+\frac{k_2}{s+3}$$

$$k_1=\frac{21s+33}{s+3}|_{s=-2}=-9$$

$$k_2=\frac{21s+33}{s+2}|_{s=-3}=30$$

所以像函数 $F(s)=s-5-\frac{9}{s+2}+\frac{30}{s+3}$的逆变换为：

$$f(t)=\delta'(t)-5\delta(t)-9\mathrm{e}^{-2t}u(t)+30\mathrm{e}^{-3t}u(t)$$

【例 4-21】 已知像函数 $F(s)=\frac{1+\mathrm{e}^{-s}+\mathrm{e}^{-2s}}{s+2}$，收敛域 $\sigma>-2$，求逆变换 $f(t)$。

解： 像函数 $F(s)=\frac{1+\mathrm{e}^{-s}+\mathrm{e}^{-2s}}{s+2}=\frac{1}{s+2}+\frac{1}{s+2}\mathrm{e}^{-s}+\frac{1}{s+2}\mathrm{e}^{-2s}$

利用线性特性和移位特性有：

$$f(t)=e^{-2t}u(t)+e^{-2(t-1)}u(t-1)+e^{-2(t-2)}u(t-2)$$

【例 4-22】 已知像函数 $F(s)=\left(\dfrac{1+e^{-s}}{s}\right)^2$，收敛域 $\sigma>0$，求逆变换 $f(t)$。

解： 令 $F_1(s)=\dfrac{1+e^{-s}}{s}$，则有

$$F_1(s)=\frac{1+e^{-s}}{s}\leftrightarrow u(t)-u(t-1)$$

$$F(s)=\left(\frac{1+e^{-s}}{s}\right)^2=F_1(s)F_1(s)\leftrightarrow[u(t)-u(t-1)]*[u(t)-u(t-1)]$$

利用卷积的微积分特性 $g(t)*h(t)=g'(t)*h^{(-1)}(t)$ 有：

$$\begin{aligned}
&[u(t)-u(t-1)]*[u(t)-u(t-1)]\\
&=[\delta(t)-\delta(t-1)]*[tu(t)-(t-1)u(t-1)]\\
&=tu(t)-(t-1)u(t-1)-\{[(t-1)u(t-1)-(t-2)u(t-2)]\}\\
&=tu(t)-2(t-1)u(t-1)+(t-2)u(t-2)
\end{aligned}$$

【例 4-23】 已知像函数 $F(s)=\dfrac{2s+10}{s^2+4s+13}$，收敛域 $\sigma>-2$，求逆变换 $f(t)$。

解： 当极点有成对的共轭复数极点时，逆变换也可以用正余弦信号的拉氏变换对求解。

$$\begin{aligned}
F(s)&=\frac{2s+10}{s^2+4s+13}=\frac{2s+10}{(s+2)^2+3^2}\\
&=\frac{2(s+2)}{(s+2)^2+3^2}+2\times\frac{3}{(s+2)^2+3^2}
\end{aligned}$$

利用线性特性和移位特性有：

$$f(t)=\{[2\cos(3t)+2\sin(3t)]e^{-2t}\}u(t)$$

需要注意的是，求逆变换的部分分式展开法，主要适合像函数 $F(s)$ 是有理真分式的情况。

(2) 留数法（围线积分法）

设连续时间信号 $f(t)$ 的单边拉氏变换的像函数 $F(s)$ 是有理真分式，收敛域为 $\mathrm{Re}(s)=\sigma>\sigma_0$，收敛轴为 $\mathrm{Re}(s)=\sigma_0$。则逆变换公式为：

$$f(t)=L^{-1}[F(s)]=\frac{1}{2\pi j}\int_{\sigma-j\infty}^{\sigma+j\infty}F(s)e^{st}\,ds \tag{4-75}$$

式(4-75) 是一个复变积分，积分路径是在复平面上收敛域内的平行于虚轴的直线 $\mathrm{Re}(s)=\sigma>\sigma_0$，无穷远点∞在收敛域内。由复变函数的曲线积分可知，式(4-75) 所示的围线积分恰好等于 $F(s)e^{st}$ 所有极点的留数之和，假设 $F(s)e^{st}$ 共有 n 个极点 $s_1,s_2,\cdots,s_n$，$\mathop{\mathrm{Res}}\limits_{s=s_i}[F(s)e^{st}]$ 表示 $F(s)e^{st}$ 在极点 $s=s_i$ 处的留数，则有逆变换：

$$f(t)=f(t)u(t)=\frac{1}{2\pi j}\int_{\sigma-j\infty}^{\sigma+j\infty}F(s)e^{st}\,ds=\sum_{i=1}^{n}\mathop{\mathrm{Res}}\limits_{s=s_i}[F(s)e^{st}] \tag{4-76}$$

这说明，原函数等于 $F(s)e^{st}$ 的所有极点的留数之和。

假如 $s=s_i$ 是 $F(s)e^{st}$ 的单阶极点，则 $F(s)e^{st}$ 在极点 $s=s_i$ 处的留数：

$$\mathop{\mathrm{Res}}\limits_{s=s_i}[F(s)e^{st}]=(s-s_i)F(s)e^{st}\big|_{s=s_i} \tag{4-77}$$

假如 $s=s_i$ 是 $F(s)e^{st}$ 的 r 阶极点，则 $F(s)e^{st}$ 在极点 $s=s_i$ 处的留数：

$$\underset{s=s_i}{\mathrm{Res}}[F(s)e^{st}]=\frac{1}{(r-1)!}\left[\frac{d^{r-1}}{ds^{r-1}}(s-s_i)^r F(s)e^{st}\right]\Bigg|_{s=s_i} \tag{4-78}$$

留数法使用范围广，对任何类型的像函数 $F(s)$ 都是适用的。

【例 4-24】 已知像函数 $F(s)=\dfrac{s+2}{s(s+3)(s+1)^2}$，收敛域 $\sigma>0$，用留数法求逆变换 $f(t)$。

解： 像函数 $F(s)$ 的极点就是 $F(s)e^{st}$ 的极点，它有两个单极点 $s_1=0$，$s_2=-3$，一个二重极点 $s_3=s_4=-1$。由式(4-76) 和式(4-77) 可以分别求各极点的留数：

$$\underset{s=s_1}{\mathrm{Res}}[F(s)e^{st}]=(s-s_1)F(s)e^{st}\big|_{s=s_1}=\frac{s+2}{(s+3)(s+1)^2}e^{st}\Big|_{s=0}=\frac{2}{3}$$

$$\underset{s=s_2}{\mathrm{Res}}[F(s)e^{st}]=(s-s_2)F(s)e^{st}\big|_{s=s_2}=\frac{s+2}{s(s+1)^2}e^{st}\Big|_{s=-3}=\frac{1}{12}e^{-3t}$$

$$\begin{aligned}\underset{s=s_3}{\mathrm{Res}}[F(s)e^{st}]&=\frac{1}{(2-1)!}\left[\frac{d^{2-1}}{ds^{2-1}}(s-s_3)^2F(s)e^{st}\right]\Bigg|_{s=s_3}\\&=\frac{d}{ds}\left[\frac{s+2}{s(s+3)}e^{st}\right]\Bigg|_{s=-1}\\&=\frac{[e^{st}+t(s+2)e^{st}](s^2+3s)-(s+2)e^{st}(2s+3)}{s^2(s+3)^2}\Bigg|_{s=-1}\\&=-\frac{1}{2}te^{-t}-\frac{3}{4}e^{-t}\end{aligned}$$

由式(4-75) 得逆变换：

$$f(t)=\left(-\frac{1}{2}te^{-t}-\frac{3}{4}e^{-t}+\frac{1}{12}e^{-3t}+\frac{2}{3}\right)u(t)$$

4.4.2 双边拉普拉斯变换的逆变换

对于连续时间信号 $f(t)$ 的双边拉氏变换的像函数 $F_B(s)$，收敛域一般为平行于虚轴的条形区域 $\sigma_1<\mathrm{Re}(s)=\sigma<\sigma_2$，收敛轴为 $\mathrm{Re}(s)=\sigma_1$ 和 $\mathrm{Re}(s)=\sigma_2$。由像函数 $F_B(s)$ 和收敛域计算逆变换的方法与单边变换逆变换的方法基本相同，常用的也是留数法（围线积分法）和部分分式展开法。逆变换的计算公式为：

$$f(t)=L^{-1}[F_B(s)]=\frac{1}{2\pi j}\int_{\sigma-j\infty}^{\sigma+j\infty}F_B(s)e^{st}ds$$

用部分分式展开法求双边拉氏变换的逆变换时，要根据各部分分式的收敛域确定其对应的时域原函数信号。

【例 4-25】 已知像函数 $F_B(s)=\dfrac{2s+3}{s^2+5s+6}$，求不同收敛域对应的双边拉氏逆变换 $f(t)$。

解： 像函数 $F_B(s)=\dfrac{2s+3}{s^2+5s+6}=\dfrac{2s+3}{(s+2)(s+3)}$，有两个极点 $s_1=-2$，$s_2=-3$。因此，有三种可能的收敛域：①$\mathrm{Re}(s)>-2$；②$\mathrm{Re}(s)<-3$；③$-3<\mathrm{Re}(s)<-2$。

$$F_B(s)=\frac{2s+3}{(s+2)(s+3)}=\frac{-1}{s+2}+\frac{3}{s+3}$$

① 当收敛域为 $\mathrm{Re}(s)>-2$ 时，信号 $f(t)$ 是右边信号：

$$f(t)=-e^{-2t}u(t)+3e^{-3t}u(t)$$

② 当收敛域为 $\mathrm{Re}(s)<-3$ 时，信号 $f(t)$ 是左边信号：

$$f(t)=e^{-2t}u(-t)-3e^{-3t}u(-t)$$

③ 当收敛域为 $-3<\mathrm{Re}(s)<-2$ 时，信号 $f(t)$ 是双边信号：

$$f(t)=e^{-2t}u(-t)+3e^{-3t}u(t)$$

本章小结

本章主要内容是给出了连续时间信号的拉斯变换及其收敛域的定义，逆变换的计算方法，拉斯变换的性质。本章的重点及难点总结如下。

(1) 拉普拉斯变换的定义

① 单边拉斯变换的定义

正变换：$L[f(t)]=F(s)=\int_{0-}^{\infty} f(t)e^{-st}\mathrm{d}t$，ROC：$\sigma=\mathrm{Re}\{s\}>\sigma_0$

逆变换：$f(t)=L^{-1}[F(s)]=\frac{1}{2\pi \mathrm{j}}\int_{\sigma-j\infty}^{\sigma+\mathrm{j}\infty} F_B(s)e^{st}\mathrm{d}s$

② 双边拉斯变换的定义

正变换：$F_B(s)=\int_{-\infty}^{\infty} f(t)e^{-st}\mathrm{d}t$，ROC：$\sigma_1<\mathrm{Re}\{s\}=\sigma<\sigma_2$

逆变换：$f(t)=\frac{1}{2\pi \mathrm{j}}\int_{\sigma-j\infty}^{\sigma+\mathrm{j}\infty} F_B(s)e^{st}\mathrm{d}s$

③ 拉斯变换与傅里叶变换的关系　连续时间信号 $f(t)$ 的拉氏变换对 $F(s)=L[f(t)]$，当收敛域包含复平面的虚轴时，连续时间信号 $f(t)$ 的傅里叶变换 $F(\Omega)$ 存在，有：

$$F(\Omega)=F(s)\big|_{s=\mathrm{j}\Omega}=F(\mathrm{j}\Omega)$$

(2) 单边拉斯变换的主要性质

对于连续时间信号 $f(t)$，对应的拉氏变换对记为：$f(t)\longleftrightarrow F(s)$。

线性特性：$C_1f_1(t)+C_2f_2(t)\longleftrightarrow C_1F_1(s)+C_2F_2(s)$

时移特性：$f(t-t_0)\leftrightarrow F(s)e^{-st_0}$，$t_0\geqslant 0$

频移特性：$f(t)e^{s_0t}\leftrightarrow F(s-s_0)$

尺度变换特性：$f(at)\leftrightarrow\frac{1}{|a|}F\left(\frac{s}{a}\right)$，$a\neq 0$，为实数。

时域卷积特性：$f_1(t)*f_2(t)\leftrightarrow F_1(s)\cdot F_2(s)$

时域微分特性：$f'(t)=\frac{\mathrm{d}f(t)}{\mathrm{d}t}\leftrightarrow sF(s)-f(0_-)$

$$\frac{\mathrm{d}^2f(t)}{\mathrm{d}t^2}\leftrightarrow s^2F(s)-sf(0_-)-f'(0_-)$$

初始值定理：$f(0_+)=\lim\limits_{t\to 0_+}f(t)=\lim\limits_{s\to\infty}sF(s)$

终值定理：$f(\infty)=\lim\limits_{t\to\infty}f(t)=\lim\limits_{s\to 0}sF(s)$

(3) 单边拉普拉斯逆变换的计算

① 部分分式法

如果 $F(s)=\dfrac{P(s)}{Q(s)}=\dfrac{k_1}{s-s_1}+\dfrac{k_2}{s-s_2}+\cdots+\dfrac{k_n}{s-s_n}$，则有

$$f(t)=L^{-1}[F(s)]=(k_1\mathrm{e}^{s_1t}+k_2\mathrm{e}^{s_2t}+\cdots+k_n\mathrm{e}^{s_nt})u(t)$$

② 留数法　假设 $F(s)\mathrm{e}^{st}$ 共有 n 个极点 $s_1,s_2,\cdots,s_n$，$\mathrm{Res}\underset{s=s_i}{[F(s)\mathrm{e}^{st}]}$表示 $F(s)\mathrm{e}^{st}$ 在极点 $s=s_i$ 处的留数，则有逆变换：

$$f(t)=f(t)u(t)=\frac{1}{2\pi\mathrm{j}}\int_{\sigma-\mathrm{j}\infty}^{\sigma+\mathrm{j}\infty}F(s)\mathrm{e}^{st}\mathrm{d}s=\sum_{i=1}^{n}\mathrm{Res}\underset{s=s_i}{[F(s)\mathrm{e}^{st}]}$$

习题4

4-1　试求下列信号的拉普拉斯变换及其收敛域。

(1) $f(t)=\mathrm{e}^{-2t}u(t)$；

(2) $f(t)=\mathrm{e}^{-2(t-1)}u(t-1)$；

(3) $f(t)=t^4\mathrm{e}^{-2t}u(t)$；

(4) $f(t)=E[u(t)-u(t-2)]$；

(5) $f(t)=t[u(t)-u(t-2)]$；

(6) $f(t)=\cos t[u(t)-u(t-5)]$；

(7) $f(t)=\mathrm{e}^{-at}\cos(\Omega_0t)u(t)$；

(8) $f(t)=\dfrac{1}{\Omega_0^2}[1-\cos(\Omega_0t)]u(t)$；

(9) $f(t)=\mathrm{e}^{-2t}u(t-1)$；

(10) $f(t)=\mathrm{e}^{-2(t-1)}u(t)$；

(11) $f(t)=\delta(t)-\mathrm{e}^{-2t}u(t)$；

(12) $f(t)=[t^2+t\mathrm{e}^{-3t}\cos(2t)]u(t)$。

4-2　试求下列信号的单边拉普拉斯变换的像函数。

(1) $f(t)=1-\mathrm{e}^{-at}$；

(2) $f(t)=t\mathrm{e}^{-2t}$；

(3) $f(t)=(1+2t)\mathrm{e}^{-t}$；

(4) $f(t)=\mathrm{e}^{-t}\sin(2t)$；

(5) $f(t)=[1-\cos(at)]\mathrm{e}^{-bt}$；

(6) $f(t)=\cos^2(\Omega t)$；

(7) $f(t)=\mathrm{e}^{-(t+t_0)}\cos(\Omega t)$；

(8) $f(t)=\dfrac{\mathrm{e}^{-3t}-\mathrm{e}^{-5t}}{t}$；

(9) $f(t)=\dfrac{\mathrm{d}}{\mathrm{d}t}[\mathrm{e}^{-2t}u(t)]$；

(10) $f(t)=\int_0^t\mathrm{e}^{-3(t-\tau)}\cos(\Omega_0\tau)\mathrm{d}\tau$。

4-3　已知信号 $f(t)$的拉普拉斯变换的像函数为 $F(s)$，求：

(1) $f_1(t)=\mathrm{e}^{-\frac{t}{a}}f\left(\dfrac{t}{a}\right)$ $(a>0)$ 的像函数 $F_1(s)$；

(2) $f_2(t)=\mathrm{e}^{-at}f\left(\dfrac{t}{a}\right)$ $(a>0)$ 的像函数 $F_2(s)$；

(3) $f_3(t)=f_1(t)*f_2(t)$的像函数 $F_3(s)$。

4-4　试求下列像函数 $F(s)$对应的原函数的初始值 $f(0_+)$和终值 $f(\infty)$。

(1) $F(s)=\dfrac{s+6}{(s+2)(s+5)}$，$\mathrm{Re}(s)>-2$；

(2) $F(s)=\dfrac{s+3}{(s+1)^2(s+2)}$，$\mathrm{Re}(s)>-1$；

(3) $F(s)=\dfrac{s^2+2s+3}{s(s+2)(s^2+4)}$，$\mathrm{Re}(s)>0$；　(4) $F(s)=\dfrac{2s+1}{s(s+2)}$，$\mathrm{Re}(s)>0$。

4-5 求下列像函数 $F(s)$ 的双边拉普拉斯逆变换。

(1) $F(s)=\dfrac{1}{s(2s+3)}$，$\mathrm{Re}(s)>0$；　(2) $F(s)=\dfrac{3s}{(s+2)(s+4)}$，$\mathrm{Re}(s)<-4$；

(3) $F(s)=\dfrac{5s+2}{s^2+4s+3}$，$\mathrm{Re}(s)<-3$；　(4) $F(s)=\dfrac{4s+1}{s(s+2)(s+4)}$，$\mathrm{Re}(s)<-4$；

(5) $F(s)=\dfrac{4s+1}{s(s+2)(s+4)}$，$-4<\mathrm{Re}(s)<-2$；

(6) $F(s)=\dfrac{4s+1}{s(s+2)(s+4)}$，$-4<\mathrm{Re}(s)<-2$；

(7) $F(s)=\dfrac{3s}{(s+2)(s+4)}$，$-4<\mathrm{Re}(s)<-2$；

(8) $F(s)=\dfrac{s+3}{(s+1)^3(s+2)}$，$-2<\mathrm{Re}(s)<-1$；

(9) $F(s)=\dfrac{1}{(s^2+3)^2}$，$\mathrm{Re}(s)>0$；

(10) $F(s)=\dfrac{\mathrm{e}^{-s}}{4s(s^2+1)}$，$\mathrm{Re}(s)>0$。

4-6 求下列像函数 $F(s)$ 的单边拉普拉斯逆变换。

(1) $F(s)=\dfrac{s+1}{s^2+5s+6}$，$\mathrm{Re}(s)>-2$；　(2) $F(s)=\dfrac{2s+1}{s(s+1)(s+3)}$，$\mathrm{Re}(s)>0$；

(3) $F(s)=\dfrac{3s}{(s^2+1)(s^2+4)}$，$\mathrm{Re}(s)>0$；　(4) $F(s)=\dfrac{1}{(s+1)(s+2)^2}$，$\mathrm{Re}(s)>-1$。

答案

第5章

连续时间系统的频域分析

系统的频域分析就是借助于信号的频域分析和复频域分析，分析系统的输入信号、系统的单位冲激响应及系统的输出响应之间的频域、复频域关系，进而在时域和频域两个方面讨论信号及系统的相关特性。对于一个线性时不变系统，系统的单位冲激响应为 $h(t)$，系统的输入信号为 $e(t)$，完全响应输出信号为 $r(t)$。由单位冲激响应就可求得系统的零状态响应 $r_{zs}(t)=e(t)*h(t)$，这就说明系统的单位冲激响应基本确定了系统的性能。事实上与单位冲激响应 $h(t)$等价的还有描述系统输入-输出关系的微分方程、系统函数 $H(s)$，以及频率响应 $H(\mathrm{j}\Omega)$，分别描述如下：

$$\begin{aligned}&a_n\frac{\mathrm{d}^n r(t)}{\mathrm{d}t^n}+a_{n-1}\frac{\mathrm{d}^{n-1}r(t)}{\mathrm{d}t^{n-1}}+\cdots+a_1\frac{\mathrm{d}r(t)}{\mathrm{d}t}+a_0r(t)\\&=b_{\mathrm{m}}\frac{\mathrm{d}^m e(t)}{\mathrm{d}t^m}+b_{m-1}\frac{\mathrm{d}^{m-1}e(t)}{\mathrm{d}t^{m-1}}+\cdots+b_1\frac{\mathrm{d}e(t)}{\mathrm{d}t}+b_0e(t)\end{aligned} \tag{5-1}$$

$$h(t)\leftrightarrow H(s)=L[h(t)] \tag{5-2}$$

$$h(t)\leftrightarrow H(\mathrm{j}\Omega)=F[h(t)] \tag{5-3}$$

通过后续分析讨论将会看到，系统的单位冲激响应 $h(t)$、$H(s)$、$H(\mathrm{j}\Omega)$及微分方程是等价的，即从其中任何一个条件都可以推出另外三个条件。所以说系统特性完全由这四个条件之一就能确定，就能解决系统响应的求解问题。

5.1 连续时间 LTI 系统的复频域描述

对于线性时不变连续时间系统，单位冲激响应为 $h(t)$，一般假定信号是从零时刻输入系统的，如果激励输入信号为 $e(t)$，则系统的零状态输出为 $r_{zs}(t)$，则满足卷积关系：

$$r_{zs}(t)=e(t)*h(t) \tag{5-4}$$

记 $e(t)$、$h(t)$、$r_{zs}(t)$的单边拉氏变换分别为 $E(s)$、$H(s)$、$R_{zs}(s)$，由卷积定理有：

$$R_{zs}(s)=E(s)\cdot H(s) \tag{5-5}$$

$H(s)$称为系统函数，它是系统单位冲激响应的拉氏变换，并且它恰好等于响应输出和输入信号的拉氏变换之比：

$$H(s)=\frac{R_{zs}(s)}{E(s)} \tag{5-6}$$

如果描述系统的输入-输出关系的微分方程模型给定，则从微分方程模型就可以求出系统函数。因为系统的单位冲激响应是激励输入为$\delta(t)$的零状态响应，所以假定系统是零状态的，即起始状态$r^{(k)}(0_-)=0$，此时系统的零状态响应就是系统的完全响应$R_{zs}(s)=R(s)$。对微分方程式(5-1)两边取单边拉氏变换有：

$$\begin{aligned}&a_n s^n R(s)+a_{n-1}s^{n-1}R(s)+\cdots+a_1 sR(s)+a_0R(s)\\&=b_m s^m E(s)+b_{m-1}s^{m-1}E(s)+\cdots+b_1 sE(s)+b_0H(s)\end{aligned}\tag{5-7}$$

由式(5-7)可求得系统函数为：

$$H(s)=\frac{R_{zs}(s)}{E(s)}=\frac{R(s)}{E(s)}=\frac{b_m s^m+b_{m-1}s^{m-1}+\cdots+b_1 s+b_0}{a_n s^n+a_{n-1}s^{n-1}+\cdots+a_1+a_0}=\frac{\sum_{j=0}^{m}b_j s^j}{\sum_{i=0}^{n}a_i s^i}\tag{5-8}$$

由式(5-8)可知，系统函数由微分方程唯一确定，而且仅由方程系数$a_i, i=0,1,2,\cdots,n$及$b_j, j=0,1,2,\cdots,m$就可确定。反之，当系统函数$H(s)$是确定的有理分式时，由系统函数就可写出系统的微分方程模型。如果系统的微分方程模型给定，则可先求系统函数，进而求得系统的单位冲激响应。

【例 5-1】 已知一个连续时间 LTI 系统的微分方程模型为：

$$\frac{d^2r(t)}{dt^2}+4\frac{dr(t)}{dt}+3r(t)=\frac{de(t)}{dt}+2e(t)$$

求该系统的单位冲激响应$h(t)$。

解： 由式(5-8)可知，系统函数为：

$$H(s)=\frac{R(s)}{E(s)}=\frac{s+2}{s^2+4s+3}=\frac{1}{2}\times\frac{1}{s+1}+\frac{1}{2}\times\frac{1}{s+3}$$

求拉氏逆变换得单位冲激响应：

$$h(t)=\left(\frac{1}{2}e^{-t}+\frac{1}{2}e^{-3t}\right)u(t)$$

【例 5-2】 已知系统的微分方程为：

$$\frac{d^2r(t)}{dt^2}+5\frac{dr(t)}{dt}+6r(t)=2\frac{d^2e(t)}{dt^2}+6\frac{de(t)}{dt}$$

激励输入信号为$e(t)=(1+e^{-t})u(t)$，求系统的单位冲激响应$h(t)$和零状态响应$r_{zs}(t)$。

解： ① 由式(5-8)可知，系统函数为：

$$H(s)=\frac{R(s)}{E(s)}=\frac{2s^2+6s}{s^2+5s+6}=\frac{2s}{s+2}=2-\frac{4}{s+2}$$

所以$h(t)=2\delta(t)-4e^{-2t}u(t)$。

② 零状态响应$r_{zs}(t)=h(t)*e(t)$，$E(s)=\frac{1}{s}+\frac{1}{s+1}=\frac{2s+1}{s(s+1)}$。由卷积定理：

$$R_{zs}(s)=H(s)\cdot E(s)=\frac{2s}{s+2}\times\frac{2s+1}{s(s+1)}=\frac{2(2s+1)}{(s+2)(s+1)}=\frac{6}{s+2}-\frac{2}{s+1}$$

所以零状态响应$r_{zs}(t)=-2e^{-t}u(t)+6e^{-2t}u(t)$。

如果一个系统是由两个子系统级联而成的，单位冲激响应分别为$h_1(t)$、$h_2(t)$，如图 5-1 所示，则级联系统的单位冲激响应为$h(t)=h_1(t)*$

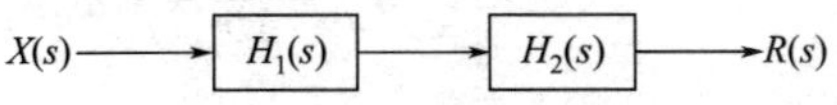

$X(s)$ → $H_1(s)$ → $H_2(s)$ → $R(s)$

图 5-1 子系统级联

$h_2(t)$，系统函数 $H(s)=H_1(s)\cdot H_2(s)$。如果系统是由两个子系统并联而成的，则有系统函数 $H(s)=H_1(s)+H_2(s)$。

如果一个系统是由两个子系统反馈连接而成的，如图 5-2 所示，则反馈连接的系统函数为：

$$H(s)=\frac{H_1(s)}{1+H_1(s)\cdot H_2(s)} \tag{5-9}$$

在图 5-2 中，$H_1(s)$称为前向通路的子系统函数，$H_2(s)$称为反馈通路的子系统函数。

证明：由图 5-2 知

$$R(s)=X(s)\cdot H_1(s)$$

$$X(s)=E(s)-R(s)\cdot H_2(s)$$

$$R(s)=[E(s)-R(s)\cdot H_2(s)]\cdot H_1(s)$$

$$R(s)+R(s)H_2(s)H_1(s)=E(s)\cdot H_1(s)$$

$$H(s)=\frac{R(s)}{E(s)}=\frac{H_1(s)}{1+H_1(s)H_2(s)}$$

任何一个复杂系统都是经过若干个子系统有限次的连接而成，连接的方式有三种：子系统的级联、并联、反馈连接。由上述讨论，只要知道子系统的系统函数，就可求出全系统的系统函数。因此，对复杂系统的分析可以从分析子系统开始。

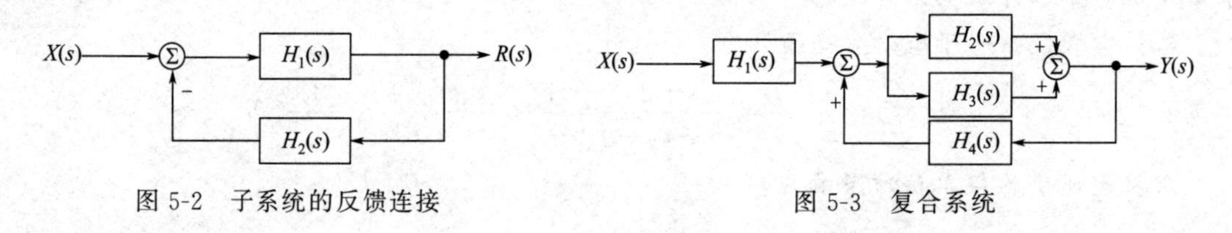

图 5-2　子系统的反馈连接　　　　图 5-3　复合系统

【例 5-3】 如图 5-3 所示系统是由 4 个子系统连接而成的复合系统，求系统函数 $H(s)$。

解：系统函数

$$H(s)=H_1(s)\cdot\frac{H_2(s)+H_3(s)}{1-[H_2(s)+H_3(s)]\cdot H_4(t)}$$

5.2 连续时间因果 LTI 系统响应的复频域求解

在第 2 章已经讨论过，系统的完全响应 $r(t)$等于零输入响应 $r_{zi}(t)$加零状态响应 $r_{zs}(t)$，即 $r(t)=r_{zi}(t)+r_{zs}(t)$。如果系统是连续时间因果的线性时不变系统，则对描述系统的微分方程模型求单边拉氏变换后变成系统的 s 域模型，s 域模型中体现了系统的起始状态信息，而且系统的 s 域模型是代数方程，求解此代数方程再结合拉氏逆变换，可求得系统的零输入响应 $r_{zi}(t)$、零状态响应 $r_{zs}(t)$和完全响应 $r(t)$。

设描述 n 阶连续时间因果的线性时不变系统的微分方程模型为：

$$\begin{aligned}&a_n\frac{\mathrm{d}^n r(t)}{\mathrm{d}t^n}+a_{n-1}\frac{\mathrm{d}^{n-1}r(t)}{\mathrm{d}t^{n-1}}+\cdots+a_1\frac{\mathrm{d}r(t)}{\mathrm{d}t}+a_0 r(t)\\&=b_m\frac{\mathrm{d}^m e(t)}{\mathrm{d}t^m}+b_{m-1}\frac{\mathrm{d}^{m-1}e(t)}{\mathrm{d}t^{m-1}}+\cdots+b_1\frac{\mathrm{d}e(t)}{\mathrm{d}t}+b_0 e(t)\end{aligned} \tag{5-10}$$

系统的起始条件为 $r^{(k)}(0_-)=[r(0_-),r'(0_-),\cdots,r^{(n-1)}(0_-)]$。设系统的激励输入信号是从零时刻输入系统的，即满足 $e(t)=e(t)u(t)$，且 $e^{(k)}(0_-)=[e(0_-),e'(0_-),\cdots,e^{(m-1)}(0_-)]=[0,0,\cdots,0]$。由式(5-8) 知，$H(s)=\dfrac{R_{zs}(s)}{E(s)}$。对式(5-9) 两边求拉氏变换，利用单边拉氏变换的微分特性有：

$$\frac{\mathrm{d}^n r(t)}{\mathrm{d}t^n}\leftrightarrow s^n r(s)-\sum_{i=0}^{n-1}s^{n-i-1}e^{(i)}(0_-)$$

$$a_n[s^nR(s)-\sum_{i=0}^{n-1}s^{n-i-1}r^{(i)}(0_-)]+a_{n-1}[s^{n-1}R(s)-\sum_{i=0}^{n-2}s^{n-i-2}r^{(i)}(0_-)]+\cdots$$
$$+a_1[sR(s)-r(0_-)+a_0R(s)$$
$$=b_ms^mE(s)+b_{m-1}s^{m-1}E(s)+\cdots+b_1sE(s)+b_0H(s)$$

由此得：

$$(\sum_{i=0}^{n}a_is^i)R(s)-\sum_{k=1}^{n}a_k\sum_{i=0}^{k-1}s^{k-i-1}r^{(i)}(0\_)=(\sum_{j=0}^{m}b_js^j)E(s)$$

$$R(s)=\frac{\sum_{k=1}^{n}a_k\sum_{i=0}^{k-1}s^{k-i-1}r^{(i)}(0_-)}{\sum_{i=0}^{n}a_is^i}+\frac{\sum_{j=0}^{m}b_js^j}{\sum_{i=0}^{n}a_is^i}\cdot E(s)\tag{5-11}$$

式(5-11) 和式的第一项是仅由起始条件确定的零输入响应 $r_{zi}(t)$的拉氏变换，第二项是由激励输入信号确定的零状态响应 $r_{zs}(t)$的拉氏变换：

$$R_{zi}(s)=\frac{\sum_{k=1}^{n}a_k\sum_{i=0}^{k-1}s^{k-i-1}r^{(i)}(0_-)}{\sum_{i=0}^{n}a_is^i}\tag{5-12}$$

$$R_{zs}(s)=\frac{\sum_{j=0}^{m}b_js^j}{\sum_{i=0}^{n}a_is^i}\cdot E(s)\tag{5-13}$$

$$H(s)=\frac{R_{zs}(s)}{E(s)}\tag{5-14}$$

对式(5-12)～式(5-14) 分别求拉氏逆变换可得零输入响应 $r_{zi}(t)$、零状态响应 $r_{zs}(t)$及单位冲激响应 $h(t)$。

【例 5-4】 已知线性时不变因果系统的微分方程模型为：

$$\frac{\mathrm{d}^2}{\mathrm{d}t^2}r(t)+7\frac{\mathrm{d}}{\mathrm{d}t}r(t)+10r(t)=\frac{\mathrm{d}^2}{\mathrm{d}t^2}e(t)+6\frac{\mathrm{d}}{\mathrm{d}t}e(t)+4e(t)$$

该系统的起始条件为 $r(0_-)=\dfrac{4}{5}$，$r'(0_-)=0$，激励输入信号为 $e(t)=4u(t)$，求系统的零输入响应 $r_{zi}(t)$、零状态响应 $r_{zs}(t)$、完全响应 $r(t)$及单位冲激响应 $h(t)$。

解：$L[e(t)]=L[4u(t)]=\dfrac{4}{s}$，对微分方程等式两边做单边拉氏变换得：

$$s^2R(s)-sr(0_-)-r'(0_-)+7[sR(s)-r(0_-)]+10R(s)=s^2E(s)+6sE(s)+4E(s)$$

$$R(s)=\frac{\frac{4}{5}s+\frac{28}{5}}{s^2+7s+10}+\frac{s^2+6s+4}{s^2+7s+10}\times\frac{4}{s}$$

$$R_{zi}(s)=\frac{\frac{4}{5}s+\frac{28}{5}}{s^2+7s+10}=\frac{4}{3}\times\frac{1}{s+2}-\frac{8}{15}\times\frac{1}{s+5}$$

$$R_{zs}(s)=\frac{s^2+6s+4}{s^2+7s+10}\times\frac{4}{s}=\frac{8}{5}\times\frac{1}{s}+\frac{8}{3}\times\frac{1}{s+2}-\frac{4}{15}\times\frac{1}{s+5}$$

$$H(s)=\frac{R_{zs}(s)}{E(s)}=\frac{s^2+6s+4}{s^2+7s+10}=1-\frac{4}{3}\times\frac{1}{s+2}+\frac{1}{3}\times\frac{1}{s+5}$$

$$r_{zi}(t)=\frac{4}{3}e^{-2t}u(t)-\frac{8}{15}e^{-5t}u(t)$$

$$r_{zs}(t)=\frac{8}{3}e^{-2t}u(t)-\frac{4}{15}e^{-5t}u(t)+\frac{8}{5}u(t)$$

$$r(t)=r_{zi}(t)+r_{zs}(t)=\frac{12}{3}e^{-2t}u(t)-\frac{12}{15}e^{-5t}u(t)+\frac{8}{5}u(t)$$

$$h(t)=\delta(t)-\frac{4}{3}e^{-2t}u(t)+\frac{1}{3}e^{-5t}u(t)$$

在本例题中，如果激励输入信号 $e(t)$ 的起始条件为 $e(0_-)=2$，$e'(0_-)=0$，则对微分方程等式两边做单边拉氏变换得：

$$s^2R(s)-sr(0_-)-r'(0_-)+7[sR(s)-r(0_-)]+10R(s)$$
$$=s^2E(s)-se(0_-)-e'(0_-)+6[sE(s)-e(0_-)]+4E(s)$$

$$R(s)=\frac{-\frac{6}{5}s-\frac{32}{5}}{s^2+7s+10}+\frac{s^2+6s+4}{s^2+7s+10}\times\frac{4}{s}$$

$$R_{zi}(s)=\frac{-\frac{6}{5}s-\frac{32}{5}}{s^2+7s+10}=-\frac{4}{3}\times\frac{1}{s+2}+\frac{2}{15}\times\frac{1}{s+5}$$

$$R_{zs}(s)=\frac{s^2+6s+4}{s^2+7s+10}\times\frac{4}{s}=\frac{8}{5}\times\frac{1}{s}+\frac{8}{3}\times\frac{1}{s+2}-\frac{4}{15}\times\frac{1}{s+5}$$

$$H(s)=\frac{R_{zs}(s)}{E(s)}=\frac{s^2+6s+4}{s^2+7s+10}=1-\frac{4}{3}\times\frac{1}{s+2}+\frac{1}{3}\times\frac{1}{s+5}$$

$$r_{zi}(t)=-\frac{4}{3}e^{-2t}u(t)+\frac{2}{15}e^{-5t}u(t)$$

$$r_{zs}(t)=\frac{8}{3}e^{-2t}u(t)-\frac{4}{15}e^{-5t}u(t)+\frac{8}{5}u(t)$$

$$r(t)=r_{zi}(t)+r_{zs}(t)=\frac{4}{3}e^{-2t}u(t)-\frac{2}{15}e^{-5t}u(t)+\frac{8}{5}u(t)$$

$$h(t)=\delta(t)-\frac{4}{3}e^{-2t}u(t)+\frac{1}{3}e^{-5t}u(t)$$

在此条件下与例 2-10 的结论是相同的。

5.3 连续时间系统的系统函数特性

5.3.1 系统函数的零、极点分布对单位冲激响应的影响

连续时间系统的系统函数 $H(s)$是系统单位冲激响应 $h(t)$的拉氏变换，当描述系统的微分方程为：

$$a_n \frac{\mathrm{d}^n r(t)}{\mathrm{d}t^n}+a_{n-1} \frac{\mathrm{d}^{n-1} r(t)}{\mathrm{d}t^{n-1}}+\cdots+a_1 \frac{\mathrm{d}r(t)}{\mathrm{d}t}+a_0 r(t)$$
$$=b_m \frac{\mathrm{d}^m e(t)}{\mathrm{d}t^m}+b_{m-1} \frac{\mathrm{d}^{m-1} e(t)}{\mathrm{d}t^{m-1}}+\cdots+b_1 \frac{\mathrm{d}e(t)}{\mathrm{d}t}+b_0 e(t) \tag{5-15}$$

则有系统函数 $H(s)=\dfrac{\sum\limits_{j=0}^{m} b_j s^j}{\sum\limits_{i=0}^{n} a_i s^i}$，系数 $a_i, i=0,1,2,\cdots,n$ 及 $b_j, j=0,1,2,\cdots,m$ 为实数。n 次实系数多项式在复数范围内一定有 n 个根，所以系统函数 $H(s)$有如下分解形式：

$$H(s)=\frac{\sum\limits_{j=0}^{m} b_j s^j}{\sum\limits_{i=0}^{n} a_i s^i}=K \frac{\prod\limits_{j=1}^{m}(s-q_j)}{\prod\limits_{i=1}^{n}(s-p_i)} \tag{5-16}$$

式中，系数 $K=\dfrac{b_m}{a_n}$称为系统的增益常数；$p_i, i=1,2,\cdots,n$ 是系统函数的极点；$q_j, j=1,2,\cdots,m$ 是系统函数的零点。系统函数的零、极点个数是一样的，如果 $m<n$，则无穷远点∞是系统函数的 $n-m$ 阶零点，如果 $m>n$，则无穷远点∞是系统函数的 $m-n$ 阶极点。通常将系统函数的零、极点作为 s 复平面上的点在平面上标记出来，零点用○表示，极点用×表示，如果零、极点是 k 重的，则在对应的标记旁边用(k)标注，这样得到的图称为系统函数的零极点分布图。

假设连续时间系统的阶数 $n>m$，此时系统函数 $H(s)$是真分式。如果系统函数 $H(s)$的极点 $p_i, i=1,2,\cdots,n$ 都是单阶极点，则有：

$$H(s)=K \frac{\prod\limits_{j=1}^{m}(s-q_j)}{\prod\limits_{i=1}^{n}(s-p_i)}=\frac{A_1}{s-p_1}+\frac{A_2}{s-p_2}+\cdots+\frac{A_n}{s-p_n} \tag{5-17}$$

$$h(t)=A_1 \mathrm{e}^{p_1 t} u(t)+A_2 \mathrm{e}^{p_2 t} u(t)+\cdots+A_n \mathrm{e}^{p_n t} u(t)=\sum_{i=1}^{n} A_i \mathrm{e}^{p_i t} u(t) \tag{5-18}$$

由式(5-18) 知，系统的单位冲激响应是由极点 $p_i, i=1,2,\cdots,n$ 确定的 n 个指数型信号的和，系数 $A_i, i=1,2,\cdots,n$ 的值由零、极点及 K 共同确定。

一个极点 p_i 对应单位冲激响应 $h(t)$中的一项 $A_i \mathrm{e}^{p_i t} u(t)$。下面讨论单阶极点 $p_i, i=1,2,\cdots,n$ 在 s 平面上可能的不同位置，也就是极点 $p_i, i=1,2,\cdots,n$ 的分布对单位冲激响应的影响。

① 极点 p_i 在 s 平面的左半平面内，即 $p_i=\sigma_i+\mathrm{j}\Omega$，$\sigma_i<0$。

如果 $p_i=\sigma_i$，则 $A_i\mathrm{e}^{p_i t}u(t)$是衰减的指数信号；

如果 $p_i=\sigma_i+\mathrm{j}\Omega_i$，则 $p_i^*=\sigma_i-\mathrm{j}\Omega_i$ 也是极点，一对极点对应系统函数 $H(s)$中的两个部分分式项$\dfrac{A_i}{s-p_i}+\dfrac{A_i^*}{s-p_i^*}=\dfrac{a_i s+b_i}{(s-\sigma_i)^2+\Omega_i^2}$，对应的单位冲激响应 $h(t)$中的两项和：

$$a_i\mathrm{e}^{\sigma_i t}\cos(\Omega_i t)u(t)+\frac{b_i+a_i\sigma_i}{\Omega_i}\mathrm{e}^{\sigma_i t}\sin(\Omega_i t)u(t)=C_i\mathrm{e}^{\sigma_i t}\sin(\Omega_i t+\theta_i)u(t) \tag{5-19}$$

式(5-19) 表明左半平面的一对复数极点对应单位冲激信号中的一个衰减的正弦振荡信号。如图 5-4 所示。

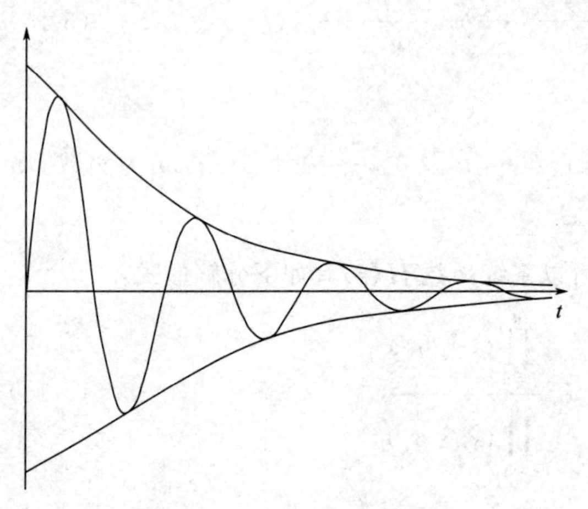

图 5-4　衰减的正弦振荡信号

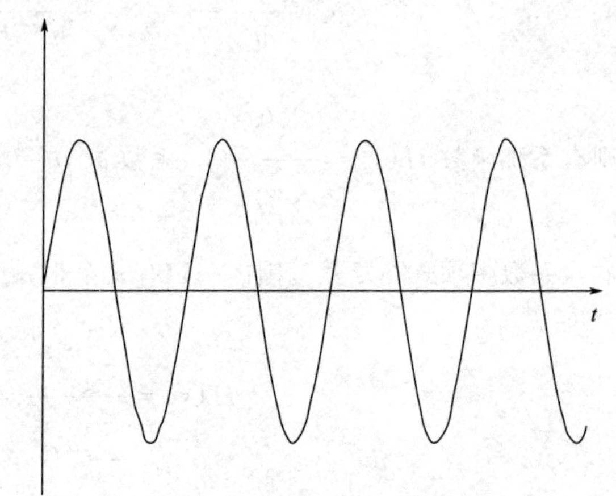

图 5-5　等幅的正弦振荡信号

② 极点 p_i 在 s 平面的虚轴上，即 $p_i=\mathrm{j}\Omega_i$，$\sigma_i=0$。

如果 $p_i=0$，则 $A_i\mathrm{e}^{p_i t}u(t)=A_i u(t)$是直流信号；

如果 $p_i\neq 0$，$p_i=\mathrm{j}\Omega_i$，则 $p_i^*=-\mathrm{j}\Omega_i$ 也是极点，一对共轭极点对应系统函数 $H(s)$中的两个部分分式项$\dfrac{A_i}{s-\mathrm{j}\Omega_i}+\dfrac{A_i^*}{s+\mathrm{j}\Omega_i}=\dfrac{a_i s+b_i}{s^2+\Omega_i^2}$，对应的单位冲激响应 $h(t)$中的两项和：

$$a_i\cos(\Omega_i t)u(t)+\frac{b_i}{\Omega_i}\sin(\Omega_i t)u(t)=C_i\sin(\Omega_i t+\theta_i)u(t) \tag{5-20}$$

式(5-20) 表明虚轴上的一对共轭复数极点对应单位冲激信号中的一个等幅的正弦振荡信号。如图 5-5 所示。

③ 极点 p_i 在 s 平面的右半平面内，即 $p_i=\sigma_i+\mathrm{j}\Omega$，$\sigma_i>0$。

如果 $p_i=\sigma_i$，则 $A_i\mathrm{e}^{p_i t}u(t)$是增幅的指数信号；

如果 $p_i=\sigma_i+\mathrm{j}\Omega_i$，则 $p_i^*=\sigma_i-\mathrm{j}\Omega_i$ 也是极点，一对共轭极点对应系统函数 $H(s)$中的两个部分分式项和$\dfrac{A_i}{s-p_i}+\dfrac{A_i^*}{s-p_i^*}=\dfrac{a_i s+b_i}{(s-\sigma_i)^2+\Omega_i^2}$，对应的单位冲激响应 $h(t)$中的两项和：

$$a_i\mathrm{e}^{\sigma_i t}\cos(\Omega_i t)u(t)+\frac{b_i+a_i\sigma_i}{\Omega_i}\mathrm{e}^{\sigma_i t}\sin(\Omega_i t)u(t)=C_i\mathrm{e}^{\sigma_i t}\sin(\Omega_i t+\theta_i)u(t) \tag{5-21}$$

式(5-21) 表明右半平面的一对复数极点对应单位冲激信号中的一个增幅的正弦振荡信

号。如图 5-6 所示。

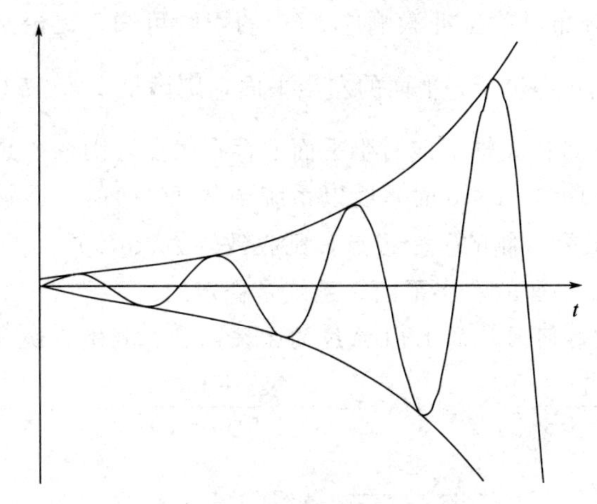

图 5-6　增幅的正弦振荡信号

如果系统函数 $H(s)$有一个 r 阶的实重极点 p_i，则有：

$$H(s)=\frac{P(s)}{(s-p_i)^k Q(s)}=\frac{B_1}{s-p_i}+\frac{B_2}{(s-p_i)^2}+\cdots+\frac{B_k}{(s-p_i)^k}+\overline{H}(s) \tag{5-22}$$

$$\frac{B_k}{(s-p_i)^k}\leftrightarrow\frac{B_k}{(k-1)!}\mathrm{e}^{p_i t}t^{k-1}u(t) \tag{5-23}$$

由式(5-23) 知，当实极点在左半轴上时 $p_i<0$，对应单位冲激信号中的一项 $\frac{B_k}{(k-1)!}\mathrm{e}^{p_i t}t^{k-1}u(t)$最终是衰减的，当实极点在右半轴上时 $p_i>0$，对应单位冲激信号中的一项 $\frac{B_k}{(k-1)!}\mathrm{e}^{p_i t}t^{k-1}u(t)$是增幅的。当实极点 $p_i=0$，对应单位冲激信号中的一项 $\frac{B_k}{(k-1)!}t^{k-1}u(t)$是增幅的。

同样可以讨论知，如果系统函数 $H(s)$有一个 r 阶的复数极点 p_i，则共轭 p_i^* 也是极点，如果成对的共轭复数重极点位于左半平面，对应的单位冲激信号中的项最终是衰减的，如果成对的共轭复数重极点位于右半平面或虚轴上，对应的单位冲激信号中的项是增幅的。

5.3.2　系统稳定性的判别

由 2.4.1 节知道，线性时不变系统的单位冲激响应为 $h(t)$，则系统稳定的充要条件是 $h(t)$绝对可积：

$$\int_{-\infty}^{\infty}|h(t)|\mathrm{d}t<\infty \tag{5-24}$$

用式(5-24) 判断系统的稳定性是比较复杂的。由式(5-18) 在系统函数 $H(s)$的极点为单阶极点时：

$$h(t)=A_1\mathrm{e}^{p_1 t}u(t)+A_2\mathrm{e}^{p_2 t}u(t)+\cdots+A_n\mathrm{e}^{p_n t}u(t)=\sum_{i=1}^{n}A_i\mathrm{e}^{p_i t}u(t)$$

显然如果所有极点 $p_i, i=1,2,\cdots,n$ 都位于 s 平面上的左半平面，则 $\int_{-\infty}^{\infty}|h(t)|\mathrm{d}t<\infty$，

此时系统是稳定的。

从前面分析的极点分布对单位冲激响应 $h(t)$ 的影响可知，无论是否存在重极点，只要所有极点 $p_i, i=1,2,\cdots,n$ 都位于 s 平面的左半平面，则满足 $\int_{-\infty}^{\infty}|h(t)|\mathrm{d}t<\infty$，系统是稳定的。如果系统函数 $H(s)$ 在虚轴上或右半平面上存在极点，则系统是不稳定的。

对于因果系统，$h(t)=0$，$t<0$ 时，所以系统函数 $H(s)$ 的收敛域在收敛轴的右侧，如果极点 $p_i=\sigma_i+\mathrm{j}\Omega_i$ 是最靠右侧的一个极点，则收敛轴为 $\mathrm{Re}(s)=\sigma_i$。此时如果收敛域包含虚轴，则全部极点都在 s 平面的左半平面，系统是稳定的。

【例 5-5】 已知连续时间因果的 LTI 系统的系统函数，判断系统是否是稳定系统。

① $H(s)=\dfrac{3s-1}{(s+2)(s+3)}$；　② $H(s)=\dfrac{2s+1}{(s+1)(s-3)}$。

解： ① 系统函数 $H(s)=\dfrac{3s-1}{(s+2)(s+3)}$ 有两个极点 $s_1=-2$，$s_2=-3$ 都在左半平面，所以系统是稳定的。

② 系统函数 $H(s)=\dfrac{2s+1}{(s+1)(s-3)}$ 有两个极点 $s_1=-1$，$s_2=3$，一个在左半平面，另一个在右半平面，所以系统是不稳定的。

5.4 连续时间系统的频率响应

5.4.1 连续时间系统的频率响应介绍

对于线性时不变连续时间系统，单位冲激响应为 $h(t)$，$h(t)$ 的拉氏变换是系统函数 $H(s)$，如果拉氏变换的收敛域包含虚轴，$h(t)$ 的傅里叶变换 $H(\mathrm{j}\Omega)$ 也存在，而且有如下关系：

$$H(\mathrm{j}\Omega)=H(s)|_{s=\mathrm{j}\Omega} \tag{5-25}$$

$H(\mathrm{j}\Omega)$ 称为系统的频率响应，$H(\mathrm{j}\Omega)=|H(\mathrm{j}\Omega)|\mathrm{e}^{\mathrm{j}\phi(\mathrm{j}\Omega)}$，$|H(\mathrm{j}\Omega)|$ 是幅度响应，$\phi(\mathrm{j}\Omega)=\phi(\Omega)$ 是相位响应。激励输入信号为 $e(t)$ 时，输入信号的傅里叶变换 $E(\mathrm{j}\Omega)=|E(\mathrm{j}\Omega)|\mathrm{e}^{\mathrm{j}\theta(\mathrm{j}\Omega)}$，假定系统是零状态的，则系统的响应输出 $r(t)=\mathrm{e}(t)*h(t)$，由卷积定理响应输出的傅里叶变换 $R(\mathrm{j}\Omega)$ 为：

$$\begin{aligned} R(\mathrm{j}\Omega)&=E(\mathrm{j}\Omega)\cdot H(\mathrm{j}\Omega)=|E(\mathrm{j}\Omega)|\mathrm{e}^{\mathrm{j}\theta(\mathrm{j}\Omega)}\cdot|H(\mathrm{j}\Omega)|\mathrm{e}^{\mathrm{j}\phi(\mathrm{j}\Omega)} \\ &=|E(\mathrm{j}\Omega)|\cdot|H(\mathrm{j}\Omega)|\mathrm{e}^{\mathrm{j}[\theta(\mathrm{j}\Omega)+\phi(\mathrm{j}\Omega)]}=|R(\mathrm{j}\Omega)|\mathrm{e}^{\mathrm{j}\phi(\mathrm{j}\Omega)} \end{aligned} \tag{5-26}$$

$$|R(\mathrm{j}\Omega)|=|E(\mathrm{j}\Omega)|\cdot|H(\mathrm{j}\Omega)| \tag{5-27}$$

$$\varphi(\mathrm{j}\Omega)=\theta(\mathrm{j}\Omega)+\phi(\mathrm{j}\Omega) \tag{5-28}$$

由式(5-27) 和式(5-28) 知，输出信号的幅度 $|R(\mathrm{j}\Omega)|$ 是输入信号的幅度 $|E(\mathrm{j}\Omega)|$ 被系统响应幅度 $|H(\mathrm{j}\Omega)|$ 加权的结果，输出信号的相位 $\varphi(\mathrm{j}\Omega)$ 是输入信号的相位 $\theta(\mathrm{j}\Omega)$ 被系统响应的相位 $\phi(\mathrm{j}\Omega)$ 修正。

如果系统是线性时不变的稳定系统，则系统函数 $H(s)$ 的全部极点 $p_i, i=1,2,\cdots,n$ 位于 s 平面的左半平面，零点记为 $q_j, j=1,2,\cdots,m$，则有：

$$H(s)=K\frac{\prod_{j=1}^{m}(s-q_j)}{\prod_{i=1}^{n}(s-p_i)} \tag{5-29}$$

$$H(\mathrm{j}\Omega)=H(s)\big|_{s=\mathrm{j}\Omega}=K\frac{\prod_{j=1}^{m}(\mathrm{j}\Omega-q_j)}{\prod_{i=1}^{n}(\mathrm{j}\Omega-p_i)} \tag{5-30}$$

如果记 $\mathrm{j}\Omega-q_j=M_j\mathrm{e}^{\mathrm{j}\theta_j}$，$j=1,2,\cdots,m$，$\mathrm{j}\Omega-p_i=N_i\mathrm{e}^{\mathrm{j}\phi_i}$，$i=1,2,\cdots,n$，$K=|K|\mathrm{e}^{\mathrm{j}\alpha}$，则由式(5-30) 可得：

$$|H(\mathrm{j}\Omega)|=|K|\frac{\prod_{j=1}^{m}M_j}{\prod_{i=1}^{n}N_i} \tag{5-31}$$

$$\phi(\mathrm{j}\Omega)=\alpha+\sum_{j=1}^{m}\theta_j-\sum_{i=1}^{n}\phi_i \tag{5-32}$$

由式(5-30) 知系统的频率响应特性完全取决于系统函数的零、极点分布，由式(5-31)、式(5-32) 即可绘出系统频率响应的幅度响应曲线$|H(\mathrm{j}\Omega)|$及相位响应曲线 $\phi(\mathrm{j}\Omega)$。

对于频率响应为 $H(\mathrm{j}\Omega)=|H(\mathrm{j}\Omega)|\mathrm{e}^{\mathrm{j}\phi(\mathrm{j}\Omega)}$ 的线性时不变系统，如果系统函数 $H(s)$的全部极点 $p_i,i=1,2,\cdots,n$ 位于 s 平面的左半平面，系统是稳定的。如果取激励输入信号为正弦信号 $e(t)=A\sin(\Omega_0 t)u(t)$，$A,\Omega_0$ 是实常数，$H(\mathrm{j}\Omega_0)=|H(\mathrm{j}\Omega_0)|\mathrm{e}^{\mathrm{j}\phi(\mathrm{j}\Omega_0)}$。系统的零状态输出 $r(t)=e(t)*h(t)$，$R(s)=E(s)\cdot H(s)$，$E(s)=A\dfrac{\Omega_0}{s^2+\Omega_0^2}$。系统函数：

$$H(s)=K\frac{\prod_{j=1}^{m}(s-q_j)}{\prod_{i=1}^{n}(s-p_i)}$$

$$\begin{aligned}
R(s)=E(s)\cdot H(s)&=A\frac{\Omega_0}{s^2+\Omega_0^2}\cdot K\frac{\prod_{j=1}^{m}(s-q_j)}{\prod_{i=1}^{n}(s-p_i)}\\
&=A\left(\frac{B_1}{s-\mathrm{j}\Omega_0}+\frac{B_2}{s+\mathrm{j}\Omega_0}+\frac{A_1}{s-p_1}+\frac{A_2}{s-p_2}+\cdots+\frac{A_n}{s-p_n}\right)\\
&=A\left[\frac{1}{2\mathrm{j}}\times\frac{H(\mathrm{j}\Omega_0)}{s-\mathrm{j}\Omega_0}-\frac{1}{2\mathrm{j}}\times\frac{H(-\mathrm{j}\Omega_0)}{s+\mathrm{j}\Omega_0}+\frac{C_1}{s-p_1}+\frac{C_2}{s-p_2}+\cdots+\frac{C_n}{s-p_n}\right]
\end{aligned}$$

$$\begin{aligned}
r(t)&=A\left[\frac{|H(\mathrm{j}\Omega_0)|\mathrm{e}^{\mathrm{j}\phi(\mathrm{j}\Omega_0)}}{2\mathrm{j}}\cdot\mathrm{e}^{\mathrm{j}\Omega_0 t}-\frac{|H(-\mathrm{j}\Omega_0)|\mathrm{e}^{\mathrm{j}\phi(-\mathrm{j}\Omega_0)}}{2\mathrm{j}}\cdot\mathrm{e}^{-\mathrm{j}\Omega_0 t}+\sum_{k=1}^{n}C_k\mathrm{e}^{p_k t}\right]\\
&=A\left[\frac{|H(\mathrm{j}\Omega_0)|\mathrm{e}^{\mathrm{j}\phi(\mathrm{j}\Omega_0)}}{2\mathrm{j}}\cdot\mathrm{e}^{\mathrm{j}\Omega_0 t}-\frac{|H(\mathrm{j}\Omega_0)|\mathrm{e}^{-\mathrm{j}\phi(\mathrm{j}\Omega_0)}}{2\mathrm{j}}\cdot\mathrm{e}^{-\mathrm{j}\Omega_0 t}+\sum_{k=1}^{n}C_k\mathrm{e}^{p_k t}\right]\cdot u(t)
\end{aligned}$$

$$=A\left[\mid H(\mathrm{j}\Omega_0)\mid \cdot \sin[\Omega_0 t+\phi(\mathrm{j}\Omega_0)]+\sum_{k=1}^{n}C_k\mathrm{e}^{p_k t}\right]\cdot u(t)$$

$$=A\,|H(\mathrm{j}\Omega_0)|\cdot\sin[\Omega_0 t+\phi(\mathrm{j}\Omega_0)]\cdot u(t)+A\sum_{k=1}^{n}C_k\mathrm{e}^{p_k t}\cdot u(t)$$

由于全部极点 $p_i, i=1,2,\cdots,n$ 位于 s 平面的左半平面，所以 $\lim\limits_{t\to+\infty}A\sum\limits_{k=1}^{n}C_k\mathrm{e}^{p_k t}=0$，所以有：

$$\lim_{t\to+\infty}r(t)=A\,|H(\mathrm{j}\Omega_0)|\cdot\sin[\Omega_0 t+\phi(\mathrm{j}\Omega_0)]\cdot u(t) \tag{5-33}$$

式(5-33) 说明，角频率为 Ω_0 的单频正弦信号 $e(t)=A\sin(\Omega_0 t)u(t)$ 输入稳定系统后，系统的稳态响应输出 $\lim\limits_{t\to+\infty}r(t)$ 仍为角频率为 Ω_0 的正弦信号，输入信号的幅度被 Ω_0 处的幅度响应 $|H(\mathrm{j}\Omega_0)|$ 加权，相位被 Ω_0 处的相位响应 $\phi(\mathrm{j}\Omega_0)$ 修正，所以把 $H(\mathrm{j}\Omega)=|H(\mathrm{j}\Omega)|\mathrm{e}^{\mathrm{j}\phi(\mathrm{j}\Omega)}$ 称为系统的频率响应。系统的频率响应特性完整地体现了系统对输入信号的处理功能。

【例 5-6】 已知连续时间 LTI 稳定系统的频率响应为 $H(\Omega)=\dfrac{1}{1+\mathrm{j}\Omega}$，求激励输入信号分别为 $e_1(t)=\sin t\cdot u(t)$，$e_2(t)=\sqrt{2}\sin(2t)\cdot u(t)$，$e_3(t)=3\sin\left(3t+\dfrac{\pi}{4}\right)\cdot u(t)$ 时系统的稳态响应输出。

解： $H(\mathrm{j}\Omega)=|H(\mathrm{j}\Omega)|\mathrm{e}^{\mathrm{j}\phi(\mathrm{j}\Omega)}$，$|H(\mathrm{j}\Omega)|=\dfrac{1}{\sqrt{1+\Omega^2}}$，$\phi(\mathrm{j}\Omega)=-\arctan\Omega$，由式(5-33) 得：

$$r_1(t)=\frac{1}{\sqrt{2}}\sin(t-45^\circ)\cdot u(t)$$

$$r_2(t)=\frac{\sqrt{2}}{\sqrt{5}}\sin(2t-63^\circ)\cdot u(t)$$

$$r_3(t)=\frac{3}{\sqrt{10}}\sin(3t-27^\circ)\cdot u(t)$$

5.4.2 全通系统与最小相移系统

如果一个连续时间线性时不变系统的系统函数 $H(s)$ 的全部极点 $p_i, i=1,2,\cdots,n$ 和全部零点 $q_i, i=1,2,\cdots,n$ 成对关于虚轴 $s=\mathrm{j}\Omega$ 镜像对称，如果 $p_i=-\sigma_i+\mathrm{j}\Omega_i$，则 $q_i=\sigma_i+\mathrm{j}\Omega_i$，即满足 $p_i=-q_i^*$，$i=1,2,\cdots,n$。此时，对于虚轴上的任意一点 $s=\mathrm{j}\Omega$，满足下列条件：

$$\begin{aligned}|\mathrm{j}\Omega-p_i|&=|\sigma_i+\mathrm{j}(\Omega-\Omega_i)|=\sqrt{\sigma_i^2+(\Omega-\Omega_i)^2}\\&=|-\sigma_i+\mathrm{j}(\Omega-\Omega_i)|=|\mathrm{j}\Omega-q_i|\end{aligned} \tag{5-34}$$

由式(5-31) 及式(5-34)，此时系统的幅度响应 $|H(\mathrm{j}\Omega)|=K$。

一般地，如果一个连续时间线性时不变系统的频率响应满足下列条件：

$$H(\mathrm{j}\Omega)=K\mathrm{e}^{\mathrm{j}\phi(\mathrm{j}\Omega)} \tag{5-35}$$

则称该系统是全通系统。显然一个系统是全通系统的充分必要条件是：

$$|H(\mathrm{j}\Omega)|=K \tag{5-36}$$

由式(5-34) 知，当系统函数的零极点成对为关于虚轴镜像对称时，则该系统是全通系统。当信号通过全通系统时所有频率分量都会通过，且幅度是原来的 K 倍。所以，全通系统可以保证输入信号的幅度频谱特性不变，只改变输入信号的相位频谱特性，在传输系统中常用来对信号进行相位校正。

如果一个连续时间线性时不变系统的系统函数 $H(s)$的全部极点 $p_i, i=1,2,\cdots,n$ 位于 s 平面的左半平面，全部零点 $q_i, i=1,2,\cdots,m$ 也位于 s 平面的左半平面或虚轴上，则这样的系统称为最小相移系统。如果系统函数 $H(s)$的全部极点 $p_i, i=1,2,\cdots,n$ 位于 s 平面的左半平面，全部零点 $q_i, i=1,2,\cdots,m$ 位于 s 平面的右半平面，则这样的系统称为最大相移系统。任何一个非最小相移系统可以表示成一个全通系统与一个最小相移系统的级联，即非最小相移系统的系统函数 $H(s)$等于一个全通系统的系统函数 $H_{\mathrm{p}}(s)$与最小相移系统的系统函数 $H_{\min}(s)$的乘积，$H(s)=H_{\mathrm{p}}(s)\cdot H_{\min}(s)$。

【例 5-7】 已知非最小相移系统的系统函数 $H(s)$：

$$H(s)=\frac{(s+2)(s-q_1)(s-q_1^*)}{(s+1)(s-p_1)(s-p_1^*)}$$

其中 $p_1=-3+2\mathrm{j}$，$q_1=2+\mathrm{j}$，将该系统表示成全通系统和最小相移系统的级联。

解：系统的三个极点都在 s 平面的左半平面，有一个零点在左半平面，一对共轭零点 q_1 和 q_1^* 在右半平面。右半平面的零点 q_1 和 q_1^* 关于虚轴呈镜像对称点分别为 $-(q_1)^*=-q_1^*=-2+\mathrm{j}$ 和 $-(q_1^*)^*=-q_1=-2-\mathrm{j}$。则系统函数可以表示为：

$$\begin{aligned}H(s)&=\frac{(s+2)(s-q_1)(s-q_1^*)}{(s+1)(s-p_1)(s-p_1^*)}\times\frac{(s+q_1^*)(s+q_1)}{(s+q_1^*)(s+q_1)}\\&=\frac{(s+2)(s+q_1^*)(s+q_1)}{(s+1)(s-p_1)(s-p_1^*)}\times\frac{(s-q_1)(s-q_1^*)}{(s+q_1^*)(s+q_1)}\end{aligned}$$

记：

$$H_{\min}(s)=\frac{(s+2)(s+q_1^*)(s+q_1)}{(s+1)(s-p_1)(s-p_1^*)}=\frac{(s+2)(s+2-\mathrm{j})(s+2+\mathrm{j})}{(s+1)(s+3-2\mathrm{j})(s+3+2\mathrm{j})}$$

$$H_{\mathrm{p}}(s)=\frac{(s-q_1)(s-q_1^*)}{(s+q_1^*)(s+q_1)}=\frac{(s-2-\mathrm{j})(s-2+\mathrm{j})}{(s+2-\mathrm{j})(s+2+\mathrm{j})}$$

则子系统 $H_{\mathrm{p}}(s)$是全通系统，子系统 $H_{\min}(s)$是最小相移系统，$H(s)=H_{\mathrm{p}}(s)\cdot H_{\min}(s)$，这样该系统表示成了全通系统 $H_{\mathrm{p}}(s)$和最小相移系统 $H_{\min}(s)$的级联。

5.5 无失真传输与理想滤波器

5.5.1 无失真传输系统

如果线性系统是一个信号传输系统，输入信号经过系统传输后任一频率分量的幅度和相位都会被系统的频率响应作用，输入信号的幅度将被加权，相位被修正。一般情况下，与输入信号波形相比，输出信号的波形与输入信号的波形不同，即信号经过系统传输后将产生失真。线性系统的幅度失真与相位失真都不会产生新的频率分量，而非线性系统由于其非线性特性，对输入信号处理后将产生非线性失真，非线性失真可能产生新的频率分量，我们主要关心的是线性时不变系统。在实际的信号处理中，依据处理目标不同，有时需要使处理信号失真，有时需要在处理信号时使失真最小，甚至无失真，这时的系统就是无失真传输系统，下面给出无失真传输系统的定义和存在条件。

一个线性时不变系统 $H(s)$，如果激励输入信号为 $e(t)$，系统的响应输出为 $r(t)$，如果满足条件：

$$r(t)=Ke(t-t_0) \tag{5-37}$$

式中，K，t_0 为常数。则称该系统为无失真传输系统。显然，对于无失真传输系统，输出信号的波形与输入信号相比可以认为没有变化，幅度只是等比例变化，波形有一个位移，如图 5-7 所示。

设输出信号 $r(t)$ 与激励输入信号 $e(t)$ 的傅里叶变换分别为 $R(\mathrm{j}\Omega)$ 和 $E(\mathrm{j}\Omega)$，由式 (5-37) 及傅里叶变换的时域移位特性有：

$$R(\mathrm{j}\Omega)=KE(\mathrm{j}\Omega)\mathrm{e}^{-\mathrm{j}\Omega t_0} \tag{5-38}$$

在零状态下 $r(t)=e(t)*h(t)$，由卷积定理有 $R(\mathrm{j}\Omega)=E(\mathrm{j}\Omega)H(\mathrm{j}\Omega)$，所以可得：

$$H(\mathrm{j}\Omega)=\frac{R(\mathrm{j}\Omega)}{E(\mathrm{j}\Omega)}=K\mathrm{e}^{-\mathrm{j}\Omega t_0} \tag{5-39}$$

无失真传输系统的频率响应 $H(\mathrm{j}\Omega)=K\mathrm{e}^{-\mathrm{j}\Omega t_0}$，它的幅度响应和相位响应分别为：

$$\begin{cases}|H(\mathrm{j}\Omega)|=K\\ \phi(\mathrm{j}\Omega)=-\Omega t_0\end{cases} \tag{5-40}$$

显然，它的幅度频谱曲线是一条常数直线，说明系统的频带是无限宽的。相位响应是线性的，相位频谱曲线是一条过原点的负斜率的直线，如图 5-8 所示。

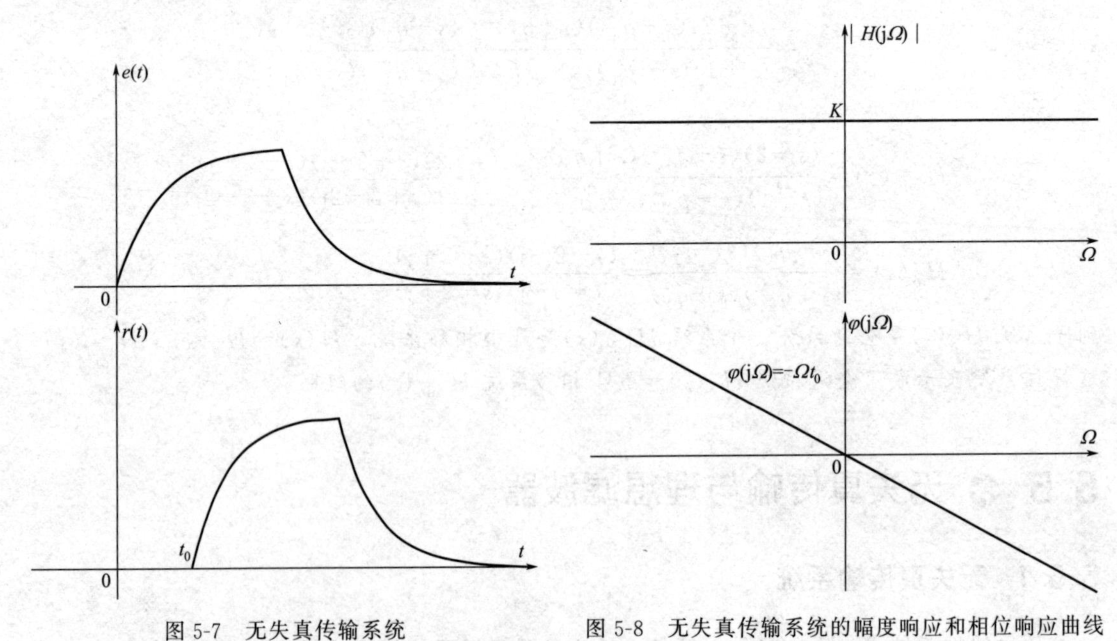

图 5-7 无失真传输系统　　图 5-8 无失真传输系统的幅度响应和相位响应曲线

无失真传输系统的频率响应 $H(\mathrm{j}\Omega)=K\mathrm{e}^{-\mathrm{j}\Omega t_0}$，由傅里叶逆变换得到它的单位冲激响应为：

$$h(t)=K\delta(t-t_0) \tag{5-41}$$

设一个线性时不变系统的频率响应 $H(\mathrm{j}\Omega)=|H(\mathrm{j}\Omega)|\mathrm{e}^{\mathrm{j}\phi(\mathrm{j}\Omega)}$，称相位响应对频率的导数负值为系统的群延时，记为 $\tau=\tau(\Omega)$，表示式为

$$\tau=\tau(\Omega)=-\frac{\mathrm{d}\phi(\mathrm{j}\Omega)}{\mathrm{d}\Omega} \tag{5-42}$$

如果一个线性时不变系统的群延时为常数，即 $\tau=-\dfrac{\mathrm{d}\phi(\mathrm{j}\Omega)}{\mathrm{d}\Omega}=k$，则该系统为具有线性相位特性的系统。显然，无失真传输系统是一个幅度频谱为常数的线性相位系统。

【例 5-8】 已知无失真传输系统的频率响应 $H(\mathrm{j}\Omega)=K\mathrm{e}^{-\mathrm{j}\Omega t_0}$，求激励输入信号为 $e(t)=\sin t-3\sin(2t)+2\sin(3t)$ 时系统的零状态响应输出 $r(t)$。

解： 无失真传输系统的频率响应 $H(\mathrm{j}\Omega)=K\mathrm{e}^{-\mathrm{j}\Omega t_0}$，它的单位冲激响应为 $h(t)=K\delta(t-t_0)$。

$$\begin{aligned} r(t)&=e(t)*h(t)=[\sin t-3\sin(2t)+2\sin(3t)]*K\delta(t-t_0)\\ &=K[\sin(t-t_0)-3\sin[2(t-t_0)]+2\sin[3(t-t_0)]] \end{aligned}$$

输入信号 $e(t)$ 的三个正弦分量，虽然频率不同，但经过系统处理后的输出延时是相同的，所以在输出端叠加后能够保证输出波形与输入波形相比，波形形状不变。

5.5.2 理想模拟滤波器

当激励输入信号输入连续时间线性时不变系统后，输出信号的幅度 $|R(\mathrm{j}\Omega)|=|E(\mathrm{j}\Omega)|\cdot|H(\mathrm{j}\Omega)|$，如果在某个频率点 $\Omega=\Omega_0$ 或某个频域 $\Omega\in[\Omega_1,\Omega_2]$ 内 $|H(\mathrm{j}\Omega)|=0$，则对应的频率点处 $|R(\mathrm{j}\Omega)|=0$，这就说明系统会滤除信号的某些频率分量，因此也把连续时间系统称为模拟滤波器。在实际工程应用中不可能设计出物理可实现的这种滤波器，即满足 $|H(\mathrm{j}\Omega)|=0$，$\Omega\in[\Omega_1,\Omega_2]$。我们把满足这种条件的滤波器称为理想模拟滤波器。实际工程中设计的模拟滤波器，都希望能逼近某个理想模拟滤波器。常讨论的线性相位理想模拟滤波器有理想低通滤波器、理想高通滤波器、理想带通滤波器和理想带阻滤波器等，它们的频率响应分别为：

① 理想低通滤波器的频率响应为：

$$H_{\mathrm{LP}}(\mathrm{j}\Omega)=\begin{cases}\mathrm{e}^{-\mathrm{j}\Omega t_0}, & |\Omega|\leqslant\Omega_c\\ 0, & |\Omega|>\Omega_c\end{cases} \tag{5-43}$$

式中，Ω_c 称为低通截止频率。幅度响应 $|H_{\mathrm{LP}}(\mathrm{j}\Omega)|=\begin{cases}1, & |\Omega|\leqslant\Omega_c\\ 0, & |\Omega|>\Omega_c\end{cases}$，线性相位响应为 $\phi(\mathrm{j}\Omega)=-t_0\Omega$，如图 5-9 所示。

② 理想高通滤波器的频率响应为：

$$H_{\mathrm{HP}}(\mathrm{j}\Omega)=\begin{cases}\mathrm{e}^{-\mathrm{j}\Omega t_0}, & |\Omega|\geqslant\Omega_c\\ 0, & |\Omega|<\Omega_c\end{cases} \tag{5-44}$$

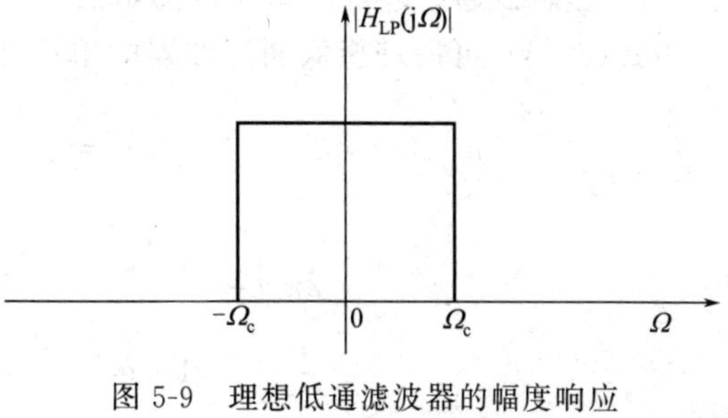

式中，Ω_c 称为高通截止频率，幅度响应

图 5-9　理想低通滤波器的幅度响应

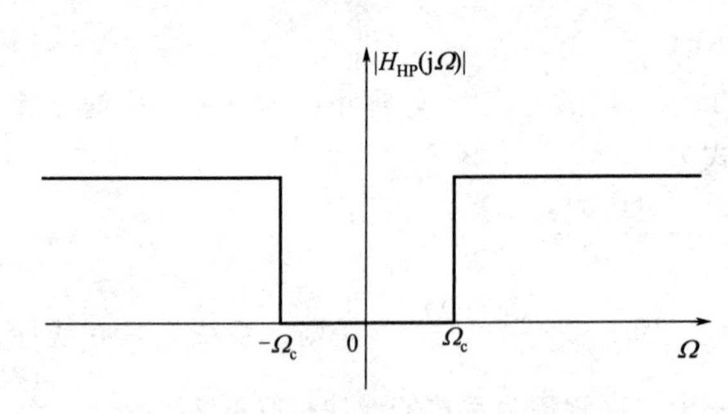

图 5-10　理想高通滤波器的幅度响应

$|H_{HP}(j\Omega)|=\begin{cases}1, & |\Omega|\geqslant\Omega_c\\0, & |\Omega|<\Omega_c\end{cases}$，如图 5-10 所示，线性相位响应为 $\phi(j\Omega)=-t_0\Omega$。

③ 理想带通滤波器的频率响应为：

$$H_{BP}(j\Omega)=\begin{cases}e^{-j\Omega t_0}, & \Omega_{c_1}\leqslant|\Omega|\leqslant\Omega_{c_2}\\0, & 其他\end{cases}\tag{5-45}$$

式中，Ω_{c_2}，Ω_{c_1} 分别称为带通滤波器的通带上、下截止频率。幅度响应 $|H_{BP}(j\Omega)|=\begin{cases}1, & \Omega_{c_1}\leqslant|\Omega|\leqslant\Omega_{c_2}\\0, & 其他\end{cases}$，如图 5-11 所示，线性的相位响应 $\phi(j\Omega)=-t_0\Omega$。

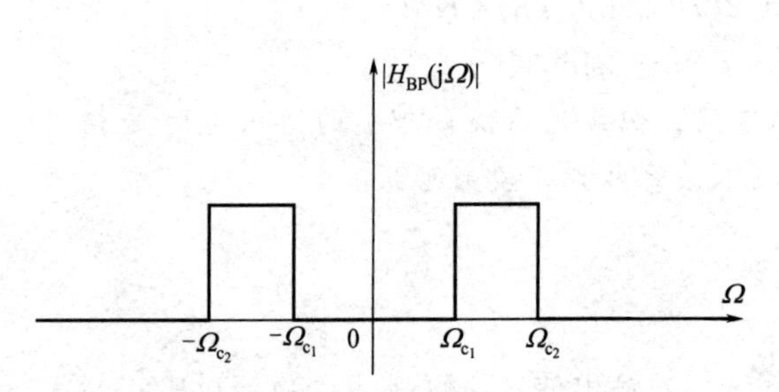

图 5-11　理想带通滤波器的幅度响应

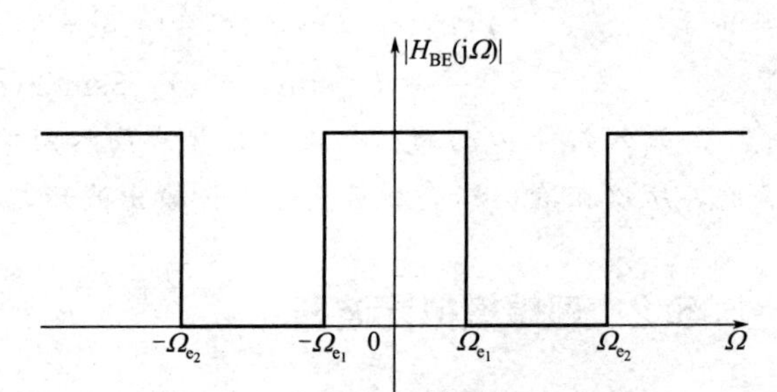

图 5-12　理想带阻滤波器的幅度响应

④ 理想带阻滤波器的频率响应为：

$$H_{BE}(j\Omega)=\begin{cases}0, & \Omega_{e_1}\leqslant|\Omega|\leqslant\Omega_{e_2}\\e^{-j\Omega t_0}, & 其他\end{cases}\tag{5-46}$$

式中，Ω_{e_2}，Ω_{e_1} 分别称为带阻滤波器的阻带上、下截止频率。幅度响应 $|H_{BE}(j\Omega)|=\begin{cases}0, & \Omega_{e_1}\leqslant|\Omega|\leqslant\Omega_{e_2}\\1, & 其他\end{cases}$，如图 5-12 所示，线性的相位响应 $\phi(j\Omega)=-t_0\Omega$。

5.5.3　理想低通滤波器的响应特性

下面重点讨论理想低通滤波器的响应特性。

(1) 理想低通滤波器的单位冲激响应

由式(5-43) 可得理想低通滤波器的单位冲激响应 $h_{LP}(t)$的表达式：

$$\begin{aligned}h_{LP}(t)&=F^{-1}[H(j\Omega)]=\frac{1}{2\pi}\int_{-\infty}^{\infty}H(j\Omega)e^{j\Omega t}d\Omega\\&=\frac{1}{2\pi}\int_{-\Omega_c}^{\Omega_c}1\cdot e^{-j\Omega t_0}e^{j\Omega t}d\Omega\\&=\frac{1}{2\pi}\int_{-\Omega_c}^{\Omega_c}1\cdot e^{j\Omega(t-t_0)}d\Omega=\frac{1}{2\pi}\times\frac{1}{j(t-t_0)}e^{j\Omega(t-t_0)}\Big|_{-\Omega_c}^{\Omega_c}\end{aligned}$$

$$
=\frac{1}{\pi}\times\frac{1}{(t-t_0)}\times\frac{1}{2\mathrm{j}}\left[\mathrm{e}^{\mathrm{j}\Omega_c(t-t_0)}-\mathrm{e}^{-\mathrm{j}\Omega_c(t-t_0)}\right]
$$

$$
=\frac{\Omega_c}{\pi}\times\frac{\sin\Omega_c(t-t_0)}{\Omega_c(t-t_0)}
$$

$$
=\frac{\Omega_c}{\pi}\cdot\mathrm{Sa}[\Omega_c(t-t_0)] \tag{5-47}
$$

由式(5-47)知，理想低通滤波器的单位冲激响应 $h_{\mathrm{LP}}(t)$是对称中心在 $t=t_0$ 处的抽样函数，在 $t=t_0$ 处的峰值为$\frac{\Omega_c}{\pi}$，它的主瓣宽度为$\frac{2\pi}{\Omega_c}$，过零点为 $t=t_0\pm k\frac{\pi}{\Omega_c}$，$k=1,2,\cdots$，如图 5-13 所示。

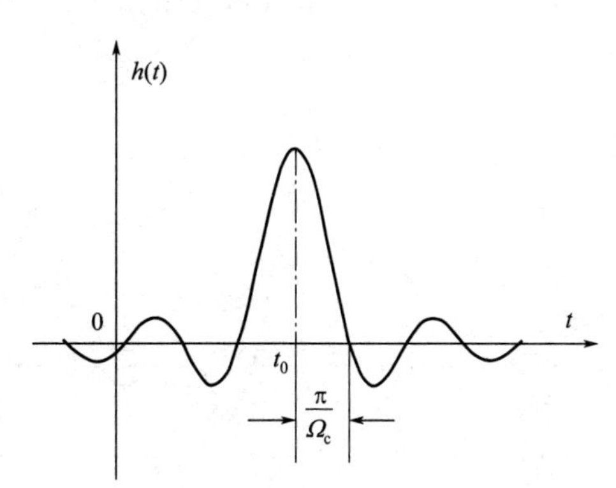

图 5-13　理想低通滤波器的单位冲激响应 $h(t)$

单位冲激响应 $h_{\mathrm{LP}}(t)$不是因果信号，所以理想低通滤波器不是因果系统，它是线性时不变的非因果系统，是物理不可实现的系统。

(2) 理想低通滤波器的阶跃响应

对于一个理想低通滤波器 $h_{\mathrm{LP}}(t)$，激励输入为单位阶跃信号 $u(t)$时的零状态响应称为理想低通滤波器的阶跃响应，记为 $g_{\mathrm{LP}}(t)$，$g_{\mathrm{LP}}(t)=u(t)*h_{\mathrm{LP}}(t)$。由于单位阶跃信号的傅里叶变换为 $u(t)\leftrightarrow U(\mathrm{j}\Omega)=\pi\delta(\Omega)+\frac{1}{\mathrm{j}\Omega}$，利用卷积定理可得阶跃响应的傅里叶变换 $G_{\mathrm{LP}}(\mathrm{j}\Omega)$的表达式：

$$
G_{\mathrm{LP}}(\mathrm{j}\Omega)=U(\mathrm{j}\Omega)\cdot H_{\mathrm{LP}}(\mathrm{j}\Omega)=\begin{cases}\left[\pi\delta(\Omega)+\dfrac{1}{\mathrm{j}\Omega}\right]\mathrm{e}^{-\mathrm{j}\Omega t_0}, & |\Omega|\leqslant\Omega_c\\ 0, & |\Omega|>\Omega_c\end{cases} \tag{5-48}
$$

由傅里叶逆变换公式得理想低通滤波器的阶跃响应 $g_{\mathrm{LP}}(t)$：

$$
\begin{aligned}
g_{\mathrm{LP}}(t)=F^{-1}[G_{\mathrm{LP}}(\mathrm{j}\Omega)]&=\frac{1}{2\pi}\int_{-\Omega_c}^{\Omega_c}\left[\pi\delta(\Omega)+\frac{1}{\mathrm{j}\Omega}\right]\mathrm{e}^{-\mathrm{j}\Omega t_0}\mathrm{e}^{\mathrm{j}\Omega t}\mathrm{d}\Omega\\
&=\frac{1}{2\pi}\int_{-\Omega_c}^{\Omega_c}\pi\delta(\Omega)\cdot\mathrm{e}^{\mathrm{j}\Omega(t-t_0)}\mathrm{d}\Omega+\frac{1}{2\pi}\int_{-\Omega_c}^{\Omega_c}\frac{\mathrm{e}^{\mathrm{j}\Omega(t-t_0)}}{\mathrm{j}\Omega}\mathrm{d}\Omega\\
&=\frac{1}{2}+\frac{2}{2\pi}\int_0^{\Omega_c}\frac{\sin\Omega(t-t_0)}{\Omega}\mathrm{d}\Omega\\
&=\frac{1}{2}+\frac{1}{\pi}\int_0^{\Omega_c(t-t_0)}\frac{\sin x}{x}\mathrm{d}x
\end{aligned} \tag{5-49}
$$

其中函数$\frac{\sin x}{x}$的积分称为正弦积分函数，记为 $\mathrm{Si}(y)$，已制成标准积分值表或曲线，积分值可以通过查表获得。正弦积分函数的表达式为：

$$
\mathrm{Si}(y)=\int_0^y\frac{\sin x}{x}\mathrm{d}x \tag{5-50}
$$

正弦积分函数 $\mathrm{Si}(y)$的图形如图 5-14 所示，有如下特性：

① 正弦积分函数 $\mathrm{Si}(y)$的积分下限为 0；

② 正弦积分函数 Si(y)是奇函数，Si(y)＝－Si(－y)；

③ 正弦积分函数 Si(y)在 $y=\pi$ 取得最大值，在 $y=-\pi$ 取得最小值。

理想低通滤波器的阶跃响应 $g_{\mathrm{LP}}(t)$用正弦积分可表示为：

$$g_{\mathrm{LP}}(t)=\frac{1}{2}+\frac{1}{\pi}\mathrm{Si}[\Omega_{\mathrm{c}}(t-t_0)] \tag{5-51}$$

理想低通滤波器的阶跃响应 $g_{\mathrm{LP}}(t)$的波形如图 5-15 所示。

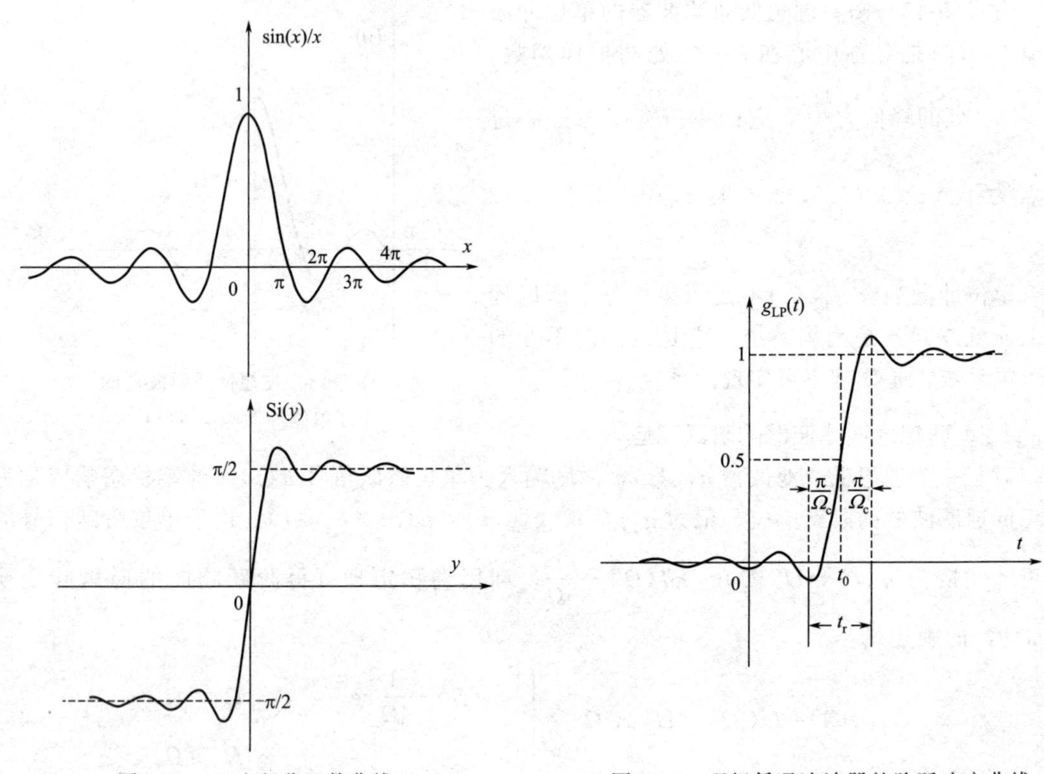

图 5-14　正弦积分函数曲线　　　　图 5-15　理想低通滤波器的阶跃响应曲线

由图 5-15 看出，阶跃响应 $g_{\mathrm{LP}}(t)$的输出波形中心在 $t=t_0$ 处，理想低通滤波器的截止频率 Ω_{c} 越小，输出 $g_{\mathrm{LP}}(t)$上升越缓慢，在区间 $\left[-\frac{\pi}{\Omega_{\mathrm{c}}}+t_0,t_0+\frac{\pi}{\Omega_{\mathrm{c}}}\right]$ 从最低值上升到最高值。上升时间为 $t_{\mathrm{r}}=\frac{2\pi}{\Omega_{\mathrm{c}}}=\frac{1}{B}$，这里 B 恰好是将滤波器截止角频率表示成频率的滤波器截止频率，也称为低通滤波器的带宽。阶跃响应的上升时间与低通滤波器的带宽成反比，这说明，低通滤波器的带宽越大，阶跃响应 $g_{\mathrm{LP}}(t)$的上升时间为 t_{r} 越小，带宽无限大时，系统就成为了全通滤波器。

(3) 理想低通滤波器的矩形脉冲响应

对于一个理想低通滤波器 $h_{\mathrm{LP}}(t)$，激励输入为矩形脉冲信号 $e(t)=u(t)-u(t-\tau)$时的零状态响应 $r(t)$，波形如图 5-16 所示。利用阶跃响应和系统的线性特性可得：

$$r(t)=\frac{1}{\pi}\{\mathrm{Si}[\Omega_{\mathrm{c}}(t-t_0)]-\mathrm{Si}[\Omega_{\mathrm{c}}(t-t_0-\tau)]\} \tag{5-52}$$

由图 5-16 可以看出，脉宽为 τ 的矩形脉冲，低通滤波器的响应输出值在区间$[t_0,t_0+\tau]$

内围绕 1 波动变化，在区间 $\left[-\frac{\pi}{\Omega_c}+t_0, t_0+\frac{\pi}{\Omega_c}\right]$ 内从最小值上升到最大值，在区间 $\left[-\frac{\pi}{\Omega_c}+t_0+\tau, t_0+\tau+\frac{\pi}{\Omega_c}\right]$ 内从最大值下降到最小值。最大值为：

$$r_{\max}(t)=r\left(t_0+\frac{\pi}{\Omega_c}\right)=\frac{1}{2}+\frac{1.8514}{\pi}\approx 1.0895 \tag{5-53}$$

最小值为 $\quad r_{\min}(t)=r\left(t_0-\frac{\pi}{\Omega_c}\right)\approx -0.0895$

对于理想低通滤波器，激励输入为矩形脉冲信号 $e(t)=u(t)-u(t-\tau)$ 时，信号在 $t=0$ 处有一个阶跃为 1 的变化，系统响应输出在区间 $\left[-\frac{\pi}{\Omega_c}+t_0, t_0+\frac{\pi}{\Omega_c}\right]$ 内从最小值 $r_{\min}(t)$ 上升到最大值 $r_{\max}(t)$，最大值比 1 高出 8.95%，这种结果称为吉布斯现象，其与低通系统的截止频率 Ω_c 及输入矩形脉冲信号的脉宽 τ 无关。

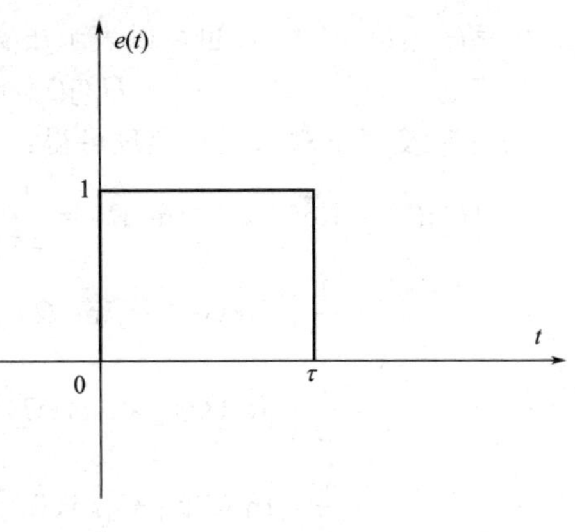

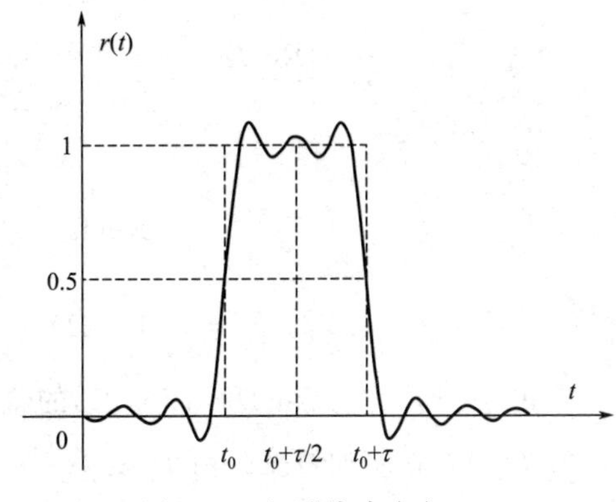

图 5-16　矩形脉冲响应

5.6 连续时间系统的物理可实现性

一个物理可实现的连续时间系统，它的单位冲激响应 $h(t)$ 必须满足条件 $h(t)=0$，$t<0$，即单位冲激必须是因果信号，单位冲激响应 $h(t)$ 波形的出现必须是有起因的，不能在单位冲激信号作用之前就产生响应，这样的要求称为“因果条件”。从系统的频率特性来看，要求系统的幅度响应 $H(\mathrm{j}\Omega)$ 要满足平方可积条件，即满足条件：

$$\int_{-\infty}^{\infty}|H(\mathrm{j}\Omega)|^2\mathrm{d}\Omega<\infty \tag{5-54}$$

佩利（Paley）和维纳（Wiener）证明了对于幅度响应 $H(\mathrm{j}\Omega)$，系统物理可实现的必要条件是：

$$\int_{-\infty}^{\infty}\frac{|\ln(|H(\mathrm{j}\Omega)|)|}{1+\Omega^2}\mathrm{d}\Omega<\infty \tag{5-55}$$

式(5-55) 称为佩利-维纳准则。不满足佩利-维纳准则的系统，其单位冲激响应不满足因果条件，是物理不可实现的系统。

由佩利-维纳准则知，任何一个系统，如果它的幅度响应 $|H(\mathrm{j}\Omega)|$ 在某一频带 $\Omega\in[\Omega_1, \Omega_2]$ 内恒有 $|H(\mathrm{j}\Omega)|=0$，则该系统的幅度响应 $|H(\mathrm{j}\Omega)|$ 不满足式(5-55)，系统是物理不可实现的系统。由此可知，理想低通滤波器、理想高通滤波器、理想带通滤波器、理想带阻滤波器都是物理不可实现的系统，所以称之为理想系统。在实际工程中，可以设计出和理想系统充分逼近的物理可实现系统。

对于因果系统，其单位冲激响应满足 $h(t)=h(t)u(t)$，系统的频率响应 $H(\mathrm{j}\Omega)$，

$H(\mathrm{j}\Omega)=|H(\mathrm{j}\Omega)|\mathrm{e}^{\mathrm{j}\phi(\mathrm{j}\Omega)}$，也可以表示成实部加虚部的形式：

$$H(\mathrm{j}\Omega)=\mathrm{Re}(\Omega)+\mathrm{j}\mathrm{Im}(\Omega) \tag{5-56}$$

由傅里叶变换的频域卷积定理可得：

$$\begin{aligned}H(\mathrm{j}\Omega)&=\mathrm{Re}(\Omega)+\mathrm{j}\mathrm{Im}(\Omega)=\frac{1}{2\pi}[H(\mathrm{j}\Omega)*U(\mathrm{j}\Omega)]\\&=\frac{1}{2\pi}\left\{[\mathrm{Re}(\Omega)+\mathrm{j}\mathrm{Im}(\Omega)]*\left[\pi\delta(\Omega)+\frac{1}{\mathrm{j}\Omega}\right]\right\}\\&=\frac{1}{2\pi}\left\{[\mathrm{Re}(\Omega)]*[\pi\delta(\Omega)]+[\mathrm{Im}(\Omega)]*\frac{1}{\Omega}\right\}+\\&\quad\frac{\mathrm{j}}{2\pi}\left\{\mathrm{Im}(\Omega)]*[\pi\delta(\Omega)]-[\mathrm{Re}(\Omega)]*\frac{1}{\Omega}\right\}\\&=\left[\frac{\mathrm{Re}(\Omega)}{2}+\frac{1}{2\pi}\int_{-\infty}^{\infty}\frac{\mathrm{Im}(\mu)}{\Omega-\mu}\mathrm{d}\mu\right]+\mathrm{j}\left[\frac{\mathrm{Im}(\Omega)}{2}-\frac{1}{2\pi}\int_{-\infty}^{\infty}\frac{\mathrm{Re}(\mu)}{\Omega-\mu}\mathrm{d}\mu\right]\end{aligned} \tag{5-57}$$

由式(5-57) 可得：

$$\begin{cases}\mathrm{Re}(\Omega)=\dfrac{1}{\pi}\displaystyle\int_{-\infty}^{\infty}\frac{\mathrm{Im}(\mu)}{\Omega-\mu}\mathrm{d}\mu\\\mathrm{Im}(\Omega)=-\dfrac{1}{\pi}\displaystyle\int_{-\infty}^{\infty}\frac{\mathrm{Re}(\mu)}{\Omega-\mu}\mathrm{d}\mu\end{cases} \tag{5-58}$$

式(5-58) 称为 $\mathrm{Re}(\Omega)$与 $\mathrm{Im}(\Omega)$的希尔伯特变换对。一般地，信号 $f(t)$的希尔伯特变换记为 $\hat{f}(t)$，希尔伯特变换对定义为：

$$\begin{cases}\text{正变换}:\hat{f}(t)=\dfrac{1}{\pi}\displaystyle\int_{-\infty}^{\infty}\frac{f(\tau)}{t-\tau}\mathrm{d}\tau=f(t)*\frac{1}{\pi t}\\\text{逆变换}:f(t)=-\dfrac{1}{\pi}\displaystyle\int_{-\infty}^{\infty}\frac{\hat{f}(\tau)}{t-\tau}\mathrm{d}\tau=-\hat{f}(t)*\frac{1}{\pi t}\end{cases} \tag{5-59}$$

希尔伯特变换对信号 $f(t)$与 $\hat{f}(t)$是正交的，即满足下列条件：

$$\lim_{T\to\infty}\frac{1}{2T}\int_{-T}^{T}f(t)\hat{f}(t)\mathrm{d}t=0 \tag{5-60}$$

式(5-58) 说明因果系统的频率响应 $H(\mathrm{j}\Omega)=\mathrm{Re}(\Omega)+\mathrm{j}\mathrm{Im}(\Omega)$，其实部函数 $\mathrm{Re}(\Omega)$与虚部函数 $\mathrm{Im}(\Omega)$是希尔伯特变换对，实部函数 $\mathrm{Re}(\Omega)$可由虚部函数 $\mathrm{Im}(\Omega)$唯一确定，反之亦然。

常用信号的希尔伯特变换对见表 5-1。

表 5-1 常用信号的希尔伯特变换对

信号 $f(t)$	希尔伯特变换信号 $\hat{f}(t)$	信号 $f(t)$	希尔伯特变换信号 $\hat{f}(t)$
$\cos(\Omega_0 t)$	$\sin(\Omega_0 t)$	$\mathrm{e}^{\mathrm{j}\Omega_0 t}$	$-\mathrm{j}\mathrm{e}^{\mathrm{j}\Omega_0 t}$
$\sin(\Omega_0 t)$	$-\cos(\Omega_0 t)$	$g(t)\mathrm{e}^{\mathrm{j}\Omega_0 t}$	$-\mathrm{j}g(t)\mathrm{e}^{\mathrm{j}\Omega_0 t}$

5.7 傅里叶变换在通信系统中的应用

5.7.1 信号的调制与解调

在实际应用中，需要把信号从发送端处理后通过传输送达接收端接收处理，无论是模拟信号还是数字信号都需要调制后才能传输到接收端。在早期的模拟信号传输中，信号需要在发送端经过调制变成高频信号后通过天线发射出去，在接收端接收处理。调制方法很多，其中的幅度调制与解调就是利用了信号的傅里叶变换的频移特性。

设一个频带有限的连续时间信号 $f(t)$，最高截止频率为 Ω_m，信号 $f(t)$ 的傅里叶变换（频率响应）为 $F(\Omega)=|F(\Omega)|e^{j\phi(\Omega)}$，满足条件：

$$|F(\Omega)|=0,\ |\Omega|>\Omega_m$$

设本地载波信号为 $e(t)=\cos(\Omega_0 t)$，可以假设 $\Omega_0 \gg \Omega_m$，它的傅里叶变换为：

$$E(\Omega)=\pi[\delta(\Omega+\Omega_0)+\delta(\Omega-\Omega_0)]$$

连续时间信号 $f(t)$ 被载波信号 $e(t)$ 调制后得到调制信号 $g(t)$，信号的调制过程就是时域相乘的结果 $g(t)=f(t)\cdot e(t)=f(t)\cdot\cos(\Omega_0 t)$，由卷积定理可得调制信号 $g(t)$ 的频谱密度函数 $G(\Omega)$ 为：

$$\begin{aligned}G(\Omega)&=\frac{1}{2\pi}F(\Omega)*\{\pi[\delta(\Omega+\Omega_0)+\delta(\Omega-\Omega_0)]\}\\&=\frac{1}{2}[F(\Omega+\Omega_0)+F(\Omega-\Omega_0)]\end{aligned} \tag{5-61}$$

由式(5-61)知信号 $f(t)$ 被余弦信号 $e(t)=\cos(\Omega_0 t)$ 调制后，调制信号 $g(t)$ 的频谱是被调制信号 $f(t)$ 频谱搬移的结果，将中心在 $\Omega=0$ 的频谱 $F(\Omega)$ 搬移到了以载波余弦的频率 Ω_0 为中心的频谱，信号的调制实现了频谱的搬移，依据需要，通过适当选择载波信号频率 Ω_0，可以将被调制信号搬到需要的位置，如图 5-17 所示。

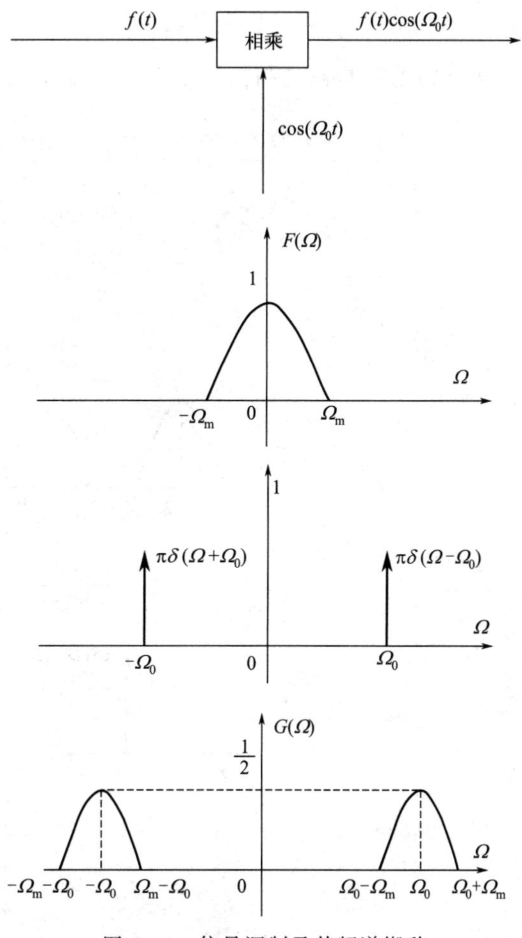

图 5-17 信号调制及其频谱搬移

调制信号 $g(t)$ 经过传输到达接收端，一般需要从 $g(t)$ 中恢复出信号 $f(t)$，恢复过程就是信号的解调过程，在接收端通过同步解调就可恢复信号 $f(t)$。在接收端选择与发送端同频同步的载波信号 $e(t)=\cos(\Omega_0 t)$ 和 $g(t)$ 相乘得到信号 $g_0(t)=g(t)\cos(\Omega_0 t)=f(t)\cos^2(\Omega_0 t)$，再次利用卷积定理可得信号 $g_0(t)$ 的频谱密度函数为：

$$\begin{aligned}G_0(\Omega)&=\frac{1}{2\pi}G(\Omega)*E(\Omega)\\&=\frac{1}{2\pi}\times\frac{1}{2}[F(\Omega+\Omega_0)+F(\Omega-\Omega_0)]*\{\pi[\delta(\Omega+\Omega_0)+\delta(\Omega-\Omega_0)]\}\\&=\frac{1}{4}[F(\Omega+2\Omega_0)+2F(\Omega)+F(\Omega-2\Omega_0)]\end{aligned} \tag{5-62}$$

式(5-62)信号的频谱中有原信号 $f(t)$ 的频谱信息，还有一个高频分量。选择一个合适

的理想低通滤波器 $h_{LP}(t)$，它的频率响应 $H_{LP}(\Omega)$为：

$$H_{LP}(\Omega)=\begin{cases}2, & |\Omega|\leqslant\Omega_c \\ 0, & |\Omega|>\Omega_c\end{cases}$$

其中 $\Omega_m<\Omega_c<\Omega_0$，则信号 $g_0(t)$输入理想低通滤波器 $h_{LP}(t)$后的输出信号的频谱为：

$$\begin{aligned}G_0(\Omega)\cdot H_{LP}(\Omega)&=\frac{1}{4}[F(\Omega+2\Omega_0)+2F(\Omega)+F(\Omega-2\Omega_0)]\cdot H_{LP}(\Omega)\\&=F(\Omega)\end{aligned}$$

显然输出就是被调制信号 $f(t)$。解调过程及其频谱变化如图 5-18 所示。

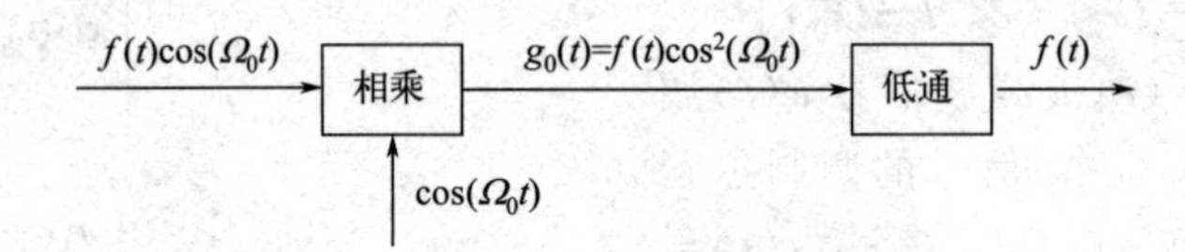

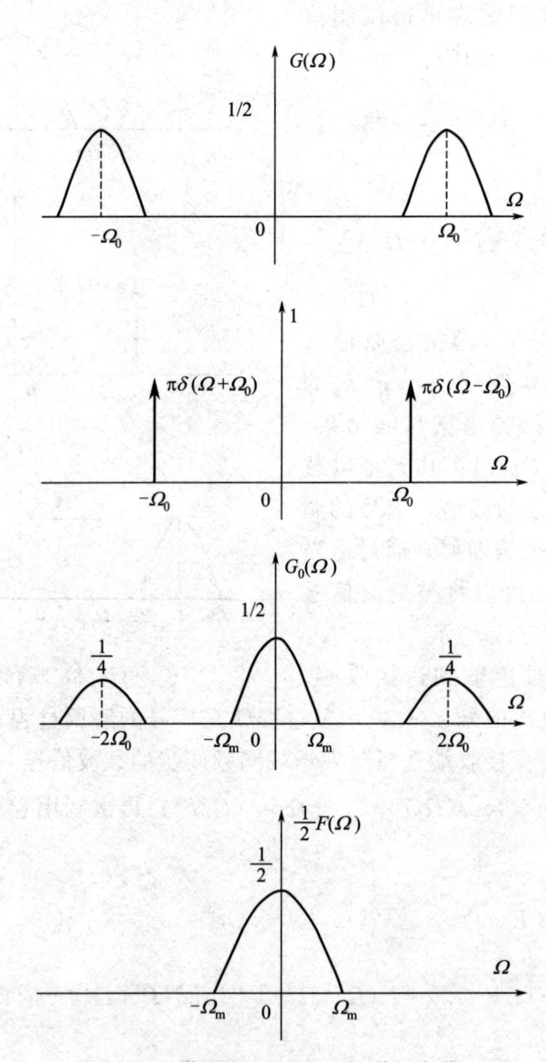

图 5-18 信号解调过程及频谱的变化

以上分析的信号调制与解调过程主要目的是为了进一步了解傅里叶变换及其特性在通信

中的应用，关于信号调制与解调过程的详细分析将在后续课程“通信原理”中进行。

5.7.2 频分复用与时分复用

将多个信号合成一个信号送入信道进行传输称为多路复用。在现代通信系统中有多种多路复用技术，常用的有频分复用、时分复用、码分复用等技术，结合本课程内容，这里简单介绍一下频分复用和时分复用原理。

（1）频分复用原理

信号的频分复用就是依据信号调制的频移原理，可以利用不同频率的本地载波余弦信号，将不同信号调制到不同的频带范围内，实现频带的有效利用，进而实现将多路信号合成一个信号进行传输，在接收端利用合适的带通滤波器将信号分别解调出来，实现多路信号的传输。

假设有 n 个不同的频带有限信号 $f_1(t),f_2(t),\cdots,f_n(t)$，$f_i(t)\leftrightarrow F_i(\Omega)$，$i=1,2,\cdots,n$，所有信号的最高截止频率均不超过 Ω_0。取 n 个合适的频率 $\Omega_0\ll\Omega_1<\Omega_2<\cdots<\Omega_n$，且满足 $2\Omega_0<\Omega_{i+1}-\Omega_i$，$i=1,2,\cdots,n-1$，并记 $B=2\Omega_0+\Omega_n-\Omega_1$。分别用载波余弦信号 $\cos(\Omega_i t)$ 对 $f_i(t)$ 进行调制并叠加成一个信号 $f(t)$，$i=1,2,\cdots,n$，则有合成的调制信号：

$$\begin{aligned} f(t)&=f_1(t)\cos(\Omega_1 t)+f_2(t)\cos(\Omega_2 t)+\cdots+f_n(t)\cos(\Omega_n t) \\ &=\sum_{i=1}^{n} f_i(t)\cos(\Omega_i t) \end{aligned} \tag{5-63}$$

由式(5-61) 可得合成的调制信号 $f(t)$ 的频谱表达式：

$$F(\Omega)=\frac{1}{2}\sum_{i=1}^{n}\left[F_i(\Omega+\Omega_i)+F_i(\Omega-\Omega_i)\right] \tag{5-64}$$

合成的调制信号 $f(t)$ 的频谱带宽小于 $B=2\Omega_0+\Omega_n-\Omega_1$，并且在频率范围 $[\Omega_1-\Omega_0,\Omega_n+\Omega_0]$ 内频谱叠加时不会重叠，如图 5-19 所示。

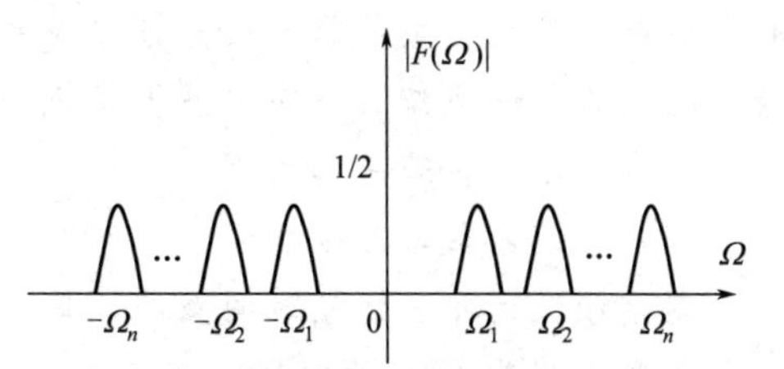

图 5-19 频分复用信号的频谱

由图 5-19 知，n 个不同的频带有限信号 $f_1(t),f_2(t),\cdots,f_n(t)$ 经过调制后，频谱分别占据了带宽为 $B=2\Omega_0+\Omega_n-\Omega_1$ 的频带范围内的不同子频带，从而实现了频谱波段的有效利用，这就是多路信号同时传输的频分复用原理。

（2）时分复用原理

一个频带有限的连续时间信号 $f(t)$，假设其最高截止频率为 Ω_m，根据抽样定理，当采样间隔 T 满足条件 $\Omega_s=\frac{2\pi}{T}\geqslant 2\Omega_m$ 时，抽样信号的频谱不会发生混叠，用抽样信号就能正确恢复信号 $f(t)$，即从抽样所得的离散时间信号 $f(n)=f(nT)$ 能够正确恢复原始信号 $f(t)$。将连续时间信号经过抽样变成离散时间信号，量化后成为数字信号进一步处理后传输。离散时间信号 $f(n)=f(nT)$ 相邻值之间的时间间隔为 T，在传输抽样值时这个时间间隔可以充分利用，可用于传输对其他信号进行抽样所得的抽样值，这就是时分复用原理。

假设有 n 个不同的频带有限信号 $f_1(t),f_2(t),\cdots,f_n(t)$，$f_i(t)\leftrightarrow F_i(\Omega)$，$i=1,2,\cdots,n$，所有信号的最高截止频率均不超过 Ω_0。则以抽样间隔 T（$\Omega_s=\frac{2\pi}{T}\geqslant 2\Omega_0$）分别对所有 n

个信号 $f_1(t), f_2(t), \cdots, f_n(t)$ 进行采样，则均满足抽样定理。可以这样假设，在零时刻 $t=0$ 时对信号 $f_1(t)$ 抽取第 1 个值 $f_1(0)$，在时刻 $t=\frac{T}{n}$ 时对信号 $f_2(t)$ 抽取第 1 个值 $f_2\left(\frac{T}{n}\right)$，依此类推，在时刻 $t=\frac{n-1}{n}T$ 时对信号 $f_n(t)$ 抽取第 1 个值 $f_2\left(\frac{n-1}{n}T\right)$，然后在零时刻 $t=T$ 时对信号 $f_1(t)$ 抽取第 2 个值 $f_1(0)$，在时刻 $t=\frac{T}{n}+T$ 时对信号 $f_2(t)$ 抽取第 2 个值 $f_2\left(\frac{T}{n}+T\right)$，依此类推，将抽取的信号值依次传输处理，就实现了时分复用。三路信号时的时分复用原理如图 5-20 所示。

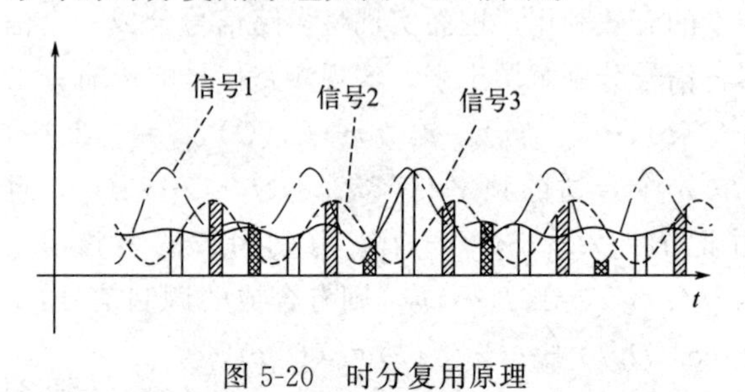

图 5-20　时分复用原理

对于频分复用系统，不同信号占用不同的频带资源，而时分复用系统中，不同的信号可以占用相同的频带资源，但占据着不同的传输时间间隔，在实际的系统中可以同时利用频分复用原理和时分复用原理，这样就可以在一定的频谱资源和一定的传输速率下同时处理更多路信号的传输问题。

本章小结

本章主要内容是给出了系统函数、频率响应的定义，给出了频域求解系统响应的方法，特别分析了系统函数的零、极点分布对系统频率响应的影响，介绍了全通系统、最小相移系统、无失真传输系统、理想滤波器等概念，最后介绍了傅里叶变换在通信系统中的应用。本章的重点及难点内容总结如下。

(1) 系统函数与频率响应

对于线性时不变连续时间系统，单位冲激响应为 $h(t)$ 的拉氏变换 $H(s)$ 称为系统函数，单位冲激响应为 $h(t)$ 的傅里叶变换 $H(\mathrm{j}\Omega)=H(\Omega)$ 称为系统的频率响应或频域系统函数。

① 当描述系统的微分方程为：

$$a_n \frac{\mathrm{d}^n r(t)}{\mathrm{d}t^n}+a_{n-1} \frac{\mathrm{d}^{n-1} r(t)}{\mathrm{d}t^{n-1}}+\cdots+a_1 \frac{\mathrm{d}r(t)}{\mathrm{d}t}+a_0 r(t)$$

$$=b_m \frac{\mathrm{d}^m e(t)}{\mathrm{d}t^m}+b_{m-1} \frac{\mathrm{d}^{m-1} e(t)}{\mathrm{d}t^{m-1}}+\cdots+b_1 \frac{\mathrm{d}e(t)}{\mathrm{d}t}+b_0 e(t)$$

则有系统函数

$$H(s)=\frac{\sum\limits_{j=0}^{m} b_j s^j}{\sum\limits_{i=0}^{n} a_i s^i}=K \frac{\prod\limits_{j=1}^{m}(s-q_j)}{\prod\limits_{i=1}^{n}(s-p_i)}$$

式中，系数 $a_i, i=0,1,2,\cdots,n$，$b_j, j=0,1,2,\cdots,m$ 为实数；系数 $K=\frac{b_m}{a_n}$ 称为系统的增益常数，$p_i, i=1,2,\cdots,n$ 是系统函数的极点，$q_j, j=1,2,\cdots,m$ 是系统函数的零点。

② 系统稳定性的判别　对于线性时不变的因果系统，当系统函数 $H(s)$ 的全部极点位于

左半平面时，系统是稳定的。

③ 系统频率响应的特性　系统单位冲激响应 $h(t)$ 的傅里叶变换 $H(\Omega)=|H(\Omega)|e^{j\phi(\Omega)}$，$|H(\Omega)|$ 称为系统的幅度响应，$\phi(\Omega)$ 称为系统的相位响应。

激励输入信号为 $e(t)$ 时，系统零状态响应输出 $r(t)$ 的傅里叶变换 $R(\Omega)$ 为：

$$R(\Omega)=|R(\Omega)|e^{j\varphi(\Omega)}=|E(\Omega)|\cdot|H(\Omega)|e^{j[\theta(\Omega)+\phi(\Omega)]}$$

系统的频率响应特性完整地体现了系统对输入信号的处理功能，幅度加权，相位修正。

系统函数的特征：当系统输入为 $e(t)=e^{j\Omega_0 t}$，Ω_0 是实常数，则系统的零状态响应为：

$$r(t)=H(\Omega_0)\cdot e^{j\Omega_0 t}$$

如果激励输入信号为正弦信号 $e(t)=A\sin(\Omega_0 t)u(t)$，$A,\Omega_0$ 是实常数，则系统的稳态响应输出为：

$$r(t)=A|H(\Omega_0)|\cdot\sin[\Omega_0 t+\phi(\Omega_0)]\cdot u(t)$$

(2) 常见系统类型

① 全通系统　如果一个连续时间线性时不变系统的频率响应满足下列条件：

$$H(\Omega)=Ke^{j\phi(\Omega)}$$

则称该系统是全通系统。

② 最小相移系统　如果一个连续时间线性时不变因果系统的系统函数 $H(s)$ 的全部极点 $p_i,i=1,2,\cdots,n$ 位于 s 平面的左半平面，全部零点 $q_i,i=1,2,\cdots,m$ 也位于 s 平面的左半平面或虚轴上，则这样的系统称为最小相移系统。

③ 无失真传输系统　对于一个线性时不变系统，当激励输入信号为 $e(t)$，系统的响应输出满足：

$$r(t)=Ke(t-t_0)$$

式中，K，t_0 为常数，则称该系统为无失真传输系统。

无失真传输系统的频率响应为　　　$H(\Omega)=Ke^{-j\Omega t_0}$

④ 理想低通模拟滤波器　理想低通滤波器的频率响应为：

$$H_{LP}(\Omega)=\begin{cases}e^{-j\Omega t_0}, & |\Omega|\leqslant\Omega_c\\ 0, & |\Omega|>\Omega_c\end{cases}$$

式中，Ω_c 称为低通滤波器的通带截止频率。

(3) 希尔伯特变换

信号 $f(t)$ 的希尔伯特变换记为 $\hat{f}(t)$，希尔伯特变换对定义为：

$$\begin{cases}\text{正变换}:\hat{f}(t)=\dfrac{1}{\pi}\displaystyle\int_{-\infty}^{\infty}\dfrac{f(\tau)}{t-\tau}d\tau=f(t)*\dfrac{1}{\pi t}\\ \text{反变换}:f(t)=-\dfrac{1}{\pi}\displaystyle\int_{-\infty}^{\infty}\dfrac{\hat{f}(\tau)}{t-\tau}d\tau=-\hat{f}(t)*\dfrac{1}{\pi t}\end{cases}$$

希尔伯特变换对信号 $f(t)$ 与 $\hat{f}(t)$ 是正交的，即满足下列条件：

$$\lim_{T\to\infty}\frac{1}{2T}\int_{-T}^{T}f(t)\hat{f}(t)dt=0$$

习题 5

5-1　试在 s 域求解下列连续因果 LTI 系统的系统函数，零输入响应 $r_{zi}(t)$，零状态响

应 $r_{zs}(t)$及其完全响应 $r(t)$。

(1) $r''(t)+5r'(t)+4r(t)=2e'(t)+5e(t)$，$e(t)=e^{-2t}u(t)$，$r(0_-)=2$，$r'(0_-)=5$；

(2) $r''(t)+4r'(t)+4r(t)=3e'(t)+2e(t)$，$e(t)=4u(t)$，$r(0_-)=-2$，$r'(0_-)=3$；

(3) $r''(t)+7r'(t)+6r(t)=3e(t)$，$e(t)=u(t-2)$，$r(0_-)=7$，$r'(0_-)=3$；

(4) $r'''(t)+3r''(t)+2r'(t)=4e'(t)+e(t)$，$e(t)=u(t)$，$r(0_-)=1$，$r'(0_-)=0$，$r''(0_-)=1$。

5-2 已知下列因果连续时间 LTI 系统的系统函数 $H(s)$，试判断各系统是否是稳定系统。

(1) $H(s)=\dfrac{2s}{(s+1)(s+2)}$；　　(2) $H(s)=\dfrac{3s+1}{(s+1)(s-2)}$；

(3) $H(s)=\dfrac{s+1}{s(s+3)}$；　　(4) $H(s)=\dfrac{s}{s^2+9}$；

(5) $H(s)=\dfrac{2s+1}{s^2+4s+13}$；　　(6) $H(s)=\dfrac{2s+1}{s^2-4s+13}$。

5-3 将连续时间信号 $f(t)$以时间间隔 T 进行冲激抽样，得到抽样信号 $f_s(t)=f(t)\delta_T(t)$，$\delta_T(t)=\sum\limits_{n=0}^{\infty}\delta(t-nT)$，求：

(1) 抽样信号 $f_s(t)$的拉氏变换 $F_s(s)$；

(2) 当 $f(t)=e^{-at}u(t)$时，抽样信号 $f_s(t)$的拉氏变换 $F_s(s)$。

5-4 已知激励输入信号为 $e(t)=e^{-t}$ 时，系统的零状态响应为 $r_{zs}(t)=\dfrac{1}{2}e^{-t}-e^{-2t}+2e^{3t}$，求此系统的单位冲激响应 $h(t)$。

5-5 已知系统的单位阶跃响应为 $g(t)=1-e^{-2t}$，为使其零状态响应为 $r_{zs}(t)=1-e^{-2t}-te^{-2t}$，试求激励输入信号 $e(t)$。

5-6 已知连续时间信号 $f(t)=e^{-2t}u(-t)+e^{-2t}u(t)$，试求 $f(t)$的双边拉氏变换 $F(s)$，并确定其收敛域。

5-7 已知一个连续稳定的 LTI 系统的系统函数为 $H(s)=\dfrac{s+4}{s^2+2s-3}$，试求：

(1) 系统函数 $H(s)$的收敛域；

(2) 系统的单位冲激响应 $h(t)$。

5-8 已知一个描述因果连续时间 LTI 系统的微分方程为

$$r''(t)+7r'(t)+10r(t)=2e'(t)+3e(t)$$

已知 $e(t)=e^{-2t}u(t)$，$r(0_-)=1$，$r'(0_-)=1$，试在 s 域求：

(1) 系统的零输入响应 $r_{zi}(t)$，零状态响应 $r_{zs}(t)$，及其完全响应 $r(t)$；

(2) 系统函数 $H(s)$，单位冲激响应 $h(t)$，并判断系统是否稳定；

(3) 画出系统的直接型模拟框图。

5-9 一个线性时不变系统输入为单位阶跃信号 $u(t)$时的阶跃响应为 $g(t)=(1-e^{-2t})u(t)$，求使零状态响应输出为 $r(t)=(1-e^{-t}+te^{-2t})u(t)$的激励输入信号 $e(t)$。

5-10 已知描述因果连续时间 LTI 系统的微分方程，试求系统的系统函数 $H(s)$，单位冲激响应 $h(t)$，判断系统是否稳定，画出系统的直接型模拟框图。

(1) $r''(t)+3r'(t)+2r(t)=e'(t)+3e(t)$，$t\geqslant 0_+$；

(2) $r''(t)-5r'(t)+6r(t)=e'(t)-2e(t)$，$t\geqslant 0_+$。

5-11 如题图 5-1 所示的系统模拟框图，分别求系统的系统函数 $H(s)$。

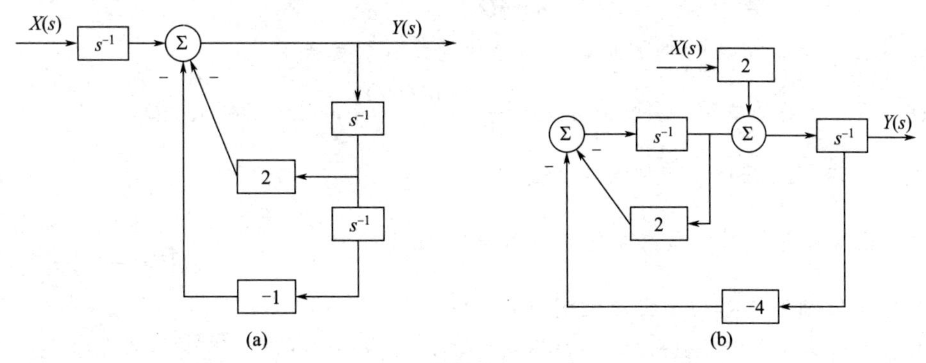

题图 5-1

5-12 题图 5-2 所示电路图中，$L=2\text{H}$，$C=0.1\text{F}$，$R=10\Omega$。

(1) 写出电压转移函数 $H(s)=\dfrac{V_2(s)}{E(s)}$；

(2) 在 s 平面画出转移函数 $H(s)$ 的零、极点分布；

(3) 系统的单位冲激响应 $h(t)$，阶跃响应 $g(t)$。

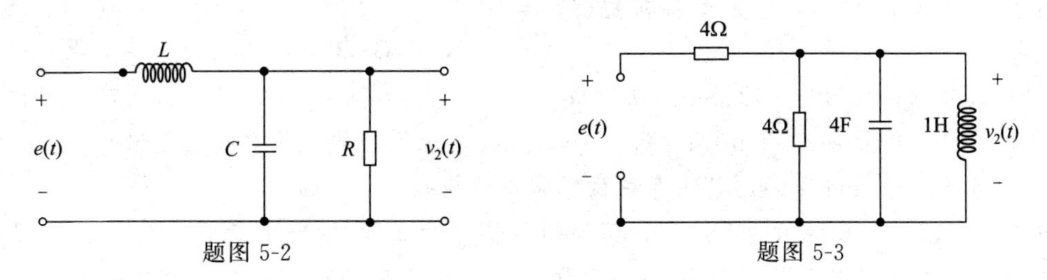

题图 5-2　　题图 5-3

5-13 题图 5-3 所示电路图中，激励输入 $e(t)=40\sin tu(t)$，试求 $v_2(t)$，并指出其中的自由响应和强迫响应。

5-14 题图 5-4 所示电路，开关动作前电路已经稳定。在 $t=0$ 时，断开开关 S，当 $t\geqslant 0$ 时，试求电路中的电流 $i(t)$。

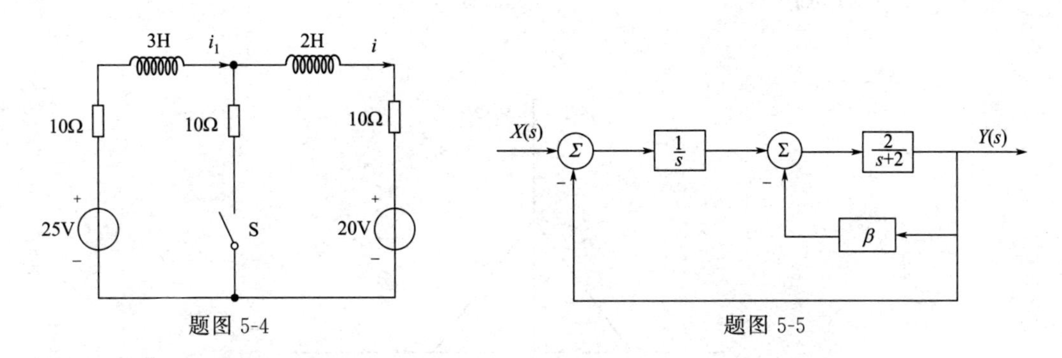

题图 5-4　　题图 5-5

5-15 如题图 5-5 所示的因果连续时间 LTI 系统，为使其稳定，试确定 β 值。

5-16 已知频域系统函数 $H(\mathrm{j}\Omega)=\dfrac{1}{2+\mathrm{j}\Omega}$，激励输入信号 $e(t)=\mathrm{e}^{-3t}u(t)$，用傅里叶分

析法求零状态响应 $r(t)$。

5-17 已知频域系统函数 $H(\mathrm{j}\Omega)=\dfrac{1}{1+\mathrm{j}\Omega}$，激励输入信号 $e(t)=\sin t+\sin(3t)$，试求响应 $r(t)$，并画出 $e(t)$，$r(t)$ 的波形，讨论经传输是否引起失真。

5-18 已知系统的单位冲激响应 $h(t)=\dfrac{\mathrm{d}}{\mathrm{d}t}\left[\dfrac{\sin(\Omega_c t)}{\pi t}\right]$，系统函数 $H(\mathrm{j}\Omega)=|H(\mathrm{j}\Omega)|\mathrm{e}^{\mathrm{j}\phi(\Omega)}$，试画出幅度响应 $|H(\mathrm{j}\Omega)|$ 和相位响应的波形。

5-19 已知理想模拟低通滤波器的频率响应 $H(\mathrm{j}\Omega)=\begin{cases}\mathrm{e}^{-\mathrm{j}2\Omega}, & |\Omega|\leqslant 2\pi\\ 0, & |\Omega|>2\pi\end{cases}$。

(1) 求该低通滤波器的单位冲激响应 $h(t)$；

(2) 输入信号 $e(t)=\mathrm{Sa}(\pi t),-\infty<t<\infty$，求响应输出 $r(t)$；

(3) 输入信号 $e(t)=\mathrm{Sa}(3\pi t),-\infty<t<\infty$，求响应输出 $r(t)$。

5-20 已知理想模拟低通滤波器的频率响应 $H(\mathrm{j}\Omega)=\begin{cases}\mathrm{e}^{-\mathrm{j}2\Omega}, & |\Omega|\leqslant \Omega_c\\ 0, & |\Omega|>\Omega_c\end{cases}$，若使输入信号 $e(t)=\mathrm{e}^{-at}u(t),a>0$ 归一化能量的一半通过系统，试确定该滤波器的截止频率 Ω_c。

5-21 理想 90°相移器的频率响应 $H(\mathrm{j}\Omega)=\begin{cases}\mathrm{e}^{-\mathrm{j}\frac{\Omega}{2}}, & \Omega\geqslant 0\\ \mathrm{e}^{\mathrm{j}\frac{\Omega}{2}}, & \Omega<0\end{cases}$。

(1) 试求该系统的单位冲激响应 $h(t)$；

(2) 若输入信号 $e(t)=\sin(\Omega_0 t),-\infty<t<\infty$，求系统的零状态响应输出 $r_{zs}(t)$；

(3) 对任意输入信号 $e(t)$，求系统的零状态响应输出 $r_{zs}(t)$。

5-22 在题图 5-6 所示的系统中，已知输入信号的 $x(t)$ 的频谱 $X(\mathrm{j}\Omega)$，试分析系统中 A、B、C、D 各点信号及输出信号 $y(t)$ 的频谱，并画出频谱图，求出 $y(t)$ 与 $x(t)$ 的关系。

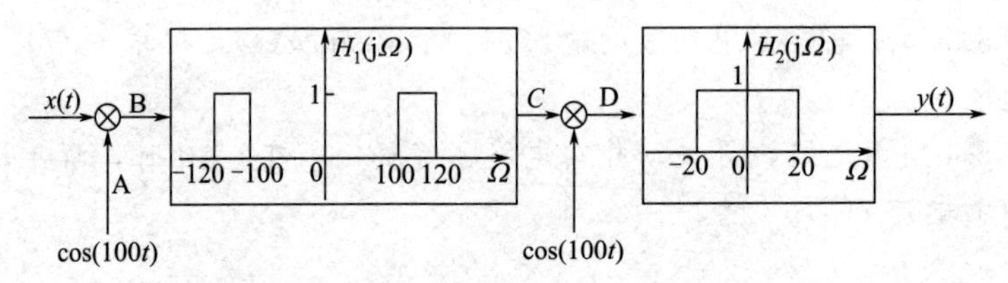

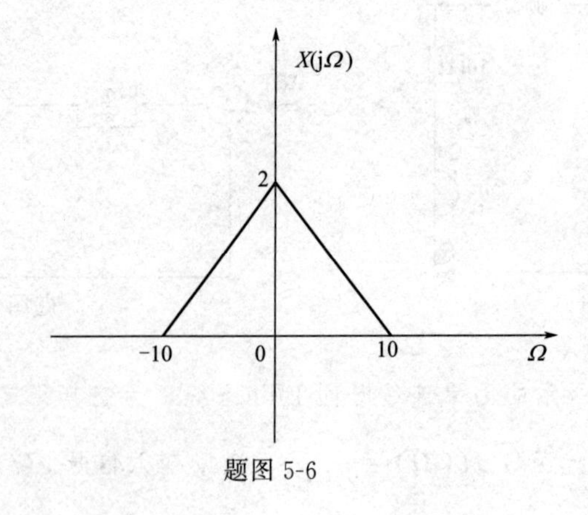

题图 5-6

5-23 已知系统如题图 5-7 所示，输入信号 $e(t)$ 的频谱 $E(\mathrm{j}\Omega)$ 如题图 5-8 所示，滤波器的频率响应 $H(\mathrm{j}\Omega)=\begin{cases}1, & |\Omega|\leqslant 3\Omega_0 \\ 0, & \text{其他}\end{cases}$，其中 ω_0 是常数。

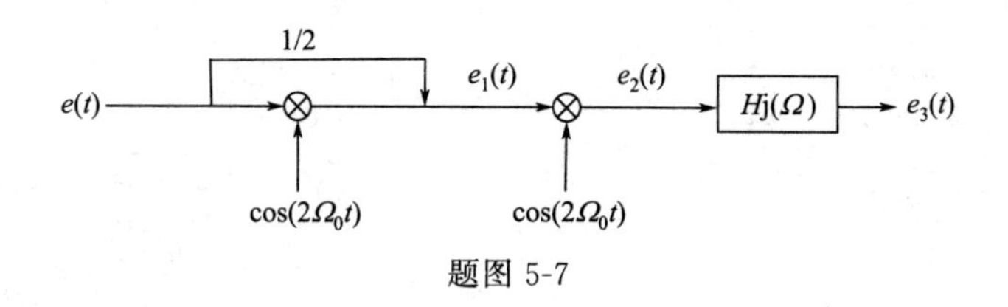

题图 5-7

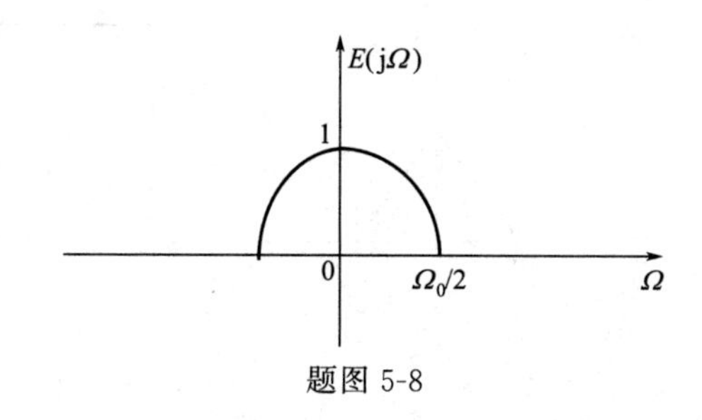

题图 5-8

(1) 写出 $e_1(t)$ 的频谱 $X_1(\mathrm{j}\Omega)$ 的表示式；

(2) 画出 $e_2(t)$ 的频谱图 $X_2(\mathrm{j}\Omega)$；

(3) 画出 $e_3(t)$ 的频谱图 $X_3(\mathrm{j}\Omega)$；

(4) 写出 $e_3(t)$ 的表达式。

5-24 已知系统如题图 5-9 所示，输入信号 $e(t)$ 的频谱 $E(\mathrm{j}\Omega)$ 如题图 5-10 所示，滤波器的频率响应 $H(\mathrm{j}\Omega)=\begin{cases}1, & |\Omega|\leqslant 2\Omega_0 \\ 0, & \text{其他}\end{cases}$，其中 Ω_0 是常数。

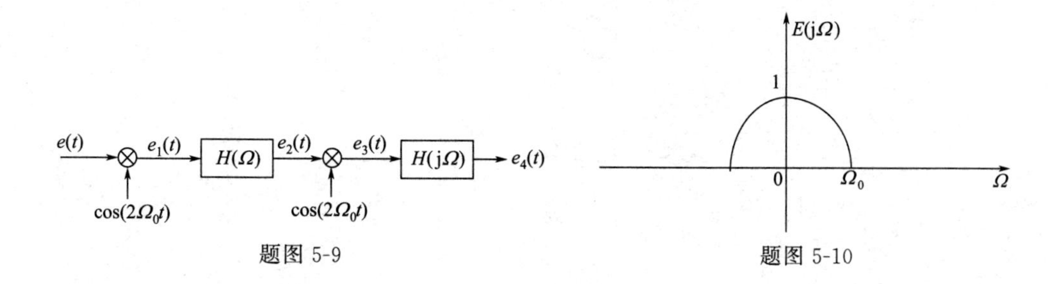

题图 5-9　　题图 5-10

(1) 画出 $e_1(t)$ 的频谱 $X_1(\mathrm{j}\Omega)$ 的表示式；

(2) 画出 $e_2(t)$ 的频谱图 $X_2(\mathrm{j}\Omega)$；

(3) 画出 $e_3(t)$ 的频谱图 $X_3(\mathrm{j}\Omega)$；

(4) 画出 $e_4(t)$ 的频谱图 $X_4(\mathrm{j}\Omega)$，写出 $e_4(t)$ 的表达式。

5-25 题图 5-11(a) 为正交幅度调制原理框图，其可以实现正交多路复用。已知两路调制信号 $x_1(t)$ 和 $x_2(t)$ 的频谱如题图 5-11(b) 所示。

(1) 试求 $y(t)$、$a(t)$和 $y_1(t)$的频谱，并画出频谱图；

(2) 试求 $b(t)$和 $y_2(t)$的频谱，并画出频谱图。

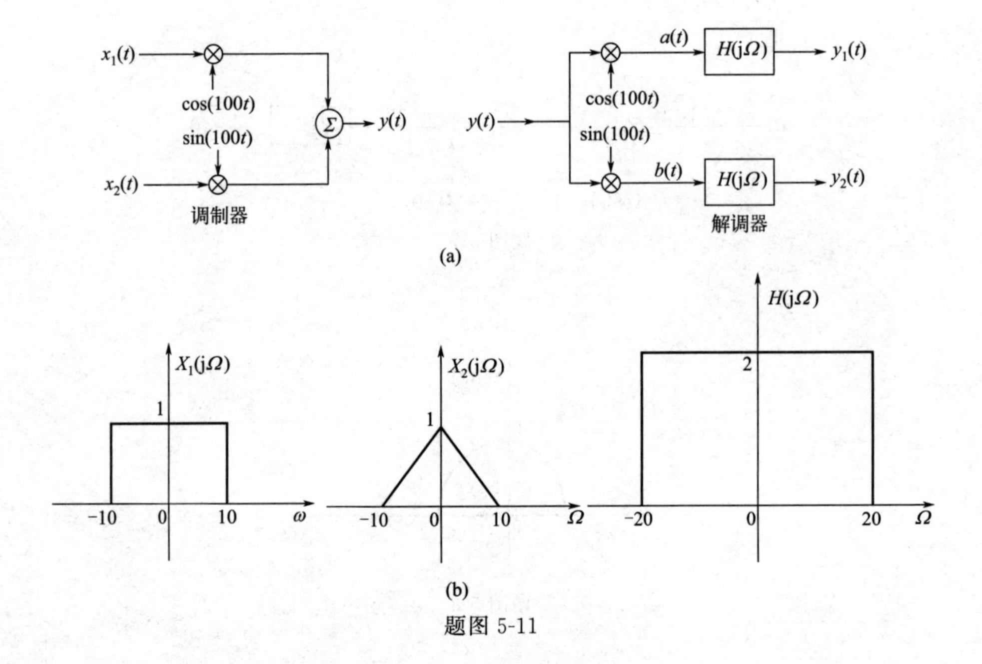

题图 5-11

答案

第6章

离散时间信号的频域分析

对于连续时间信号 $f(t)$，$f(t)$的拉普拉斯变换是信号的复频域分析，$f(t)$的傅里叶变换是信号的频域分析。对于离散时间信号（序列）$x(n)$，$x(n)$的 Z 变换是序列的复频域分析，$x(n)$的离散时间傅里叶变换是序列的频域分析。本章简单介绍序列 $x(n)$的频域和复频域变换——序列 $x(n)$的频域分析理论。

6.1 离散时间信号的复频域表示——Z 变换

6.1.1 Z 变换的定义和收敛域

一个连续时间信号 $x(n)$，即序列 $x(n)$，其 Z 变换定义为：

$$X(z)=Z[x(n)]=\sum_{n=-\infty}^{\infty} x(n)z^{-n} \tag{6-1}$$

式中，变量 z 是复平面的复数变量，一般用极坐标形式表示，即 $z=r\mathrm{e}^{\mathrm{j}\omega}$。式(6-1) 的右端是一个关于 $z^{-1}=\dfrac{1}{z}$的幂级数，系数是 $x(n)$。对于给定 z，当幂级数 $\sum\limits_{n=-\infty}^{\infty} x(n)z^{-n}$ 收敛时，就称和式 $X(z)$是序列 $x(n)$的 Z 变换，此时也称序列 $x(n)$的 Z 变换存在。当序列 $x(n)$的 Z 变换存在时，使幂级数收敛的所有 z 值范围称为 Z 变换 $X(z)$的收敛域，记为 ROC。幂级数 $\sum\limits_{n=-\infty}^{\infty} x(n)z^{-n}$ 收敛的充要条件是 $x(n)z^{-n}$ 满足绝对可和条件：

$$\sum_{n=-\infty}^{\infty} |x(n)z^{-n}|=M<\infty \tag{6-2}$$

由阿贝尔定理知道，如果级数 $\sum\limits_{n=0}^{\infty} x(n)z^{n}$ 在 $z=z_{+}(\neq 0)$收敛，则满足 $0\leqslant z<|z_{+}|$的 z 使幂级数绝对收敛，此时 $\sum\limits_{n=0}^{\infty} x(n)z^{n}$ 在 $0\leqslant|z|<|z_{+}|$时收敛；对于级数 $\sum\limits_{n=0}^{\infty} x(n)z^{-n}$，如果在 $z=z_{-}$收敛，则级数 $\sum\limits_{n=0}^{\infty} x(n)z^{-n}$ 绝对收敛，此时 $\sum\limits_{n=0}^{\infty} x(n)z^{-n}$ 在$|z_{-}|<|z|<\infty$ 时收敛。

对于幂级数 $\sum\limits_{n=-\infty}^{\infty} x(n)z^{-n}$，$\sum\limits_{n=-\infty}^{\infty} x(n)z^{-n}=\sum\limits_{n=-\infty}^{-1} x(n)z^{-n}+\sum\limits_{n=0}^{\infty} x(n)z^{-n}$，可以

表示为：

$$\sum_{n=-\infty}^{\infty} x(n)z^{-n} = \sum_{m=1}^{\infty} x(-m)z^{m} + \sum_{n=0}^{\infty} x(n)z^{-n} \tag{6-3}$$

由式(6-3)知，$\sum_{n=-\infty}^{\infty} x(n)z^{-n}$ 收敛的条件是 $\sum_{m=1}^{\infty} x(-m)z^{m}$ 和 $\sum_{n=0}^{\infty} x(n)z^{-n}$ 同时收敛，由阿贝尔定理知，存在最大的 z_+ 和最小的 z_-，且 $z_- < z_+$，使得 $\sum_{m=1}^{\infty} x(-m)z^{m}$ 在 $0 \leqslant |z| < |z_+|$ 时收敛，$\sum_{n=0}^{\infty} x(n)z^{-n}$ 在 $|z_-| < |z| < \infty$ 时收敛。因此，当序列 $x(n)$ 的 Z 变换 $X(z)$ 存在时，收敛域一般为 $|z_-| < |z| < |z_+|$，收敛域是 Z 平面上的一个圆环，z_+ 和 z_- 称为收敛域的收敛半径。

关于序列 $x(n)$ 的收敛域，还可以给出下列三种特殊情况下序列的收敛域。

① 当序列 $x(n)$ 是有限长序列时，即 $x(n)=\begin{cases} x(n), & n_1 \leqslant n \leqslant n_2 \\ 0, & \text{其他} \end{cases}$，则当 $0<|z|<\infty$ 时 $X(z)$ 存在，且当 $n_1 \leqslant n_2 \leqslant 0$ 时，收敛域还包含 $z=0$；当 $0 \leqslant n_1 \leqslant n_2$ 时，收敛域还包含无穷远点 $z=\infty$。

② 当序列 $x(n)$ 是右边序列时，即 $x(n)=\begin{cases} x(n), & n_1 \leqslant n \\ 0, & n < n_1 \end{cases}$，则当 $|z_-|<|z|<\infty$ 时 $X(z)$ 存在，且当 $0 \leqslant n_1$ 时，收敛域还包含无穷远点 $z=\infty$。因果序列 $x(n)$ 的 Z 变换 $X(z)$ 的收敛域为 $|z_-|<|z|$。

③ 当序列 $x(n)$ 是左边序列时，即 $x(n)=\begin{cases} x(n), & n \leqslant n_2 \\ 0, & n > n_2 \end{cases}$，则当 $0<|z|<|z_+|$ 时 $X(z)$ 存在，且当 $n_2 \leqslant 0$ 时，收敛域还包含零点 $z=0$。

【例 6-1】 求单位冲激序列 $\delta(n)$ 的 Z 变换和收敛域。

解：由 Z 变换的定义有：

$$X(z)=Z[\delta(n)]=\sum_{n=-\infty}^{\infty} \delta(n)z^{-n}=z^{0}=1$$

由于单位冲激序列 $\delta(n)$ 是 $0=n_1=n_2$ 的有限长序列，所以收敛域为整个 z 平面。

【例 6-2】 求右边指数序列 $x(n)=a^n u(n)$ 的 Z 变换 $X(z)$ 和收敛域。

解：由 Z 变换的定义有：

$$\begin{aligned} X(z) &= \sum_{n=-\infty}^{\infty} a^n u(n)z^{-n} = \sum_{n=0}^{\infty} a^n z^{-n} = \sum_{n=0}^{\infty} (az^{-1})^n \\ &= 1+az^{-1}+(az^{-1})^2+\cdots+(az^{-1})^n+\cdots \end{aligned}$$

当 $\left|\frac{a}{z}\right|<1$，即 $|z|>|a|$ 时，这是一个无穷等比递缩级数，公比为 $q=az^{-1}$，前部分项和 $S_N=\frac{a_1(1-q^N)}{1-q}$，所以有：

$$X(z)=\lim_{N\to\infty} S_N=\lim_{N\to\infty} \frac{a_1(1-q^N)}{1-q}=\frac{1}{1-az^{-1}}=\frac{z}{z-a}$$

收敛域为$|z|>|a|$。$z=a$是$X(z)$的极点。

【例 6-3】 求左边指数序列$x(n)=-b^n u(-n-1)$的Z变换$X(z)$和收敛域。

解： 由Z变换的定义有：

$$X(z)=\sum_{n=-\infty}^{\infty}[-b^n u(-n-1)]z^{-n}=-\sum_{n=-\infty}^{-1}b^n z^{-n}=-\sum_{n=1}^{\infty}(b^{-1}z)^n$$
$$=-[b^{-1}z+(b^{-1}z)^2+\cdots+(b^{-1}z)^n+\cdots]$$

当$|b^{-1}z|<1$，即$|z|<|b|$时，这是一个无穷等比递缩级数，公比为$q=b^{-1}z$，前部分项和$S_N=-\dfrac{a_1(1-q^N)}{1-q}$，所以有：

$$X(z)=\lim_{N\to\infty}S_N=\lim_{N\to\infty}\left[-\frac{a_1(1-q^N)}{1-q}\right]=-\frac{b^{-1}z}{1-b^{-1}z}=\frac{z}{z-b}$$

收敛域为$|z|<|b|$，$z=b$是$X(z)$的极点。

从例 6-2 和例 6-3 可以看出，不同的序列的Z变换$X(z)$可能相同，但收敛域不同。当然一个序列$x(n)$和Z变换$X(z)$及其收敛域 ROC 是对应的。常用序列的Z变换如表 6-1 所示。

表 6-1 常用序列的 Z 变换

序号	序列 $x(n)$	$X(z)$	收敛域
1	$\delta(n)$	1	z平面
2	$u(n)$	$\dfrac{z}{z-1}$	$\|z\|>1$
3	$a^n u(n)$	$\dfrac{z}{z-a}$	$\|z\|>\|a\|$
4	$-b^n u(-n-1)$	$\dfrac{z}{z-b}$	$\|z\|<\|b\|$
5	$(n+1)a^n u(n)$	$\dfrac{z^2}{(z-a)^2}$	$\|z\|>\|a\|$
6	$na^{n-1}u(n)$	$\dfrac{z}{(z-a)^2}$	$\|z\|>\|a\|$
7	$\cos(\omega_0 n)u(n)$	$\dfrac{z^2-z\cos\omega_0}{z^2-2z\cos\omega_0+1}$	$\|z\|>1$
8	$\sin(\omega_0 n)u(n)$	$\dfrac{z\sin\omega_0}{z^2-2z\cos\omega_0+1}$	$\|z\|>1$

6.1.2 Z 变换的主要性质

序列$x(n)$在时域有各种运算，常见的有叠加、移位、卷积、相乘等运算，借助Z变换的性质，可以方便地计算序列经各种运算后的Z变换。序列$x(n)$的Z变换性质一般有 11 条，这里简单介绍几个常用的性质。

(1) 线性特性

设序列$x_1(n)$、$x_2(n)$的Z变换和收敛域分别为：

$$x_1(n)\leftrightarrow X_1(z), R_{x_1-}<|z|<R_{x_1+}$$

$$x_2(n)\leftrightarrow X_2(z), R_{x_2-}<|z|<R_{x_2+}$$

则有线性叠加序列 $k_1x_1(n)+k_2x_2(n)$ 的 Z 变换和收敛域为：

$$k_1x_1(n)+k_2x_2(n)\leftrightarrow k_1X_1(z)+k_2X_2(z) \tag{6-4}$$

$$\max(R_{x_1-}, R_{x_2-})<|z|<\min(R_{x_1+}, R_{x_2+}) \tag{6-5}$$

由式(6-5)，线性叠加序列的收敛域是原来两个序列收敛域的公共区域。

(2) 移位特性

设序列 $x(n)$ 的 Z 变换和收敛域为：

$$x(n)\leftrightarrow X(z), R_{x-}<|z|<R_{x+}$$

则移位序列 $x(n-m)$ 的 Z 变换和收敛域为：

$$x(n-m)\leftrightarrow z^{-m}X(z),\ R_{x-}<|z|<R_{x+} \tag{6-6}$$

【例 6-4】 求矩形脉冲序列 $x(n)=R_N(n)=u(n)-u(N)$ 的 Z 变换 $X(z)$ 和收敛域。

解：因为：

$$u(n)\leftrightarrow \frac{z}{z-1},\ |z|>1$$

$$u(n-N)\leftrightarrow z^{-N}\ \frac{z}{z-1}=\frac{z^{1-N}}{z-1},\ |z|>1$$

由线性特性和移位特性有：

$$R_N(n)\leftrightarrow X(z)=\frac{z}{z-1}-\frac{z^{1-N}}{z-1}=\frac{z-z^{1-N}}{z-1},\ |z|>1$$

(3) Z 域尺度变换

设序列 $x(n)$ 的 Z 变换和收敛域为：

$$x(n)\leftrightarrow X(z), R_{x-}<|z|<R_{x+}$$

则有：

$$a^n x(n)\leftrightarrow X\left(\frac{z}{a}\right),\ |a|R_{x-}<|z|<|a|R_{x+} \tag{6-7}$$

证明：$Z[a^n x(n)]=\sum_{n=-\infty}^{\infty} a^n x(n)z^{-n}$

$$=\sum_{n=-\infty}^{\infty} x(n)\left(\frac{z}{a}\right)^{-n}=X\left(\frac{z}{a}\right)$$

收敛域为 $R_{x-}<\left|\frac{z}{a}\right|<R_{x+}$，即为 $|a|R_{x-}<|z|<|a|R_{x+}$。

(4) 序列的线性加权

设序列 $x(n)$ 的 Z 变换和收敛域为：

$$x(n)\leftrightarrow X(z), R_{x-}<|z|<R_{x+}$$

则有：

$$nx(n)\leftrightarrow -z\ \frac{\mathrm{d}}{\mathrm{d}z}X(z),\ R_{x-}<|z|<R_{x+} \tag{6-8}$$

证明：$X(z)=\sum_{n=-\infty}^{\infty} x(n)z^{-n}$，两边对 z 求导得：

$$\frac{dX(z)}{dz}=\frac{d}{dz}\left[\sum_{n=-\infty}^{\infty}x(n)z^{-n}\right]=\sum_{n=-\infty}^{\infty}x(n)\frac{d}{dz}(z^{-n})$$

$$=\sum_{n=-\infty}^{\infty}-nx(n)z^{-n-1}=-z^{-1}\sum_{n=-\infty}^{\infty}nx(n)z^{-n}$$

所以有：

$$nx(n)\leftrightarrow -z\frac{d}{dz}X(z),\ R_{x-}<|z|<R_{x+}$$

(5) 时域卷积定理

设序列 $x(n)$、$h(n)$的 Z 变换和收敛域分别为：

$$x(n)\leftrightarrow X(z), R_{x-}<|z|<R_{x+}$$

$$h(n)\leftrightarrow H(z), R_{h-}<|z|<R_{h+}$$

则序列 $x(n)$和 $h(n)$的线性卷积 $y_l(n)=x(n)*h(n)$的 Z 变换 $Y_l(z)$和收敛域为：

$$y_l(n)=x(n)*h(n)\leftrightarrow X(z)\cdot H(z) \tag{6-9}$$

$$\max(R_{x-},R_{h-})<|z|<\min(R_{x+},R_{h+}) \tag{6-10}$$

这个特性称为序列的时域卷积定理。

证明：$x(n)*h(n)\leftrightarrow \sum_{n=-\infty}^{\infty}[x(n)*h(n)]z^{-n}$

$$=\sum_{n=-\infty}^{\infty}\left[\sum_{m=-\infty}^{\infty}x(m)h(n-m)\right]z^{-n}$$

$$=\sum_{m=-\infty}^{\infty}x(m)\left[\sum_{n=-\infty}^{\infty}h(n-m)z^{-n}\right]$$

$$=\sum_{m=-\infty}^{\infty}x(m)\left[\sum_{l=-\infty}^{\infty}h(l)z^{-l}\right]z^{-m}$$

$$=\left[\sum_{m=-\infty}^{\infty}x(m)z^{-m}\right]H(z)$$

$$=X(z)H(z)$$

(6) 频域卷积定理

设序列 $x(n)$、$h(n)$的 Z 变换和收敛域分别为：

$$x(n)\leftrightarrow X(z), R_{x-}<|z|<R_{x+}$$

$$h(n)\leftrightarrow H(z), R_{h-}<|z|<R_{h+}$$

则序列 $x(n)$和 $h(n)$的乘积序列 $y(n)=x(n)\cdot h(n)$的 Z 变换 $Y(z)$和收敛域为：

$$y(n)=x(n)\cdot h(n)\leftrightarrow Y(z)=\frac{1}{2\pi j}\oint_c X\left(\frac{z}{v}\right)H(v)v^{-1}dv \tag{6-11}$$

$$R_{x-}R_{n-}<|z|<R_{x+}R_{n+} \tag{6-12}$$

式中，积分曲线 c 是在变量 v 平面上，$X\left(\frac{z}{v}\right)$，$H(v)$公共收敛域内环绕原点的一条逆时针单封闭围线。这个特性称为序列的频域卷积定理。证明略。

【例 6-5】 已知序列 $x(n)=a^n u(n)$，$h(n)=b^n u(n)-ab^{n-1}u(n-1)$，且$|b|<|a|$，求卷积序列 $y(n)=x(n)*h(n)$的 Z 变换 $Y(z)$和收敛域。

解：$X(z)=Z[x(n)]=\frac{z}{z-a}$，$|z|>|a|$

$$H(z)=Z[h(n)]=\frac{z}{z-b}-az^{-1}\frac{z}{z-b}=\frac{z-a}{z-b},\quad |z|>|b|$$

由时域卷积定理，$y(n)=x(n)*h(n)$的 Z 变换 $Y(z)$和收敛域为：

$$Y(z)=X(z)H(z)=\frac{z}{z-a}\frac{z-a}{z-b}=\frac{z}{z-b},\quad |z|>|b|$$

由于 $X(z)$的零点 $z=a$ 与 $H(z)$的极点 $z=a$ 在相乘时抵消，所以 Z 变换 $Y(z)$的收敛域实际扩大了。

6.1.3 Z 变换的逆变换

已知序列 $x(n)$的 Z 变换 $X(z)$和收敛域，求序列 $x(n)$的变换称为 Z 逆变换，逆变换记为 $x(n)=Z^{-1}[X(z)]$，Z 逆变换也可称为 Z 反变换。Z 逆变换的计算公式为：

$$x(n)=Z^{-1}[X(z)]x(n)=\frac{1}{2\pi \mathrm{j}}\oint_c X(z)z^{n-1}\mathrm{d}z \tag{6-13}$$

式中，积分曲线 c 是在变量 Z 平面上，$X(z)$的收敛域内环绕原点的一条逆时针简单封闭围线。序列 $x(n)$和它的 Z 变换 $X(z)$、收敛域称为变换对，记为：

$$x(n)\leftrightarrow X(z), R_{x-}<|z|<R_{x+}$$

$$\begin{cases}\text{正变换}: X(z)=\sum_{n=-\infty}^{\infty}x(n)z^{-n}, R_{x-}<|z|<R_{x+}\\ \text{逆变换}: x(n)=\frac{1}{2\pi \mathrm{j}}\oint_c X(z)z^{n-1}\mathrm{d}z\end{cases} \tag{6-14}$$

逆变换的计算公式是一个复函数的围线积分。计算逆变换常用的方法有三种：留数法、部分分式法、长除法。下面简单介绍一下留数法和部分分式法。

(1) 留数法

在复变函数中讲了留数定理，由留数定理得逆变换的计算公式：

$$\begin{cases}x(n)=\frac{1}{2\pi \mathrm{j}}\oint_c X(z)z^{n-1}\mathrm{d}z=\sum_k \mathrm{Res}[X(z)z^{n-1}]_{z=z_k}\\ x(n)=\frac{1}{2\pi \mathrm{j}}\oint_c X(z)z^{n-1}\mathrm{d}z=-\sum_m \mathrm{Res}[X(z)z^{n-1}]_{z=z_m}\end{cases} \tag{6-15}$$

式中，z_k 是 $X(z)z^{n-1}$ 在闭合曲线 c 内的第 k 个极点；z_m 是 $X(z)z^{n-1}$ 在闭合曲线 c 外的第 m 个极点；$\mathrm{Res}[X(z)z^{n-1}]_{z=z_k}$ 是 $X(z)z^{n-1}$ 在极点 $z=z_k$ 处的留数。

当 $z=z_k$ 是 $X(z)z^{n-1}$ 的单阶极点时，有留数计算公式：

$$\mathrm{Res}[X(z)z^{n-1}]_{z=z_r}=[(z-z_r)X(z)z^{n-1}]_{z=z_r} \tag{6-16}$$

当 $z=z_k$ 是 $X(z)z^{n-1}$ 的 r 阶重极点时，有留数计算公式：

$$\mathrm{Res}[X(z)z^{n-1}]_{z=z_k}=\frac{1}{(r-1)!}\times\frac{\mathrm{d}^{r-1}}{\mathrm{d}z^{r-1}}[(z-z_k)^r X(z)z^{n-1}]_{z=z_k} \tag{6-17}$$

【例 6-6】 已知序列 $x(n)$的 Z 变换 $X(z)=\frac{z^2}{(4-z)\left(z-\frac{1}{4}\right)}$，$\frac{1}{4}<|z|<4$，求逆变换

$x(n)$。

解：逆变换 $x(n)=\frac{1}{2\pi j}\oint_c X(z)z^{n-1}dz$，$X(z)\cdot z^{n-1}=\frac{z^{n+1}}{(4-z)\left(z-\frac{1}{4}\right)}$

当 $n\geqslant -1$ 时，$n+1\geqslant 0$，$z=0$ 不是 $X(z)\cdot z^{n-1}$ 的极点，此时 $X(z)\cdot z^{n-1}$ 在闭合曲线 c 内只有一个单阶极点 $z_1=\frac{1}{4}$，由留数定理有：

$$x(n)=\text{Res}\left[\frac{z^{n+1}}{(4-z)\left(z-\frac{1}{4}\right)}\right]_{z=\frac{1}{4}}=\frac{\left(\frac{1}{4}\right)^{n+1}}{4-\frac{1}{4}}=\frac{1}{15}\times 4^{-n}，n\geqslant -1$$

当 $n\leqslant -2$ 时，$n+1\leqslant -1$，$z=0$ 是 $X(z)\cdot z^{n-1}$ 的 $-(n+1)$ 阶重极点，此时 $X(z)\cdot z^{n-1}$ 在闭合曲线 c 外只有一个单阶极点 $z_2=4$，由留数定理有：

$$x(n)=-\text{Res}\left[\frac{z^{n+1}}{(4-z)\left(z-\frac{1}{4}\right)}\right]_{z=4}=\frac{4^{n+1}}{4-\frac{1}{4}}=\frac{1}{15}\times 4^{n+2}，n\geqslant -1$$

所以逆变换 $x(n)$ 为：

$$x(n)=\begin{cases}\frac{1}{15}\times 4^{-n}, n\geqslant -1\\ \frac{1}{15}\times 4^{n+2}, n\leqslant -2\end{cases}$$

(2) 部分分式法

$X(z)$的形式一般为关于 z^{-1}（或 z）的有理分式，$X(z)=\frac{B(z)}{A(z)}=\frac{\sum_{i=0}^{M}b_i z^{-i}}{1+\sum_{i=1}^{N}a_i z^{-i}}$。部分分式法就是将 Z 变换 $X(z)$分解成若干个简单的部分项和，依据收敛域，每个部分项的逆变换容易求出，利用 Z 变换的线性特性 $X(z)$的逆变换就是部分项的逆变换的和。常用的 Z 变换 $X(z)$及收敛域有：

$$a^n u(n)\leftrightarrow Z[a^n u(n)]=\frac{z}{z-a}，|z|>|a| \tag{6-18}$$

$$na^{n-1}u(n)\leftrightarrow Z[a^n u(n)]=\frac{z}{(z-a)^2}，|z|>|a| \tag{6-19}$$

有理形式的 $X(z)$可以分解成如下形式的部分项和：

$$X(z)=\sum_{n=0}^{M-N}B_n z^{-n}+\sum_{k=1}^{N-r}\frac{A_k}{1-z_k z^{-1}}+\sum_{k=1}^{r}\frac{C_k}{(1-z_i z^{-1})^k} \tag{6-20}$$

式中，z_k 是 $X(z)$的单阶极点；z_i 是 $X(z)$的一个 r 阶重极点。式(6-20) 中，当 $M\geqslant N$ 时，才有第一项。其中的系数 A_k、C_k 的计算形式如下：

$$\begin{cases}A_k=\text{Res}\left[\frac{X(z)}{z}\right]_{z=z_k}\\ C_k=\frac{1}{(r-k)!}\left\{\frac{d^{r-k}}{dz^{r-k}}\left[(z-z_i)^r\frac{X(z)}{z}\right]\right\}_{z=z_i}\end{cases} \tag{6-21}$$

【例 6-7】 已知 $X(z)=\dfrac{z^2}{(z+1)^2(z-1)}$，$|z|>1$，求逆变换 $x(n)$。

解：$\dfrac{X(z)}{z}=\dfrac{z}{(z+1)^2(z-1)}$是关于 z 的有理真分式，$z=1$ 是$\dfrac{X(z)}{z}$的单阶极点，$z=-1$ 是$\dfrac{X(z)}{z}$的二阶重极点，$\dfrac{X(z)}{z}$可以分解成如下形式：

$$\frac{X(z)}{z}=\frac{z}{(z+1)^2(z-1)}=\frac{A}{z-1}+\frac{B_1}{(z+1)^2}+\frac{B_2}{z+1}$$

其中：

$$A=\frac{z}{(z+1)^2}\Big|_{z=1}=\frac{1}{4}$$

$$B_1=\frac{z}{z-1}\Big|_{z=-1}=\frac{1}{2}$$

$$B_2=\frac{\mathrm{d}}{\mathrm{d}z}\left[\frac{X(z)}{z}(z+1)^2\right]=\frac{\mathrm{d}}{\mathrm{d}z}\left[\frac{z}{z-1}\right]\Big|_{z=-1}=-\frac{1}{4}$$

所以有：

$$\frac{X(z)}{z}=\frac{1}{4}\times\frac{1}{z-1}+\frac{1}{2}\times\frac{1}{(z+1)^2}-\frac{1}{4}\times\frac{1}{z+1}$$

$$X(z)=\frac{1}{4}\times\frac{z}{z-1}+\frac{1}{2}\times\frac{z}{(z+1)^2}-\frac{1}{4}\times\frac{z}{z+1}$$

所以有逆变换：

$$x(n)=\left[\frac{1}{4}\times 1^n+\frac{1}{2}\times n\times(-1)^n-\frac{1}{4}\times(-1)^n\right]u(n)$$

6.1.4 Z 变换与拉氏变换、傅里叶变换之间的关系

设有连续时间信号 $x_a(t)$，对 $x_a(t)$以等间隔 T 进行理想抽样得到抽样序列，即离散时间信号 $x_a(nT)=x_a(t)|_{t=nT}$，简记为 $x(n)$，即 $x(n)=x_a(nT)$。对连续时间信号 $x_a(t)$进行理想抽样，一般用如下数学模型进行描述。

利用单位冲激信号的抽样特性，取周期性单位冲激序列 $\delta_T(t)=\sum\limits_{n=-\infty}^{\infty}\delta(t+nT)$，周期为 T。对信号 $x_a(t)$进行理想抽样，就是用$\delta_T(t)$和 $x_a(t)$相乘的结果，记为$\hat{x}_a(t)$，称为抽样信号：

$$\hat{x}_a(t)=x_a(t)\cdot\delta_T(t)=x_a(t)\cdot\sum_{n=-\infty}^{\infty}\delta(t+nT)=\sum_{n=-\infty}^{\infty}x_a(nT)\delta(t+nT) \quad (6\text{-}22)$$

对连续时间信号 $x_a(t)$进行理想抽样，得到抽样序列 $x(n)=x_a(nT)$，和得到抽样信号 $\hat{x}_a(t)=\sum\limits_{n=-\infty}^{\infty}x_a(nT)\delta(t+nT)$，实质上是同一问题的两种不同描述，本质上是等价的。由式(6-22)，在抽样点 $t=nT$ 处的冲激强度就是抽样序列在 n 处的抽样值 $x(n)=x_a(nT)$。

抽样信号 $\hat{x}_a(t)$的拉氏变换为：

$$
\begin{aligned}
\hat{X}_a(s) &= \int_{-\infty}^{\infty} \hat{x}_a(t) e^{-st} dt = \int_{-\infty}^{\infty} \left[\sum_{n=-\infty}^{\infty} x_a(nT)\delta(t-nT) \right] e^{-st} dt \\
&= \sum_{n=-\infty}^{\infty} \int_{-\infty}^{\infty} x_a(nT) e^{-st} \delta(t-nT) dt \\
&= \sum_{n=-\infty}^{\infty} x_a(nT) e^{-nTs} = \sum_{n=-\infty}^{\infty} x_a(nT)(e^{sT})^{-n} \\
&= \sum_{n=-\infty}^{\infty} x(n)(e^{sT})^{-n}
\end{aligned}
\tag{6-23}
$$

抽样序列 $x(n)=x_a(nT)$的 Z 变换 $X(z)$为：

$$
X(z) = \sum_{n=-\infty}^{\infty} x(n) z^{-n} \tag{6-24}
$$

比较式(6-23）和式(6-24）可知，当 $z=e^{sT}$ 时，抽样序列 $x(n)=x_a(nT)$的 Z 变换 $X(z)$就是抽样信号 $\hat{x}_a(t)$的拉氏变换 $\hat{X}_a(s)$，即满足下式：

$$
X(z)\big|_{z=e^{sT}} = X(e^{sT}) = \hat{X}_a(s) \tag{6-25}
$$

由傅里叶变换与拉氏变换的关系，可得抽样序列 $x(n)=x_a(nT)$的 Z 变换 $X(z)$与抽样信号 $\hat{x}_a(t)$的傅里叶变换 $\hat{X}_a(\mathrm{j}\Omega)$之间的关系为：

$$
X(z)\big|_{z=e^{sT}} = X(e^{sT})\big|_{s=\mathrm{j}\Omega} = X(e^{\mathrm{j}\Omega T}) = \hat{X}_a(\mathrm{j}\Omega) \tag{6-26}
$$

令 $\omega=\Omega T$，称为数字频率，则有：

$$
X(z)\big|_{z=e^{\mathrm{j}\Omega T}} = X(z)\big|_{z=e^{\mathrm{j}\omega}} = X(e^{\mathrm{j}\omega}) = \hat{X}_a\left(\mathrm{j}\frac{\omega}{T}\right) \tag{6-27}
$$

$$
X(e^{\mathrm{j}\omega}) = X(z)\big|_{z=e^{\mathrm{j}\omega}} = \sum_{n=-\infty}^{\infty} x(n) e^{-\mathrm{j}\omega n} \tag{6-28}
$$

式(6-28）称为序列 $x(n)$的离散时间傅里叶变换（DTFT）。

$z=e^{sT}$ 是复平面上复数点 $s=\sigma+\mathrm{j}\Omega$ 到复平面上复数点 $z=re^{\mathrm{j}\omega}$ 的映射。$z=e^{sT}=e^{(\sigma+\mathrm{j}\Omega)T}=e^{\sigma T}\cdot e^{\mathrm{j}\Omega T}$，所以有 $\begin{cases} r=e^{\sigma T} \\ \omega=\Omega T \end{cases}$，下面分析它们的映射关系。

① 当 $\sigma=0$ 时，$r=e^{\sigma T}=1$，即当点 s 在点 s 平面的虚轴上时，映射到 z 平面单位圆上的点 z；

② 当 $\sigma<0$ 时，$r=e^{\sigma T}<1$，即当点 s 在点 s 平面的左半平面时，映射到 z 平面单位圆内的点 z；

③ 当 $\sigma>0$ 时，$r=e^{\sigma T}>1$，即当点 s 在点 s 平面的右半平面时，映射到 z 平面单位圆外的点 z；

④ 当 $\Omega=0$ 时，$\omega=\Omega T=0$，即 s 平面的实轴上的点 s 映射到 z 平面含原点的实正半轴上的点 z；

⑤ 当 $\Omega=\Omega_0\neq 0$ 时，$\omega=\Omega_0 T$，即 s 平面上平行于实轴上的点 s 映射到 z 平面从原点出发与正半轴夹角为 $\omega=\Omega_0 T$ 的射线上的点 z。

显然，当 Ω 从 0 变化到$\frac{2\pi}{T}$时，ω 从 0 变化到 2π，或者说当 Ω 从$-\frac{\pi}{T}$变化到$\frac{\pi}{T}$时，ω 从$-\pi$ 变化到 π。当 Ω 从$-\infty$变化到∞时，ω 以 2π 为周期从$-\pi$ 变化到 π。从以上讨论可以

总结出关于映射关系 $z=e^{sT}$ 的如下结果：

① s 平面的一个平行于实轴、宽度为$\frac{2\pi}{T}$的条形区域内的全部点将一一映射到整个 z 平面上的点；

② s 平面左半平面上的点映射到 z 平面上单位圆内的点；s 平面右半平面上的点映射到 z 平面上单位圆外的点；s 平面虚轴上的点映射到 z 平面单位圆上的点。

映射关系如图 6-1 所示。

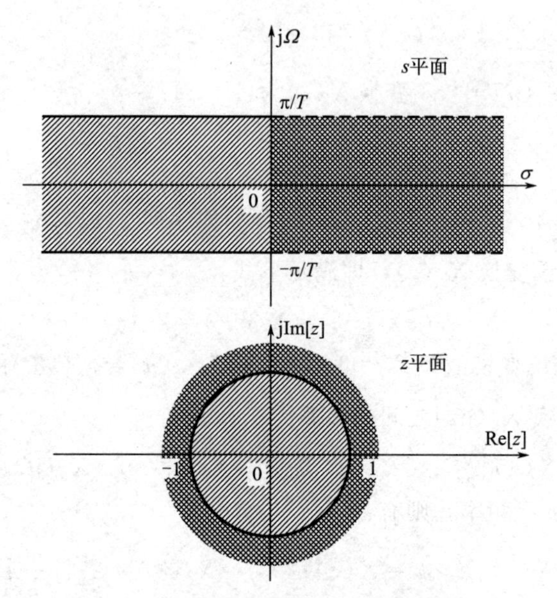

图 6-1　s 平面到 z 平面点之间的映射关系

6.2 离散时间信号的频域表示——离散时间傅里叶变换

离散时间信号 $x(n)$，即序列 $x(n)$可以是从连续时间信号抽样来的，也可以是从其他方式产生的信号。序列 $x(n)$的离散时间傅里叶变换简记为 DTFT，定义为：

$$\text{DTFT}[x(n)]=X(e^{j\omega})=\sum_{n=-\infty}^{\infty}x(n)e^{-j\omega n} \tag{6-29}$$

$$\text{IDTFT}[X(e^{j\omega})]=x(n)=\frac{1}{2\pi}\int_{-\pi}^{\pi}X(e^{j\omega})e^{j\omega n}d\omega \tag{6-30}$$

当离散时间信号 $x(n)$满足绝对可积条件时，即满足 $\sum_{n=-\infty}^{\infty}|x(n)|<\infty$时，式(6-29)中的级数收敛，序列 $x(n)$的离散时间傅里叶变换 $X(e^{j\omega})$一定存在。序列 $x(n)$与 $X(e^{j\omega})$形成离散时间傅里叶变换对：

$$\begin{cases}\text{正变换：}\quad X(e^{j\omega})=\sum_{n=-\infty}^{\infty}x(n)e^{-j\omega n}\\ \text{逆变换：}\quad x(n)=\frac{1}{2\pi}\int_{-\pi}^{\pi}X(e^{j\omega})e^{j\omega n}d\omega\end{cases} \tag{6-31}$$

当序列 $x(n)$ 的 Z 变换 $X(z)$ 的收敛域包含单位圆时，序列 $x(n)$ 的离散时间傅里叶变换 $X(e^{j\omega})$ 就是 $x(n)$ 的 Z 变换 $X(z)$ 在单位圆上取值的结果：

$$X(e^{j\omega})=X(z)\big|_{z=e^{j\omega}}=\sum_{n=-\infty}^{\infty}x(n)e^{-j\omega n} \tag{6-32}$$

由式(6-30)，序列 $x(n)$ 的离散时间傅里叶变换 $X(e^{j\omega})$ 的性质可借助 Z 变换 $X(z)$ 的性质得到。序列 $x(n)$ 的离散时间傅里叶变换 $X(e^{j\omega})$ 是数字频率 ω 的连续函数，且以 2π 为周期，所以序列 $x(n)$ 的离散时间傅里叶变换 $X(e^{j\omega})$ 是以 2π 为周期的连续频谱。连续频谱不利于计算，为了数字化处理的需要，我们需要将频谱离散化。有限长序列的离散傅里叶变换实质上就是对连续频谱进行频域抽样离散化的结果。

6.3 周期序列的离散傅里叶级数

为了导出有限长序列的离散傅里叶变换的定义，我们先讨论周期序列的离散傅里叶级数的定义。

6.3.1 周期序列的离散傅里叶级数

一个周期为 N 的序列 $x(n)$，记为 $\widetilde{x}(n)$。类似于连续周期信号的级数分解，我们也可以将周期为 N 的序列 $\widetilde{x}(n)$ 进行分解。

对于指数型序列 $e^{j\frac{2\pi}{N}n}$，考虑由它产生的幂次序列 $(e^{j\frac{2\pi}{N}n})^k=e^{j\frac{2\pi}{N}nk}$，$k=0,1,2,\cdots,N-1,N,N+1,\cdots$。容易看出 $e^{j\frac{2\pi}{N}nN}=e^{j2n\pi}=1$，$e^{j\frac{2\pi}{N}n(N+1)}=e^{j\frac{2\pi}{N}n}$。所以 $(e^{j\frac{2\pi}{N}n})^k=e^{j\frac{2\pi}{N}nk}$，$k=0,1,2,\cdots,N-1,N,N+1,\cdots$，只有其中的 N 个是相互独立的序列，$e^{j\frac{2\pi}{N}nk}$，$k=0,1,2,\cdots,N-1$。假如我们将周期为 N 的序列 $\widetilde{x}(n)$ 分解成 N 个相互独立的序列 $e^{j\frac{2\pi}{N}nk}$，$k=0,1,2,\cdots,N-1$，其线性组合形式如下：

$$\widetilde{x}(n)=\sum_{k=0}^{N-1}\widetilde{X}(k)e^{j\frac{2\pi}{N}nk} \tag{6-33}$$

式中，系数 $\widetilde{X}(k)$ 对应序列 $e^{j\frac{2\pi}{N}nk}$，$k=0,1,2,\cdots,N-1$。将系数 $\widetilde{X}(k)$ 求出，即可得到周期序列 $\widetilde{x}(n)$ 的分解式。

在式(6-33) 的等式两边同时乘以 $e^{-j\frac{2\pi}{N}nr}$，其中 r 给定，$0\leqslant r\leqslant N-1$，然后从 $n=0$ 到 $n=N-1$ 求和：

$$\begin{aligned}\sum_{n=0}^{N-1}\widetilde{x}(n)e^{-j\frac{2\pi}{N}nr}&=\sum_{n=0}^{N-1}\Big[\sum_{k=0}^{N-1}\widetilde{X}(k)e^{j\frac{2\pi}{N}nk}\Big]e^{-j\frac{2\pi}{N}nr}\\&=\sum_{n=0}^{N-1}\sum_{k=0}^{N-1}\widetilde{X}(k)e^{j\frac{2\pi}{N}(k-r)n}=\sum_{k=0}^{N-1}\widetilde{X}(k)\Big[\sum_{n=0}^{N-1}e^{j\frac{2\pi}{N}(k-r)n}\Big]\end{aligned}$$

由于 $\sum_{n=0}^{N-1}e^{j\frac{2\pi}{N}rn}=\begin{cases}N, & r=mN, m\ 为任意整数\\0, & 其他\ r\end{cases}$，所以有：

$$\sum_{n=0}^{N-1}\tilde{x}(n)\mathrm{e}^{-\mathrm{j}\frac{2\pi}{N}nr}=N\tilde{X}(r),\ 0\leqslant r\leqslant N-1$$

即有：

$$\begin{aligned}&\tilde{X}(r)=\frac{1}{N}\sum_{n=0}^{N-1}\tilde{x}(n)\mathrm{e}^{-\mathrm{j}\frac{2\pi}{N}nr},\ 0\leqslant r\leqslant N-1\\&\tilde{X}(k)=\frac{1}{N}\sum_{n=0}^{N-1}\tilde{x}(n)\mathrm{e}^{-\mathrm{j}\frac{2\pi}{N}nk},\ k=0,1,2,\cdots,N-1\end{aligned}\tag{6-34}$$

如果把 k 看成是变量，则有 $\tilde{X}(k+N)=\frac{1}{N}\sum_{n=0}^{N-1}\tilde{x}(n)\mathrm{e}^{-\mathrm{j}\frac{2\pi}{N}n(k+N)}=\frac{1}{N}\sum_{n=0}^{N-1}\tilde{x}(n)\mathrm{e}^{-\mathrm{j}\frac{2\pi}{N}nk}=\tilde{X}(k)$，所以 $\tilde{X}(k)$ 也是以 N 为周期的，把 $\tilde{X}(k)$ 称为周期序列 $\tilde{x}(n)$ 的离散傅里叶级数，简记为 DTFS。

周期序列 $\tilde{x}(n)$ 和周期的离散频谱 $\tilde{X}(k)$ 形成离散傅里叶级数变换对：

$$\begin{cases}\tilde{X}(k)=\frac{1}{N}\sum_{n=0}^{N-1}\tilde{x}(n)\mathrm{e}^{-\mathrm{j}\frac{2\pi}{N}kn}\\\tilde{x}(n)=\sum_{k=0}^{N-1}\tilde{X}(k)\mathrm{e}^{\mathrm{j}\frac{2\pi}{N}nk}\end{cases}$$

一般把系数 $\frac{1}{N}$ 变换到 $\tilde{x}(n)$ 的表达式中，得到周期序列的离散傅里叶级数变换对：

$$\begin{cases}\text{正变换：}\ \tilde{X}(k)=\sum_{n=0}^{N-1}\tilde{x}(n)\mathrm{e}^{-\mathrm{j}\frac{2\pi}{N}kn}\\\text{逆变换：}\ \tilde{x}(n)=\frac{1}{N}\sum_{k=0}^{N-1}\tilde{X}(k)\mathrm{e}^{\mathrm{j}\frac{2\pi}{N}nk}\end{cases}\tag{6-35}$$

周期序列 $\tilde{x}(n)$ 的离散傅里叶级数 $\tilde{X}(k)$ 也称为周期序列 $\tilde{x}(n)$ 的傅里叶变换，它的频谱 $\tilde{X}(k)$ 是周期的离散频谱，在一个主周期内（$k=0,1,2,\cdots,N-1$），频谱间隔为 $\frac{2\pi}{N}$。

6.3.2 有限长序列的傅里叶变换——DFT

我们借助于周期序列 $\tilde{x}(n)$ 的离散傅里叶级数 $\tilde{X}(k)$，可以导出有限长序列 $x(n)$，$n=0,1,2,\cdots,N-1$ 的离散傅里叶变换（DFT）的一种定义方法。

对于给定正整数 N，任意一个整数 n 模 N 的剩余一般记为 $n\bmod N=r$，即满足 $n=kN+r$，其中 k,r 是整数，$0\leqslant r\leqslant N-1$，在这里我们将整数 n 模 N 的剩余简记为 $(n)_N=r$，$0\leqslant r\leqslant N-1$。

设序列 $x(n)$，$n=0,1,2,\cdots,N-1$ 是有限长序列，将序列 $x(n)$ 做 N 周期延拓叠加，将诱导出一个 N 周期的周期序列 $\tilde{x}(n)$：

$$\tilde{x}(n)=\sum_{k=-\infty}^{\infty}x(n+kN)=x[(n)_N]=x(r)\tag{6-36}$$

为了便于表述，将由有限长序列 $x(n)$ 诱导出的周期序列简记为：

$$\tilde{x}(n)=\sum_{k=-\infty}^{\infty} x(n+kN)=x[(n)]_N \tag{6-37}$$

反过来，我们也可以从一个 N 周期的周期序列 $\tilde{x}(n)$ 中诱导出一个有限长序列 $x(n)$：

$$x(n)=\begin{cases}\tilde{x}(n), & 0\leqslant n\leqslant N-1\\ 0, & n\text{ 取其他整数}\end{cases} \tag{6-38}$$

对于有限长序列 $x(n)$，$n=0,1,2,\cdots,N-1$，我们借助周期序列的离散傅里叶级数导出序列 $x(n)$ 的离散傅里叶变换，步骤如下：

① 将有限长序列 $x(n)$ 做 N 周期延拓叠加，得到 N 周期序列 $\tilde{x}(n)=x[(n)]_N$；

② 求出周期序列 $\tilde{x}(n)=x[(n)]_N$ 的离散傅里叶级数 $\tilde{X}(k)$：

$$\tilde{X}(k)=\sum_{n=0}^{N-1}\tilde{x}(n)\mathrm{e}^{-\mathrm{j}\frac{2\pi}{N}kn}=\sum_{n=0}^{N-1}x(n)\mathrm{e}^{-\mathrm{j}\frac{2\pi}{N}kn} \tag{6-39}$$

③ 取周期离散频谱 $\tilde{X}(k)$ 的主周期序列 $X(k)$：

$$X(k)=\tilde{X}(k)R_N(n)=\left[\sum_{n=0}^{N-1}x(n)\mathrm{e}^{-\mathrm{j}\frac{2\pi}{N}kn}\right]R_N(k) \tag{6-40}$$

$$X(k)=\begin{cases}\tilde{X}(k), & 0\leqslant k\leqslant N-1\\ 0, & n\text{ 取其他整数}\end{cases} \tag{6-41}$$

由式(6-38)，由有限长序列 $x(n)$ 就可计算 $X(k)$，$0\leqslant k\leqslant N-1$。把 $X(k)$，$0\leqslant k\leqslant N-1$ 称为有限长序列 $x(n)$ 的离散傅里叶变换，简记为 DFT，$X(k)=\mathrm{DFT}\{x(n)\}$，显然有：

$$X(k)=\sum_{n=0}^{N-1}x(n)\mathrm{e}^{-\mathrm{j}\frac{2\pi}{N}kn},\quad 0\leqslant k\leqslant N-1 \tag{6-42}$$

式(6-42) 就是有限长序列 $x(n)$ 的离散傅里叶变换 $X(k)$ 的定义表达式。用同样原理，已知离散傅里叶变换 $X(k)$，$0\leqslant k\leqslant N-1$，将诱导出 N 周期的离散频谱 $\tilde{X}(k)$，进一步得到 $\tilde{X}(k)$ 的傅里叶级数的逆变换 $\tilde{x}(n)=\dfrac{1}{N}\sum\limits_{k=0}^{N-1}\tilde{X}(k)\mathrm{e}^{\mathrm{j}\frac{2\pi}{N}nk}$，取主值序列得到有限长序列 $x(n)=\begin{cases}\tilde{x}(n), & 0\leqslant n\leqslant N-1\\ 0, & n\text{ 取其他整数}\end{cases}$，$x(n)=\dfrac{1}{N}\sum\limits_{k=0}^{N-1}\tilde{X}(k)\mathrm{e}^{\mathrm{j}\frac{2\pi}{N}nk}$，$0\leqslant n\leqslant N-1$，它就是离散傅里叶变换 $X(k)$ 的逆变换，形成离散傅里叶变换对：

$$\begin{cases}\text{正变换：}\quad X(k)=\sum\limits_{n=0}^{N-1}x(n)\mathrm{e}^{-\mathrm{j}\frac{2\pi}{N}kn},k=0,1,\cdots,N-1\\ \text{逆变换：}\quad x(n)=\dfrac{1}{N}\sum\limits_{k=0}^{N-1}X(k)\mathrm{e}^{\mathrm{j}\frac{2\pi}{N}nk},n=0,1,\cdots,N-1\end{cases} \tag{6-43}$$

如果对有限长序列 $x(n)$ 做 M（$M>N$）周期延拓叠加，将得到 M 周期序列 $\tilde{x}(n)=x[(n)]_M$，这就相当于在 $x(n)$ 的后面补$(M-N)$个零，将序列看成长度为 M 点的有限长序列，实质上仍是序列 $x(n)$，再做 M（$M>N$）周期延拓叠加，将得到同样的 M 周期序列 $\tilde{x}(n)=x[(n)]_M$。这样将得到 N 点有限长序列 $x(n)$ 的 M（$M>N$）点离散傅里叶变换 $X(k)$，$0\leqslant k\leqslant M-1$，变换对如下：

$$\begin{cases}\text{正变换：} & X(k)=\sum_{n=0}^{M-1}x(n)\mathrm{e}^{-\mathrm{j}\frac{2\pi}{M}kn}, k=0,1,\cdots,M-1\\ \text{逆变换：} & x(n)=\frac{1}{M}\sum_{k=0}^{M-1}X(k)\mathrm{e}^{\mathrm{j}\frac{2\pi}{M}nk}, n=0,1,\cdots,M-1\end{cases} \tag{6-44}$$

式(6-44) 中，当 $N\leqslant n\leqslant M-1$ 时 $x(n)=0$。将来为了实现傅里叶变换的基－2 快速算法，适当地选取 $M=2^l$，l 为整数，$M\geqslant N$。

有限长序列 $x(n)$，$n=0,1,2,\cdots,N-1$ 的 N 点离散傅里叶变换 $X(k)$，$0\leqslant k\leqslant N-1$，还可以对 $x(n)$的 Z 变换 $X(z)$进行频域抽样得到。由于序列 $x(n)$是有限长的，Z 变换 $X(z)$的收敛域包含 z 平面上的单位圆。对 $X(z)$在单位圆上做 N 等间隔的频域抽样，抽样点为 $z=\mathrm{e}^{\mathrm{j}\frac{2\pi}{N}k}$，$k=0,1,\cdots,N-1$，将得到 N 个离散频谱：

$$X(z)\Big|_{z=\mathrm{e}^{\mathrm{j}\frac{2\pi}{N}k}}=\left[\sum_{n=0}^{N-1}x(n)z^{-n}\right]=\sum_{n=0}^{N-1}x(n)\mathrm{e}^{-\mathrm{j}\frac{2\pi}{N}kn}=X(k),\ k=0,1,\cdots,N-1 \tag{6-45}$$

式(6-45) 与式(6-43) 的表达式是一样的。所以有限长序列 $x(n)$，$n=0,1,2,\cdots,N-1$ 的 N 点离散傅里叶变换 $X(k)$，$0\leqslant k\leqslant N-1$，就是其 Z 变换 $X(z)$在单位圆上做 N 等间隔的频域抽样的结果。

对 N 点的有限长序列 $x(n)$的离散时间傅里叶变换 $X(\mathrm{e}^{\mathrm{j}\omega})$在数字频率 ω 的一个周期$[0,2\pi]$内等间隔抽样的结果就是序列 $x(n)$的 N 点离散傅里叶变换 $X(k)$，$0\leqslant k\leqslant N-1$，所以有：

$$X(z)\Big|_{z=\mathrm{e}^{\mathrm{j}\frac{2\pi}{N}k}}=X(\mathrm{e}^{\mathrm{j}\omega})\Big|_{\omega=\frac{2\pi}{N}k}=X(k),\ k=0,1,\cdots,N-1 \tag{6-46}$$

在 $x(n)$的后面补$(M-N)$个零，$M>N$，所得的序列的 Z 变换仍然为 $X(z)$，Z 变换不变，所以有限长序列 $x(n)$，$n=0,1,2,\cdots,N-1$ 的 M（$M>N$）点离散傅里叶变换 $X(k)$，$0\leqslant k\leqslant M-1$，就是其 Z 变换 $X(z)$在单位圆上做 M 等间隔的频域抽样的结果，抽样点为 $z=\mathrm{e}^{\mathrm{j}\frac{2\pi}{M}k}$，$k=0,1,\cdots,M-1$。

【例 6-8】 已知 4 点矩形脉冲序列 $R_4(n)$，分别求其的 8 点和 16 点离散傅里叶变换。

解：矩形脉冲序列 $R_4(n)$，当 $n=0,1,2,3$ 时 $R_4(n)=1$，其他点值为零，所以它的离散时间傅里叶变换为：

$$\begin{aligned}X(\mathrm{e}^{\mathrm{j}\omega})&=\sum_{n=-\infty}^{\infty}x(n)\mathrm{e}^{-\mathrm{j}\omega n}=\sum_{n=0}^{3}\mathrm{e}^{-\mathrm{j}\omega n}=\frac{1-\mathrm{e}^{-\mathrm{j}4\omega}}{1-\mathrm{e}^{-\mathrm{j}\omega}}\\&=\frac{\mathrm{e}^{-\mathrm{j}2\omega}(\mathrm{e}^{\mathrm{j}2\omega}-\mathrm{e}^{-\mathrm{j}2\omega})}{\mathrm{e}^{-\mathrm{j}\frac{1}{2}\omega}(\mathrm{e}^{\mathrm{j}\frac{1}{2}\omega}-\mathrm{e}^{-\mathrm{j}\frac{1}{2}\omega})}\\&=\mathrm{e}^{-\mathrm{j}\frac{3}{2}\omega}\frac{\sin(2\omega)}{\sin\frac{\omega}{2}}\end{aligned}$$

矩形脉冲序列 $R_4(n)$的 8 点离散傅里叶变换为：

$$X(k)=X(\mathrm{e}^{\mathrm{j}\omega})\Big|_{\omega=\frac{2\pi}{8}k}=\mathrm{e}^{-\mathrm{j}\frac{3}{2}\omega}\frac{\sin(2\omega)}{\sin\frac{\omega}{2}}\Bigg|_{\omega=\frac{2\pi}{8}k}$$

$$=e^{-j\frac{3}{2}\times\frac{\pi}{4}k}\frac{\sin\left(2\times\frac{\pi}{4}k\right)}{\sin\left(\frac{1}{2}\times\frac{\pi}{4}k\right)}=e^{-j\frac{3\pi}{8}k}\frac{\sin\left(\frac{\pi}{2}k\right)}{\sin\left(\frac{\pi}{8}k\right)}$$

矩形脉冲序列 $R_4(n)$ 的16点离散傅里叶变换为：

$$X(k)=X(e^{j\omega})\Big|_{\omega=\frac{2\pi}{16}k}=e^{-j\frac{3}{2}\omega}\frac{\sin(2\omega)}{\sin\frac{\omega}{2}}\Big|_{\omega=\frac{2\pi}{16}k}$$

$$=e^{-j\frac{3}{2}\times\frac{\pi}{8}k}\frac{\sin\left(2\times\frac{\pi}{8}k\right)}{\sin\left(\frac{1}{2}\times\frac{\pi}{8}k\right)}=e^{-j\frac{3\pi}{16}k}\frac{\sin\left(\frac{\pi}{4}k\right)}{\sin\left(\frac{\pi}{16}k\right)}$$

6.4 傅里叶变换的四种形式

信号 $x(t)$ 在时域变量 t 是连续取值还是离散取值，信号 $x(t)$ 是周期信号还是非周期信号，按照这个分类可以将信号分为四类，分别是连续非周期信号、连续周期信号、离散时间非周期信号和离散时间周期信号。这四类信号对应傅里叶变换的四种形式：

① 连续非周期信号 $x(t)$ 的傅里叶变换（CTFT），其频谱 $X(j\Omega)$ 是非周期连续的。

正变换：$X(j\Omega)=\int_{-\infty}^{\infty}x(t)e^{-j\Omega t}dt$

逆变换：$x(t)=\frac{1}{2\pi}\int_{-\infty}^{\infty}X(j\Omega)e^{j\Omega t}d\Omega$

② 连续周期信号 $\tilde{x}(t)$ 的傅里叶级数（CTFS），频谱系数 $X(n\Omega_0)$ 是非周期离散的频谱。

正变换：$X(n\Omega_0)=\frac{1}{T_0}\int_{-T_0/2}^{T_0/2}x(t)e^{-jn\Omega_0 t}dt$

逆变换：$x(t)=\sum_{n=-\infty}^{\infty}X(n\Omega_0)e^{jn\Omega_0 t}$

式中，T_0 是周期信号 $\tilde{x}(t)$ 的周期；谱线间隔 $\Omega_0=\frac{2\pi}{T_0}$。

③ 离散时间非周期信号——序列 $x(n)=x(nT)$ 的离散时间傅里叶变换（DTFT），频谱 $X(e^{j\Omega T})=X(e^{j\omega})$ 是周期连续的。

正变换：$X(e^{j\Omega T})=\sum_{n=-\infty}^{\infty}x(nT)e^{-jn\Omega T}=\sum_{n=-\infty}^{\infty}x(n)e^{-jn\omega}=X(e^{j\omega})$

逆变换：$x(nT)=\frac{1}{\Omega_s}\int_{-\Omega_s/2}^{\Omega_s/2}X(e^{j\Omega T})e^{jn\Omega T}d\Omega=\frac{1}{2\pi}\int_{-\pi}^{\pi}X(e^{j\omega})e^{j\omega n}d\omega=x(n)$

式中，$\omega=\Omega T$ 称为离散时间信号 $x(n)$ 的数字频率；频谱 $X(e^{j\omega})$ 的周期为 2π。

④ 离散时间周期信号——周期序列 $\tilde{x}(n)$ 的离散时间傅里叶变换（DTFS），频谱 $\tilde{X}(k)$ 是周期离散的。

正变换：$\tilde{X}(k)=\sum_{n=0}^{N-1}\tilde{x}(n)e^{-j\frac{2\pi}{N}nk}$

逆变换：$\tilde{x}(n)=\frac{1}{N}\sum_{k=0}^{N-1}\tilde{X}(k)\mathrm{e}^{\mathrm{j}\frac{2\pi}{N}nk}$

式中，N 为周期序列 $\tilde{x}(n)$的周期；离散频谱 $\tilde{X}(k)$的周期也是 N；k 表示的数字频率为$\frac{2\pi}{N}k$。

从四种类型信号的傅里叶变换可以看出，信号在时域的连续、离散型、非周期、周期性与傅里叶变换在频域的非周期、周期、连续、离散性对应，如表 6-2 所示。

表 6-2 信号在时域与频域的对应关系

时域信号	频域信号	时域信号	频域信号
连续的	非周期的	非周期的	连续的
离散的	周期的	周期的	离散的

本章小结

本章主要内容是给出了离散时间信号 $x(n)$的 Z 变换、离散时间傅里叶变换（DTFT）的定义及其主要性质，周期序列的离散傅里叶级数及有限长序列的离散傅里叶变换（DFT）的定义。本章的重点及难点总结如下。

(1) Z 变换

一个连续时间信号 $x(n)$，即序列 $x(n)$，序列 $x(n)$的 Z 变换定义为：

$$X(z)=Z[x(n)]=\sum_{n=-\infty}^{\infty}x(n)z^{-n}$$

Z 变换存在时，收敛域一般为$|z_-|<|z|<|z_+|$。

逆变换：$x(n)=\frac{1}{2\pi\mathrm{j}}\oint_c X(z)z^{n-1}\mathrm{d}z$

(2) 时域卷积定理

设序列 $x(n)$、$h(n)$的 Z 变换和收敛域分别为：

$$x(n)\leftrightarrow X(z),R_{x-}<|z|<R_{x+}$$

$$h(n)\leftrightarrow H(z),R_{h-}<|z|<R_{h+}$$

则序列 $x(n)$和 $h(n)$的线性卷积 $y_l(n)=x(n)*h(n)$的 Z 变换 $Y_l(z)$和收敛域为：

$$y_l(n)=x(n)*h(n)\leftrightarrow X(z)\cdot H(z)$$

$$\max(R_{x-},R_{h-})<|z|<\min(R_{x+},R_{h+})$$

这个特性称为序列的时域卷积定理。

(3) 离散时间傅里叶变换（DTFT）

序列 $x(n)$的离散时间傅里叶变换 $X(\mathrm{e}^{\mathrm{j}\omega})$：

$$\begin{cases}\text{正变换：}\ X(\mathrm{e}^{\mathrm{j}\omega})=\sum_{n=-\infty}^{\infty}x(n)\mathrm{e}^{-\mathrm{j}\omega n}\\ \text{逆变换：}\ x(n)=\frac{1}{2\pi}\int_{-\pi}^{\pi}X(\mathrm{e}^{\mathrm{j}\omega})\mathrm{e}^{\mathrm{j}\omega n}\mathrm{d}\omega\end{cases}$$

(4) 周期序列的离散傅里叶级数（DFS）

周期为 N 的周期序列$\tilde{x}(n)$的离散傅里叶级数 $\tilde{X}(k)$：

$$\begin{cases} \text{正变换：} & \tilde{X}(k)=\sum_{n=0}^{N-1}\tilde{x}(n)\mathrm{e}^{-\mathrm{j}\frac{2\pi}{N}kn} \\ \text{逆变换：} & \tilde{x}(n)=\frac{1}{N}\sum_{k=0}^{N-1}\tilde{X}(k)\mathrm{e}^{\mathrm{j}\frac{2\pi}{N}nk} \end{cases}$$

(5) 离散傅里叶变换（DFT）

有限长序列 $x(n)$的 N 点离散傅里叶变换

$$\begin{cases} \text{正变换：} & X(k)=\sum_{n=0}^{N-1}x(n)\mathrm{e}^{-\mathrm{j}\frac{2\pi}{N}kn},k=0,1,\cdots,N-1 \\ \text{逆变换：} & x(n)=\frac{1}{N}\sum_{k=0}^{N-1}X(k)\mathrm{e}^{\mathrm{j}\frac{2\pi}{N}nk},n=0,1,\cdots,N-1 \end{cases}$$

(6) 有限长序列 $x(n)$的 Z 变换、DTFT、DFT 之间的关系

对 N 点有限长序列 $x(n)$的离散时间傅里叶变换 $X(\mathrm{e}^{\mathrm{j}\omega})$在数字频率 ω 的一个周期$[0,2\pi]$内等间隔抽样的结果就是序列 $x(n)$的 N 点离散傅里叶变换 $X(k)$，$0\leqslant k\leqslant N-1$，所以有：

$$X(k)=X(z)\Big|_{z=\mathrm{e}^{\mathrm{j}\frac{2\pi}{N}k}}=X(\mathrm{e}^{\mathrm{j}\omega})\Big|_{\omega=\frac{2\pi}{N}k},\ k=0,1,\cdots,N-1$$

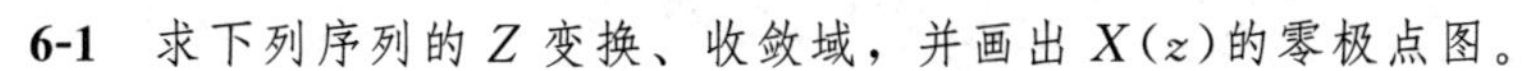

习题 6

6-1 求下列序列的 Z 变换、收敛域，并画出 $X(z)$的零极点图。

(1) $x(n)=\left(\frac{1}{2}\right)^n u(n)$；

(2) $x(n)=-\left(\frac{1}{2}\right)^n u(-n-1)$；

(3) $x(n)=(0.5)^n[u(n)-u(n-10)]$；

(4) $x(n)=(n+1)u(n)$；

(5) $x(n)=\left(\frac{1}{2}\right)^n u(n)+\left(\frac{1}{3}\right)^n u(n)$；

(6) $x(n)=\delta(n)-\frac{1}{8}\delta(n-3)$。

6-2 求下列 $X(z)$的逆变换 $x(n)$。

(1) $X(z)=\frac{1}{1+0.5z^{-1}}$ $(|z|>0.5)$；

(2) $X(z)=\frac{1-0.5z^{-1}}{1+\frac{3}{4}z^{-1}+\frac{1}{8}z^{-2}}$ $\left(|z|>\frac{1}{2}\right)$；

(3) $X(z)=\frac{10z}{(z-1)(z-2)}$ $(|z|>2)$；

(4) $X(z)=\frac{10z^2}{(z-1)(z+1)}$ $(|z|>1)$；

(5) $X(z)=\frac{1+z^{-1}}{1-2z^{-1}\cos\omega+z^{-2}}$ $(|z|>1)$；

(6) $X(z)=\dfrac{z^{-1}}{(1-6z^{-1})^2}$ $(|z|>6)$。

6-3 已知序列 $x(n)=R_N(n)=u(n)-u(n-N)$，$h(n)=a^n u(n)$ $(0<a<1)$，求线性卷积 $y_l(n)=x(n)*h(n)$。

6-4 已知序列 $x(n)=R_N(n)$，求它的离散傅里叶变换 $X(k)=\mathrm{DFT}[x(n)]$。

6-5 已知序列 $x(n)=R_N(n)$，试求：

(1) 序列 $x(n)$的 Z 变换 $X(z)$；

(2) 序列 $x(n)$的离散傅里叶变换 $X(k)$；

(3) 序列 $x(n)$的离散时间傅里叶变换 $X(\mathrm{e}^{\mathrm{j}\omega})$；

(4) 序列 $x(n)$的 $2N$ 点离散傅里叶变换 $X(k)$，$k=0,1,2,\cdots,2N-1$。

6-6 已知周期序列 $\tilde{x}(n)$的主周期序列为：

$$x(n)=2\delta(n)+\delta(n-1)+\delta(n-3)$$

(1) 求周期序列 $\tilde{x}(n)$的离散傅里叶级数 $\tilde{X}(k)$；

(2) 求序列 $x(n)$的离散傅里叶变换 $X(k)$。

答案

第7章

信号与系统MATLAB仿真

MATLAB又名矩阵实验室（Matrix Laboratory），是一款简洁的编程软件。MATLAB用更直观的、符合人们思维习惯的代码，代替了C和FORTRAN语言的冗长代码，给用户带来了直观、简洁的程序开发环境。MATLAB具有强大的图形功能、功能齐全的工具箱以及丰富的库函数等，为信号的仿真提供了很大的便利，同时，其简洁易学的结构化语句大大降低了编程难度。本章将使用MATLAB工具来实现信号产生与传输中的一些过程的仿真，并在编程过程中更深刻地认识信号处理的过程。

7.1 基本信号的产生

常用的基本信号有阶跃信号、脉冲信号、指数信号、正弦信号和周期矩形波信号等，这些基本信号是信号处理的基础。MATLAB提供了许多函数用于这些基本信号的产生，而本章第一个实验就是借助MATLAB工具，实现对这些信号的仿真。

7.1.1 实验目的

学习并掌握各种基本信号的表达式，学习与信号产生有关的各种MATLAB函数，使用MATLAB实现对基本信号的仿真。

7.1.2 实验原理

① 实验设备　装有MATLAB的计算机一台。

② 常用的MATLAB函数或参数见表7-1。

表7-1　常用的MATLAB函数或参数

MATLAB函数或参数	功能	MATLAB函数或参数	功能
plot()函数	绘图	sinc()函数	抽样脉冲产生函数
参数Pi	参数π	zeros()函数	0矩阵生成函数
exp(t)函数	计算e的t次幂	ones()函数	1矩阵产生函数
rectpuls()函数	矩形产生函数	stem()函数	画出指定图形
square()函数	周期矩形脉冲产生函数	参数omega	参数ω

注：表7-1只标明实验中出现的函数及其功能，具体参数可使用help指令查询（示例见图7-1）。

```
Command Window
>> help plot
 plot   Linear plot.
    plot(X,Y) plots vector Y versus vector X. If X or Y is a matrix,
    then the vector is plotted versus the rows or columns of the matrix,
    whichever line up.  If X is a scalar and Y is a vector, disconnected
    line objects are created and plotted as discrete points vertically at
    X.

    plot(Y) plots the columns of Y versus their index.
    If Y is complex, plot(Y) is equivalent to plot(real(Y),imag(Y)).
    In all other uses of plot, the imaginary part is ignored.

    Various line types, plot symbols and colors may be obtained with
    plot(X,Y,S) where S is a character string made from one element
    from any or all the following 3 columns:

           b     blue          .     point              -     solid
           g     green         o     circle             :     dotted
           r     red           x     x-mark             -.    dashdot
           c     cyan          +     plus               --    dashed
           m     magenta       *     star             (none)  no line
           y     yellow        s     square
           k     black         d     diamond
           w     white         v     triangle (down)
                               ^     triangle (up)
```

图 7-1 help () 函数使用示例

③ MATLAB编程中，产生信号波形的步骤：

第一步：定义横坐标变量；

第二步：根据波形定义公式计算纵坐标值；

第三步：利用 plot() 或 stem() 绘制波形。

7.1.3 MATLAB仿真实验

(1) 实验1：产生和绘制连续信号波形

基本的连续信号包括单位阶跃信号、指数信号、正弦信号、矩形脉冲信号、周期方波和抽样函数等。下面使用MATLAB工具实现以上信号的仿真。

① 单位阶跃信号的表达式为：

$$u(t)=\begin{cases}1, & t\geqslant 0\\ 0, & t<0\end{cases}$$

时域模型如图7-2所示。

MATLAB代码[仿真结果见图7-3(a)]：

```
t = - 2:0.02:6;
x = (t > = 0);
plot(t,x);
```

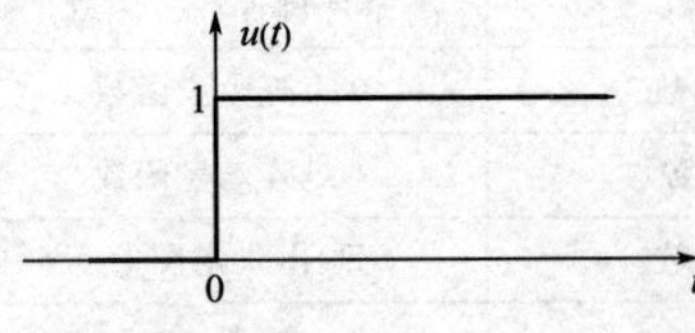

图 7-2 单位阶跃信号时域模型

② 指数信号的表达式为：

$$f(t)=K\mathrm{e}^{at}$$

MATLAB代码[仿真结果见图7-3(b)]：

```
t = 0:0.001:5;
x = 2 * exp(- t);
plot(t,x);
```

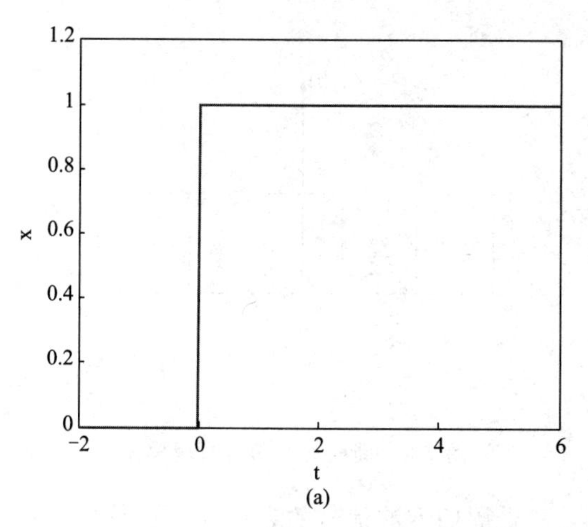

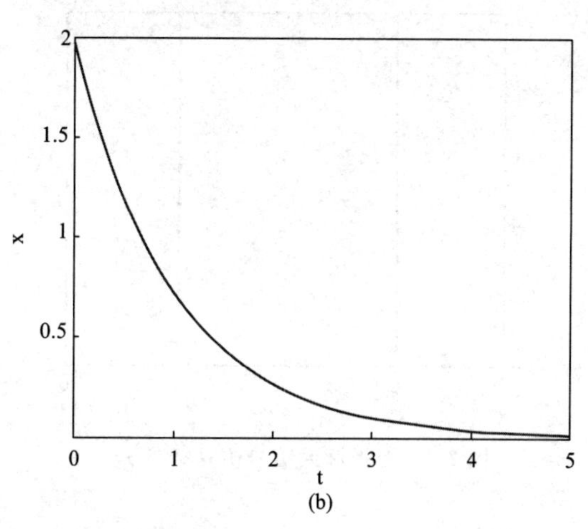

图 7-3　单位阶跃信号、指数信号仿真结果

③ 正弦信号的表达式为：

$$f(t)=K\sin(\omega t+\theta)$$

时域模型如图 7-4 所示。

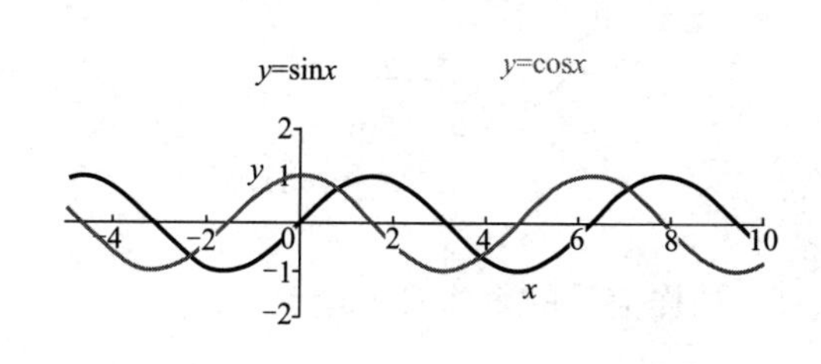

图 7-4　正弦信号时域模型

图 7-5　正弦信号仿真结果

MATLAB 代码(仿真结果见图 7-5)：

```
f0 = 4;
w0 = 2 * pi * f0;
t = 0:0.001:1;
x = 2 * sin(w0*t+ pi/6);
plot(t,x);
```

④ 矩形脉冲信号的表达式为：

$$f(t)=\begin{cases}1, & -\tau/2<t<\tau/2 \\ 0, & \text{其他}\end{cases}$$

时域模型如图 7-6 所示。

MATLAB 代码(仿真结果见图 7-7)：

```
t = - 2:0.02:6;
x = rectpuls(t,4);
plot(t,x);
```

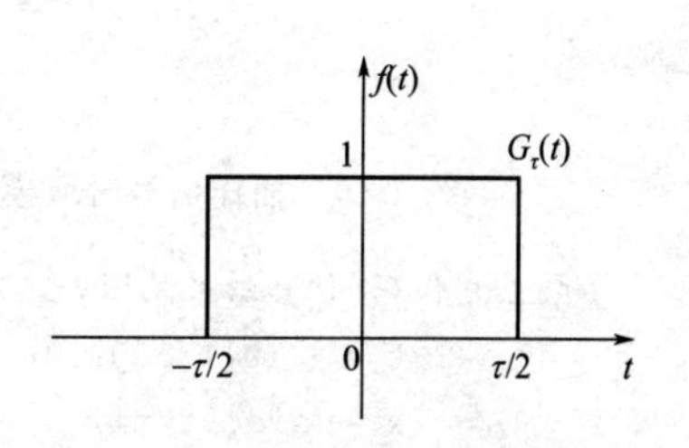

图 7-6　矩形脉冲信号时域模型

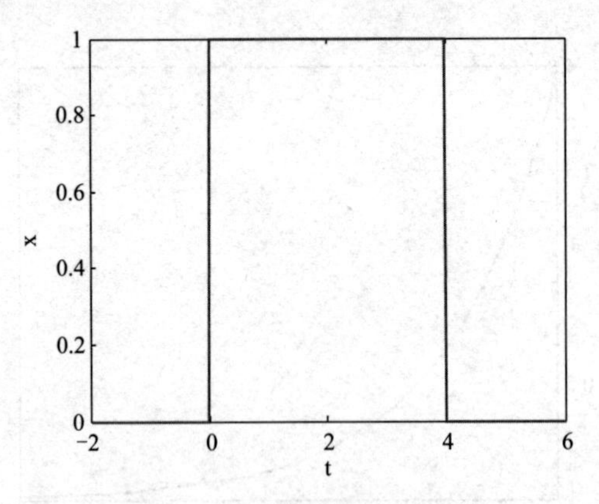

图 7-7 矩形脉冲信号仿真结果

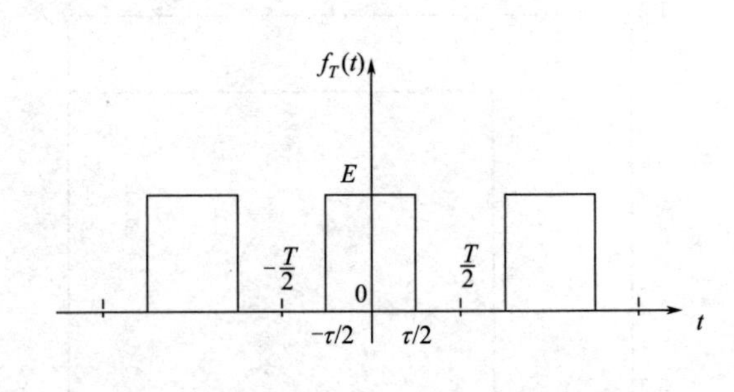

图 7-8 周期方波信号时域模型

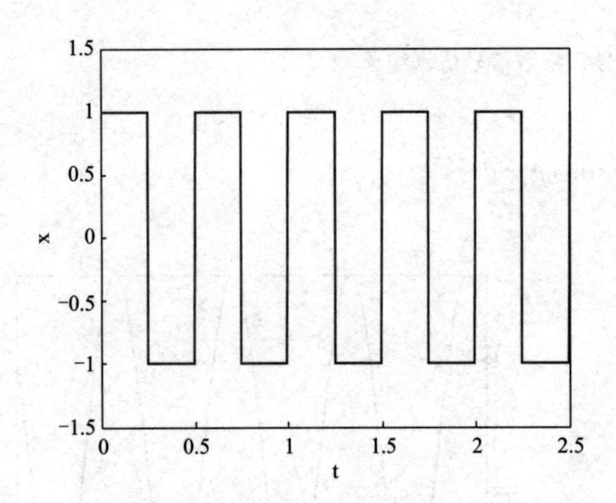

图 7-9 周期方波信号仿真结果

⑤ 周期方波信号的表达式为：

$$f(t)=\begin{cases}E, & \frac{\tau}{2}-kT<t<\frac{\tau}{2}+kT \\ 0, & \text{其他}\end{cases},$$

$$k=0,1,2,3,\cdots$$

时域模型如图 7-8 所示。

MATLAB 代码(仿真结果见图 7-9)：

```
f0 = 2;
t = 0:0.001:2.5;
w0 = 2 * pi *f0;
x = square(w0*t,50);
plot(t,x);
```

⑥ 抽样信号的表达式为：

$$\mathrm{Sa}(t)=\frac{\sin t}{t}$$

时域模型如图 7-10 所示。

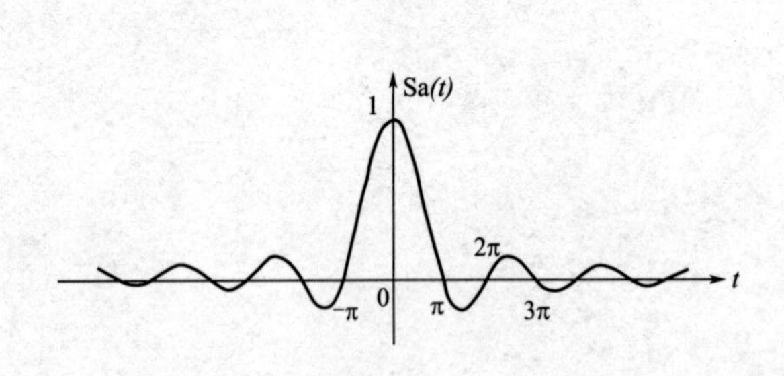

图 7-10 抽样信号时域模型

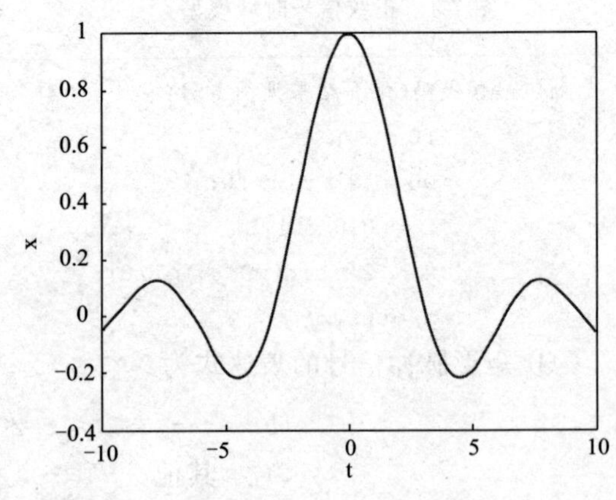

图 7-11 抽样信号仿真结果

MATLAB 代码(仿真结果见图 7-11)：

```
t = - 10:1/500:10;
x = sinc(t/pi)
plot(t,x);
```

（2）实验 2：产生和绘制离散信号波形

基本的离散信号包括单位阶跃序列、指数序列、正弦序列、单位脉冲序列、离散周期方波和白噪声序列等。下面使用 MATLAB 工具实现以上信号的仿真。

① 单位阶跃序列的表达式为：

$$u(n)=\begin{cases}1, & n\geqslant 0\\ 0, & n<0\end{cases}$$

MATLAB 代码(仿真结果见图 7-12)：

```
k = - 4:20;
x = [zeros(1,4),ones(1,21)];
stem(k,x);
```

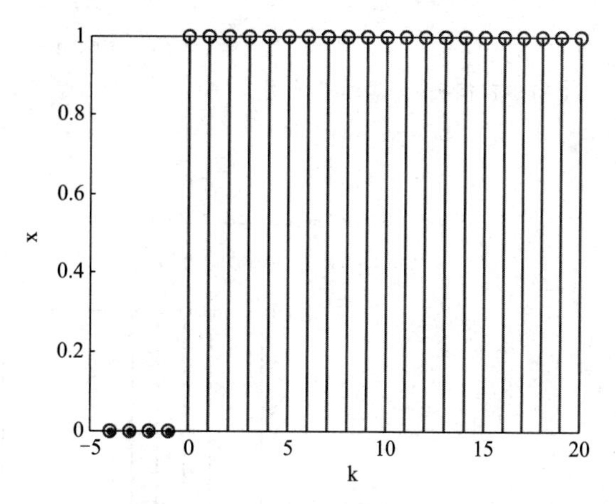

图 7-12 单位阶跃序列仿真结果

② 指数序列的表达式为：

$$y(n)=a^n u(n),a\ 为实数$$

MATLAB 代码(仿真结果见图 7-13)：

```
k = - 5:15;
x =  0.3 *(1/2).^k;
stem(k,x);
```

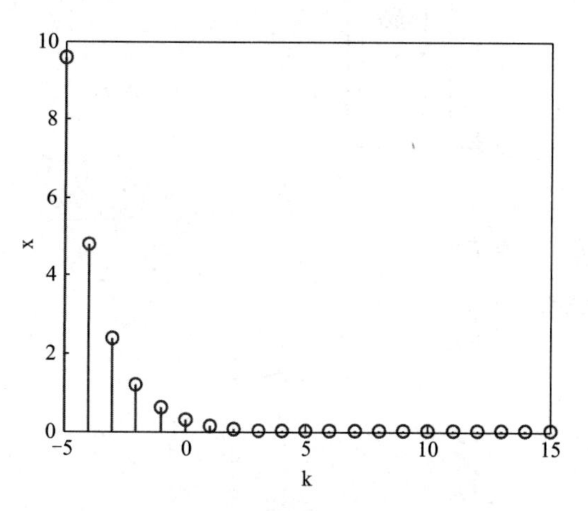

图 7-13 指数序列仿真结果

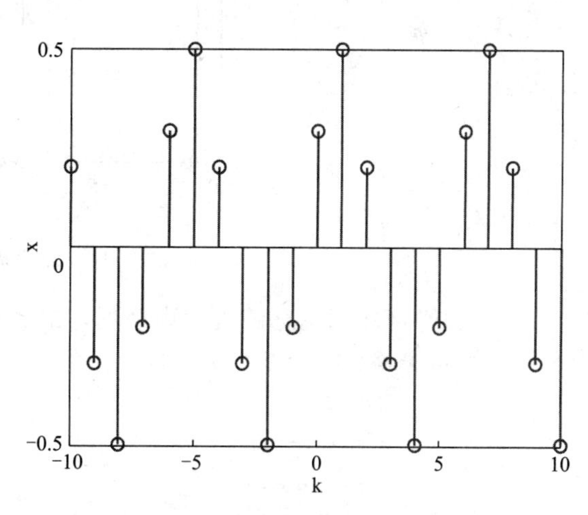

图 7-14 正弦序列仿真结果

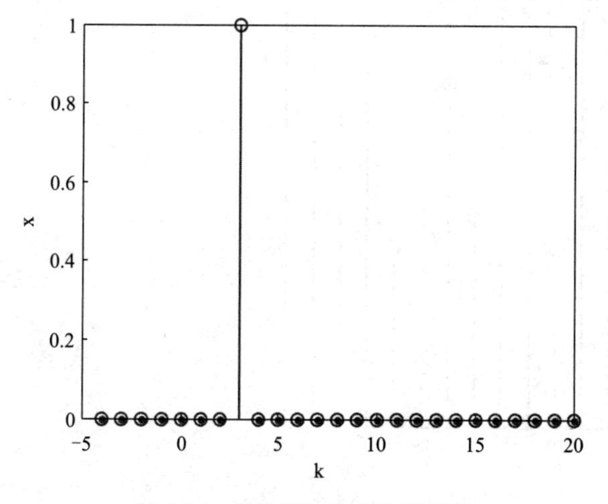

图 7-15 单位脉冲序列仿真结果

③ 正弦序列的表达式为：

$$x(n)=A\sin(\omega n+\varphi)$$

MATLAB 代码(仿真结果见图 7-14)：

```
k = - 10:10;
omega =  pi/3;
x =  0.5 * sin(omega * k+ pi/5);
stem(k,x);
```

④ 单位脉冲序列的表达式为：

$$\delta(n)=\begin{cases}1, & n=0\\ 0, & n\neq 0\end{cases}$$

MATLAB 代码(仿真结果见图 7-15)：

```
k = - 4:20;
```

```
x = [zeros(1,7),1,zeros(1,17)];
stem(k,x,'linewidth',2,'color','r');
```

⑤ 周期方波序列表达式为：

$$f(n)=\begin{cases}1, & -T/2<n<0, \\ -1, & 0<n<T/2,\end{cases} \quad n=0,1,2,3,\cdots$$

MATLAB 代码(仿真结果见图7-16)：

```
omega = pi/4;
k = - 10:10;
x = square(omega * k,50);
stem(k,x,'linewidth',2,'color','r');
```

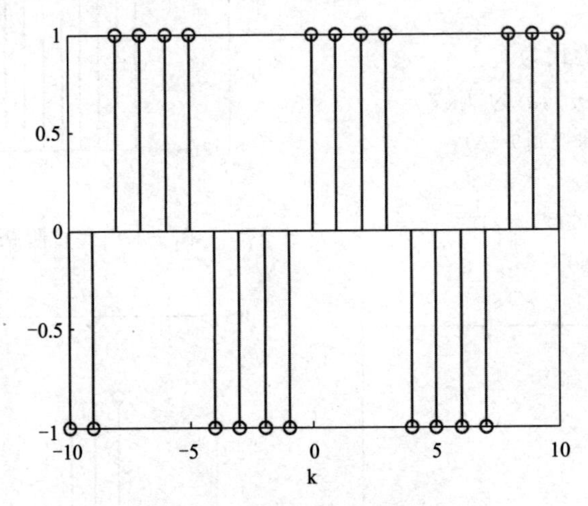

图 7-16 离散周期方波仿真结果

⑥ 白噪声序列也称随机噪声序列，由随机函数产生

MATLAB 代码(仿真结果见图7-17)：

```
N = 20;
k = 0:N- 1;
x = rand(1,N);
stem(k,x,'linewidth',2,'color','r');
```

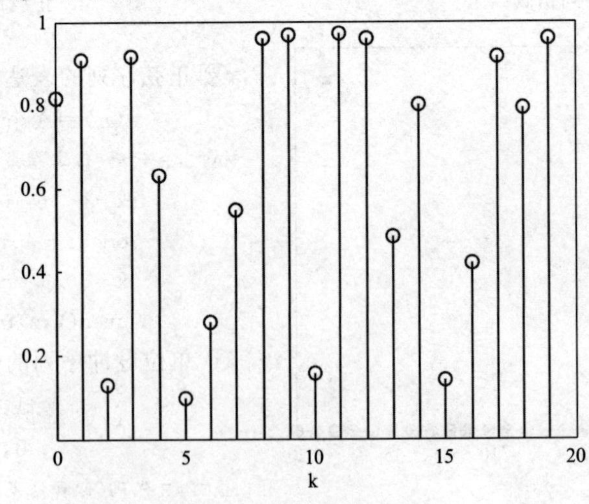

图 7-17 白噪声序列仿真结果

（3）实验 3：离散序列基本运算

离散序列的基本运算包括信号时移、信号求和、信号功率、信号相乘、信号卷积以及信号相关等，这些基本运算在 MATLAB 中都有相关的函数来实现，如表 7-2 所示。

表 7-2 MATLAB 常用的信号运算函数

运算名称	MATLAB 实现	运算名称	MATLAB 实现
信号幅度变化	Y=A * x	信号能量	E=sum(abs(x)^2)
信号时移	Y=[zeros(1,k),x]	信号功率	E=sum(abs(x)^2)/N
信号翻转	Y=fliplr(x)	两个信号相加	Y=x1+x2
信号累加	Y=cumsum(x)	两个信号相乘	Y=x1. * x2
信号差分	Y=diff(x)	两个信号卷积	Y=conv(x,h)
信号求和	Y=sum(x(n1:n2))	两个信号相关	R=xcorr()

【例 7-1】 已知两有限长序列：x[k]=[1,2,1,1,0,−3;k=0,1,2,3,4,5],h[k]=[1,−1,1;k=0,1,2]。

① 计算离散卷积和 y[k]=x[k] * h[k]；

② 计算离散自相关函数：Rxx[k]。

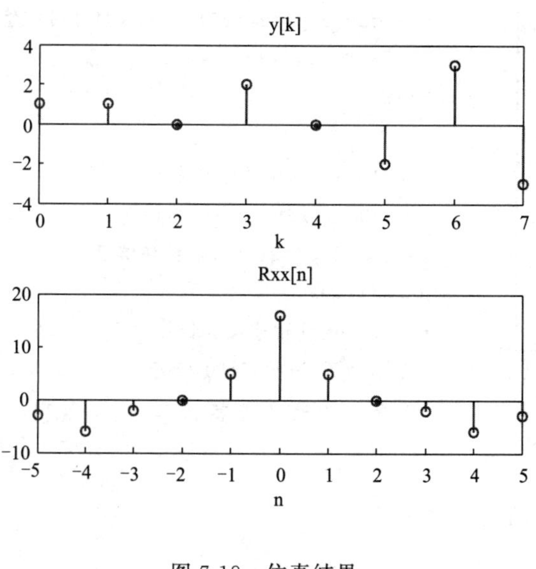

图 7-18 仿真结果

解： MATLAB 代码(仿真结果见图7-18)：

```
% 定义坐标变量
x= [1,2,1,1,0,- 3];
h= [1,- 1,1];

% 计算离散卷积和
y= conv(x,h);
subplot(2,1,1);
stem([0:length(y)- 1],y,'linewidth',2,'color','r');
title('y[k]');xlabel('k');

% 计算离散自相关函数
y= xcorr(x,x);
subplot(2,1,2);
m= (length(y)- 1)/2;
stem([- m:m],y,'linewidth',2,'color','r');
title('Rxx[n]');xlabel('n');
```

7.2 时域抽样与频域抽样

本实验为信号的时域抽样与频域抽样的 MATLAB 仿真实验。对于给定的连续信号，通过抽样脉冲序列进行抽取，最终得到离散信号的过程即为时域抽样。同样，频域抽样即对信号的频域进行抽取。

实验目的：加深理解连续时间信号离散化过程中的数学概念和物理概念，掌握时域抽样定理的基本内容，掌握由抽样序列恢复原连续信号的基本原理和实现方法；加深理解频谱离散化过程中的数学概念和物理概念，掌握频域抽样定理的基本内容。

7.2.1 信号的时域抽样和恢复

时域抽样定理：对于基带信号，信号抽样频率大于等于2倍的信号最高频率，即$f_{sam}>2f_m$。

时域抽样对应于频域的周期化。连续时间信号$x(t)$经过T间隔抽样得到离散时间信号$x[k]=x(t)|t=kT$。连续时间信号频谱$X(j\Omega)$抽样得到离散时间信号频谱$X(e^{j\omega})$。

$$X(e^{j\omega})=\frac{1}{T}\sum_{n=-\infty}^{\infty}X[j(\Omega-n\Omega_{sam})] \tag{7-1}$$

式中，$\Omega_{sam}=2\pi/T$为抽样角频率，rad/s；$f_{sam}=1/T$为抽样频率。为避免混叠，取$\Omega_{sam}\geqslant 2\Omega_m$。数字角频率$\omega$与模拟角频率$\Omega$的关系为$\omega=\Omega T$。

【例7-2】 利用MATLAB实现对信号$x(t)=\cos(2\pi\times 20t)$的抽样。

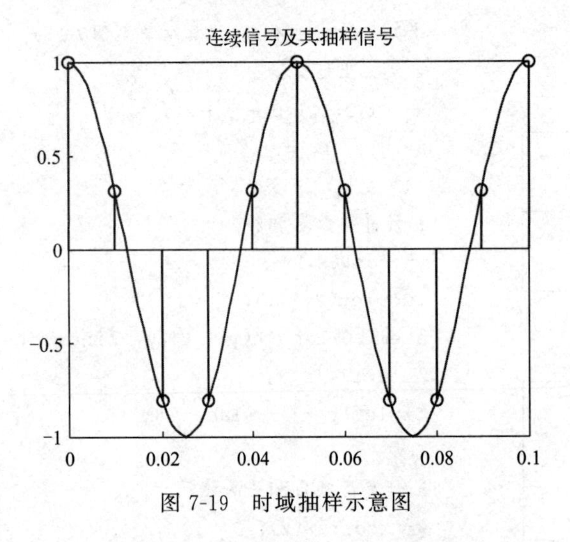

图7-19 时域抽样示意图

解： ① 抽样部分代码实现：

```
t0= - 0.1:0.001:0.1;% 模拟连续时间信号
x0= cos(2*pi*20*t0);% 输入的时间信号
plot(t0,x0,'r')% 绘制时间信号图
hold on

Fs= 100;% 抽样信号频率
t= - 0.1:1/Fs:0.1;% 抽样点
x= cos(2*pi*20*t);% 抽样信号
stem(t,x);
title('连续信号及其抽样信号')
```

抽样结果如图7-19所示。

注意，此信号最高频率$f_m=20$Hz。

② 信号恢复：

$x[k]$得到$x'(t)$信号的恢复是信号抽样的逆过程。

代码实现：

```
t0 = - 0.1:0.001:0.1;T= 1/Fs;% 绘制抽样信号
ln = - 0.1/T:0.1/T;
M= ones(length(ln),1)*t0- ln'*T*ones(1,length(t0));% ones(a,b)函数返回一个 a*b 矩阵
xr =  x*sinc(Fs*M);% 恢复信号
plot(t0,xr,'m')
```

恢复后的信号如图7-20所示。可以看出随着抽样频率的增加，恢复信号会向原始信号收敛。

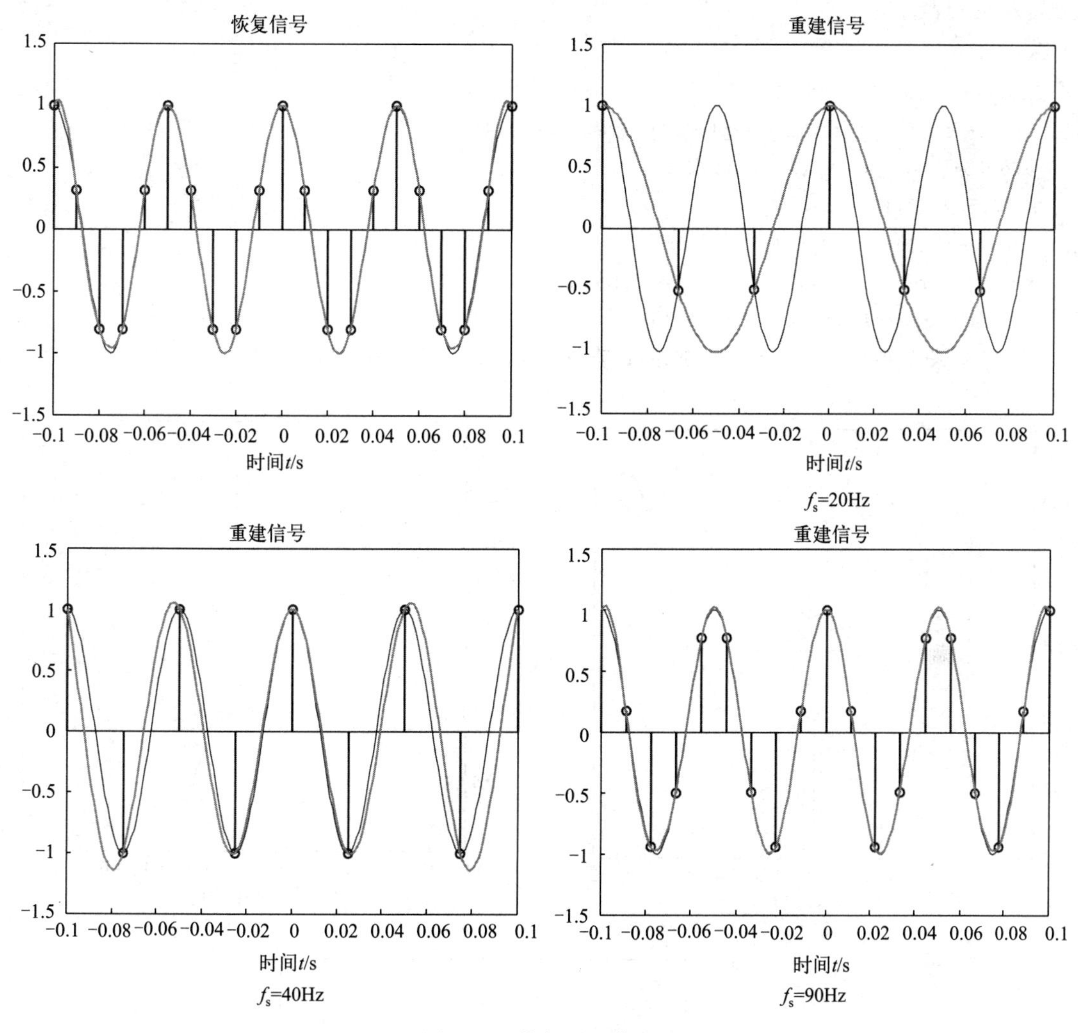

图 7-20　恢复后的信号

7.2.2　信号的频域抽样

非周期离散序列 $x[k]$的频谱 $X(e^{j\omega})$ 是以 2π 为周期的连续函数。频域抽样是将 $X(e^{j\omega})$ 离散化以便于数值计算。

频域抽样与时域抽样形成对偶关系。在$[0,2\pi]$内对 $X(e^{j\omega})$进行 N 点均匀抽样，引起时域序列 $x[k]$以 N 点为周期进行周期延拓：

$$\tilde{x}[k]=\sum_{n=-\infty}^{\infty} x[k+nN] \tag{7-2}$$

频域抽样定理给出了频域抽样过程中不发生混叠的约束条件：若序列 $x[k]$的长度为 L，则应有 $N>L$。

【例 7-3】 已知序列 $x[k]=[1,1,1;k=0,1,2]$，对其频谱 $X(e^{j\omega})$进行抽样，分别取 $N=2,3,10$，观察频域抽样造成的混叠现象。

解：① 代码实现：

```
x= [1,1,1];L= 3;
N= 256;
omega= [0:N- 1]*2*pi/N;
X0= 1+ exp(- j*omega)+ exp(- 2*j*omega);%   X(e^jω)
plot(omega./pi,abs(X0));hold on
N= 2;% N= 3,10
omega= [0:N- 1]*2*pi/N;% 抽样频率
Xk= 1+ exp(- j*omega)+ exp(- 2*j*omega);
stem(omega./pi,abs(Xk),'r','o');
```

运行结果如图 7-21 所示，分别展示了 $N=2,3,10$ 的抽样结果。

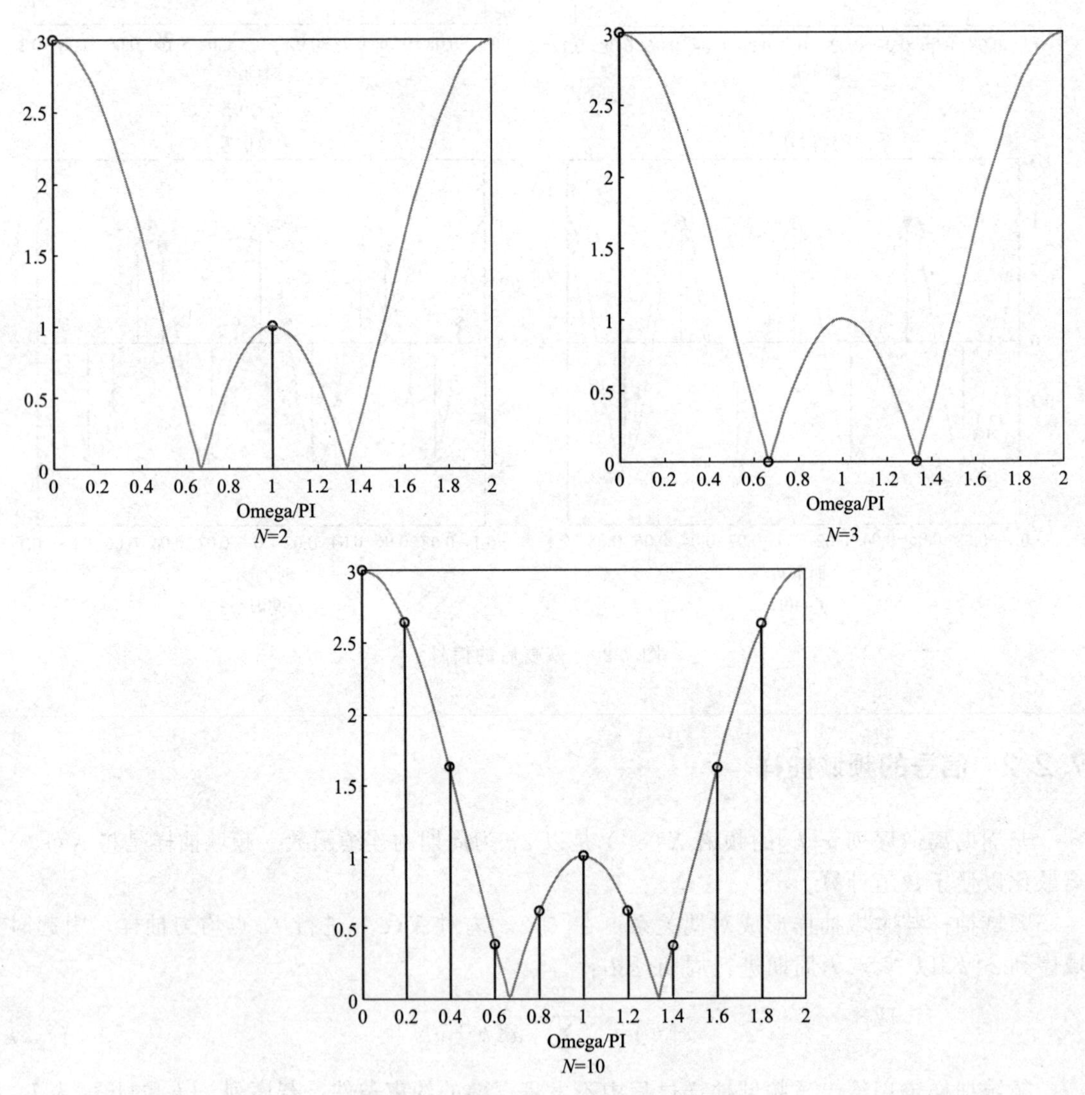

图 7-21　N 为 2,3,10 时的抽样结果

② 由频域抽样点恢复时域信号：

```
x1 =  real(ifft(Xk));% ifft函数:由频域抽样点计算其对应的时域序列
stem(x1)
```

如图 7-22 所示，当 $N=2<L=3$ 时，不能恢复原始信号，而当 $N=3,10$ 时，信号成功恢复。

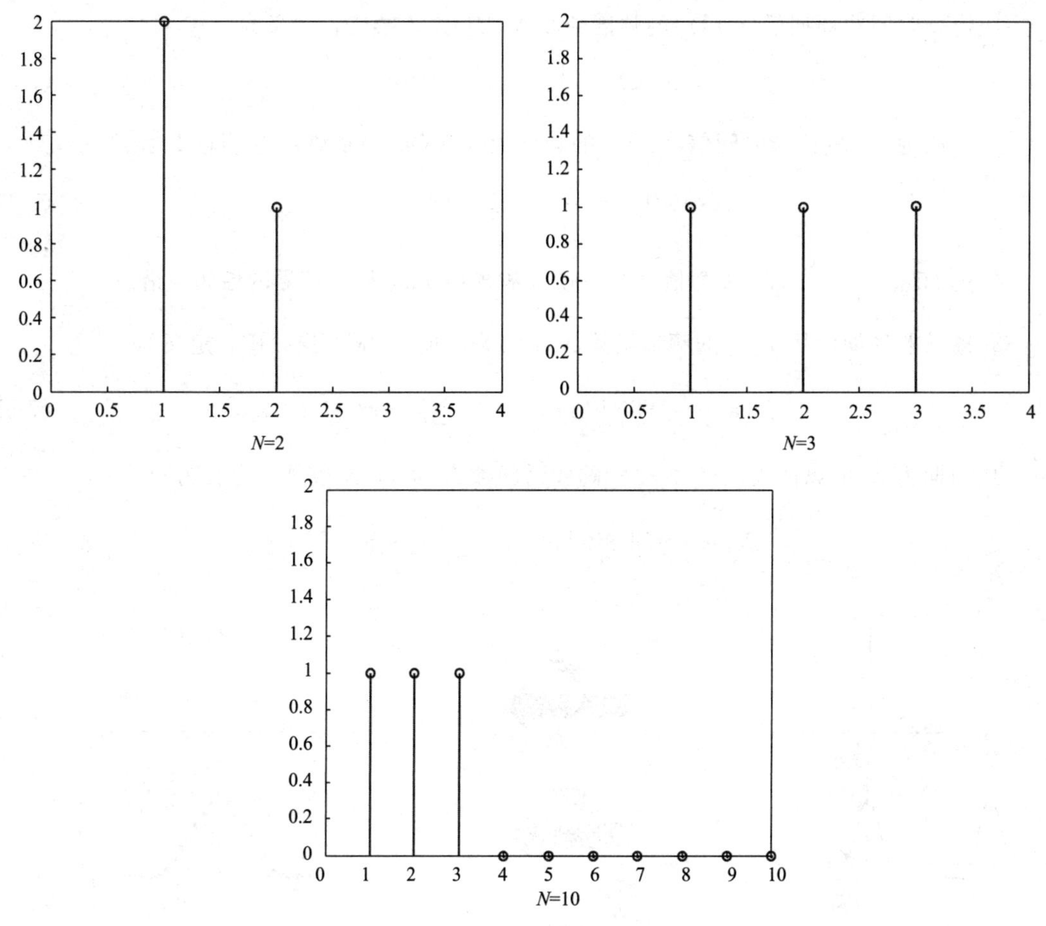

图 7-22　N 为 2,3,10 时的信号恢复结果

信号的时域抽样：通过不同抽样频率进行时域抽样，利用抽样内插函数、阶梯内插函数、线性内插函数，观察恢复信号是否失真。

信号的频域抽样：通过不同点数进行频域抽样，利用 ifft 恢复时域信号，观察恢复信号是否失真。

7.3 利用 DFT 分析离散时间信号

实验目的：应用离散傅里叶变换（DFT）去分析离散信号的频谱，理解 DFT 分析离散信号频谱的方法，掌握分析改善过程中产生的误差的方法。

7.3.1 实验原理

如图 7-23 所示，根据信号傅里叶变换建立的时域与频域之间的对应关系，可以得到有限长序列的离散傅里叶变换（DFT）与四种确定信号傅里叶变换之间的关系，实现由 DFT

分析其频谱。

（1）四种时间信号的频谱函数及其对应关系（图 7-23）

① 连续时间非周期信号 $x(t)$ 的频谱函数 $X(\mathrm{j}\Omega)$ 是连续谱，定义为：

$$X(\mathrm{j}\Omega)=\int_{-\infty}^{+\infty} x(t)\mathrm{e}^{-\mathrm{j}\Omega t}\,\mathrm{d}t \tag{7-3}$$

② 周期为 T_0 的连续时间信号 $\tilde{x}(t)$ 的频谱函数 $X(n\Omega_0)$ 是离散谱，定义为：

$$X(n\Omega_0)=\frac{1}{T_0}\int_{0}^{T_0} \tilde{x}(t)\mathrm{e}^{-\mathrm{j}n\Omega_0 t}\,\mathrm{d}t \tag{7-4}$$

式中，$\Omega_0=\dfrac{2\pi}{T_0}=2\pi f_0$ 称为信号的基频（基波）；$n\Omega_0$ 称为信号的谐频（谐波）。

③ 离散非周期信号 $x[k]$ 的频谱函数 $X(\mathrm{e}^{\mathrm{j}\omega})$ 是周期为 2π 的连续谱，定义为：

$$X(\mathrm{e}^{\mathrm{j}\omega})=\mathrm{DTFT}\{x[k]\}=\sum_{k=-\infty}^{\infty} x[k]\mathrm{e}^{-\mathrm{j}k\omega} \tag{7-5}$$

④ 周期为 N 的离散周期信号 $\tilde{x}[k]$ 的频谱函数 $\tilde{X}(m)$ 是离散谱，定义为

$$\tilde{X}[m]=\mathrm{DFS}\{x[k]\}=\sum_{k=0}^{N-1} \tilde{x}[k]\mathrm{e}^{-\mathrm{j}\frac{2\pi}{N}mk} \tag{7-6}$$

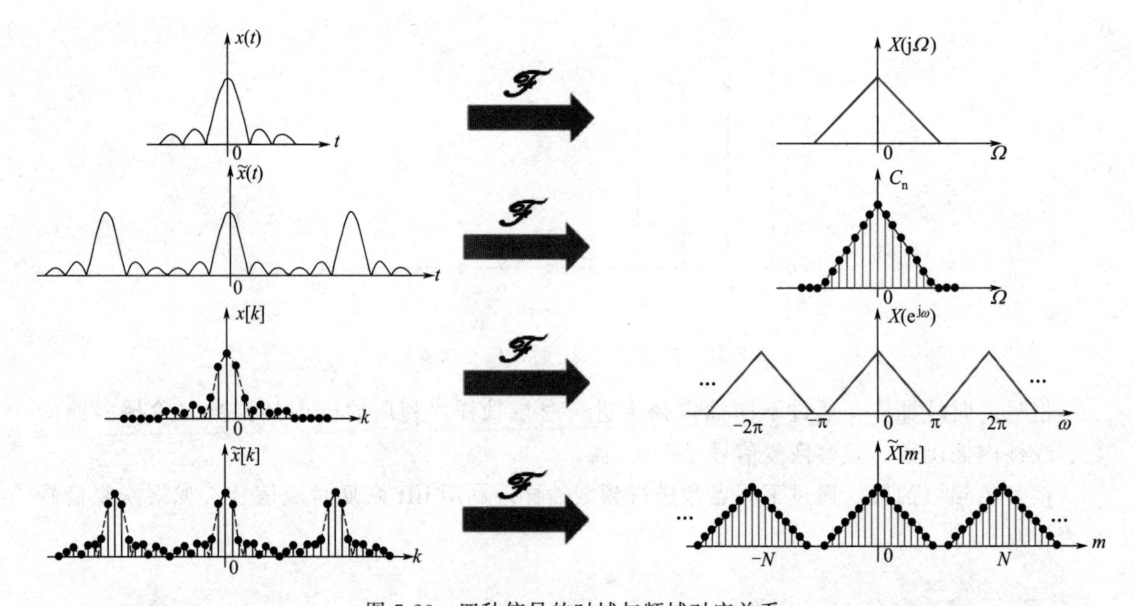

图 7-23　四种信号的时域与频域对应关系

信号的傅里叶变换建立了信号的时域与频域之间的一一对应关系，如果信号在时域存在某种联系，则在其频谱函数之间必然存在联系。若离散非周期信号 $x[k]$ 是连续非周期信号 $x(t)$ 的等间隔抽样序列，则信号 $x[k]$ 的频谱函数 $X(\mathrm{e}^{\mathrm{j}\omega})$ 是信号 $x(t)$ 的频谱函数 $X(\mathrm{j}\Omega)$ 的周期化；若离散周期信号 $\tilde{x}[k]$ 是离散非周期信号 $x[k]$ 的周期化，则信号 $\tilde{x}[k]$ 的频谱函数是信号 $x[k]$ 的频谱函数的离散化。即：

① 信号在时域的离散化导致其频谱函数的周期化；

② 信号在时域的周期化导致其频谱函数的离散化；

③ 连续信号对应非周期谱；

④ 离散信号对应周期谱；

⑤ 周期信号对应离散谱；

⑥ 非周期信号对应连续谱。

（2）离散傅里叶变换 DFT 与 MATLAB 实现

有限长（N 项）的序列 $x[k]$可以表示为有限长（N 项）的虚指数信号$\{e^{j\frac{2\pi}{N}mk}, m=0, 1, \cdots, N-1\}$的线性组合，即有限长（$N$ 项）的序列 $x[k]$的傅里叶表示为：

$$x[k]=\frac{1}{N}\sum_{m=0}^{N-1}X[m]e^{j\frac{2\pi}{N}mk}, k=0,1,\cdots,N-1 \quad \text{IDFT} \tag{7-7}$$

其中：

$$X[m]=\sum_{k=0}^{N-1}x[k]e^{-j\frac{2\pi}{N}mk}, m=0,1,\cdots,N-1 \quad \text{DFT} \tag{7-8}$$

在 MATLAB 中提供了 fft 函数，FFT 是 DFT 的快速算法，其调用格式为：

X= fft(x)：基2时间抽取 FFT 算法，用于计算序列 x 的傅里叶变换，当 x 的长度为2的整数次幂或者 x 全为实数时，计算的时间会大大缩短。

X= fft(x,n)：补零或截短的 n 点傅里叶变换。

x= ifft(X)和 x= ifft(X,n)：相应的傅里叶反变换。

fftshift(x)：将 fft 计算输出的零频移到输出的中心。

7.3.2 实验内容（利用 DFT 计算离散周期信号的频谱）

（1）离散周期信号的 DFT 变换

周期为 N 的离散信号（序列）$\tilde{x}[k]$的频谱函数 $\tilde{X}[m]$定义为：

$$\tilde{X}[m]=\text{DFS}\{x[k]\}=\sum_{k=0}^{N-1}\tilde{x}[k]e^{-j\frac{2\pi}{N}mk}=\sum_{k=0}^{N-1}\tilde{x}[k]W_N^{km} \tag{7-9}$$

利用 MATLAB 提供的 fft 函数可以计算离散周期信号的频谱。对于离散周期序列，只需对周期序列一个周期内数值 $x[k]$进行 N 点的 FFT 运算，就可准确地得到其频谱在一个周期上的 N 个数值 $X[m]$，且有 $\tilde{X}[m]=X[m], m\in[0,N-1]$。

实验步骤：

① 确定离散周期序列 $\tilde{x}[k]$的基本周期 N；

② 利用 fft 函数对序列 $\tilde{x}[k]$ 一个周期进行 N 点 FFT 计算，得到 $X[m]$；

③ 作 $\tilde{X}[m]=X[m]$。

【例 7-4】 已知一个周期序列 $x[k]=\cos\left(\frac{\pi}{8}k+\frac{\pi}{3}\right)+0.5\cos\left(\frac{7\pi}{8}k\right)$，利用 FFT 计算其频谱并与理论分析相比较。

解： 理论分析：

$$\begin{aligned}x[k]&=\cos\left(\frac{\pi}{8}k+\frac{\pi}{3}\right)+0.5\cos\left(\frac{7\pi}{8}k\right)\\&=\frac{e^{j\left(\frac{\pi}{8}k+\frac{\pi}{3}\right)}+e^{-j\left(\frac{\pi}{8}k+\frac{\pi}{3}\right)}}{2}+\frac{e^{j\left(\frac{7\pi}{16}k\right)}+e^{-j\left(\frac{7\pi}{16}k\right)}}{4}\\&=\frac{1}{16}(8e^{j\frac{\pi}{3}}e^{j\frac{\pi}{8}k}+8e^{-j\frac{\pi}{3}}e^{-j\frac{\pi}{8}k}+4e^{j\frac{7\pi}{8}k}+4e^{-j\frac{7\pi}{8}k})\end{aligned}$$

比较有限长序列的 IDFT 的表示式得 $X[m]=[0,4,0,0,0,0,0,8\mathrm{e}^{-\mathrm{j}\frac{\pi}{3}},0,8\mathrm{e}^{\mathrm{j}\frac{\pi}{3}},0,0,0,0,0,4]$

代码实现（利用 FFT 计算，结果见图 7-24）：该周期序列的周期 $N=16$，基频 $\Omega_0=\frac{2\pi}{N}=\frac{\pi}{8}$。

```
N= 16;k= 0:N- 1;
x= cos(pi/8*k+ pi/3)+ 0.5*cos(7*pi/8*k);
X= fft(x,N);
subplot(2,1,1);
stem(k- N/2,abs(fftshift(X)));
ylabel('Magnitude');xlabel('Frequency(rad)');
subplot(2,1,2);
stem(k- N/2,angle(fftshift(X)));
ylabel('Phase');xlabel('Frequency(rad)');
```

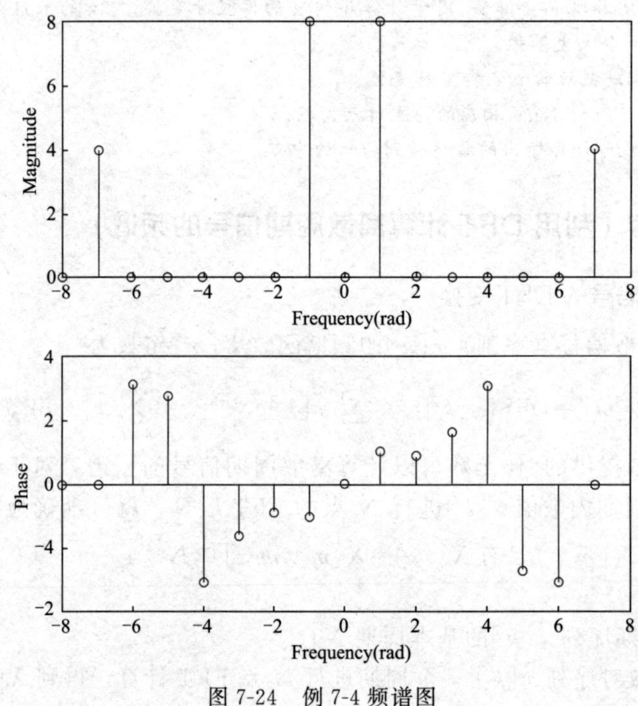

图 7-24　例 7-4 频谱图

（2）离散非周期信号的 DFT 变换

离散非周期信号 $x[k]$ 的频谱函数 $X(\mathrm{e}^{\mathrm{j}\omega})$ 为

$$X(\mathrm{e}^{\mathrm{j}\omega})=\mathrm{DTFT}\{x[k]\}=\sum_{k=-\infty}^{\infty}x[k]\mathrm{e}^{-\mathrm{j}k\omega}$$

利用 MATLAB 提供的 fft 函数可以计算离散非周期信号的频谱。当序列长度有限时，可以求得准确的序列频谱 $X(\mathrm{e}^{\mathrm{j}\omega})$ 的样点值。若序列很长或无限长，则由于截短产生泄漏误差，计算的结果只能是序列频谱 $X(\mathrm{e}^{\mathrm{j}\omega})$ 样点值的近似。

实验步骤：

① 确定序列 $x[k]$ 的长度 M 及窗函数的类型。

② 确定作 FFT 的点数 N；根据频率抽样定理，为使时域波形不产生混叠，须取 $N \geqslant M$。

③ 使用 fft 函数作 N 点 FFT 以计算 $X[m]$。

【例 7-5】 利用 DFT 分析序列 $x[k]=0.8^k u[k]$的频谱。

解： 信号无限长，因此需要对其进行截短。该序列单调衰减，当 $k \geqslant 30$ 时，序列已几乎衰减为 0，因此只取序列在区间[0,30]上的数值进行分析。

代码实现（结果见图 7-25）：

```
k= 0:30;
x= 0.8.^k;
subplot(2,1,1);  % 画出序列的时域波形
stem(k,x);
subplot(2,1,2);
w= k- 15;
plot(w,abs(fftshift(fft(x))));  % 画出序列频谱的幅度谱
```

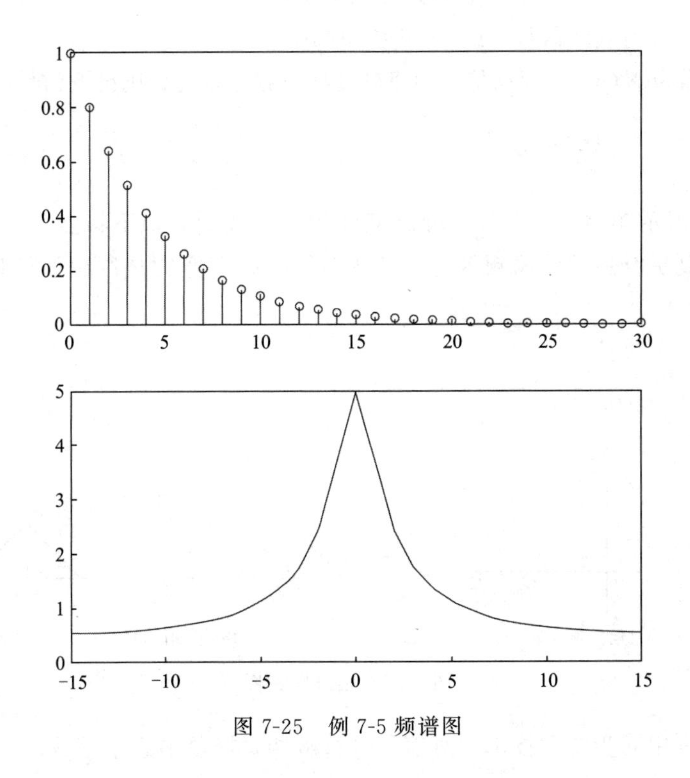

图 7-25　例 7-5 频谱图

7.4 信号的幅度调制与解调

本实验为信号的幅度调制与解调的 MATLAB 仿真实验。在信号传输的过程中，被传输的信号往往需要在发射端进行调制，再在接收端进行解调。调制过程实际上是将信号的频谱搬移到所需的频率范围的一个过程，合理地选择频率范围可以避免传输过程中信号的混叠。同时，将信号托附在不同频率的载波上，在接收机上就可以分离出不同频率的信号，避免信

号间的相互干扰。为了充分认识信号幅度调制与解调的过程，本节进行了几个仿真实验，以下是本实验的具体内容。

7.4.1 实验目的

加深对信号幅度调制与解调的基本原理的理解，认识从时域与频域分析信号幅度调制和解调的过程，使用MATLAB实现信号幅度调制与解调的仿真，了解并掌握调制解调相关函数在编程中的运用方法，并了解信号调制的应用。

7.4.2 实验原理和MATLAB仿真

（1）实验1：抑制载波的幅度调制解调

对消息信号 $x(t)$进行抑制载波的正弦幅度调制的数学模型为：

$$y(t)=x(t)\cos(\Omega_c t) \tag{7-10}$$

式中，$\cos(\Omega_c t)$为载波信号；Ω_c 为载波角频率。

若信号的频谱为 $X(j\Omega)$，根据信号傅里叶变换的频移特性，则已调信号的频谱 $Y(j\Omega)$为：

$$Y(j\Omega)=\frac{1}{2}\{X[j(\Omega+\Omega_c)]+X[j(\Omega-\Omega_c)]\} \tag{7-11}$$

观察图 7-26 所示频谱可以发现，抑制载波的幅度调制有以下特点：正弦幅度调制就是将信号“搬移”到更合适的传输频带上，已调信号的频带宽度是调制信号频带宽度的 2 倍，占用较宽频带。

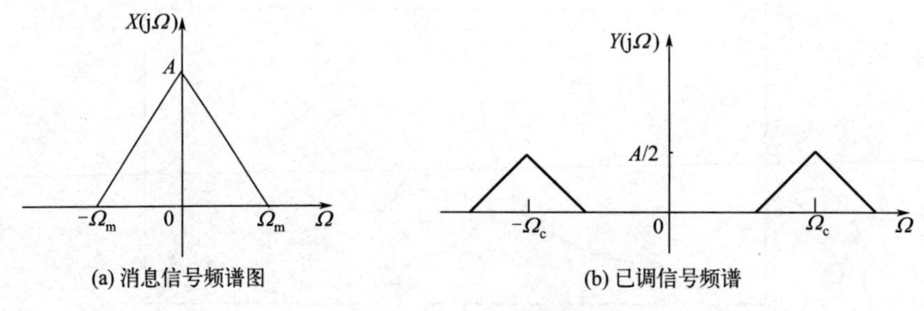

图 7-26　信号频谱图

在接收端，利用同步解调技术可对信号进行解调，恢复消息信号 $x(t)$：

$$x_0(t)=y(t)\cos(\Omega_c t)=\frac{1}{2}x(t)[1+\cos(2\Omega_c t)]=\frac{1}{2}x(t)+\frac{1}{2}x(t)\cos(2\Omega_c t) \tag{7-12}$$

其中同步解调要求接收端与发送端的载波信号必须具有相同的载波频率和初始相角，但在实际应用中存在一定难度。另一种解调方式可以不受此条件约束，称为非同步解调方法，将在下节中介绍。

将信号通过低通滤波器以滤除 $2\Omega_c$ 为中心的频谱分量，恢复原始信号。解调后的信号 $x_0(t)$的频谱 $X_0(j\Omega)$如图 7-27 所示。

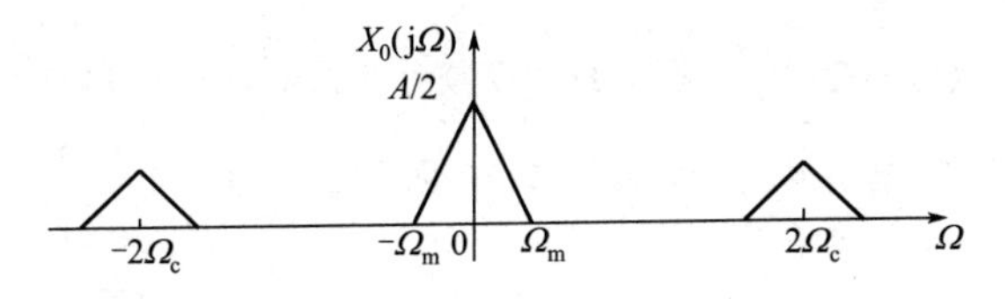

图 7-27　解调信号的频谱图

下例是一组 MATLAB 仿真实验。

【例 7-6】 若载波信号的频率为 100Hz，对频率为 10Hz 的正弦信号进行抑制载波的双边带幅度调制。

解：% 仿真代码：

```
Fm = 10;Fc = 100;% 正弦信号频率 Fm= 10Hz,载波信号频率 Fc= 100Hz
Fs = 500;% 抽样频率 Fs 为500Hz
k = 0:199;% 待分析长度
t = k / Fs;% 抽样间隔 t
x = sin(2.0 * pi *Fm * t );% 定义正弦函数 x
y = x. * cos(2 * pi * Fc * t );% y 为正弦信号 x 经过载波信号调制后的信号
Y = fft(y,256);% 将 y 信号通过快速傅里叶变换转换到频域
subplot(2,1,1);plot(y);
subplot(2,1,2);plot([- 128:127],fftshift(abs(Y)));% 画出信号 y 及其频谱 Y
```

调制结果如图 7-28 所示。

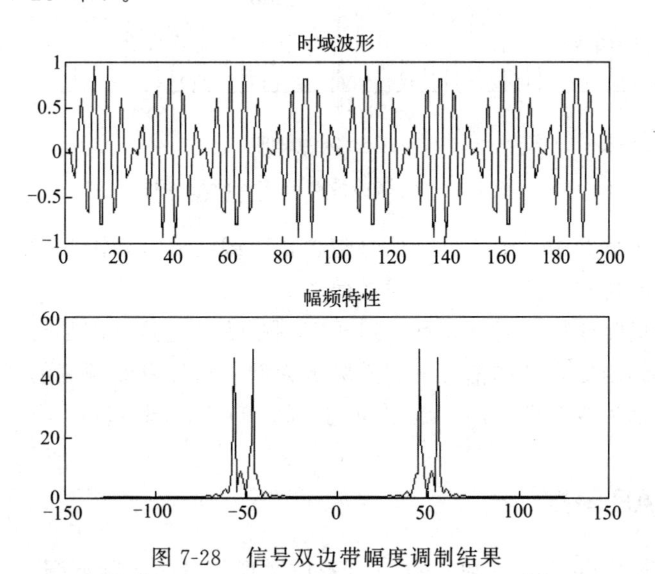

图 7-28　信号双边带幅度调制结果

（2）实验 2：含有载波的幅度调制

为实现信号的非同步解调，在信号幅度的调制过程中一个正的常数 A 需要叠加到信号 $x(t)$ 使得 $x(t)+A>0$，若调制信号满足 $|x(t)|\leqslant K$，则当 $A>K$ 时就可以保证 $x(t)+A>0$。一般称 $m=K/A$ 为调制指数。

已调信号 $y(t)$ 的时域表示式为：

$$y(t)=[x(t)+A]\cos(\Omega_c t)$$

已调信号 $y(t)$ 的频谱为：

$$Y(\mathrm{j}\Omega)=\frac{1}{2}\{X[\mathrm{j}(\Omega+\Omega_c)]+X[\mathrm{j}(\Omega-\Omega_c)]\}+A\pi[\delta(\Omega+\Omega_c)+\delta(\Omega-\Omega_c)]$$

调制信号及已调信号频谱如图 7-29 和图 7-30 所示。

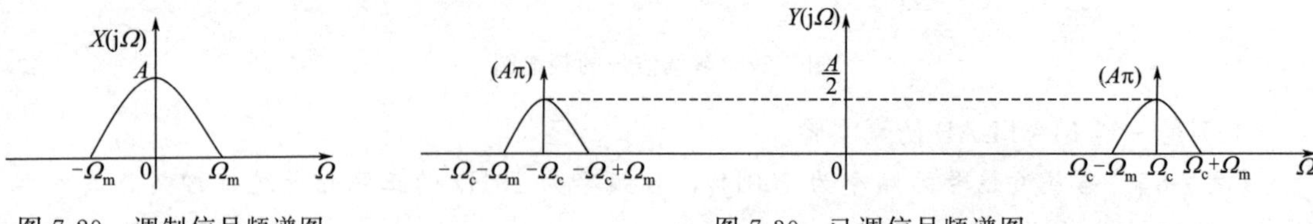

图 7-29 调制信号频谱图　　图 7-30 已调信号频谱图

由于已调信号包含正弦载波分量，因此一个包络检波器就能够实现对已调信号 $y(t)$ 的解调，其时域分析如图 7-31 所示。

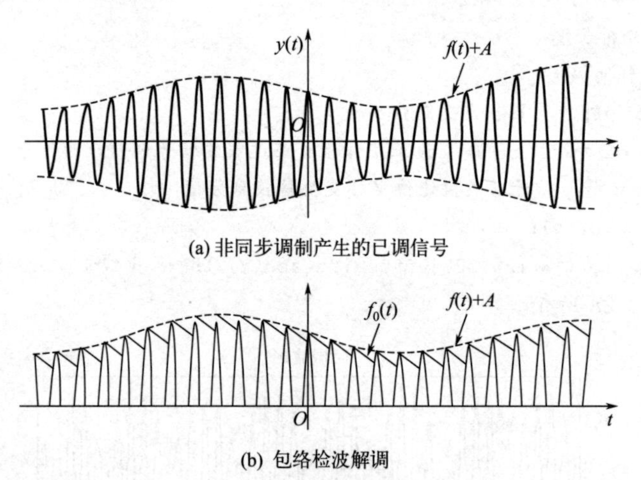

(a) 非同步调制产生的已调信号

(b) 包络检波解调

图 7-31 包络检波解调信号时域分析

在信号的非同步解调中，由于已调信号包含正弦载波分量，因此发送端的发射功率中包括了正弦载波信号的功率，从而降低了发送效率。

总结：根据傅里叶变换的对称特性，对于实调制信号，其频谱都对称存在于正、负频率上。信号经过幅度调制后，已调信号的有效频宽为调制信号有效频宽的 2 倍。因此，以上两种幅度调制方式都称为双边带（Double-Slide Band，DSB）幅度调制。

7.4.3 MATLAB 函数

MATLAB 提供了 modulate 和 demod 函数以实现信号的调制解调。

（1） modulate 调制函数

```
y = modulate(x,Fc,Fs,method,opt)
```

其中 x 为调制信号；Fc 为载波信号载频；Fs 为信号抽样频率；method 为调制方式；opt 为选择项，只有某些调制方法应用。

（2） demod 解调函数

```
x = demod(Y,Fc,Fs,method,opt)
```

其中 Y 为已调信号；Fc 为载波信号载频；Fs 为信号抽样频率；method 为调制方式；

opt 为选择项，只有某些调制方法应用。

各种 method 调制方式见表 7-3。

表 7-3 各种 method 调制方式

method	method 调制方式
‘am’	抑制载波双边带调制 不使用 opt
‘amdsb-tc’	含有载波的双边带调制 opt 是一个标量，默认值为 min(min(x))
‘amssb’	单边带幅度调制 不使用 opt
‘fm’	频率调制 opt 是频率调制常数 kf，默认值为 kf =(Fc/Fs) * 2 * pi / max(max(abs(x)))
‘pm’	相位调制 opt 是相位调制常数 kp，默认值为 kp = pi/max(max(abs(x)))
‘pwm’	脉宽调制 若 opt=‘ centered ’，则脉冲居中载波信号周期，而不是默认的居左
‘ptm’	脉冲时间调制 opt 是一个标量，定义脉冲宽度占载波信号周期的比例，默认值为 0.1
‘qam’	正交幅度调制 opt 是一个与信号 x 相同大小的矩阵

注：demod 函数中 method 的定义及使用方法与 modulate 相同，不再赘述。

对于例 7-6 中的双边带调制，如果利用 modulate 函数实现，则有如下程序：

```
k =  0:199;
Fm =  10;Fc =  100;Fs =  500;
t =  k / Fs;
x =  sin(2.0 * pi *Fm * t );
y =  modulate(x,Fc,Fs,‘am’);
Y =  fft(y,256);
subplot(2,1,1);plot(y);
subplot(2,1,2);plot([- 128:127],fftshift(abs(Y)));
```

（3） MATLAB 数学计算函数

除了上述函数外，还可根据信号调制解调的原理，直接使用 MATLAB 的数学计算函数实现调制解调，各种调制方式的 MATLAB 计算表达式如表 7-4 所示。

表 7-4 各种调制方式的 MATLAB 计算表达式

调制方式	MATLAB 计算表达式
抑制载波双边带调制	y = x.* cos(2 * pi * Fc * t)
含有载波的双边带调制	y = (x - opt).* cos(2 * pi * Fc * t)
单边带幅度调制	y = x.* cos(2 * pi * Fc * t)+ im(hilbert(x)).* sin(2 * pi * Fc * t)
频率调制	y = cos(2 * pi * Fc * t+ opt * cumsum(x))
正交幅度调制	y = x.* cos(2 * pi * Fc * t)+ opt.* sin(2 * pi *Fc * t)

参考文献

[1] 郑君里，等. 信号与系统 [M]. 3 版. 北京：高等教育出版社，2011.

[2] 陈后金，等. 信号与系统 [M]. 2 版. 北京：高等教育出版社，2015.

[3] 严国志，等. 信号与系统 [M]. 北京：电子工业出版社，2018.

[4] 成开友，等. 信号与系统分析基础 [M]. 北京：电子工业出版社，2018.

[5] 徐守时. 信号与系统 [M]. 2 版. 北京：清华大学出版社，2016.

[6] Chi-Tsong Chen. 线性系统理论与设计 [M]. 4 版. 高飞，等译. 北京：北京航空航天大学出版社，2019.

[7] 程耕国，等. 信号与系统学习指导与习题精解 [M]. 北京：机械工业出版社，2009.

[8] 程佩青. 数字信号处理教程 [M]. 5 版. 北京：清华大学出版社，2017.

[9] 王俊，等. 数字信号处理 [M]. 北京：高等教育出版社，2019.

[10] 陈绍荣，等. 信号与系统 [M]. 北京：电子工业出版社，2021.

[11] 陈后金，等. 数字信号处理 [M]. 3 版. 北京：高等教育出版社，2018.

[12] 刘顺兰，等. 数字信号处理 [M]. 3 版. 西安：西安电子科技大学出版社，2015.

[13] 胡广书. 数字信号处理 [M]. 2 版. 北京：清华大学出版社，2003.

[14] 姜建国，等. 信号与系统分析基础 [M]. 2 版. 北京：清华大学出版社，2006.

[15] 李刚，等. 信号与系统基础 [M]. 北京：清华大学出版社，2015.